普通高等学校电子信息类一流本科专业建设系列教材

Pentium 系列微型计算机
原理与接口技术

杜巧玲　任增强　编著

科学出版社

北　京

内 容 简 介

本书以 32 位微处理器 Pentium 为平台，在介绍微型计算机基本知识的基础上，系统地阐述 Pentium 系列微型计算机的体系结构、原理以及接口技术，同时介绍 Pentium Ⅱ 微处理器的新技术。主要内容包括微型计算机系统基础知识、80x86 微处理器结构、Pentium 系统原理、Pentium 存储管理、高速缓冲存储器、超标量流水线、浮点部件、中断、总线、I/O 接口与可编程芯片、模/数转换及数/模转换、汇编语言程序设计。

本书注重基础，取材新颖，内容丰富，涉及技术较新，实用性强，反映现代微处理器技术发展的趋势。本书既可作为高等院校电子信息工程、计算机科学与技术、自动化及网络工程等专业的教学用书，也可供其他专业作为选修课教材以及工程技术人员参考。

图书在版编目（CIP）数据

Pentium 系列微型计算机原理与接口技术 / 杜巧玲，任增强编著. — 北京：科学出版社，2021.8

（普通高等学校电子信息类一流本科专业建设系列教材）

ISBN 978-7-03-068586-5

Ⅰ. ①P… Ⅱ. ①杜… ②任… Ⅲ. ①微型计算机-理论-高等学校-教材②微型计算机-接口技术-高等学校-教材 Ⅳ. ①TP36②TP364.7

中国版本图书馆 CIP 数据核字 (2021) 第 063223 号

责任编辑：潘斯斯 张丽花 / 责任校对：王 瑞
责任印制：张 伟 / 封面设计：迷底书装

科 学 出 版 社 出版
北京东黄城根北街 16 号
邮政编码：100717
http://www.sciencep.com

北京中科印刷有限公司 印刷
科学出版社发行 各地新华书店经销
*
2021 年 8 月第 一 版 开本：787×1092 1/16
2023 年 3 月第三次印刷 印张：21 1/4
字数：544 000

定价：79.00 元
（如有印装质量问题，我社负责调换）

前　言

当今社会，微型计算机应用在各行各业迅猛发展。20 世纪 80 年代初，微型计算机主要是以 16 位微处理器 8086/8088 为代表；80 年代末出现了 16 位体系结构向 32 位体系结构转变的 80386 微处理器，以及提高指令执行速度和支持多处理器系统的 80486 微处理器。到了 90 年代，英特尔(Intel)公司推出了第一代 Pentium 微处理器，微处理器技术的发展进入了一个新的阶段。

最早推出的 Pentium 与接着出现的 Pentium MMX 同属第一代 Pentium 微处理器产品，简称 P5。其主要设计思想是如何提高微处理器内部指令执行的并行性。继 P5 微处理器之后，Intel 公司推出了 P6 微处理器，如 1997 年推出的 Pentium Ⅱ 微处理器。从 P5 开始，为了提高微处理器内部操作的并行性，把片内的一级高速缓冲存储器分为专门存放指令代码的 I Cache 与专门存放操作数的 D Cache 两部分，这就使微处理器取指令与访问数据的操作可重叠进行。另外，P5 在片内实现了多重功能部件，如两条整数操作执行流水线，这就是超标量(Superscalar)技术。为了使分支指令的执行不影响流水线的连续运行，P5 微处理器中还实现了分支预测功能。P6 微处理器采用的一项创新技术是动态执行技术。这项技术是在 P6 内部通过硬件电路将处理器预取到的 30 条指令进行分析，打破原来指令流的顺序，将那些已形成操作数的指令先行派送到流水线中执行，尽量保证流水线高效不停顿地运行。

本书内容安排由浅入深、从易到难、循序渐进。全书共 12 章。第 1 章介绍微型计算机的结构基础与运算基础；第 2 章以 8086/8088 为代表介绍 80x86 架构微处理器的结构；第 3 章主要阐述 Pentium 微处理器的系统原理、汇编语言结构和寻址方式；第 4 章主要介绍 Pentium 的存储器组织、保护模式下的分段和分页存储管理方式；第 5 章介绍高速缓冲存储器的工作原理、基本结构、性能分析和操作方式；第 6 章介绍 Pentium 的超标量流水线技术，包括整型流水线和浮点流水线，以及动态执行技术和分支预测；第 7 章主要介绍浮点部件的体系结构；第 8 章阐述中断的基本概念、中断处理过程、Pentium 中断机制、实模式中断处理过程、保护模式中断操作；第 9 章讲述总线的概念及分类、ISA 总线、EISA 总线、VESA 总线、PCI 总线、AGP 接口；第 10 章介绍 I/O 接口与可编程芯片，包括高性能可编程 DMA 控制器接口芯片 82C37A-5、可编程中断控制器芯片 82C59A、CHMOS 可编程时间间隔定时器芯片 82C54、可编程外围接口芯片 82C55A、可编程串行通信接口芯片 82C51A；第 11 章以 AD7522 芯片和 AD1143 芯片为代表介绍模/数转换和数/模转换的接口技术；第 12 章介绍汇编语言源程序结构和汇编程序设计方法。

本书在选材上注重基础，同时反映了 80x86 微处理器发展过程中出现的新技术。在编写过程中力求全面具体、丰富实用。

由于编者水平有限，书中难免存在疏漏之处，希望广大读者批评指正。

编　者

2020 年 10 月

目　　录

第 1 章　微型计算机系统基础知识

1.1　概　　述

自 20 世纪 70 年代初期以来，随着微电子技术的飞速发展，大规模集成电路和超大规模集成电路芯片不断涌现，以微处理器为核心的微型计算机在计算机的发展洪流中取得了重大突破。它对计算机的发展、应用和普及带来极其深刻的影响。因此，有人说微处理器及微型计算机的出现和崛起是计算机的第二次革命。

微型计算机系统(μCS)由硬件和软件组成。硬件包括微型计算机(μC)、外围设备和电源。微型计算机包括微处理器(μP)、内存储器、输入/输出(I/O)接口电路和系统总线。微型计算机系统、微型计算机和微处理器的相互关系如图 1-1 所示。下面，首先说明几个基本概念，然后进一步介绍微型计算机系统的基础知识。

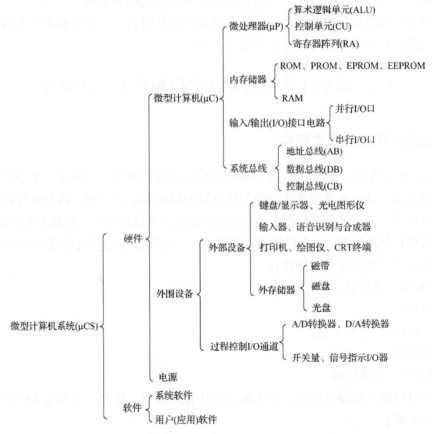

图 1-1　微型计算机系统、微型计算机和微处理器的相互关系

  微处理器(Microprocessor，MP 或 μP)通常是指在一块大规模集成电路或超大规模集成电路芯片上，把冯·诺依曼计算机体系结构中的运算器和控制器集成进去。这样，它虽然不是通常所指的微型计算机，但却是微型计算机的核心部件。近几年来，随着微电子和超大规模集成技术的迅速发展，在它的内部不仅集成了运算器和控制器等基本部件，而且集成了数学协处理器(Mathematical Coprocessors)、高速缓冲存储器以及多种接口和控制部件，甚至多媒体部件也集成到一块芯片内。因此，其功能的强大，是完全可以想象的。

  微型计算机(Microcomputer，MC 或 μC)是以微处理器为核心的，配上用大规模集成电路制作的存储器、输入/输出(I/O)接口电路以及系统总线等部件的裸机，它包含冯·诺依曼计算机体系结构中的五个组成部分。特别要指出的是，为了进一步微型化，在微型计算机的发展过程中，还出现了单片计算机和单板计算机。其中，前者将微型计算机的所有部件全部集成在一块芯片上；而后者则将微型计算机的各个部件安装在一块印制电路板上，从而使微型计算机更适合小型化的应用场合。

  微型计算机系统(Microcomputer System，MCS 或 μCS)是以微型计算机为核心的，配置相应的外部设备(简称外设)和系统软件及应用软件，从而使其具有独立的数据(Data)处理和运算能力。也就是说，微型计算机系统是微型计算机硬件、软件以及外部设备的集合，使裸机变成一台完整的、可供用户直接使用的计算设备或控制设备。

  下面将介绍微型计算机的硬件结构、计算机中信息的表示、软件系统以及微型计算机系统的性能指标，从而为学习后续章节打下基础。

1.2　微型计算机的硬件结构和基本工作原理

1.2.1　微型计算机的基本结构

  20 世纪 70 年代初，美国 Intel 公司成功地将运算器与控制器集成在一个芯片上，该芯片称为微处理器。这一技术的产生为微型计算机的崛起奠定了基础。微型计算机本质上与其他计算机并无太多的区别，它的基本结构同样属于冯·诺依曼型，就基本工作原理而言，都是存储程序控制的原理，所不同的是由于广泛采用了集成度相当高的器件和部件，因此，微型计算机系统具备以下一系列特点。

  (1)体积小，重量轻。

  (2)价格低。

  (3)可靠性高，结构灵活。

  (4)应用面广。

  (5)功能强，性能优越。

  微型计算机通常由微处理器、存储器、输出/输入接口、总线以及其他支持逻辑电路组成，如图 1-2 所示。

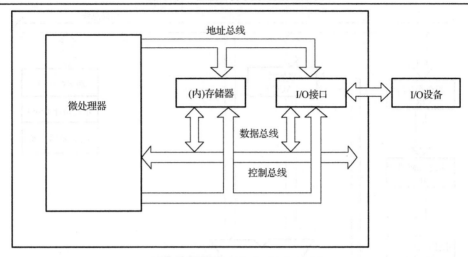

图 1-2　微型计算机组成原理框图

　　微处理器通常是一块大规模集成电路芯片，它的内部主要包含运算器和控制器两大核心部件，其功能是负责计算机的运算和控制。因此，通常又把它称为中央处理器或者中央处理部件(Central Processing Unit，CPU)。

　　存储器是用来存储数据和程序的部件。为了满足存储容量和存取速度的需要，存储器一般采用分级存储方式，即用存取速度较高的半导体存储器件作为内存储器，而用容量较大、存取速度相对较低的磁表面存储器、光盘存储器或 Flash 类的存储器作为外存储器。

　　输入/输出接口是微型计算机与外部设备之间交换信息的通路。不同的外部设备与微型计算机相连都需要配备不同的 I/O 接口，常见的输入/输出接口有显示器接口、打印机接口、串行通信接口等。

　　总线是连接上述各部件的公共线路。按照传送信号的性质，总线可分为数据总线(Data Bus，DB)、地址总线(Address Bus，AB)和控制总线(Control Bus，CB)，它们分别用于传送数据、地址和控制信号；而按照总线连接的对象不同，总线又可分为系统总线、局部总线和外部总线。其中，系统总线用于微型计算机内的各部件之间的连接；局部总线用于微型计算机内的 CPU 与外围芯片之间的连接；而外部总线则是用于微型计算机与外部设备之间的连接。

　　总之，上述微处理器、存储器、输入/输出接口以及总线构成了计算机的硬件基础。通常把这一部分称为微型计算机，有时简称主机。下面介绍这几个组成部分的特点和功能。

1.2.2　中央处理器

　　中央处理器是整个微型计算机硬件的控制指挥中心。不同型号的微型计算机性能的差别首先在于微处理器型号的不同。Intel 公司的 Pentium、Pentium Pro(高能 Pentium)、Pentium MMX(多能 Pentium)、Pentium Ⅱ 和 Pentium Ⅲ 等微处理器都是市场广泛使用的微处理器。微处理器的性能又与它的内部结构、硬件配置有关。但无论哪种微处理器，其基本部件总是相同的。

　　如上所述，中央处理器主要包括运算器和控制器两大部件，如图 1-3 所示的典型 CPU 的基本结构，下面分别介绍这两个部件的基本组成和工作原理。

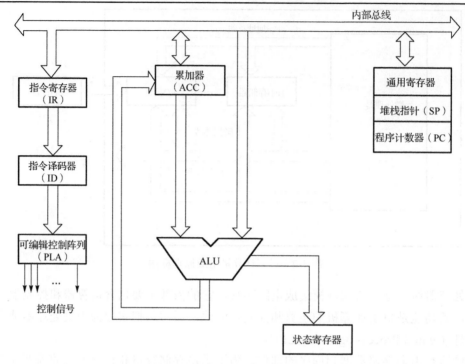

图 1-3　典型 CPU 的基本结构

1. 运算器

计算机中的运算器需要具有完成多种运算操作的功能,因而必须将各种算法综合起来,设计一个完整的运算部件。运算器的组成决定于整机的设计思想和设计要求,采用不同的运算方法将导致不同的运算器组成。但由于运算器的基本功能是一样的,其算法也大致相同,因而不同微处理器的运算器是大同小异的。运算器主要由算术逻辑单元(Arithmetic Logic Unit,ALU)、累加器(Accumulator,ACC)、标志寄存器(Flags Register,FR)和寄存器组(Register Set,RS)组成。运算器的设计主要是围绕 ALU 和寄存器同数据总线之间如何传送操作数和运算结果而进行的。

运算器的基本功能是完成对各种数据的加工处理,例如,算术四则运算,与、或、求反等逻辑运算,算术和逻辑移位操作,比较数值,变更符号,计算主存地址等。运算器中的寄存器用于临时保存参加运算的数据和运算的中间结果等。运算器中还要设置相应的部件,用来记录一次运算结果的特征情况,如是否溢出、结果的符号位、结果是否为零等。

1)算术逻辑单元

ALU 主要完成对二进制信息的算术运算、逻辑运算和各种移位操作。算术运算主要包括定点加、减、乘和除运算。逻辑运算主要有逻辑与、逻辑或、逻辑异或和逻辑非运算。移位操作主要完成逻辑左移和逻辑右移、算术左移和算数右移及其他一些移位操作。在某些机器中,ALU 还要完成数值比较、变更数值符号、计算操作数在存储器中的地址等操作。可见,ALU 是一种功能较强的组合逻辑电路,有时被称为多功能发生器,它是运算器组成中的核心部件。ALU 能处理的数据位数(字长)与机器有关。例如,Z80 单板计算机中,

ALU 是 8 位的；IBM PC/XT 和 AT 机中，ALU 是 16 位的；386 和 486 微机中，ALU 是 32 位的。ALU 有两个数据输入端和一个数据输出端，输入/输出的数据宽度(位数)与 ALU 处理的数据宽度相同。

2) 累加器

累加器是 CPU 中工作最繁忙的寄存器，十分重要。诞生之初，ACC 是 8 位寄存器，大部分的数据操作都会通过累加器 ACC 进行。在进行算术运算、逻辑运算时，ACC 通常作为运算器的一个输入，而大多数运算结果也要送到 ACC 中。在后续章节中，8 位累加器助记符为 AL；16 位累加器助记符为 AX；32 位累加器助记符为 EAX。

3) 通用寄存器组

目前设计的机器的运算器都有一组通用寄存器。它主要用来保存参加运算的操作数和运算的结果。早期的机器只设计一个寄存器，用来存放操作数、操作结果和执行移位操作。由于其可用于存放重复累加的数据，因此常称为累加器。通用寄存器的数据存取速度是非常快的，目前一般是十几纳秒(ns)。如果 ALU 的两个操作数都来自寄存器，则可以极大地提高运算速度。

通用寄存器可以兼作专用寄存器，例如，用于计算操作数地址的寄存器：源变址寄存器(Source Index，SI)、程序计数器(Program Counter，PC)、堆栈指针(Stack Pointer，SP)等。必须注意的是，不同的微处理器对这组寄存器使用的情况和设置的个数是不相同的。

4) 标志寄存器

标志寄存器用来记录算术运算、逻辑运算或测试操作的结果状态。程序设计中，这些状态通常用作条件跳转指令的判断条件，所以又称为条件码寄存器，一般均设置如下几种状态位。

(1)零标志位(Z)：当运算结果为 0 时，Z 位置 1；非 0 时，Z 位清 0。

(2)负标志位(N)：当运算结果为负时，N 位置 1；为正时，N 位清 0。

(3)溢出标志位(V)：当运算结果发生溢出时，V 位置 1；无溢出时，V 位清 0。

(4)进位或借位标志位(C)：在做加法时，如果运算结果最高有效位(对于有符号数来说，即符号位；对无符号数来说，即数值最高位)向前产生进位，C 位置 1；无进位时，C 位清 0。在做减法时，如果不够减，最高有效位向前产生借位时，C 位置 1；无借位时，C 位清 0。

除上述状态外，状态寄存器还常设有保存有关中断和机器工作状态(用户态或核心态)等信息的一些标志位，以便及时反映机器运行程序的工作状态，所以有的机器称它为程序状态字或处理机状态字(Processor Status Word，PSW)。应当说明，不同的机器规定的内容和标志符号不完全相同。

2. 控制器

控制器是计算机工作的指挥和控制中心，计算机按程序中每一条指令的要求，在控制器的统一指挥下工作。了解控制器的工作原理有助于了解计算机的全部工作过程。控制器的基本功能如下。

1）执行指令

执行指令包括取指令、分析指令与执行指令。其中，取指令时，控制器首先发出指令地址及控制信号，然后从存储器中取出一条指令到控制器；分析指令也称为解释指令或指令译码，指出本指令要做什么操作，并产生相应的操作控制指令，分析参与这次操作的各操作数所在的地址，即操作数的有效地址；执行指令根据分析指令时产生的操作控制指令和操作数地址形成相应的操作控制信号序列，并通过存储器、运算器以及输入/输出设备的执行来实现每条指令的功能。一般情况下，还要形成下一条指令的地址，并取出下一条指令，经过分析、执行……如此循环，直到程序执行完毕或有外来干预为止。

2）控制程序和数据的输入及结果的输出

控制程序和数据预先存放在存储器中，运算结果的输出以及执行上述操作时，常采用的 I/O 指令都要由控制器统一指挥，以便完成主机和 I/O 设备之间的信息交换。

3）异常情况和某些请求的处理

计算机在运行时往往会遇到一些异常情况或某些请求，产生的这些异常情况或请求事先无法预测，但是一旦发生，CPU 应该立即对它们做出响应，这就要求控制器具有处理这类问题的功能。通常当这些情况出现时，由相应部件或设备向 CPU 发出中断请求，待执行完当前指令后，CPU 响应该请求，中止当前执行的程序，转去执行中断程序，以便处理这些请求。当处理完毕后，再返回原程序继续执行。

图 1-4 是控制器控制信号模块组成示意图，它包括控制器控制信号产生的最基本的组成部分。此外控制部分还包括相关寄存器：程序计数器（Program Counter，PC）、指令寄存器（Instruction Register，IR）、指令译码器（Instruction Decoder，ID）。当代微机为了提高指令的执行速度，在 CPU 内设计了一个指令预取队列，可以预取出若干条指令。指令队列通常是先进先出型的寄存器堆栈，其访问速度快。这样当执行程序需要取指令时，可以从执行速度比存储器执行速度快得多的寄存器中得到，从而缩短了执行程序的时间。提高指令执行速度的另一种技术就是当代微处理器采用的流水线（Pipelines）技术。

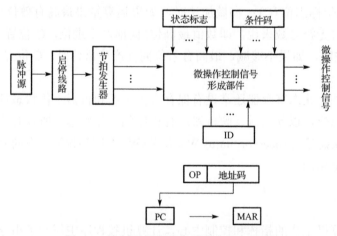

图 1-4　控制器控制信号模块组成示意图

（1）程序计数器。程序计数器用以存放将要执行的下一条指令在内存中的地址，又称为指令地址寄存器（Instruction Pointer，IP）。它应该能够指出内存中的任一地址，其位数通常与内存的地址寄存器位数相等。为了保证程序的连续执行，CPU 必须具备某些手段来确定下一条指令的地址，程序计数器正是为此而设置的，因此又称为指令计数器。在程序开始执行前，将程序的第一条指令所在内存单元的地址送入 PC，以便从程序的第一条指令开始执行。在执行程序过程中，CPU 自动修改 PC 的内容，使其保存的总是将要执行的下一条指令的地址。通过对 PC 加 1，使程序按顺序执行。PC 加 1 的功能可以通过运算器的算术逻辑单元实现。

(2) 指令寄存器。指令寄存器用以存放当前正在执行的指令，以便在指令执行过程中完成一条指令的全部控制功能。执行一条指令时，首先从内存将指令取出送到指令队列中，然后传送至指令寄存器。

(3) 指令译码器。指令译码器主要对指令寄存器中的操作码进行分析解释，产生相应的操作控制信号，有的机器也需要对寻址方式字段进行译码，用以产生有效地址所需的信号。指令译码器的输出反映了指令功能的一串控制电位序列，而哪些电位信号起作用，应该由指令的操作码和寻址方式决定；至于控制电位什么时候起控制作用，则由系统时序来决定。

(4) 时序部件。时序部件是指产生各种时序信号的部件。计算机完成一条指令的过程是通过执行若干个微操作来实现的，而且对各个微操作的执行顺序又有严格的要求。时序部件用来产生一系列的时序信号，可以保证各个微操作的执行顺序。

时序部件一般由脉冲源、周期状态触发器、节拍发生器、启停线路等组成。它产生周期、节拍和工作脉冲 3 级时序。脉冲源产生一定频率的脉冲作为机器的主频脉冲。主频脉冲经过一定的逻辑电路分频与组合，产生周期电位和节拍电位。周期表示执行指令的不同阶段；节拍为机器完成一个操作的延续时间，一个周期可以含有几个节拍。工作脉冲是最基本的定时信号，用于接收代码的选通信号或者清除寄存器的信号，启停线路保证可靠地送出或封锁时钟脉冲、控制时序信号的发生或停止，从而启动机器工作或使其停止。计算机之所以能够准确、迅速、有条不紊地工作，正是因为在控制器中有一个时序部件。计算机一旦被启动，时序部件即开始工作。微操作控制信号形成部件根据时序部件产生的时序信号有条理、有节奏地指挥机器动作，规定机器在这个时刻做什么，到那个时刻又做什么，从而使其按照指令的要求去执行相应的微操作序列。

(5) 微操作控制信号形成部件。此部件是用来产生各种微操作控制信号的。微操作即计算机中最简单的且不能再分解的操作，如打开某个控制门、寄存器的清除脉冲等。复杂操作是通过执行一系列微操作实现的。微操作控制信号形成部件可以根据指令译码器产生的操作控制信号、时序部件产生的时序信号以及其他控制条件产生整个机器指令系统中所有指令所需的全部微操作控制信号。这些控制信号流向计算机的各个部件，以控制指令的执行。此部件可由组合逻辑控制电路或微程序控制电路组成。

(6) 中断机构。中断机构是专门用于处理计算机运行过程中所出现的异常情况和某些请求的部件。中断机构由硬件和软件组成。请求中断的事件称为中断源。中断源的种类很多，如外设引起的中断、运算器产生的中断、存储器产生的中断等。通常将性质相同的中断源归成一类，根据每类中断源的重要性和紧迫性赋予它们一定的优先权编码。如果有几类中断同时请求，则 CPU 按照它们的优先权进行处理，优先权最高的中断首先被处理。当一个中断源有中断请求时，如果条件满足，CPU 则响应中断，中止现行的指令序列。响应中断的动作是由硬件完成的,"响应"所占用的时间称为中断周期。中断周期主要做程序切换工作,将原程序的断点保存起来,转向中断服务程序的入口。中断周期结束后,仍按常规方式执行新的程序。因此,处理指令和处理中断是中央处理器的两个最基本的功能。

1.2.3　存储器

在计算机系统中,存储器是更新速度极快的设备。它的外形体积越来越小,容量却越来越大,速度也越来越快,价格越来越低,寿命越来越长,并且一个系统所采用的存储器类型也逐渐增多,形成了如图 1-5 所示的存储体系。

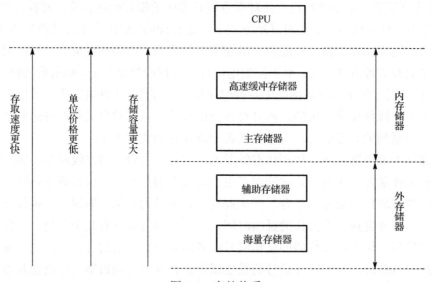

图 1-5　存储体系

存储器就是用来存储信息的部件。正因有了存储器,计算机才有了对信息的记忆功能。计算机的存储器可以分为两大类:一类称为内存储器,简称内存或主存;另一类称为外部存储器,简称外存。内存是计算机主机的一个组成部分,它用来容纳当前正在使用的或者经常使用的程序和数据。对于内存,CPU 可以直接对它进行访问。外存也是用来存储各种信息的,但是 CPU 要使用这些信息时,必须通过专门的设备将信息先传送到内存中。因此外存存放相对来说不经常使用的程序和数据。另外,外存总是和外部设备相关的。

存储器的性能是衡量一台计算机性能的主要指标之一。各种存储器的性能指标可以用 3 个技术指标来描述:存储容量、存取速度和数据传输率。除这 3 个技术指标外,通常还要考虑每位的存储价格这个经济指标。

(1)存储容量。存储容量是指存储器有多少个存储单元。最基本的存储器单元是位(bit),但是在计算容量时常用字节(Byte)或机器字长作单位。最常用的单位是千字节(KB,1024B),其余的依次为兆字节(MB,1024KB)、吉字节(GB,1024MB)和太字节(TB,1024GB)。例如,半导体存储器 DRAM 的存储容量是每片 64MB。

(2)存取速度。把数据存入存储器称为写入;把数据取出称为读出。存取速度是指从请求写入(或读出)到完成写入(或读出)1 个存储单元的时间,包括找到存储地址与传送数据的时间。也可以用单位时间内传送数据的多少来衡量存取的快慢。

(3)数据传输率。单位时间可写入存储器或从存储器读出的信息的最大数量称为数据传输率或存储器传输带宽。存储器传输带宽=一次读取数据的宽度×存储周期的倒数。其中,存储周期的倒数是单位时间(每秒)内能读/写存储器的最大次数。存储器一次读取数据的宽度即位数,也就是存储器传送数据的宽度。

1. 半导体存储器

半导体存储器分为 3 大类:随机存储器(Random Access Memory,RAM)、只读存储器(Read-only Memory,ROM)和特殊存储器。这里着重介绍 RAM 和 ROM。

1)随机存储器

RAM 有 3 个特点。

(1)可以读出,也可以写入。读出时并不损坏所存储的内容;只有在写入时才修改原来所存储的内容。

(2)随机存取,意味着存取任一单元所需的时间相同。因为存储单元排成二维阵列,就像通过 X、Y 两个坐标就能确定一个点。

(3)当断电后,存储的内容立即消失。

RAM 又可分为动态 RAM(Dynamic RAM,DRAM)和静态 RAM(Static RAM,SRAM)两大类。

DRAM 是用 MOS 电路和电容作为存储元件的,由于电容会放电,因此需要定时充电以维持存储内容的正确,这个过程称为刷新,如每隔 2ms 刷新一次,因此称为动态 RAM。SRAM 是用双极型电路或 MOS 电路的触发器来作为存储元件的,没有电容造成的刷新问题。只要有电源正常供电,触发器就能稳定地存储数据,因此称为静态 RAM。DRAM 的特点是高密度;SRAM 的特点是高速度。

例 1-1　16Kbit 的 DRAM 的标准存取时间为 200ns,64Kbit 的 DRAM 的标准存取时间已提高到 100ns。这个时间与 4Kbit 的 SRAM 相比还是极慢的,因为 SRAM 的标准存取时间为 35ns。

1970 年,Intel 公司生产了第一颗 DRAM 芯片,它的线宽为 8μm,拥有 1Kbit 的存储容量。此后每隔 18 个月,DRAM 芯片的存储容量提高一倍,价格则下降一半。到现在为止,DRAM 芯片的存储容量已突破 4GB(DDR2 类型)。DRAM 在实用化之后很快就取代了磁芯内存,成为计算机内存的新标准。在随后的 30 余年间,DRAM 自身也发展成为一个庞大的体系。如今,人们一提起内存,就认为肯定是 DRAM,反之亦然,二者基本上就是同义词。

CPU 芯片的飞速发展使得 RAM 必须不断地改进才能满足其发展的需要。CPU 芯片由 8 位、16 位发展到 32 位;时钟频率由 5MHz、20MHz 继续向 25MHz、30MHz 推进。与这种时钟频率相适应的内存速度为 200ns、100ns、80ns,甚至为 70ns、60ns 才能满足需要。这些要求对 SRAM 来说很容易达到,但它的集成度不够高。为了满足扩大内存的需要,就必须加快 DRAM 的存储速度。因此把动态 RAM 芯片与 CPU 芯片相辅相成的发展看作促进 VLSI 技术的重要推动力。

　　静态 RAM 集成度低,价格高,但存取速度快,它常用作高速缓冲存储器(Cache)。Cache 是指工作速度比一般内存工作速度快得多的存储器,它的工作速度基本上与 CPU 工作速度相匹配,其位置在 CPU 与主存之间(图 1-5)。通常,Cache 中保存着内存中部分数据的映像。CPU 在读/写数据时,首先访问 Cache,如果 Cache 含有所需的数据,就不需要访问内存;如果 Cache 中不含有所需的数据,才访问内存。设置 Cache 的目的就是提高机器运行速度。

　　非易失性随机访问存储器(Non-volatile Random Access Memory,NVRAM)是指断电后仍能保持数据的一种 RAM。它不仅能快速存取,而系统断电时又不丢失数据。实际上,它是把 SRAM 的实时读/写功能与电擦除可编程只读存储器(Electrically Erasable Programmable ROM,EEPROM)的可靠非易失能力综合在一起。在日常生活中处处可见的 U 盘、数码相机、可拍照手机、PDA 以及其中的存储卡,如 CF 卡、SD 卡等,都依赖于 NVRAM 技术的支持。

　　以 Intel 2004 NVRAM(1984 年产品)为例,它是一块 4Kbit 芯片,由 512×8 "字节宽"体系结构组成。其内部结构分为两部分:一部分是高速静态 RAM 阵列;另一部分是与之逐位对应(Bit-for-bit)的非易失 EEPROM 备份阵列。

　　系统正常工作时,CPU 访问 SRAM 部分以完成快速读/写。当系统断电或者正常关机,芯片内部的数据保护电路测出电源电压降至 4V 时能立即关闭输入电路,而迅速地把 SRAM 的内容并行地转储到 EEPROM 中。电源电压恢复后,EEPROM 中的内容又自动放入 SRAM 阵列中。这种转储操作能可靠地进行 10000 次,非易失能力可确保数据存储 10 年以上。

　　目前,在多种 NVRAM 中,闪存(Flash Memory)技术最引人注目,并占据着 NVRAM 市场的霸主地位。

　　2) 只读存储器

　　只读存储器只能读出原有的内容,而不能写入新内容。原有内容由厂家一次性写入并永久保存,是非易失的。

　　ROM 对计算机系统的设计有重要意义,用途很广。微机的发展初期,BIOS 都存放在 ROM 中。把计算机指令的执行用一段微程序来实现,这些微程序固化在 ROM 中,从而产生了一个新概念——固件(Firmware),这种方法也被称为"计算机中的计算机"。ROM 内部的资料是在 ROM 的制造工序中,由厂家用特殊的方法烧录进去的,其中的内容只能读不能改。一旦烧录进去,用户只能验证写入的资料是否正确,不能再做任何修改。如果发现资料有任何错误,则只有舍弃不用,重新订做一份。ROM 是在生产线上生产的,由于成本高,一般只用在大批量应用的场合。

　　由于 ROM 制造和升级的不便,后来人们发明了可编程只读存储器(Programmable ROM,PROM)。最初从工厂中制作完成的 PROM 内部并没有资料,用户可以用专用的编程器将自己的资料写入。但是这种机会只有一次,一旦写入后也无法修改。若出了错误,已写入的芯片只能报废。PROM 的特性和 ROM 的相同,但是其成本比 ROM 的高,而且写入资料的速度比 ROM 的量产速度要慢,一般只适用于少量需求的场合或是 ROM 量产前的验证。

　　可擦可编程只读存储器(Erasable Programmable ROM,EPROM)芯片可重复擦除和写入,解决了 PROM 芯片只能写入一次的弊端。EPROM 芯片有一个很明显的特征,在其正面的陶瓷封装上，开有一个玻璃窗口，透过该窗口，可以看到其内部的集成电路，紫外线透过该孔照射内部芯片就可以擦除其内的数据。芯片擦除的操作要用到 EPROM 擦除器。EPROM 内资料的写入要用专用的编程器，并且往 EPROM 芯片中写内容时必须要加一定的编程电压，例如，编程电压(V_{PP})可以是 12～24V，随不同的芯片型号而定。典型 EPROM 的型号是以 27 开头的，如 27C020(8×256Kbit)是一片 2Mbit 容量的 EPROM 芯片。EPROM 芯片在写入资料后，还要以不透光的贴纸或胶布把窗口封住，以免受到周围的紫外线照射而使资料受损。

鉴于 EPROM 操作的不便，后来出的主板上的 BIOS ROM 芯片大部分都采用 EEPROM。EEPROM 的擦除不需要借助其他设备，它是以电子信号来修改其内容的，而且以字节为最小修改单位，不必将资料全部洗掉才能写入，彻底摆脱了 EPROM 擦除器和编程器的束缚。EEPROM 在写入数据时，仍要利用一定的编程电压，此时，只需用厂商提供的专用刷新程序就可以轻而易举地改写内容，所以，它属于双电压芯片。借助 EEPROM 芯片的双电压特性，可以使 BIOS 芯片具有良好的防毒功能，在升级时，把跳线开关打至 ON 的位置，即给该芯片加上相应的编程电压，就可以方便地升级；平时使用时，则把跳线开关打至 OFF 的位置，防止 CIH 类的病毒对 BIOS 芯片的非法修改。所以，至今仍有不少主板采用 EEPROM 芯片存储 BIOS 程序，并将其作为自己主板的一大特色。

Flash ROM 芯片则属于真正的单电压芯片，在使用上很类似 EEPROM 芯片，因此，有些书籍上便把 Flash ROM 芯片作为 EEPROM 芯片的一种。事实上，二者还是有差别的，Flash ROM 芯片在擦除时，也要执行专用的刷新程序；但是在删除资料时，并非以字节为基本单位，而以 Sector(又称 Block)为最小单位。Sector 的大小随厂商的不同而有所不同，只有在写入时，才以字节为最小单位写入。Flash ROM 芯片的读/写操作都在单电压下进行，不需跳线，只利用专用程序即可方便地修改其内容。Flash ROM 芯片的存储容量普遍大于 EEPROM 芯片的存储容量，为 512Kbit～8Mbit。由于大批量生产，价格也比较合适，很适合用来存放程序码。近年来该芯片已逐渐取代了 EEPROM 芯片，广泛用于主板的 BIOS ROM 芯片，也是 CIH 类的病毒攻击的主要目标。

综上所述，半导体存储器的类型如图 1-6 所示。

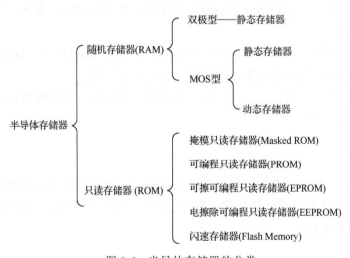

图 1-6 半导体存储器的分类

2．磁记录存储器

利用外加磁场在磁介质表面进行磁化，产生两种方向相反的磁畴单元来表示 0、1 信号，这就是磁记录的基本原理。磁介质表面的单位面积上存储二进制信息的数量称为磁记录的面密度。其单位是每平方英寸比特数(bit/in^2[①])，或者每平方厘米比特数(bit/cm^2)。下面着重介绍两种磁记录存储器：软盘和硬盘。

1) 软盘

软盘存储信息是按磁道和扇区组织存储的，软盘在使用前必须进行格式化。软盘通常有 3.5in 和 5.25in 两种。早期的微型计算机一般都配置一个 3.5in 软盘驱动器，其容量为 1.44MB，盘符为"A："。软盘的特点是成本低、重量轻、价格便宜、便于携带；缺点是存储容量小，且软盘容易损坏。

2) 硬盘

硬盘就是一种最为常见的外存储器，它好比数据的外部仓库。计算机除了要有"工作间"，还要有专门存储东西的仓库。硬盘又称为固定盘，由金属材料涂上磁性物质的盘片与盘片读/写装置组成，它和硬盘驱动器一起封装在主机箱内。这些盘片与读/写装置是密封在一起的。硬盘的尺寸有 5.25in、3.5in 和 1.8in 等。有一类硬盘还可以通过并行口连接，作为一种方便移动的硬盘。

硬盘的存储速度比内存的存储速度慢，但存储容量要大得多，存储容量可用兆字节(MB)或吉字节(GB)来表示。目前，家用计算机的硬盘的大小有 60GB、80GB、120GB 等。

3) 硬盘机接口技术

接口性能对硬盘机与主机之间的通信能力和传输速率有很大影响。接口性能的不断完善与发展，对计算机系统整体性能的提高做出了有益的贡献。以下列举了几种标准接口。

(1) IDE 标准接口。它是智能驱动设备接口，速率比 ST506/412 有所提高，而且价格更低。

(2) ESDI 标准接口。它是增强型小型设备接口，为 IBM PS/2 采用。数据传输速率为 10MB/s，价格较贵。

(3) SCSI 标准接口。它是小型计算机系统接口，是由 Macintosh 引进的硬盘机标准接口。它不限于连接硬盘机，也可连接打印机、光盘机等外设。

(4) IPI 标准接口。它是目前正在发展与完善的性能最强的智能外设接口，主要用在高性能、大容量的硬盘机中。

3．光盘存储器

光盘存储器是一种利用激光技术存储信息的装置，光盘存储器由光盘片和光盘驱动器构成。目前用于微型计算机系统的光盘可分为只读光盘(CD-ROM)、一次写入光盘(CD-WO)和可改写光盘(CD-MO)。

---

① 1in=2.54cm。

1）只读光盘

这种光盘只能一次性写入数据，由生产厂家将数据写入，永久保存。用户只能使用其中存储的数据，而不能写入数据。CD-ROM 是目前计算机中普遍使用的一种光盘，盘片直径为 120mm（4.72in）。中心装卡孔为 15mm，厚度为 1.2mm，重量级为 14～18g。CD-ROM 盘片是单面盘，一面用来存放数据；另一面专门用来粘贴商标。

2）一次写入光盘

这种光盘可由用户写入一次数据，写入数据后不能擦除或修改，但可以多次读出数据。

3）可改写光盘

这种光盘像磁盘一样，既可读出数据，也可重新写入数据。

光盘存储器具有以下特点。

（1）大容量。一张光盘至少可载有 600MB 数据，相当于 500 张 1.2MB 的软盘、300000 页文字资料或 5000 张彩色图片资料。

（2）标准化。CD-ROM 驱动器是标准化的，无论哪一种品牌的光盘驱动器，都可以阅读光盘中的资料。无论哪一种类型的微型计算机，只要配有 CD-ROM 驱动器，就可以读取光盘中的数据。

（3）相容性。由于光盘驱动器的标准化打破了微机的种种限制，光盘可以在所有光盘驱动器中工作。

（4）持久性。光盘驱动器与光盘寿命可长达数十年。这是因为光盘驱动器没有磁头，光盘不会磨损，所以使用寿命较长。

（5）实用性。目前，光盘及光盘驱动器的价格不断下降，光盘信息覆盖领域不断扩大，可用于存储多种资料。

1.2.4　I/O 设备

计算机系统的输入设备相当于人的各种感官，通过它们可读取各种数据。而输出设备就相当于人的脑、手和脚，它使系统能与外部世界沟通。所以输入/输出设备对于计算机来说是相当重要的。

1. 输入设备

输入设备的作用是把信息送入计算机中。文字、图形、声音、图像等所表达的信息都要通过输入设备才能被计算机接收。微型计算机上常用的输入设备有键盘、鼠标、图形扫描仪、数字化仪、条形码读入器、光笔等。

1）键盘

键盘是微型计算机上最常用、最重要的输入设备，标准键盘有 84 键、101 键和 105 键等类型。字符键的排列通常分为 QWERTY 和 DVORAK 两种方式。前者是用键盘上第一排字母中的开始 6 个字母命名的；后者是 1932 年由德沃拉克（August Dvorak）设计的。目前使用最普遍的是 QWERTY 键盘。

键盘通常分为以下 3 个区域。

（1）功能键 F1～F12。由用户根据自己的需要来定义它的功能，以减少重复击键的次数，方便使用。

(2)打字键。打字键包括字母键、数字键和各种符号键，与打字机键盘大同小异。

(3)控制键。打字键和功能键以外的键均为控制键，包括 Ctrl、Alt、Shift、Enter、CapsLock 和光标键等，控制键的功能由软件决定。

2）鼠标器

鼠标器（鼠标）是为了取代键盘的光标键使移动光标更加方便、更加精密而设计的输入装置。因为它小巧玲珑，其后面拖着一条像尾巴的导线，故称为鼠标。

鼠标器的类型、型号很多，按结构可分为机电式和光电式。前者有一个滚动的球，可在桌面上使用；后者没有滚动球，但有光电操纵器，要在专门的反光板上才能使用。按接口分，鼠标器有串行通信接口鼠标器、总线式鼠标器和 PS/2 鼠标器。目前微机上常用的是串行通信接口鼠标器和 USB 接口鼠标器。按所带按键的多少，鼠标器可分为 2 键鼠标器和 3 键鼠标器。

3）图形扫描仪

图形扫描仪是一种用于输入图形（Graphics）或图像（Image）的专用输入设备。由于它可以迅速地将图形或图像输入计算机，因而成为图文通信、图像处理、模式识别、出版系统等方面的主要输入设备。目前使用最普遍的是线性电荷耦合器件（Charge Coupled Device，CCD）扫描仪。

CCD 扫描仪按扫描方式可分为台式扫描仪与手持式扫描仪两类；按灰度与彩色可分为二值化扫描仪、灰度扫描仪和彩色扫描仪。

4）条形码读入器

条形码是一种用线条及线条间的间隙，按一定规则表示数据的条形符号。由于它具有准确可靠、数据输入速度快、灵活实用、易于制作等特点，因此广泛用于物资管理、交通运输、工业生产、图书馆、商场、银行等部门。

阅读条形码要采用专门的读入器在条形码上扫描，将光信号转换成电信号。计算机处理的是读入器获得的电信号经过译码的数据。

5）光笔

光笔是专门用来在显示器屏幕上直接书写、作图的输入设备，与相应的硬件和软件配合，就可以实现在屏幕上作图、改图和进行图形放大、旋转、移位等操作。光笔是一种测光装置。它的外形像一支笔，头部有一个直径为几毫米的小孔（称为光孔），用来检测显示器屏幕上的光点。光笔的工作方式分为指定式和跟踪式。指定式又称定标式，是读取笔尖所指亮点位置数据的一种工作方式。跟踪式光笔由光笔带动屏幕上的光标在屏幕上任意移动来进行作图。

6）触摸屏

触摸屏是一种进行快速人机对话的工具。当手指接近或触摸屏幕时，计算机可感知手指位置，从而实现人机对话。触摸屏的实现技术有两种：一种通过带有十字交叉红外线线条的屏幕，当手指触到屏幕某一点时，使一部分红外线被裁断，从而感知触摸的位置；另一种通过压力感应原理感知被触摸的位置。

2. 输出设备

输出设备的作用是把计算机对信息加工的结果输出给用户，所以输出设备是计算机实用价值的生动体现。它可使微处理机系统与外部世界沟通，能直接帮助用户大幅度地提高工作效率。

输出设备分为显示输出、打印输出、绘图输出和影像输出等。

1）显示器

显示器是利用视频显示技术制成的最常用的输出设备，早期使用的是阴极射线示波器制成的 CRT 显示器，其体积和功耗比较大。为了实现轻、薄、短、小，现在又出现了平板式的液晶显示（Liquid Crystal Display，LCD）材料制成的液晶显示器。显示器由监视器和显示控制适配器组成，并由主机控制显示控制适配器，完成视频输出，如图 1-7 所示。

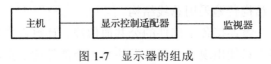

图 1-7 显示器的组成

显示控制适配器又称显示卡。它是插在微机主机箱内的扩展槽上的一块电路板，用来将主机输出的信号转换成显示器所能接收的形式。显示卡是决定显示器性能和类型的一个重要部件。

2）打印机

打印机是使用最为广泛的输出设备，是把字符的编码转换为字符的形状并印成硬拷贝的设备。打印机的种类很多，可以分为击打式打印机或非击打式打印机。其中，使用最普遍的是击打式打印机如针式打印机（又称点阵打印机）；目前使用普遍的非击打式打印机有激光打印机、喷墨打印机等。

（1）针式打印机。针式打印机的关键部件是打印头，它由若干列（或两列）打印针组成。通过打印针击打色带，透过色带在纸上打印出由点阵组成的字符或图形。按打印针的数目，针式打印机可分为 9 针打印机和 24 针打印机；按针式打印的行宽，针式打印机可分为宽行（136 个西文字符）打印机和窄行（80 个西文字符）打印机；按本身是否带汉字库，针式打印机可分为中文打印机和西文打印机。此外，按打印的色彩，针式打印机还可以分为单色（只打印黑色）打印机和彩色打印机（可同时打印多种颜色）。

（2）激光打印机。激光打印机是一种高速、高精度、低噪声的非击打式打印机。它是激光扫描技术与电子照相技术相结合的产物，主要由激光机和印字控制器组成。

激光打印机是页式打印机，主要有激光二极管、LED 阵列和液晶开关这 3 种形式，激光打印机主要采用激光二极管作为激光源。

激光打印机控制器的主要功能是接收主机传来的数据与控制码，经过处理后再将其交给激光打印机。激光打印机是大量用于桌面印刷系统的输出设备，其分辨率大于 300dpi，打印速度一般为 8ppm，噪声一般在 40dB 左右。

（3）喷墨打印机。按喷墨方式不同，喷墨打印机分为电压式间断喷墨打印机和热感式间断喷墨打印机两种。喷墨打印机的关键技术是喷头的制造技术和墨水的质量。喷墨打印机按颜色分为单色和彩色两种；还可以按分辨率分为高分辨率(7300dpi)、低分辨率(300dpi)和中分辨率(居二者之中)三种。

　　3)绘图机

　　绘图机(Plotter)是将计算机的输出信息以图形方式绘出硬拷贝的输出设备，工程技术人员通常用绘图机进行计算机辅助设计。绘图机分为笔式、喷墨式和 LED 式 3 类。绘图机的主要指标有绘图笔数、图纸尺寸、分辨率、接口形式和绘图语言等。

1.2.5　总线

　　微型计算机的设计目标主要是考虑如何以较低造价的硬件组成系统，并具有较强的功能。而实现此目标的关键问题之一是如何进行数据信息的传送。为了克服数据信息在计算机各部件之间直接进行传送而造成的数据通路复杂、零乱、控制困难、扩展性差等缺点，目前，微型计算机硬件结构普遍采用总线结构。

　　计算机中的总线是一组连接各个部件的公共通信线。计算机中的各个部件是通过总线相连的，任一瞬间总线上只能出现一个部件发往另一个部件的信息，这意味着总线只能分时使用，而这是需要加以控制的。总线使用权的控制是设计计算机系统时要认真考虑的重要问题。目前在计算机系统中常把总线作为一个独立部件看待。总线的工作方式通常是由发送信息的部件分时地将信息发往总线，再由总线将这些信息同时发往各个接收信息的部件。究竟哪个部件接收信息，要由输入脉冲控制决定。总线的数据通路宽度是指能够一次并行传送的数据位数。总线是一组物理导线，并非一根。常用的分类方法是按照总线传送的信息的类别分为数据总线、地址总线和控制总线。数据总线用于传送程序或数据；地址总线用于传送主存地址码或外部设备地址码；控制总线用于传送种种控制信息。

　　按照总线传送信息的方向，可把总线分为单向总线和双向总线。单向总线的功能是使挂在总线上的一些部件将信息有选择地传向另一些部件，而不能反向传送。双向总线则不仅能使任何挂在总线的部件或设备有选择地接收由其他部件发出的信息，同时也能够通过总线有选择地向其他部件或设备发送信息。

1.3　计算机中信息的表示

　　电子计算机能以极高速度进行数据处理和加工，要了解计算机，首先要了解计算机中数据的表示方法。数据在计算机中以器件的物理状态表示，采用二进制数字系统，计算机处理所有的字符或符号也要用二进制编码来表示。

1.3.1　进位计数制

　　任何一种数制都可以用以下四个规则来描述：基数规则、进位规则、位权规则和运算规则。这可区别不同数制表示的数，通常用右括号外的下标字母表示括号内的数制。

　　1. 数制的概念

　　数制是用一组固定的数字和一套统一的规则来表示数目的方法。按照进位方式计数的数制称为进位计数制。十进制即"逢十进一",生活中也常常遇到其他进制,如六十进制、十二进制、十六进制等。

2. 基数

基数是指该进制中允许选用的基本数码的个数。每一种进制都有固定数目的计数符号。

二进制:基数为 2,2 个计数符号 0 和 1。每个计数符号根据它在这个数中的数位,按"逢二进一"来决定其实际数值。

八进制:基数为 8,8 个计数符号 0～7。每个计数符号根据它在这个数中的数位,按"逢八进一"来决定其实际的数值。

十进制:基数为 10,10 个计数符号 0～9。每个计数符号根据它在这个数中所在的数位,按"逢十进一"来决定其实际数值。

十六进制:基数为 16,16 个计数符号 0～9、A～F。其中,A～F 对应十进制的 10～15。每个计数符号根据它在这个数中的数位,按"逢十六进一"决定其实际的数值。

十进制、二进制、八进制与十六进制数字对照关系如表 1-1 所示。在书写时,用四个不同的字母做后缀分别代表不同的进制。后缀 B(Binary)表示这个数是二进制;后缀 O(Octor)表示这个数是八进制;后缀 D(Decimal)表示这个数是十进制;后缀 H(Hex)表示这个数是十六进制。

表 1-1 十进制、二进制、八进制与十六进制数字对照表

十进制	二进制	八进制	十六进制
0	0000	0	0
1	0001	1	1
2	0010	2	2
3	0011	3	3
4	0100	4	4
5	0101	5	5
6	0110	6	6
7	0111	7	7
8	1000	10	8
9	1001	11	9
10	1010	12	A
11	1011	13	B
12	1100	14	C
13	1101	15	D
14	1110	16	E
15	1111	17	F

3. 位权

一个数码在不同位置上所代表的数值不同,例如,数字 6 在十位数位置上表示 60;在百位数位置上表示 600;而在小数点后 1 位表示 0.6,可见每个数码所表示的数值等于该数

码乘以一个与数码所在位置相关的常数，这个常数称为位权。位权的大小是以基数为底、数码所在位置的序号为指数的整数次幂。十进制的个位数位置的权值是 10^0；十位数位置上的位权为 10^1；小数点后 1 位的位权为 10^{-1}。

十进制数 24858.65 的值为

$$(24858.65)_{10} = 2 \times 10^4 + 4 \times 10^3 + 8 \times 10^2 + 5 \times 10^1 + 8 \times 10^0 + 6 \times 10^{-1} + 5 \times 10^{-2}$$

小数点左边：从右向左，每一位对应权值分别为 10^0、10^1、10^2、10^3、10^4。

小数点右边：从左向右，每一位对应的权值分别为 10^{-1}、10^{-2}。

二进制数 111010.01 的值为

$$(111010.01)_2 = 1 \times 2^5 + 1 \times 2^4 + 1 \times 2^3 + 0 \times 2^2 + 1 \times 2^1 + 0 \times 2^0 + 0 \times 2^{-1} + 1 \times 2^{-2}$$

小数点左边：从右向左，每一位对应的权值分别为 2^0、2^1、2^2、2^3、2^4、2^6。

小数点右边：从左向右，每一位对应的权值分别为 2^{-1}、2^{-2}。

不同的进制由于其进位的基数不同，权值是不同的。

一般而言，对于任意的 R 进制数：

$$N = a_{n-1}a_{n-2}\cdots a_1 a_0 a_{-1} \cdots a_{-m}$$

其中，n 为整数位数；m 为小数位数。

N 可以表示为下式：

$$N = a_{n-1} \times R^{n-1} + a_{n-2} \times R^{n-2} + \cdots + a_1 \times R^1 + a_0 \times R^0 + a_{-1} \times R^{-1} + \cdots + a_{-m} \times R^{-m}$$

其中，R 为基数。

一般我们用"()脚标"表示不同进制的数。例如，十进制用"$()_{10}$"表示；二进制数用"$()_2$"表示。在微机中，一般在数字的后面，用特定字母表示该数的进制。其中，十进制数在数字后加字母 D 或不加字母，如 512D 或 512；二进制数在数字后面加字母 B，如 1011B；八进制数在数字后面加字母 O，如 127O；十六进制数在数字后加字母 H，如 0A8000H。

4. 二进制概念

二进制和十进制一样，也是一种进位计数制，它的基数是 2。二进制是计算机信息表示和信息处理的基础。二进制代码是把 0 和 1 两个符号按不同顺序排列起来的一串符号。二进制具有以下两个基本特征。

(1) 用 0、1 两个不同的符号组成的符号串表示数量。

(2) 相邻两个符号之间遵循"逢二进一"的原则，即左边的一位所代表的数目是右边紧邻同一符号所代表的数目的 2 倍。

例 1-2　二进制数 1101 表示十进制数 13，如下所示。

$$(1101)_2 = 1 \times 2^3 + 1 \times 2^2 + 0 \times 2^1 + 1 \times 2^0 = 8 + 4 + 0 + 1 = 13$$

5. 二进制信息的计量单位

计算机中数据的常用单位有位、字节和字。

1）位

计算机中最小的数据单位是二进制的 1 位，简称位。计算机中最直接、最基本的操作就是对二进制位的操作。显然，在计算机内部到处都是由 0 和 1 组成的数据流。

2）字节

字节简写为 B，为了表示读入数据中的所有字符需要 7 位或 8 位二进制数，人们采用由 8 个二进制位组成一组数据的方式定义字节。

字节是计算机中用来表示存储空间大小的基本容量单位。例如，计算机内存的存储容量、磁盘的存储容量等都是以字节为单位表示的。除用字节为单位表示存储容量外，还可以用千字节、兆字节以及吉字节等表示存储容量。它们之间存在下列换算关系：

$$1B = 8bit$$
$$1KB = 1024B = 2^{10}B$$
$$1MB = 1024KB = 2^{10}KB = 2^{20}B = 1024 \times 1024B$$
$$1GB = 1024MB = 2^{10}MB = 2^{30}B = 1024 \times 1024KB$$
$$1TB = 1024GB = 2^{10}GB = 2^{40}B = 1024 \times 1024MB$$

要注意位与字节的区别：位是计算机中的最小数据单位；字节是计算机中的基本信息单位。

3）字

在计算机中作为一个整体被存取、传送、处理的二进制数字符串称为一个字（Word）或单元，每个字中二进制位数的长度称为字长。一个字由若干字节组成，不同的计算机系统的字长是不同的，常见的有 8 位、16 位、32 位、64 位等。字长越长，计算机一次处理的信息位就越多，精度就越高。字长是计算机性能的一个重要指标。目前的主流微机都是 32 位机。

注意字与字长的区别：字是单位；字长是指标，指标需要用单位加以衡量。正像生活中重量与公斤的关系：公斤是单位；重量是指标，重量需要用公斤加以衡量。

1.3.2　数值信息在计算机内的表示

计算机中处理的数据分为数值型数据和非数值型数据两大类。

数值型数据指能进行算术运算（加、减、乘、除四则运算）的数据，即通常所说的数。非数值型数据指文字、图像等不能进行算术运算的数据。

数在计算机内的表示，要涉及数的长度和符号如何确定、小数点如何表示等问题。

1.　数值型数据分类

计算机内表示的数，分成整数和实数两大类。在计算机内部，数字和符号都用二进制码表示，两者合在一起构成数的机内表示形式，称为机器数。而它真正表示的带有符号的数称为这个机器数的真值。机器数是二进制数在计算机内的表示形式。机器数又分为定点数和浮点数。

例 1-3　用 8 位二进制数表示+49 和–49。

十进制	+49	−49
二进制(真值)	+0110001	−0110001
计算机内(机器数)	00110001	10110001

2. 整数范围

计算机中的整数一般用定点数表示，定点数指小数点在数中有固定的位置。整数又可分为无符号整数和有符号整数。无符号整数中，所有二进制位全部用来表示数的大小，有符号整数用最高位表示数的正负，其他位表示数的大小。如果用 1 字节表示一个无符号整数，其取值范围是 $0 \sim 255(2^8-1)$。表示一个有符号整数，则能表示的最大正整数为 01111111B，即最大值为 127，其取值范围为$-128 \sim +127(-2^7 \sim +(2^7-1))$。

运算时，若数超出机器数所能表示的范围，就会停止运算和处理，这种现象称为溢出。

表 1-2 列出了 8 位、16 位、32 位的无符号正整数及带符号整数的范围。

表 1-2　数的表示范围

数的位数	无符号正整数范围	带符号整数的范围
8	0~255	−128~+127
16	0~65535	−32768~+32767
32	0~4294967295	−2147483648~+2147483647

3. 原码、反码、补码

数有正负之分，这种带符号的数在计算机中怎么表示呢？通常规定一个数的最高位作为符号位，该位不代表数值，仅用来表示数符。若该位为 0，则表示正数；若为 1，则代表负数。这样一来，数的符号也数字化了。

例如，在机器中用 8 位二进制表示一个数+90，其格式为

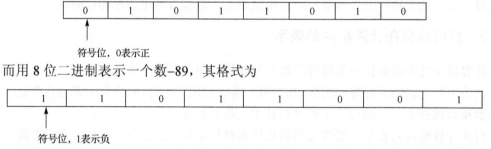

机器数在机内有三种不同的表示法，即原码表示法、反码表示法和补码表示法。

1)原码表示法

用首位表示数的符号，0 表示正，1 表示负；其他位为数的真值的绝对值，这样表示的数就是数的原码。

例 1-4　原码表示法示例。

$$X = (+105), \quad [X]_{原} = (01101001)_2$$

$$Y = (-105)，\quad [Y]_{原} = (11101001)_2$$

0 的原码有两种，即 $[+0]_{原} = (00000000)_2$，$[-0]_{原} = (10000000)_2$。

规律：正数的原码是它本身；负数的原码是其真值取绝对值后，在最高位（左端）补 1。

原码简单易懂，与真值转换很方便。但是若两个相异的数相加和两个同号的数相减，就要做减法，就必须判别这两个数哪一个的绝对值大，用绝对值大的数减绝对值小的数，运算结果的符号就是绝对值大的那个数的符号，这些操作比较麻烦，运算的逻辑电路实现起来比较复杂。于是，为了将加法和减法运算统一成只做加法运算，就引进了反码和补码。

2）反码表示法

反码使用得较少，它只是补码的一种过渡。

反码就是负数原码，除符号位外，逐位取反所得的数；而正数的反码则与其原码形式相同。用数学式来描述这段话，即反码定义为

$$[X]_{反} = \begin{cases} X, & 2^{n-1} > X \geq 0 \\ 2^n - 1 - |X|, & 0 \geq X > -2^{n-1} \end{cases}$$

规律：正数的反码与其原码相同；负数的反码其符号位不变，其余各位按位取反，即 0 变成 1，1 变成 0。

例 1-5 反码表示法示例。

$$[+65]_{原} = (01000001)_2，\quad [+65]_{反} = (01000001)_2$$

$$[-65]_{原} = (11000001)_2，\quad [-65]_{反} = (10111110)_2$$

很容易验证：一个数的反码的反码就是这个数本身。

0 的反码有两种，即 $[+0]_{反} = (00000000)_2$，$[-0]_{反} = (11111111)_2$。

3）补码表示法

前面已说明，补码的作用在于化减法为加法，实现类似于代数中的 $x-y=x+(-y)$ 运算。这里的关键问题是用什么机器数表示一个负数才能达到此目的，而这正是关于补码的论题。那么补码是怎么想出来的呢？

（1）模的概念。

模是指一个计量系统的计数范围。时钟、电表、里程表等都是计量器具，计算机也可看成一个计量机器，它们都有一个计量范围，即都存在一个模。

模实质上是指计量器产生溢出的量，它的值在计量器上表示不出来，计量器上只能表示出模的余数，例如，时钟只能表示 0～11，时针一过 12 点就又从 0 开始计时，超过 12 的数就自动丢弃了。

任何有模的计量器，均可以化减法运算为加法运算。下面仍以时钟为例。

设当前时针指向 10 点，而准确时间为 6 点，调整时间可有以下两种拨法：一种拨法是倒拨 4 小时，即 10-4=6；另一种拨法是顺拨 8 小时，即 10+8=18=12+6=6。

可见，在以 12 为模的系统中，加 8 和减 4 效果是一样的。因此在以 12 为模的系统中，凡是减 4 的问题，都可以用加 8 来代替，这就把减法问题化成了加法问题。实际上，在以 12 为模的系统中，11 和 1、10 和 2、9 和 3、8 和 4、7 和 5、6 和 6 都有这个性质。对模而

言，它们互为补数，共同特点是两者相加等于 12。

以上是时钟的例子，对于计算机，其概念和方法完全一样。n 位计算机，设 $n=8$，其所能表示的最大数为 $(11111111)_2$，相当于十进制数 255，若再加 1，成为 $(100000000)_2$，但因只有八位，最高位 1 自然丢失，本来应该是 256，却又回到了 0。所以 8 位二进制系统的模为 $2^8=256$。如同时钟一样，在这样的系统中，减法运算可以化成加法运算，只需把减数用相应的补数表示就可以了。可见，把补数用到计算机对机器数的处理上，就是补码。

(2) 补码的定义。

对于 n 位计算机，某数 X 的补码定义为

$$[X]_{\text{补}} = \begin{cases} X, & 2^{n-1} > X \geqslant 0 \\ 2^n - |X|, & 0 \geqslant X > -2^{n-1} \end{cases}$$

可见，正数的补码等于正数本身，负数的补码等于模 (2^n) 减去它的绝对值，即用它的补数来表示。

(3) 补码的简便求法。

从补码定义出发求某数补码，仍涉及减法运算，但计算机内部处理补码时，并不进行减法运算，而是采用以下的简便方法。

例 1-6　对于 8 位计算机，求 +91、−91、+1、−1、+0、−0 的补码。8 位计算机，模为 2^8，即二进制数 100000000，相当于十进制数 256。

$$X = (+91)_{10} = (+1011011)_2, \quad [X]_{\text{补}} = (01011011)_2$$

$$X = (-91)_{10} = (-1011011)_2, \quad [X]_{\text{补}} = 100000000 - 1011011 = (10100101)_2$$

$$X = (+1)_{10} = (+0000001)_2, \quad [X]_{\text{补}} = (00000001)_2$$

$$X = (-1)_{10} = (-0000001)_2, \quad [X]_{\text{补}} = 100000000 - 0000001 = (11111111)_2$$

$$X = (+0)_{10} = (+0000000)_2, \quad [X]_{\text{补}} = (00000000)_2$$

$$X = (-0)_{10} = (-0000000)_2, \quad [X]_{\text{补}} = (00000000)_2$$

很容易证明该方法是正确的，要求会用此法求出补码，原则是：

① 若某数为正，则补码就是它本身；

② 若某数为负，则先将其表示成原码，然后除符号位外，逐位取反（0 变 1，1 变 0），最后加 1。

反过来，如何将补码转换为真值呢？原则是：

① 若符号位为 0，则符号位后的二进制数就是真值，且为正；

② 若符号位为 1，则将符号位后的二进制序列逐位取反，最后再加 1，所得结果即为真值，且为负。

例 1-7　求 $[11111111]_{\text{补}}$ 的真值。

第一步：除符号位外，每位取反 10000000。

第二步：再加 1，结果为 10000001。

所以，真值为 $(-00000001)_2$。

4）补码表示法

在计算机中，凡带符号数一律用补码表示，运算结果也是用补码表示。补码运算遵循以下基本规则：

$$[X \pm Y]_{\text{补}} = [X]_{\text{补}} \pm [Y]_{\text{补}}$$

它的含义是：

① 两个补码的加减结果也是补码；

② 运算时，符号位同数值部分作为一个整体参加运算，如果符号有进位，则舍去进位。

例 1-8　求 $(32-10)_{10}$。

$$(32)_{10} = (+0100000)_2, \quad [32]_{\text{补}} = (00100000)_2$$

$$(-10)_{10} = (-001010)_2, \quad [-10]_{\text{补}} = (11110110)_2$$

$$
\begin{array}{r}
[32]_{\text{补}} \quad 00100000 \\
+ \quad [-10]_{\text{补}} \quad 11110110 \\
\hline
100010110
\end{array}
$$

所以，$(32-10)_{10} = (00010110)_2 = (+22)_{10}$。

例 1-9　设计算机字长 n=8 位，机器数的真值 $X = -(1011011)_2$，求 $[X]_{\text{补}}$。

因为 $n=8$，模 $M = 2^8 = (100000000)_2$，$X<0$，所以 $[X]_{\text{补}} = M + X = (100000000)_2 - (1011011)_2 = (10100101)_2$。

4. 实数

计算机处理的数有整数也有实数。实数有整数部分也有小数部分。机器数的小数点的位置是隐含规定的。若约定小数点的位置是固定的，则称为定点表示法；若约定小数点的位置是可以变动的，则称为浮点表示法。它们不但关系到小数点的问题，而且关系到数的表示范围、精度以及电路复杂程度，是个最根本性的问题。

1）定点数

计算机处理的数据不仅有符号，而且大量的数据带有小数，小数点不占二进制位，而是隐含在机器数里某个固定位置上。通常采取两种简单的约定。一种约定所有机器数的小数点位置隐含在机器数的最低位之后，称为定点纯整机器数，简称定点整数。例如：

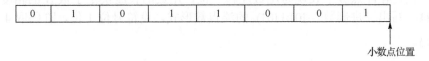

若有符号位，则符号位仍在最高位。因小数点隐含在机器数的最低位之后，所以上数表示+1011001B。另一种约定所有机器数的小数点隐含在符号位之后、有效部分最高位之前，称为定点纯小数机器数，简称定点小数，例如：

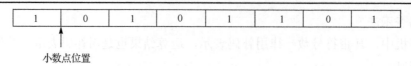

最高位是符号，小数点在符号位之后，所以上数表示–0.0101101B。

无论定点整数，还是定点小数，都可以有原码、反码和补码三种形式。例如，定点小数：

1	1	1	1	0	0	0	0

如果这是原码表示的定点小数，$[X]_原 = (11110000)_2$，则 $X = (-0.111)_2 = (-0.875)_{10}$。如果这是补码表示的定点小数，$[X]_补 = (11110000)_2$，则 $[X]_原 = (10010000)_2$，$X = (-0.001)_2 = (-0.125)_{10}$。

2）浮点数

计算机多数情况下采用浮点数表示数值，它与科学计数法相似，把一个二进制数通过移动小数点位置表示成符号、阶码和尾数三部分：

$$N = (-1)^F 2^E \times S$$

其中，F 代表 N 的符号位；E 代表 N 的阶码；S 代表 N 的尾数。

例 1-10 浮点数表示法示例。

$$(1011101)_2 = 2^{+7} \times 0.101101$$
$$(101.1101)_2 = 2^{+3} \times 0.1011101$$
$$(0.01011101)_2 = 2^{-1} \times 0.1011101$$

浮点数的格式如下：

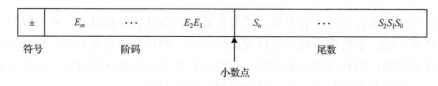

图 1-8　浮点数的表示格式

浮点数由符号位、阶码和尾数三部分组成，底数 2 在机器数中不出现，是隐含的。符号位反映了浮点数 N 的正负，阶码反映了数 N 小数点的位置，二进制数 N 小数点每左移一位，阶码增加 1。尾数是定点小数，常取补码或原码，码制不一定与阶码相同，数 N 的小数点右移一位，在浮点数中表现为尾数左移一位。尾数的长度决定了数 N 的精度。

例 1-11　写出二进制数 $(-101.1101)_2$ 的浮点数形式，设符号位 1 位，阶码取 4 位，尾数是 8 位原码。

$$-101.1101 = -0.1011101 \times 2^{+3}$$

浮点形式为：

符号 1　　阶码 0011　　尾 10111010

补充解释：符号位 1 表示该浮点数为负数，阶码 0011 表示指数是 "3"；尾数 10111010 表示 0.1011101。

浮点数运算后结果必须化成规格化形式。规格化后的浮点数表示为：

$$N = (-1)^F 2^{E-P} \times \left(1 + \sum_{i=1}^{n} M_i \times 2^i \right)$$

其中，F 代表 N 的符号位；E 代表 N 的阶码；P 代表偏移值，根据阶码的位数而确定其具体值；M_i 代表所在位权的具体数值 1 或者 0。

例 1-12　计算机浮点数格式如下：符号位为 1 位，阶码部分用 4 位表示；尾数部分用 8 位表示，写出 $x = (0.0001101)_2$ 的规格化形式。

$$x = 0.0001101 = 1.101 \times 2^{-4}$$

首先

$$P = 2^{4-1} - 1 = 7$$

即

$$E - 7 = -4$$

则

$$E = 3$$

所以规格化浮点数形式是

0	0011	10100000

例 1-13　一个 32 位浮点数，符号位为 1 位，阶码部分用 8 位表示；尾数部分用 23 位表示，基数为 2。试写出存放 105.5 浮点数的规格化形式。

$$(105.5)_{10} = (+1101001.1)_2$$

根据题中规定的阶码和尾数两部分长度，规格化处理后浮点格式如下所示：

0	10000101	10100110000000000000000
符号	阶码	尾数

小数点

规格化浮点数用十六进制表示，则为 $(42D30000)_{16}$ 。

1.3.3　非数值信息在计算机中的表示

计算机除了能对数值信息进行处理之外，对于如文字、图画、声音等信息也能进行各种处理，当然它们在计算机内部也必须表示成二进制形式，这些通称为非数值数据。

1. ASCII 码

首先介绍西文字符在计算机中的表示。西文由拉丁字母、数字、标点符号及一些特殊符号组成，它们通称为字符。所有字符的集合称为字符集。字符集中的每一个字符各有一个二进制码，它们互相区别，构成了该字符集的代码表，简称码表。

字符集有多种，每个字符集的编码也多种多样。目前计算机使用较广泛的西文字符集及其编码是美国信息交换标准代码（American Standard Code for Information Interchange，ASCII 码）。它已被国际标准化组织（ISO）批准为国际标准，称为 ISO 646 标准。它是基于拉丁字母的一套计算机编码系统，适用于所有的西文字符，已在全世界通用。

　　标准的 ASCII 码是 7 位码，用 1 字节表示，最高位总是 0，可以表示 128 个字符。7 位 ASCII 码表如表 1-3 所示。前 32 个码和最后一个码通常是计算机系统专用的，代表一个不可见的控制字符。数字字符 0～9 的 ASCII 码是连续的，用 30H～39H 表示；大写字母 A～Z 和小写字母 a～z 的 ASCII 码也是连续的，分别为 41H～5AH 和 61H～7AH。因此在知道一个字母或数字的编码后，很容易推算其他字母和数字的编码。

表 1-3　7 位 ASCII 码表

			高 3 位	b7	0	0	0	0	1	1	1	1
				b6	0	0	1	1	0	0	1	1
低 4 位				b5	0	1	0	1	0	1	0	1
b4	b3	b2	b1	行列	0	1	2	3	4	5	6	7
0	0	0	0	0	NUL	DLE	SP	0	@	P	`	p
0	0	0	1	1	SOH	DC1	!	1	A	Q	a	q
0	0	1	0	2	STX	DC2	"	2	B	R	b	r
0	0	1	1	3	ETX	DC3	#	3	C	S	c	s
0	1	0	0	4	EOT	DC4	$	4	D	T	d	t
0	1	0	1	5	ENQ	NAK	%	5	E	U	e	u
0	1	1	0	6	ACK	SYN	&	6	F	V	f	v
0	1	1	1	7	BEL	ETB	'	7	G	W	g	w
1	0	0	0	8	BS	CAN	(	8	H	X	h	x
1	0	0	1	9	HT	EM	)	9	I	Y	i	y
1	0	1	0	10	LF	SUB	*	:	J	Z	j	z
1	0	1	1	11	VT	ESC	+	;	K	[	k	{
1	1	0	0	12	FF	FS	,	<	L	\	l	|
1	1	0	1	13	CR	GS	-	=	M	]	m	}
1	1	1	0	14	SO	RS	.	>	N	^	n	~
1	1	1	1	15	SI	US	/	?	O	_	o	DEL

　　例如，大写字母 A，其 ASCII 码为 1000001，即 ASC(A)=41H；小写字母 a，其 ASCII 码为 1100001，即 ASC(a)=61H。

　　表 1-3 中第 010～111 列(共 6 列)中一共有 94 个可打印(或显示)的字符，称为图形字符。这些字符有确定的结构形状，可在显示器和打印机等输出设备上输出。它们在计算机键盘上能找到相应的键，按键后就可将对应字符的二进制编码送入计算机内。

　　另外，表的第 000 列和第 001 列中共 32 个字符，称为控制字符，它们在传输、打印或显示输出时起控制作用。按照它们的功能含义可分为如下 5 类。

　　(1)传输控制字符，如 SOH(标题开始)、STX(正文开始)、ETX(正文结束)、EOT(传输结束)、ENQ(询问)、ACK(认可)、DLE(数据链转移)、NAK(否认)、SYN(同步)、ETB(组传输结束)。

　　(2)格式控制字符，如 BS(退格)、HT(横向制表)、LF(换行)、VT(纵向制表)、FF(换页)、CR(回车)。

（3）设备控制字符，如 DC1（设备控制 1）、DC2（设备控制 2）、DC3（设备控制 3）、DC4（设备控制 4）。

（4）信息分隔类控制字符，如 US（单元分隔）、RS（记录分隔）、GS（群分隔）、FS（文件分隔）。

（5）其他控制字符，如 NUL（空白）、BEL（响铃）、SO（移出）、SI（移入）、CAN（作废）、EM（媒体结束）、SUB（取代）、ESC（转义）。

此外，在图形字符集的首尾还有两个字符也可归入控制字符，它们是 SP（空格字符）和 DEL（删除字符）。

虽然 ASCII 码是 7 位编码，但由于字节是计算机中的基本处理单位，故一般仍以 1 字节来存放一个 ASCII 字符。每字节中多余的一位（最高位 b7），在计算机内部一般保持 0。

随着计算机的发展和深入，7 位的字符集有时已不够使用，为此国际标准化组织又提出了扩充 ASCII 字符集为 8 位代码的方法。

西文字符集的编码不止 ASCII 码一种，较常用的还有一种是用 8 位二进制数表示字符的 EBCDIC 码，该码共有 256 种不同的编码，可表示 256 个字符，在某些计算机（如 IBM 公司的一些产品）中也常使用。

例 1-14　将 DIR 三个字符的 ASCII 码查出并存放在主存中。

1 字节只能存放一个 ASCII 码，所以 DIR 三个字符将占用 3 字节。根据标准 ASCII 码规定，最高位 b7 均为 0，其余各位由表 1-3 可知。

D 字符位于 b6b5b4=100 列，b3b2b1b0=0100 行。

所以，D 的 ASCII 码=b7b6b5b4b3b2b1=(01000100)$_2$，存储情况如图 1-9 所示。

图 1-9　3 字节存放 DIR 三个字符 ASCII 码

2. GB 2312—1980

国家标准代码简称国标码。该编码集的全称是"信息交换用汉字编码字符集　基本集"，国家标准编号是 GB 2312—1980（或 GB 2312）。该编码的主要用途是作为汉字信息交换码使用。

国标码中收集了二级汉字，共约 7445 个汉字及符号。其中，一级常用汉字 3755 个，汉字的排列顺序为拼音字典序；二级常用汉字 3008 个，排列顺序为偏旁序；还收集了 682 个图形符号。一般情况下，该编码集中的二级汉字及符号已足够使用，标准编码具体参见《信息交换用汉字编码字符集　基本集》（GB 2312—1980）。

国标码规定：一个汉字用 2 字节来表示，每字节只用低七位，最高位均未作定义（图 1-10）。为了方便书写，常用四位十六进制数来表示一个汉字。

b_7	b_6	b_5	b_4	b_3	b_2	b_1	b_0	b_7	b_6	b_5	b_4	b_3	b_2	b_1	b_0
0	×	×	×	×	×	×	×	0	×	×	×	×	×	×	×

图 1-10　国标码的格式

例如，汉字"大"的国标码是 3473（十六进制数）。

国标码是一种机器内部编码，其主要作用是统一不同的系统之间所用的不同编码。通过将不同的系统使用的不同编码统一转换成国标码，不同系统之间的汉字信息就可以相互交换。

1）GB 2312 编码表的格式和布局

国际汉字编码也用类似于 ASCII 码表的形式给出，将汉字和必要的非汉字字符排列在 94×94 方阵的区域中。该方阵中的每一个位置的行和列分别用一个七位二进制码表示，称为区码和位码，每一个汉字和非汉字字符对应于方阵中的一个位置，因此，可以把汉字和非汉字字符所在位置的区码和位码作为它们的编码。区码和位码的存储各占 1 字节，所以在国际汉字编码中，每个汉字和非汉字字符占用 2 字节。表 1-4 给出了 GB 2312 编码表的局部格式。例如，"啊"字是 GB 2312 编码中的第一个汉字，它位于 16 区的 01 位，所以它的编码就是 1601。

表 1-4　GB 2312 编码局部表

位码：低 7 位 区码：高 7 位	01	02	03	04	05	06	07	08	09
16	啊	阿	埃	挨	哎	唉	哀	皑	癌
17	薄	雹	保	堡	饱	宝	抱	报	暴
18	病	并	玻	菠	播	拨	钵	波	博
19	场	尝	常	长	偿	肠	厂	敞	畅
20	础	储	矗	搐	触	处	揣	川	穿
21	怠	耽	担	丹	单	郸	掸	胆	旦

在国际基本集中，16～55 区中是常用的一级汉字；56～87 区中是二级汉字。除此之外还收录了一般符号 202 个（包括间隔、标点、运算符号、单位符号、制表符号），序号 60 个（1～20 共 20 个，(1)～(20) 共 20 个，①～⑩共 10 个，(一)～(十) 共 10 个），数字 22 个（0～9 共 10 个，Ⅰ～Ⅻ共 12 个），西文字母 52 个，日文假名 169 个，希腊字母 48 个，俄文字母 66 个，汉语拼音符号、注音符号 63 个。这些符号占 1～10 区。因为全表共 94 区、94 位，所以最多可表示的字符个数为 94×94，即 8836 个。表中的空位作为扩充使用。GB 2312 编码表的总体布局如表 1-5 所示。

2）GB 2312 的应用

GB 2312 中的 6763 个汉字在《印刷通用汉字字形表》的基础上，根据需要增加了 500 多个科技名词、地名和姓名用字，既基本满足了各方面的需要，又有利于降低汉字信息处理系统的成本，提高汉字编码的效率，有利于汉字信息处理技术的推广和应用。

GB 2312 广泛应用于我国通用汉字系统的信息交换及硬、软件设计中。例如，目前汉字字模库的设计都以 GB 2312 为准，绝大部分汉字数据库系统、汉字情报检索系统等软件也都以 GB 2312 为基础进行设计。

表 1-5　GB 2312 编码表总体布局

区位		01～94 位
01～94 区	01	常用符号(94 个)
	02	序号、罗马数字(72 个)
	03	GB 1988 图形字符集(94 个)
	04	日文平假名(83 个)
	05	日文片假名(86 个)
	06	希腊字母(48 个)
	07	俄文字母(66 个)
	08	汉语拼音符(26 个)、注音字母(37 个)
	09	制表符(76 个)
	M	空白区，没有使用
	16～55	一级汉字(3755 个)
	56～87	二级汉字(3008 个)
	88	
	94	

GB 2312 是汉字信息处理技术领域内的基础标准，许多其他标准都与它密切相关，例如，汉字点阵字型标准、磁盘格式标准的制定均依据 GB 2312 标准。

3. BIG5 汉字编码、ISO/IEC 10646、Unicode 编码

BIG5 汉字编码是我国台湾地区计算机系统中使用的汉字编码字符集，它包含了 420 个图形符号和 13070 个汉字(不使用简化字库)。编码范围是 0x8140～0xFE7E、0x81A1～0xFEFE，其中，0xA140～0xA17E、0xA1A1～0xA1FE 是图形符号区，0xA440～0xF97E、0xA4A1～0xF9FE 是汉字区，其余为空白区，没有使用。

ISO/IEC 10646，即通用多八位编码字符集(Universal Multiple-octet Coded Character Set，UCS)，以及等同采用该国际标准的中国国家标准 GB13000 的设计目标，就是实现所有字符在同一字符集中等长编码、同等使用的真正多文种信息处理。GB13000 全称：国家标准 GB13000—2010《信息技术　通用多八位编码字符集(UCS)第一部分：体系结构与基本多文种平面》，此标准等同采用国际标准 ISO/IEC 10646—2003，IDT《信息技术　通用多八位编码字符集(UCS)第一部分：体系结构与基本多文种平面》。GB13000 的总编码位置高达 2147483648 个(128 组×256 平面×256 行×256字位)。目前实现的是 00 组的 00 平面，称为基本多文种平面(Basic Multilingual Plane, BMP)，编码位置 65536 个。基本多文种平面所有字符代码的前 2字节都是 0(00 组 00 平面××行××字位)，因此，目前在默认情况下，基本多文种平面按照 2 字节处理。

随着国际互联网的迅速发展，要求进行数据交换的需求越来越大，不同的编码体系越

来越成为信息交换的障碍，而且多种语言共存的文档不断增多，单靠代码页已很难解决这些问题，于是 Unicode 应运而生。Unicode 有双重含义，首先 Unicode 是对国际标准 ISO/IEC 10646 编码的一种称谓；另外它又是由美国的 HP、Microsoft、IBM、Apple 等大企业组成的联盟集团的名称，成立该集团的宗旨就是要推进多文种的统一编码。目前 Unicode 采用 16 位编码体系，其字符集内容与 ISO/IEC 10646 的 BMP 相同。版本 V2.0 于 1996 年公布，内容包含符号 6811 个、汉字 20902 个、韩文拼音 11172 个、造字区 6400 个，保留 20249 个空白区没有使用，共计 65534 个。Unicode 同现在流行的代码页最显著的不同点在于：Unicode 是 2 字节的全编码，对于 ASCII 字符它也使用 2 字节表示。代码页通过高字节的取值范围来确定是 ASCII 字符的，还是汉字的高字节。如果发生数据损坏，某处内容破坏，则会引起其后汉字的混乱。Unicode 一律使用 2 字节表示一个字符，最明显的好处是它简化了汉字的处理过程。

4. GBK

为了既能扩大目前汉字信息处理的应用范围，又能最终向国际统一字符集标准 ISO 10646 迈进，解决 GB 2312 汉字收字不足、简繁同平面共存、简化代码体系间转换等汉字信息交换的瓶颈问题，在保持已有应用软件兼容性的前提下，制定了一个汉字扩展规范——GBK。

(1) GBK 字符集采用双字节表示。

(2) GB 2312 的汉字仍然按照原有的一级字、二级字，分别按拼音、部首/笔画排列。

(3) GB 13000 的其他 CJK 汉字按 UCS 代码大小顺序排列。

(4) 追加的 80 个汉字、部首/构件，与上述两类字分开，按康熙字典页码、字位单独排列。

5. 图形信息在计算机内的表示

近十多年来，计算机除了对数值信息、文字信息的处理能力有了大幅度提高之外，还显著地扩展了它在图形信息方面的处理能力，进一步拓宽了它的应用领域。

图形是信息的一种重要媒体，与文字、声音等其他信息媒体相比，它具有直观明了、含义丰富等种种优点。日常生活中的图形在计算机中有两种数字化表示方法：一种称为几何图形或矢量图形，简称图形；另一种称为点阵图像或位图图像，简称图像。图形与图像两种表示方法各有优点，它们互相补充、互相依存，在一定条件下还能互相转换，它们在各种计算机应用领域中起着非常重要的作用。

1.4　微型计算机的软件系统

计算机软件是指计算机系统中的程序及其开发、使用和维护所需要的所有文档的集合，其中程序是完成任务所需要的一系列指令序列；文档则是为了便于了解程序所需要的阐明性资料。

1.4.1　软件的分类

微型计算机的软件系统由两大部分组成：系统软件和应用软件。

1. 系统软件

系统软件是为了使计算机能够正常高效地工作所配备的各种管理、监控和维护系统的程序及有关的资料，通常由计算机厂家或专门的软件厂家提供，是计算机正常运行不可缺少的部分。也有一些系统软件是帮助用户进行系统开发的软件。

系统软件主要包括操作系统（如 Windows、Unix/Xenix、DOS 等）、各种计算机程序设计语言（Programming Design Language）的编译程序、解释程序、连接程序、系统服务性程序（如机器的调试、诊断、故障检查程序等）、数据库管理系统、网络通信软件等。

2. 应用软件

应用软件是为解决各种实际问题而编制的应用程序及有关资料的总称，可购买，也可自己开发。常用的应用软件有：文字处理软件如 WPS、Word、PageMaker 等；电子表格软件如 Excel 等；绘图软件如 AutoCAD、3DS、PaintBrush 等；课件制作软件如 PowerPoint、Authorware、ToolBook 等。除了以上典型的应用软件外，教育培训软件、娱乐软件、财务管理软件等也都属于应用软件的范畴。

1.4.2　操作系统的概念

操作系统是一个管理计算机系统资源、控制程序运行的系统软件，实际上是一组程序的集合。对操作系统的描述可以从不同的角度来描述。从用户的角度来说，操作系统是用户和计算机交互的接口。从管理的角度来说，操作系统又是计算机资源的组织者和管理者。操作系统的任务就是合理、有效地组织和管理计算机的软、硬件资源，充分发挥资源效率，为用户使用计算机提供一个良好的工作环境，给用户带来方便。

操作系统是计算机软件的核心，它与计算机的硬件联系密切，不仅用来管理和控制计算机系统的各种资源，使计算机能够正常、协调地工作，而且其他软件都必须通过它才能发挥作用，使计算机友好地为用户服务。用过微机的人都知道，开机启动必须首先引导操作系统，即把系统盘的内容从磁盘读入内存，然后在操作系统的支持下，用户才能运行其他程序。因此，操作系统是每一台计算机必须配置的系统软件，如何选用合适的操作系统是每一个用户都非常关心的问题。

操作系统的种类很多，按照硬件系统的大小可分为大型计算机操作系统和微型计算机操作系统；按照用户的多少可分为单用户操作系统和多用户操作系统。最常见的一种分类方法是按操作系统的功能把它分为单用户操作系统、批处理操作系统、分时操作系统、实时操作系统、网络操作系统、分布式操作系统等。

1.4.3　计算机语言和语言处理程序

1. 计算机语言

计算机语言是人与计算机交流信息的一种语言。计算机语言通常分为机器语言(Machine Language)、汇编语言(Assemble Language)和高级语言(Advanced Language)，如图 1-11 所示。

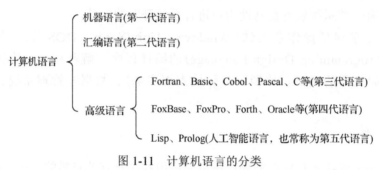

图 1-11　计算机语言的分类

1) 机器语言

机器语言是一种用二进制代码表示机器指令的语言，一条机器指令实际上就是一句机器语言。它是计算机中最早使用的语言，也是计算机硬件系统所能识别和执行的唯一语言。在早期的计算机中，人们是直接用机器语言来编写程序的，这种编写程序的方式称为手编程序。由于它是用二进制代码描述的、不需要翻译而直接供计算机使用的程序设计语言，所以又称为目的程序。机器语言对不同型号的计算机来说一般是不同的。

机器语言作为面向机器的程序设计语言，用它编写的程序能够直接在计算机上运行，不需要翻译。例如，0000010000010010(十六进制数 0412H)是 8086 系列微机中的一条加法指令，它的意思是把十六进制数 0412H 添加到累加器中。不难看出，由于一条机器指令能够完成一个基本操作，因而执行速度快，占用内存空间小，其效率是很高的。

但是要注意，使用机器语言编写程序是一种相当烦琐的工作，既难于记忆也难于操作，编写的程序全是由 0 和 1 的数字组成的，不仅难学、难记、难检查，还缺乏通用性，给计算机的推广使用带来很大的障碍。

2) 汇编语言

为了克服机器语言的上述缺点，人们在机器语言的基础上研制产生了汇编语言。汇编语言用一些约定的文字、符号和数字按规定格式来表示各种不同的指令，然后用这些特殊符号表示的指令来编写程序。该语言中的每一条语句都有一条相应的机器指令，用助记符代替操作码、地址符代替地址码。正因这种代替，有利于机器语言实现"符号化"，所以又把汇编语言称为符号语言。用汇编语言编出的程序称为汇编语言源程序，需翻译成机器语言目标程序执行。

例 1-15 要计算 C=7+8，可以用如下几条汇编指令。

```
START   GET 7          ;把 7 送进 ACC 中
        ADD 8          ;ACC+8 送进 ACC 中
        PUT C          ;把 ACC 送进 C 中
END     STOP           ;停机
```

汇编语言程序比机器语言程序易读、易查、易修改。同时，又保持了机器语言程序质量高、执行速度快、占存储空间小的优点。不过，在编制比较复杂的程序时，汇编语言还存在明显的局限性。这是因为机器语言与汇编语言均属于低级语言，都是面向机器的语言；只是前者用指令代码编写程序，后者用符号语言编写程序。由于低级语言的使用依赖于具体的机型，故不具有通用性和可移植性。当用户使用这类语言编程时，需要花费很多的时间去熟悉硬件系统。因此，在现代计算机中一般已不再直接用机器语言或汇编语言来编写程序。通常人们把机器语言和汇编语言分别称为第一代语言和第二代语言。

3) 高级语言

高级语言是 20 世纪 50 年代中期发展起来的、面向问题的程序设计语言。高级语言中的语句一般都采用自然语句，并且使用与自然语言语法相近的自封闭语法，这使得程序更容易阅读和理解。用高级语言编写的程序称为高级语言源程序，在计算机中也不能直接执行，通常要翻译成机器语言目标程序才能执行。

例如，计算 A=1+2，若用高级语言(如 Basic 语言)编写，只要两条语句：

```
A=1+2
END
```

与低级语言相比,高级语言最显著的特点是程序语句是面向问题的而不是面向机器的，即独立于具体的机器系统，因而使得对问题及其求解的表述比汇编语言容易得多，并显著地简化了程序的编制和调试，使得程序的通用性、可移植性和编制程序的效率得以大幅度提高，从而使不熟悉具体机型情况的人也能方便地使用计算机。此外，高级语言的语句功能强，一条语句往往相当于多条指令。由于高级语言利用了一些数学符号及其有关规则，比较接近数学语言，因此又称为算法语言。

目前，世界上已有数百种高级语言，但在国内流行且用得较多的高级语言有适合科学计算的 Fortran 语言、适合程序设计入门的 Basic 语言、适合程序设计教学的 Pascal 语言、适合系统软件和应用软件开发设计的 C 语言、适合数据库管理的 FoxBase 或 FoxPro 语言、适合逻辑推理的 Lisp 语言和 Prolog 语言等数十种。

近年来，高级语言的发展极为迅速，Smalltalk 和 C++语言的推出，使程序设计方法从面向过程这一传统的方法转向面向对象的方法。

随着 Windows 的广泛应用，人们又把程序设计的目标投向了面向 Windows 界面的编程，称为可视化编程。可视化编程，简言之，就是在程序设计过程中能够看到相应的设计效果，即具有可视化图形界面(Visual Graphic User Interface)。具有这种功能的编程语言目前有 Visual Basic、Visual FoxPro、Visual C、Delphi、Java 等。

2. 语言处理程序

计算机只能执行机器语言程序，用汇编语言或高级语言编写的程序，计算机是不能识别和执行的。因此，必须配备一种工具，它的任务是把用汇编语言或高级语言编写的源程序翻译成机器可执行的机器语言程序，这种工具就是语言处理程序。语言处理程序包括汇编程序、解释程序和编译程序。

1）汇编程序

汇编程序是把用汇编语言写的汇编语言源程序翻译成机器可执行的由机器语言表示的目标程序的翻译程序，其翻译过程称为汇编，如 MASM 就是 8088 宏汇编程序。

2）解释程序

解释程序接收用某种程序设计语言（如 Basic 语言）编写的源程序，然后对源程序中的每一条语句进行解释并执行，最后得出结果。也就是说，解释程序对源程序是一边翻译，一边执行的。所以，它直接执行源程序或与源程序等价的某种中间代码，它并不产生目标程序。解释程序的执行速度要比编译程序的执行速度慢得多，但占用内存较少，对源程序错误的修改也较方便，如 Basic 解释程序。

3）编译程序

编译程序是将用高级语言所编写的源程序翻译成与其等价的用机器语言来表示的目标程序的翻译程序，其翻译过程称为编译。编译程序与解释程序的区别在于：前者首先将源程序翻译成目标代码，计算机再执行，由此生成目标程序；而后者则是首先检查高级语言书写的源程序，然后直接执行源程序所指定的动作。一般而言，建立在编译基础上的系统在执行速度上都优于建立在解释基础上的系统。但是，编译程序比较复杂，这使得开发和维护费用较大；相反，解释程序比较简单，可移植性也好，缺点是执行速度慢，如 Fortran 语言、Pascal 语言、C 语言均有其相应的编译程序。

1.5　微型计算机系统及性能指标

1.5.1　计算机系统的组成

从上面的介绍已经知道，一台完整的计算机必须由硬件和软件这两大部分组成。其中，硬件系统是计算机的"躯干"，是物质基础；而软件系统则是建立在这个"躯干"上的"灵魂"，二者缺一不可。通常，把这种包含硬件和软件的完整计算机称为计算机系统。为了比较清楚地描述计算机系统，图 1-12 以微型计算机为背景列出了它的基本组成情况。

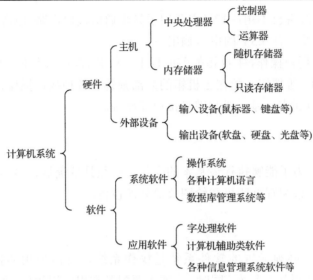

图 1-12　微型计算机系统的组成

1.5.2　系统的基本配置

根据使用微处理器的情况，通常把使用 Intel 公司微处理器系列，如 8086/8088、80286、80386、80486、Pentium、Pentium Pro 及 PentiumⅡ/PentiumⅢ等，以及由其兼容处理器组成的微型计算机系统称为 x86 系列微型计算机系统，简称 x86 系统。

x86 系统的种类很多，外形上有卧式和立式之分；而从性能上又有低档机、中档机和高档机之分。但不管怎样，从它的基本结构和配置来说，应该包括以下几个部分。

1. 主机箱

主机箱是 PC 的重要组成部分，它至少应包括以下几部分。

1）主机板

主机板也称为系统板、母板或主板，是计算机中最大的一块印刷电路板，它的性能对整个系统起着举足轻重的作用。在它上面一般应包括 CPU、RAM、ROM、I/O 接口以及系统总线和局部总线。此外，为了使系统有扩展余地，主机板上还应该提供一定数量的 I/O 扩展槽和安装内存条的插座，分为 AT 主板和 ATX 主机板两种基本类型。

2）外存储器

计算机外存储器有固态硬盘、U 盘（及各种存储卡）、旋转式硬盘（包括阵列）、光盘等。

3）I/O 接口卡

这是连接外部设备所必需的功能部件。早期的 PC 都采用分离的 I/O 接口卡插在主机板的 I/O 扩展槽内。但随着主机板的功能不断加强，目前已将许多 I/O 功能模块集成起来，直接安装在主板上，并通过扁平电缆引到机箱后部供用户使用。

4）电源

目前微机电源共提供+5V、–5V、+12V、–12V 四种直流电压，其中，+5V 供系统板、I/O 接口卡、键盘以及驱动器等部件使用；+12V 供磁盘驱动器的电机及通信接口使用；–5V

曾用于存储器等部件,现已不用;-12V 主要用于异步通信接口电路。电源功率一般为 200W。对于 ATX 主板, 还要求有 3.3V 的电压输出。

此外,为了便于用户操作,主机箱的前面板上一般装有电源、复位、变速(Turbo-Pentium以后的微机已不采用)等按钮;而在主机箱的后部则装有各种接口插座,如 RS-232 串行接口插座、打印机接口插座、显示器和键盘接口插座等。

2. 外部设备

在微机系统中,为了能够执行最基本的操作,必须具备键盘、显示器和鼠标。如果需要打印或绘图, 还应该配置打印机和绘图仪等外部设备。

3. 软件系统

在微机系统中, 必须配置的软件系统是操作系统,目前使用的操作系统一般采用Windows 95/98/NT 或更新的版本。同时,一般需要配备常用应用软件,如 WPS 2000、Office 97 或 Office 2000 等办公自动化软件等。

1.5.3 微型计算机的主要性能指标

微型计算机功能的强弱或性能的好坏,不是由某项指标来决定的,而是由它的系统结构、指令系统、硬件组成、软件配置等多方面的因素综合决定的。另外,各项指标之间也不是彼此孤立的,在实际应用时,应该把它们综合起来考虑,而且还要遵循"性价比高"的原则。对于大多数普通用户来说,可从以下几个指标来大体评价计算机的性能。

1. 运算速度

计算机的运算速度一般用每秒钟所能执行的指令条数来表示。由于不同类型的指令所需的时间长短不同, 因而运算速度的计算方法也不同。常用计算方法如下。

(1)根据不同类型的指令出现的频率,乘上不同的系数,求得统计平均值,得到平均运算速度, 这时常用百万条指令/秒(Millions of Instruction Per Second, MIPS)作单位。

(2)以执行时间最短的指令(如加法指令)为标准来估算速度。

(3)直接给出 CPU 的主频和每条指令的执行所需的时钟周期。主频一般以 MHz 为单位。

运算速度是衡量计算机性能的一项重要指标。微型计算机一般采用主频来描述运算速度,例如, Pentium 586/133 的主频为 133MHz; Pentium Ⅲ /800 的主频为 800MHz; Pentium 4 1.5G 的主频为 1.5GHz。一般来说, 主频越高, 运算速度就越快。

2. 字长

计算机在同一时间内处理的一组二进制数称为一个计算机的字,而这组二进制数的位数就是字长。一般一台计算机的字长决定于它的通用寄存器、内存储器、ALU 的位数和内部数据总线的宽度。字长越长,表示一次读/写和处理的数的范围越大,一个字所能表示的数据精度就越高;在完成同样精度的运算时, 数据处理速度越高。然而, 字长越长, 计算机的硬件代价相应也增大。早期的微型计算机的字长一般是 8 位和 16 位。目前 586(Pentium、

Pentium Pro、Pentium Ⅱ、Pentium Ⅲ、Pentium 4)大多是 32 位的，有些高档的微机字长已达到 64 位。

3. 内存储器的容量

内存储器简称主存，是 CPU 可以直接访问的存储器，需要执行的程序与需要处理的数据就是存放在主存中的。内存储器容量的大小反映了计算机即时存储信息的能力。其容量越大，能存入的字数就越多，能直接接纳和存储的程序就越长，计算机的解题能力和规模就越大。内存容量以字节为单位，分为最大容量和装机容量。最大容量由 CPU 的地址总线的位数决定；而装机容量按所使用的软件环境来定。

随着操作系统的升级、应用软件的不断丰富及其功能的不断扩展，人们对计算机内存容量的需求也不断提高。目前，运行 Windows 95 或 Windows 98 操作系统至少需要 16MB 的内存容量；Windows XP 则需要 128MB 以上的内存容量。

4. 外设扩展能力

这主要指计算机系统配接各种外部设备的可能性、灵活性和适应性。一台计算机允许配接多少外部设备，对于系统接口和软件研制都有重大影响，在微型计算机系统中，打印机型号、显示屏幕分辨率，外存储器容量等都是外设配置中需要考虑的问题。

5. 软件配置情况

软件是计算机系统必不可少的重要组成部分，它的配置是否齐全，直接影响微型计算机系统的使用和性能的发挥。例如，是否有功能强、能满足应用要求的操作系统，是否有丰富的、可供选用的应用软件等配置，这些都是在购置计算机系统时需要考虑的。

习　题　1

1-1　什么是微处理器？什么是微型计算机？什么是微型计算机系统？

1-2　通用微型计算机由哪几部分组成？

1-3　通用微型计算机硬件系统结构是怎样的？请用示意图表示并说明各部分作用。

1-4　简述半导体存储器的分类。

1-5　说明 SRAM、DRAM、PROM 和 EPROM 的特点及简单工作原理。

1-6　DRAM 为什么要定时刷新？

1-7　写出下列二进制数的原码、反码和补码(设字长为 8 位)。

(1) 1010111

(2) +101011

(3) −101000

(4) −111111

1-8　当下列各二进制数分别代表原码、反码和补码时．其等效的十进制数值为多少？

(1) 00001110

(2) 11111111

(3) 10000000

(4) 10000001

1-9　已知 $X_1 = +0010100$，$Y_1 = +0100001$，$X_2 = -0010100$，$Y_2 = -0100001$，试计算下列各式(字长 8 位)。

(1) $[X_1 + Y_1]_{补}$

(2) $[X_1 - Y_1]_{补}$

(3) $[X_2 - Y_2]_{补}$

(4) $[X_2 + Y_2]_{补}$

1-10　在微型计算机中存放两个补码数。试用补码加法完成下列计算，并判断有无溢出产生。

(1) $[X]_{补} + [Y]_{补} = 01001010 + 01100001$

(2) $[X]_{补} - [Y]_{补} = 01101010 - 01100001$

1-11　试将下列各数转换成 BCD 码。

(1) $(30)_{10}$

(2) $(127)_{10}$

(3) 00100010B

(4) 74H

1-12　试查看下列各数代表什么 ASCII 字符。

(1) 41H

(2) 72H

(3) 65H

(4) 20H

1-13　试写出下列字符"9*=$!"的 ASCII 码。

1-14　通用微型计算机软件包括哪些内容？

1-15　简述衡量通用微型计算机的技术指标。

第 2 章　80x86 微处理器结构

2.1　微型计算机的发展概况

微型计算机(微型机)的出现与发展引起了世界范围的计算机大普及浪潮。1971 年以 Intel 4004 的 4 位微处理器组成的 MCS-4 是世界第一台微型机。近 30 年来,微型机获得飞跃式发展,从 4 位、8 位、16 位到现在的 32 位,目前正在向 64 位计算机发展。

一般将微型机分为个人计算机(PC)、工作站和服务器。就 PC 而言,从 20 世纪 80 年代初期出现的 PC 到 Pentium II,经过了近 20 年的发展,其各方面的性能已提高了近千倍,PC 性能比较如表 2-1 所示。PC 的应用也已从以文本信息处理为主转为以多媒体信息处理和网上通信为主。

表 2-1　PC 性能比较

比较项目		20 世纪 80 年代初的 PC	1998 年的 PC	结论
中央处理器 (CPU)	型号	8088	Pentium II	微处理器速度提高近千倍
	微处理器工作时钟频率	4.77MHz	300MHz	
	位宽	8 位	32 位	
	CPI(每指令的时钟数)	≥4	≤1	
内存储器 (DRAM)	容量	256KB	32MB	内存容量提高近千倍
外存储器 (磁盘)	容量	软件 160KB	硬盘 2GB	外存储器容量提高近千倍
外围总线	总线工作时钟频率	8.33MHz(ISA)	33.3MHz(PCI)	外围总线传输率提高近千倍
	位宽	8 位(ISA)	32 位(PCI)	
	总线周期时钟数	≥3	≈1	

PC 性能的提高是由处理器性能的提高所带动的。处理器性能的提高主要在于两方面:一是改进处理器芯片的半导体技术;二是处理器采用更先进的系统结构技术。半导体技术进步已从 3μm 的刻蚀线宽减少到目前的 0.25μm 刻蚀,到 2006 年刻蚀线宽减少到 0.1μm。2020 年,刻蚀线宽已发展到了 7nm、5nm,甚至 3nm。这使芯片单位面积上能集成更多的器件,为处理器采用更先进的系统结构技术打下物质基础。

Intel 微处理器至今已有六代产品。前四代是 8086、80286、80386、80486;第五代是 Pentium(P54C)、Pentium MMX(F55C);第六代是 Pentium Pro、Pentium II 和 Pentium III。

2.1.1　由 8086 到 Pentium

80x86 高性能微处理器是 8086/8088 向上兼容的微处理器,其各型号的编程结构是非常相似的,有 32 位、64 位的,它们都支持多任务系统和多用户系统,存储管理采用分段、分页或不分页的虚拟存储体系,寻址空间为 4GB,其中 Pentium 的寻址空间达到 64GB。

1. 从 8080/8085 到 8086

8086 是 1978 年 Intel 公司推出的 16 位微处理器。与其前一代 8 位微处理器 8080/8085 相比，8086 有如下几点进步。

(1) 8086 有 16 位数据总线，微处理器与外部传送数据时，一次可传送 16 位二进制数；而 8080/8085 一次只能传送 8 位二进制数。

(2) 8086 的寻址空间从 8080/8085 的 64KB 提高到 1MB。

(3) 8086 采用了流水线技术；而 8080/8085 采用非流水线结构。在一个具有流水线结构微处理器的系统中，可以实现微处理器的内部操作与存储器或 I/O 接口之间的数据传送操作重叠进行，从而提高了微处理器的性能。

2. 从 8086 到 8088

8086 的内部寄存器、功能部件、数据通路以及对外的数据总线均为 16 位的，它的出现是计算机技术上一个很大的进步。但是，当时已有的微处理器外围配套芯片的数据总线都是 8 位的，为了使用这些 8 位的外围配套芯片组成系统，Intel 公司又推出了 8088 微处理器。8088 的内部结构与 8086 基本相同，也提供 16 位的处理能力，但对外的数据总线设计成 8 位的。

1981 年 IBM 公司选择 8088 微处理器作为核心来设计 IBM PC 微型计算机系统，将其推向市场后获得了巨大的成功，为后来的 80x86 系列微处理器成为主流微型计算机的处理核心打下了基础。

3. 从 80286、80386 到 Pentium 微处理器

80286 是 Intel 公司于 1982 年推出的一种高性能的微处理器，它仍然是 16 位结构。其片内集成存储管理部件和保护机构，能用 4 层特权支持操作系统和任务的分离，同时也支持任务中的程序和数据的保密。80286 的内部及外部的数据总线都是 16 位的，但它的地址总线是 24 位的，可寻址 16MB 的存储空间。80286 是 8086 向上兼容的微处理器，它有两种工作模式，即实模式(Real Mode，又称实地址模式)和保护模式(Protection Mode，又称保护虚地址模式(Protected Virtual Address Mode))。在实模式中，80286 兼容了 8086 的全部功能，8086 的汇编语言源程序不做任何修改就可以在 80286 中运行，但速度比 8086 的快。在保护模式中，80286 把实模式的能力和存储器管理对虚拟存储器的支持以及对地址空间的保护集为一体，使 80286 能可靠地支持多用户系统和多任务系统。保护模式除了仍具有 16MB 的存储器物理地址空间外，还能为每个任务提供 1GB 的虚拟存储器地址空间。保护模式把操作系统及各任务所分配到的地址空间隔开，避免程序之间的相互干扰，保证系统在多任务环境下正常工作。80286 有 24 条地址总线，在实模式下只使用 20 条地址总线，有 2^{20} 字节(1MB)的寻址能力，这与 8086 相同；在保护模式下，使用 24 条地址总线，有 2^{24} 字节(16MB)寻址能力，它能将每个任务的 2^{30} 字节的虚地址映射(Mapping)到 2^{24} 字节的物理地址中。

80386 是 Intel 公司于 1985 年 1 月推出的一种高性能的 32 位微处理器。它与 8086、80286

相兼容，是为高性能的应用领域与多用户系统、多任务系统而设计的一种高集成度的芯片。80386 具有片内集成的存储器管理部件和保护机构，内部及外部的数据总线均为 32 位，内部的寄存器结构和操作也是 32 位的，具有 32 位的地址总线，因此它可处理 4GB 的物理存储空间。80386 为每个任务提供的虚拟存储地址空间增加到 64TB。

　　Intel 公司于 1989 年 4 月推出了一种新的 32 位微处理器 80486（简称 486），80486 芯片内除了有一个与 80386 相同结构的主处理器外，还集成了一个浮点部件（FPU）以及一个 8KB 的高速缓冲存储器（Cache），使 80486 的计算速度和总体性能比 80386 的有了明显的提高。同 80386 相比，在相同的工作频率下，其处理速度提高了 2～4 倍。80486 采用了 RISC 技术，降低了执行每条指令所需要的时钟数，使其能达到 1.2 条指令/时钟。486 以前的微处理器执行一条指令是取得一个地址，再进行一个数据的输入/输出，而 486 采用一种猝发式总线（Burst Bus）的技术，取得一个地址后，与该地址相关的一组数据都可以进行输入/输出，有效地解决了微处理器同内存储器之间的数据交换问题；加上 486 内部集成 FPU 和 Cache，以及 CPU 和 FPU、CPU 和 Cache 之间都采用高速总线进行数据传送，使 486CPU 的处理速度，以及 486 系统的处理速度都得到了极大提高。

　　Pentium 是 Intel 公司于 1993 年 3 月推出的第五代 80x86 系列微处理器、简称 P5 或 80586，中文名为奔腾。Pentium 芯片具有如下特点。

　　1）超标量流水线

　　Pentium 由 U 和 V 两条流水线构成超标量流水线（Superscalar Pipelining）结构，其中，每条流水线都有自己的 ALU、地址生成逻辑和 Cache 接口。在每个时钟周期内可执行两条整数指令，每条流水线分为指令预取、指令译码、地址生成、指令执行和回写等五个步骤。当一条指令完成预取步骤时，该流水线就可以开始对另一条指令进行操作，极大地提高了指令的执行速度。

　　2）重新设计的浮点部件

　　Pentium 的浮点部件在 80486 的基础上重新做了设计，其执行过程分为 8 级流水，使每个时钟周期能完成一个浮点操作或两个浮点操作。采用快速算法可使如 ADD、MUL 和 LOAD 等运算的速度最少提高 3 倍，在许多应用程序中利用指令调度和重叠执行可使性能提高 5 倍以上。同时，用电路进行固化，用硬件来实现。

　　3）独立的指令 Cache 和数据 Cache

　　Pentium 芯片内有两个 8KB 的 Cache 都采用双路 Cache 结构，一个是指令 Cache（I Cache）；另一个是数据 Cache（D Cache），每个 Cache 都设置有转换旁视缓冲器（Translation Lookaside Buffer，TLB）单元，其作用是将线性地址转换为物理地址。这两种 Cache 采用 32×8 线宽，是对 Pentium 64 位总线的有力支持。指令和数据分别使用不同的 Cache，使 Pentium 中数据和指令的存取减少了冲突，提高了性能。

　　Pentium 的数据 Cache 有两个接口，分别与 U 和 V 两条流水线相连，以便能在相同时刻向两个独立工作的流水线进行数据交换。当向已被占满的数据 Cache 写数据时，将移走一部分当前使用频率最低的数据，并同时将其写回内存。由于 CPU 向 Cache 写数据和将 Cache 释放的数据写回内存是同时进行的，因此采用 Cache 写回技术将节省处理时间。

4）分支预测

Pentium 提供了一个称为分支目标缓冲器（Branch Target Buffer，BTB）的小 Cache 来动态地预测程序的分支操作。当某条指令导致程序分支时，BTB 记下该条指令和分支目标的地址，并用这些信息预测该条指令再次产生分支时的路径，先从该处预取，保证流水线的指令预取步骤不会空置。这一机构的设置，可以减少每次在循环操作时对循环条件的判断所占用的 CPU 的时间。

1993 年以来，几乎每两年就推出一个新型号，至今市场上的 Intel 微处理器已是 Pentium 4。由此可见，微处理器芯片的发展速度是非常快的。在微处理器的发展过程中，芯片主频越来越快，寻址空间越来越大，数据总线和地址总线也越来越宽，加之许多系统结构方面的改进措施，如流水线结构、存储器层次结构等，使微型计算机的性能显著提高，其应用领域也更加广泛。表 2-2 列出了 8086、80286、80386、80486、Pentium、Pentium MMX（多能 Pentium）等微处理器芯片的主要性能参数。Intel 第六代微处理器（P6）芯片未列入表中。

表 2-2　80x86 微处理器系列性能

型号	发布年份	字长/位	晶体管数/万	工作时钟/MHz	数据总线宽度/位	外部总线宽度/位	地址总线宽度/位	指令集规模/条	浮点处理器	寻址空间	内部一级Cache	工作模式	引脚数
8086	1978	16	2.9	4.77	16	16	20	133	8087	1MB	无	实模式	40
8088	1979	16	2.9	4.77	16	8	20	133	8087	1MB	无	实模式	40
80286	1982	16	13.4	6~20	16	16	24	143	80287	16MB	无	保护模式	68
80386 DX	1985	32	27.5	11.4~33	32	32	32	154	80387	4GB	有	V86 模式	132
80386 SX	1988	32	27.5	11.4~33	16	16	24	154	80387	16MB	有	V86 模式	100
80486	1989	32	120~160	25~100	32	32	32	160	内含	4GB	8KB	系统管理模式（SMM）	168
Pentium	1993	32	310~330	60、66	64	64	32	165	内含	4GB	8KB 数据 8KB 指令	系统管理模式	273
Pentium（P54C）	1994	32	310~330	60~200	64	64	32	165	内含	4GB	8KB 数据 8KB 指令	系统管理模式	296
Pentium MMX（P55C）	1996	32	450	166、200、133	64	64	32	222	内含	4GB	8KB 数据 8KB 指令	系统管理模式，并具有多媒体扩展功能	296

从表 2-2 可看出 Intel x86 微处理器有如下特点。

（1）从 1978 年 6 月到 1996 年 10 月，18 年中 Intel 公司接连不断地推出 10 余种微处理器芯片。正如 Intel 公司总裁兼首席执行官 Cvaig Bawett 所言，Intel 公司遵循摩尔定律，大约每 18 个月就会推出一种新的微处理器，间隔期内对现有芯片的性能加以改进。由 8086 芯片内集成 29000 个晶体管到 Pentium MMX 片内集成 4500000 个晶体管，这种集成度的大幅度提高导致微处理器的功能越来越强、速度越来越快。

（2）8086（包括 8088）和 80286 都是 16 位的微处理器，80386、80486、Pentium 都是 32 位的微处理器。这主要由微处理器内部的寄存器位长来确定，尽管 Pentium 芯片的数据引脚线已是 64 位，但仍属于 32 位微处理器。Intel 的 P6 产品、Pentium Pro 和 Pentium II/III 也是 32 位微处理器，即将推出的 P7 产品据说是 64 位微处理器。

（3）Intel x86 微处理器发展到 80386 已具备了三种主要工作模式，即实地址模式、保护虚拟地址模式和虚拟 8086 模式（Virtual Mode，又称虚拟模式）。80386、80486、Pentium 不仅能运行 16 位的代码程序，也能运行 32 位的代码程序。这是能采用 Windows NT 或 Windows 95 操作系统的最基本硬件条件。

（4）性能的增强还体现在：浮点处理部件，简称浮点部件，由片外的分立协处理器变为集成到微处理器芯片内；由微处理器芯片内无 Cache 到片内有 8KB 的一级 Cache，再到片内有代码 Cache 和数据 Cache 各为 8KB 的共 16KB 一级 Cache，又到 Pentium MMX 微处理器芯片内的一级 Cache 已有 32KB。

（5）微处理器工作电压由 5V 变为 P54C 和 P55C 的 3.3V。微处理器（芯片内）工作时钟频率由几兆赫到后来的 233MHz，并且从 80486 开始，微处理器都普遍采用了倍频技术，微处理器工作速度随着时钟频率的加快而获得了很大的提高。

（6）它们都是标量处理器，而不是向量处理器。但由 80486 开始采用指令流水线技术，Pentium 已采用 U、V 两条指令流水线，是每个时钟能执行两条指令的超标量流水线结构。Pentium MMX 增加了 57 条 MMX（多媒体扩展）指令，一条 MMX 指令能同时对多个数据进行操作，这已是一种单指令多数据流技术。

（7）虽然 P54C、P55C 已采用了一些 RISC 技术，但直到目前为止，Intel x86 微处理器都仍属于 CISC 结构，指令集有上百条甚至更多的指令，指令字长可从 1 字节到多字节，寻址方式也有多种。

2.1.2　由 Pentium Pro 到 Pentium Ⅱ/Ⅲ

1. Pentium Pro 微处理器

Pentium Pro 是 Intel 公司于 1995 年 11 月推出的 80x86 系列中又一个新品种，简称 P6，中文名为高能 Pentium。Pentium Pro 微处理器是 Intel 公司首个专门为 32 位服务器、工作站设计的微处理器，可以应用在高速辅助设计、机械引擎、科学计算等领域。Intel 在 Pentium Pro 的设计与制造上又达到了新的高度，总共集成了 550 万个晶体管，并且整合了二级缓存（L$_2$ Cache）芯片。Pentium Pro 微处理器是其第六代微处理器系列的第一个产品，它只比普通 Pentium 多增加 78 条指令，与 80x86 微处理器系列完全向下兼容，有如下特点。

（1）Pentium Pro 芯片在最初推出时，仍使用与普通 Pentium 芯片相同的 BiCMOS 半导体技术，在 197mm^2 的芯片上集成了 550 万个半导体元件。

（2）Pentium Pro 微处理器使用了一个双容量的陶瓷封装，在其中除 CPU 芯片外，还配置了二级 Cache 256KB 或 512KB。这个微处理器内部的二级 Cache 能以微处理器工作时钟（如 200MHz）高速运行。

（3）Pentium Pro 支持不附加逻辑的对称多处理，即不需额外的逻辑电路就可支持多达四个 CPU。这一结构对服务器、工作站实现多微处理器系统特别有利。

（4）Pentium Pro 的芯片外部工作时钟（CPU 总线工作时钟）速率为 66MHz。它早期也曾支持 50MHz，但现在普遍采用的是 66MHz。CPU 总线为 64 位数据总线、36 位地址总线。Pentium Pro 物理地址空间为 64GB，虚拟存储空间为 64TB。

（5）当然，最重要的是 Pentium Pro 采用了 RISC 技术，超标量与超流水线相结合的核心结构实现了动态执行技术（Dynamic Execution）。每个时钟周期可执行 3 条指令，可推测执行 30 条指令。特别适合多线程的 32 位程序运行。

（6）Pentium Pro 提供了对增强的数据集成（Data Integration）和可靠性的支持、ECC（错误检查和纠正）、错误分析与修复以及功能冗余检查。

（7）Pentium Pro 微处理器（含二级 Cache）使用的是一种 387 引脚网格阵列（PLGA）的陶瓷封装技术。整体呈长方形的微处理器要插接到 Soket 8 型插座上。

Pentium Pro 还有其他一些结构和性能特色，如它的总线接口单元（BIU）由内存读数据比向内存写数据具有更高的优先权，Intel 公司说它所带来的性能改进比所尝试过的其他方法都显著。概括地说，Pentium Pro 有三大特色：动态执行技术、二级 Cache 在处理器模块内、支持多微处理器系统。

Pentium Pro 是为服务器和工作站而设计的，虽说也可以用于高档个人计算机，但使用 Pentium Pro 的 Pentium PC 却不多见。但由它提出的全新的芯片核心结构对 x86 微处理器整个第六代产品，乃至第七代产品都会产生深远影响。

2．Pentium Ⅱ 微处理器

1997 年 5 月，Intel 公司推出 Pentium Ⅱ 微处理器，简称 PⅡ，中文名为奔腾二代微处理器，图 2-1 为拆开外壳的 Pentium Ⅱ。Pentium Ⅱ 是 Intel 公司的 P6 微处理器的第二代产品，它包括了 Intel 许多最新的技术。从系统结构角度看，Pentium Ⅱ 芯片采用了如下几种先进技术，使它在整数运算、浮点运算和多媒体信息处理等方面具有十分优异的功能。

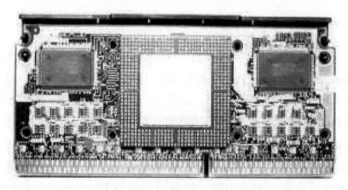

图 2-1　拆开外壳的 Pentium Ⅱ

Intel 全部采用 CMOS 工艺，将 750 万个晶体管集成到一个 $203mm^2$ 的硅片上，并整合了 MMX 指令集技术，使 Pentium Ⅱ 芯片既保持了高能 Pentium 原有的强大处理功能，又增强了 PC 在三维图形、图像和多媒体方面的可视化计算功能和交互功能。Pentium Pro 可以更快、更流畅地播放影音 Video、Audio 以及图像等多媒体数据，使得计算机在多媒体中的应用得到前所未有的普及。在 Intel 的大力宣传下，当时计算机多媒体的处理能力在相当大的程度上成为计算机档次高低的一个重要标志。

Pentium Ⅱ CPU 有众多的分支和系列产品，其中的第一代产品就是代号为 Klamath 的芯片。它运行在 66MHz 总线上，主频分 233MHz、266MHz、300MHz、333MHz 四种。Pentium

Ⅱ更为直观、明显的改变就是在微处理器的封装方式上也一改过去的 Socket 架构,Pentium Ⅱ首次引入了单边接触卡盒(Single Edge Contact Cartridge, S.E.C.C)封装技术,将高速缓存与微处理器整合在一块 PCB 上,通过类似于内置板卡的“金手指”与主板相应插槽电路接触,而不是通过 Socket 架构的插针。由于微处理器功能的不断增强,计算机的应用范围也得到了空前的扩张,Intel 的重要合作伙伴 MicroSoft 公司的 Windows 操作系统应用功能的支持使得 Intel 的 Pentium Ⅱ 微处理器在多媒体、互联网方面的应用开始逐步得到提高,并且为广大用户所接受。

Pentium Ⅱ的发展历经了三个阶段:第一阶段的 Pentium Ⅱ代号为 Klamath,使用 0.35μm 制造工艺,CPU 核心电压为 2.8V,工作在 66MHz 外频下,主要频率有 233MHz、266MHz、300MHz 三种;第二阶段的 Pentium Ⅱ代号为 Deschutes,采用 0.25μm 制造工艺,由于制造工艺的改进,新一代 Pentium Ⅱ 的核心电压大幅度下降,为 2.0V,工作频率也是 66MHz,主要频率有 300MHz、333MHz 等几种;第三阶段的 Pentium Ⅱ代号仍为 Deschutes,采用 0.25μm 制造工艺,核心电压 2.0V,工作在 100MHz 外频下,主要频率有 350MHz、400MHz 和 450 MHz 三种。

以下分三个方面阐述 Pentium Ⅱ的优异性能与先进结构。

1)动态执行技术与 MMX 技术

与 Pentium MMX 一样,Pentium Ⅱ 也集成了 MMX 技术:①单指令多数据流技术,使一条指令能完成多重数据的工作,允许芯片减少在视频、声音、图像和动画中计算密集的循环;②为针对多媒体操作中经常出现的大量并行、重复运算,新增加了 57 条功能强大的指令,以便有效地操作及处理声音、图像和视频数据。强大的 MMX 技术指令集充分利用了动态执行技术,在多媒体和通信应用中发挥了卓越的功能。

与 Pentium Pro 一样,Pentium Ⅱ 采用了先进的核心结构,具有包括数据流分析、转移预测和推测执行在内的动态执行能力,而且针对 Pentium Pro 执行 16 位程序时,段寄存器更新慢的弱点进行了改进。它配备了可重新命名的段寄存器,加快了段寄存器写操作速度,并允许使用旧段值的指令与使用新段值的指令同时存在于指令缓冲池中。

Pentium Ⅱ 微处理器既继承了 Pentium Pro 微处理器优秀的 32 位性能,又增加了对 MMX 指令的支持和对 16 位代码优化的特性。它无论在 Windows NT、UNIX 操作系统下还是在 Windows 95 操作系统下都能发挥出优异性能,Pentium Ⅱ 是面向高档个人计算机和工作站的首选微处理器。

2)双重独立的总线结构

Pentium Ⅱ CPU 内部总线宽度已高达 300 位,外部总线为 64 位总线,即数据总线宽度为 64 位,地址总线宽度为 36 位。物理地址空间为 64GB,虚拟地址空间为 64TB。采用了上述两种技术后,Pentium Ⅱ 微处理器具有很高的处理能力。但要发挥这一高能力还要求有很高的数据吞吐能力。Pentium 微处理器采用了双重独立总线结构:一条是二级 Cache 总线;另一条是微处理器至主存储器的系统总线。Pentium Ⅱ 微处理器可以同时使用这两条总线,使 Pentium Ⅱ 微处理器的数据吞吐能力是单总线结构微处理器的 2 倍。同时,这种双重独立总线结构使 Pentium Ⅱ 微处理器的二级 Cache 的运行速度达到 Pentium 微处理器二级 Cache 的 2 倍多。随着 Pentium Ⅱ 微处理器主频不断提高,二级 Cache 的速度也会随之升高。

另外，流水线系统总线实现了并行事务处理，以取代单一顺序事务处理，加速了系统中的信息流，使总体性能得到提升。使微处理器带宽性能比单总线体结构微处理器的带宽性能提高了 3 倍。

Pentium Ⅱ 微处理器核心外部采用了双重独立总线结构，即具有纠错功能的 64 位 CPU 总线负责与系统内存和 I/O 通信；具有可选纠错功能的专用总线负责与 L_2 Cache 交换数据，二者相互独立、并行工作。CPU 的 BIU 与这两条总线相接，并以高速缓存一致性 (MESI) 协议功能支持 Cache 的一致性。

其实，Pentium Pro 微处理器就已具备这种双重独立总线结构，只不过 Pentium Pro 微处理器使用的是一种双容量陶瓷封装，其中一个管座放置 CPU 芯片，另一个管座放置 L_2 Cache 的 256KB（或 512KB）的 SARAM 芯片，构成了多芯片模块 (MCM)，而且 L_2 Cache 与 CPU 以相同的工作时钟速率运行。这种方案非常高效，但生产成本也昂贵。

为了降低生产成本以适应个人计算机消费水平，Pentium Ⅱ 微处理器采用单边接触的卡盒式封装。CPU 芯片和 L_2 Cache 芯片都封装在内，二者以专用总线连接，但专用总线的工作时钟速率只有 CPU 工作时钟速率的一半。为了补偿 L_2 Cache 较低的工作速率，Intel 公司将 Pentium Ⅱ 的 L_1 Cache 容量由 16KB 增加至 32KB，即分为 16KB 的指令 Cache 和 16KB 的数据 Cache。

这种双重独立总线结构将 L_2 Cache 负荷从 CPU 总线上移走，使 CPU 总线带宽专用于与系统内存和 PCI 总线北桥芯片通信，系统的效率大为提高。解决了普通 Pentium 和 Pentium MMX 单总线结构中，由于 CPU 工作时钟速率成倍提高而在 CPU 和 L_2 Cache 数据交换中所出现的问题。

3）单边接触封装技术

为了双重独立总线结构的需要，Pentium Ⅱ 微处理器的封装采用了 S.E.C.C 封装。S.E.C.C 技术先将芯片固定在基板上，然后用塑料和金属将其完全封装，形成一个 S.E.C.C 封装的微处理器，卡盒内的基板上固定的芯片包括 Pentium Ⅱ 微处理器核心，以及二级静态突发高速缓存 RAM，该 RAM 安排在微处理器核心左右各 1 个。S.E.C.C 通过 Slot1 插槽同主板相连，为 PC 系统带来了高性能——动态执行功能和双重独立总线结构。S.E.C.C 卡是一块带金属外壳的印刷电路板，上面集成 Pentium Ⅱ CPU 芯片和 32KB 的 L_1 Cache。CPU 芯片的管芯只有 203mm^2，采用的是一种 528 引脚的网格阵列 (PLGA) 封装技术，每边为 5.6cm。这个小印刷电路板直接卡在 S.E.C.C 卡上。S.E.C.C 卡上还有 512KB L_2 Cache 及其标记 RAM。Cache 使用同步猝发式 SRAM 构成一个 4 路组相联结构。S.E.C.C 卡在容纳 CPU 芯片的一边有铝制散热片。整个 S.E.C.C 卡以塑料封装成为一个单接触的卡盒，单边有 242 个引脚。

S.E.C.C 卡盒要插接到主板上被称为 Slot1 的插槽中，该插槽尺寸大约与一个 ISA 插槽相同。Slot1 插槽在主板上有一个由两个塑料支架构成的固定机构，Slot1 卡盒从这两个塑料支架滑入 Slot1 插槽中。

我们之所以较详细地介绍 S.E.C.C 卡和 Slot1 插槽，是因为它是 CPU 界面的重要改变，也是 Intel 公司排挤对手的一个手段。我们知道，普通 Pentium 和 Pentium MMX 使用 Socket 7 插座；Pentium Pro 使用 Socket 8 插座。AMD 和 Cyrix 等公司的兼容产品也使用 Socket 7

插座，使用 Socket 7 插座主板在低价值 PC 市场上占主流。但是，拥有专利权的 Intel 公司决定尽快废除 Socket 7 标准，只向主板厂家而不向 CPU 厂家颁发 Socket 8 插座和 Slot1 插槽的使用许可证。这必将加剧 Intel 与其他公司的对立与竞争，竞争的结果必将导致 CPU 界面和主板结构的重大改进。

Pentium II 微处理器的功耗比较大，也可以算它的一个不足。Pentium II 功耗不仅比同工作时钟频率的 Pentium MMX 或 Pentium Pro 都大，而且几乎是普通 Pentium 的一倍。例如，Pentium-233MHz 的功耗只有 17W；而 Pentium II -233MHz 的功耗为 34.8W。Intel 为 Pentium II 设计了一种节能改进版，被称为 Deschutes。目前，Deschutes 版本的 Pentium II 微处理器共有 350MHz、400MHz、450MHz 三种型号，采用 DIBA 双重独立总线结构，但微处理器片外总线(也称前端总线(From Side Bus，FSB))的工作时钟频率已为 100MHz。这三种 Pentium II 微处理器的不同，除微处理器核心工作时钟频率不同之外，主要在于 350MHz、400MHz 的 Pentium II 微处理器采用的封装技术仍是 S.E.C.C 封装，使用 242 引脚的 Slot1 插槽；而 450MHz 的 Pentium II 微处理器使用 330 引脚的 Slot 2 插槽，L_2 Cache 容量可至 2MB。

表 2-3 总结了这三种型号的节能版 Pentium II 微处理器的性能参数。它们的电源电压、L_1 Cache 容量等同于早期的 Pentium II 微处理器，不再列入该表中。注意，性能评估已使用 iCOMP(3.0)版了，它以 350MHz 的 Pentium II 微处理器性能指标 1000 为基数。

表 2-3　目前 Pentium II 微处理器的性能参数

CPU	外部工作时钟频率倍频因子	L_2 Cache 容量	封装	iCOMP(3.0)
Pentium II 350MHz	3.5/100MHz	512KB	S.E.C.C/Slot1	1000
Pentium II 400MHz	4.0/100MHz	512KB	S.E.C.C/Slot1	1130
Pentium II 450MHz	4.5/100MHz	可至 2MB	S.E.C.C/Slot1	1240

3. Pentium III 微处理器

1999 年 2 月，Intel 公司发布了带有附加浮点多媒体指令的 Pentium III 微处理器，简称 P III，中文名为奔腾三代微处理器。Pentium III 微处理器最大的改进就是新增 70 条指令，这些新增的指令主要用于互联网媒体扩展、3D、流式音频、视频和语音识别功能的提升。Pentium III 可以使用户有机会在网络上享受高质量的影片，并以 3D 的形式参观在线博物馆、商店等。

Pentium III 微处理器同样全面适合工作站和服务器应用领域。整个 Pentium III 是一个相当庞大的系列，所涉及的微处理器主频种类非常多，最低的是 450MHz，最高的可达 1.33GHz，中间还有 500MHz、550MHz、600MHz、650MHz、667MHz、733MHz、750MHz、800MHz、850MHz、866MHz、933MHz、1GHz、1.13GHz、1.26GHz 等。系统总线频率也有两种：133MHz 和 100MHz。

缓存方面既支持全速的、带 ECC 校正的 256KB 二级缓存(L_2 Cache)，又支持不连续的、半速的 ECC 256KB 二级缓存；提供 32KB 一级缓存(L_1 Cache)；内存寻址可以支持到 4GB，物理内存可以支持到 64GB。制造工艺也有多种，最初是采用的是 0.25μm，后期版本采用的是

0.18μm，而服务器所用的 PentiumⅢ Xeon 微处理器还有的采用了较先进的 0.13μm 制造工艺。

在微处理器的封装方式上存在着两种架构，既有 Pentium 微处理器以前的 Socket 架构，也采用了 Pentium Ⅱ 微处理器的 S.E.C.C 架构。

PentiumⅢ的结构与 Pentium Ⅱ 的相仿，它与 Pentium Ⅱ 的最大不同在于如下三点。

（1）PentiumⅢ也采用双重独立总线结构，但是 FBS 的工作时钟频率至少为 100MHz，并且已在 1999 年下半年推出 FBS 工作时钟频率为 133MHz 的产品。微处理器核心与 L_2 Cache 之间专用的后端总线（Back Side Bus，BSB）的工作时钟频率，最初的三个型号为 450MHz、500MHz、550MHz 的产品的工作时钟频率仍是微处理器核心工作时钟频率的一半。但最近也有与主频同速的 BSB 的产品问世。PentiumⅢ的产品同 Pentium Ⅱ 一样，也分成三个序列，分别面向服务器、工作站（Xeon，至强型）和高性能 PC 及低价位 PC（Celeron，赛扬型）。

（2）PentiumⅢ这次采用了 Intel 公司自行开发的流式单指令多数据扩展 SSE，这包括 70 条 SSE 指令集和新增加的 8 个 128 位（4×32）单精度浮点数寄存器。它继续保留 57 条 MMX 指令，但克服了不能同时处理 MMX 数据和浮点数的缺陷，极大地提高了浮点数运算能力，可同时处理 4 对单精度浮点数，而且还可同时处理单精度浮点数和双精度浮点数。SSE 指令集中又有 12 条新的多媒体指令，采用更先进的算法来提高视频和图像的处理质量。SSE 指令集中还有连续数据流内存优化处理指令，通过采用新的数据预存取技术，显著提高 CPU 处理连续数据流的效率。SSE 技术使得 Pentium Ⅱ 微处理器在三维图像处理、语言识别、视频实时压缩等方面都有很大的进步，而在互联网应用中最能体现这些进步。

（3）PentiumⅢ微处理器首次设置了微处理器序列号（Processor Serial Number，PSN）。PSN 是一个 96 位的二进制数，制造芯片时它被编入微处理器硅晶片的核心代码中，可以用软件读取但不能修改。PSN 的作用相当于微处理器和系统的标识符，可用来加强资源跟踪、安全保护和内容管理。

在 PentiumⅢ微处理器时代，Intel 同样继承了以前的微处理器的用户策略，推出了其简化版本，也称为 Celeron，为了与 Pentium Ⅱ 时代的 Celeron 相区别，人们把它称为 CeleronⅡ。CeleronⅡ与 PentiumⅢ的最主要区别还是 L_2 Cache 减少了一半，只有 128KB。但它仍采用 PentiumⅢ微处理器的新核心，所以在主要性能方面与 PentiumⅢ没有太大差别。它也采用 Socket 架构。

在 PentiumⅢ微处理器时代，Intel 同样为了竞争服务器领域的微处理器市场，于 1999 年发布了 PentiumⅢ Xeon 微处理器。该处理器作为 Pentium Ⅱ Xeon 的后继者，除了在内核架构上采纳全新设计以外，也继承了 PentiumⅢ微处理器新增的 70 条指令，以便更好地执行多媒体、流媒体应用软件。除了面对企业级的市场以外，PentiumⅢ Xeon 加强了电子商务应用与高阶商务计算的能力。在缓存速度与系统总线结构上，也有很多进步，在很大程度上提升了性能，并为更好的多微处理器协同工作进行了设计。

80x86 微处理器系列是美国 Intel 公司从 20 世纪 70 年代开始研制的微处理器的总称。我们先介绍 8086/8088 微处理器的结构、8086/8088 寄存器组、存储器组织和 I/O 组织。

2.2　8086/8088 微处理器的结构

8086/8088 是 Intel 公司推出的第一个标准的 16 位 CPU，使用单一的+5V 电源，40 引脚双列直插式封装，工作时钟频率为 5~10MHz，基本指令执行时间为 0.3~0.6ms。它有 16 根数据总线和 20 根地址总线，可寻址的地址空间达 1MB。

2.2.1　8086 的功能结构

8086 微处理器的内部功能结构如图 2-2 所示，它由两个独立的工作部件构成，分别是执行部件（又称执行单元（Execution Unit，EU））和总线接口部件（又称总线接口单元（Bus Interface Unit，BIU））。EU 由运算器、寄存器组、控制器等组成，负责指令的执行。BIU 由指令队列、地址加法器、总线控制逻辑等组成，负责与系统总线打交道。

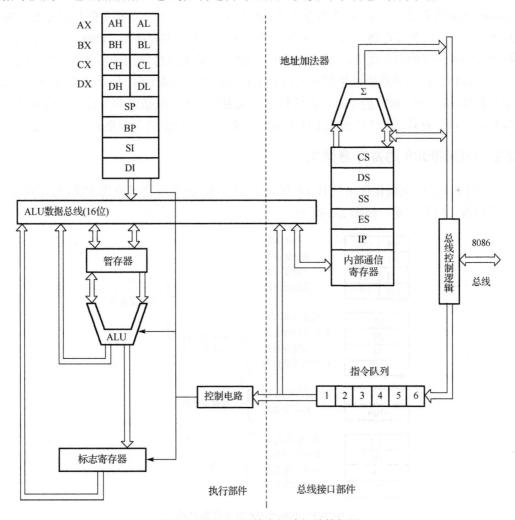

图 2-2　8086CPU 的内部功能结构框图

1. 执行部件

执行部件中包含一个 16 位的算术逻辑单元、8 个 16 位的通用寄存器、一个 16 位的状态标志寄存器、一个数据暂存寄存器和执行部件的控制电路。

执行部件的功能是从 BIU 的指令队列缓冲器中取出指令，由 EU 控制器的指令译码器译码产生相应的操作控制信号给各部件。对操作数进行算术运算和逻辑运算，并将运算结果的状态特征保存到标志寄存器中。EU 不直接与 CPU 外部系统相连，当需要与主存或 I/O 设备交换数据时，EU 向 BIU 发出指令，并提供给 BIU 16 位有效地址及所需传送的数据。

2. 总线接口部件

总线接口部件内部设有 4 个 16 位段地址寄存器：代码段（Code Segment，CS）寄存器、数据段（Data Segment，DS）寄存器、堆栈段（Stack Segment，SS）寄存器和附加段（Extended Segment，ES）寄存器，一个 16 位指令指针（IP）寄存器，一个 6 字节指令队列缓冲器，20 位地址加法器和总线控制电路。指令队列缓冲器属于先进先出型存储器。8086 CPU 中的指令队列可容纳 6 字节的指令代码，而 8088 CPU 中的指令队列只能容纳 4 字节的指令代码。

总线接口部件主要功能是根据执行部件的请求，负责完成 CPU 与存储器或 I/O 设备之间的数据传送。CPU 执行指令时，总线接口单元要配合 EU 从指定的主存单元或外设端口中取数据，将数据传送给 EU 或把 EU 的操作结果传送到指定的主存单元或外设端口中。

2.2.2　8086/8088 的寄存器结构

8086 CPU 中可供编程使用的有 14 个 16 位寄存器，按其用途可分为 3 类：通用寄存器、控制寄存器、段寄存器，如图 2-3 所示。

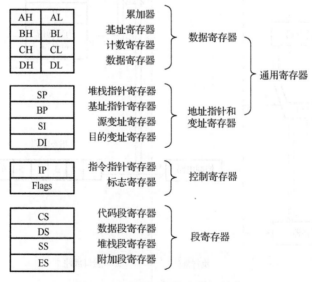

图 2-3　8086/8088 的寄存器结构

1. 通用寄存器

在 8086/8088 CPU 的执行部件中包括有 8 个 16 位的通用寄存器。这 8 个通用寄存器又可分为两组。一组称为数据寄存器，包括 4 个 16 位的寄存器 AX、BX、CX 和 DX，一般用来存放16 位数据，故称为数据寄存器。数据寄存器其中的每一个又可根据需要将高 8 位和低 8 位分成独立的两个 8 位寄存器来使用，即 AH、BH、CH、DH 和 AL、BL、CL、DL 两组，用于存放 8位数据，它们均可独立寻址、独立使用。另一组 16 位寄存器主要用于存放存储器或 I/O 端口的地址，包括基地址指针(Base Pointer，BP)、堆栈指针、源变址寄存器和目标变址(Destination Index，DI)寄存器，都是 16 位寄存器，一般用来存放地址的偏移量(Offset)。8 个通用寄存器的功能如下。

4 个数据寄存器 AX、BX、CX 和 DX 功能如表 2-4 所示。寄存器 AX 又称为累加器，是算术计算的主要寄存器，所有的 I/O 指令都使用这一寄存器与外部设备传送信息。寄存器 BX 在计算存储器地址时，用作基地址(Base Address)存储器。寄存器 CX 在循环和串处理指令中用作隐含的计数器(Counter)。寄存器 DX 一般在做双字长运算时，把 DX 和 AX 组合在一起存放一个双字长数，用来存放高位字指针及变址寄存器，也可用来存放 I/O 的端口地址。这四个寄存器存放计算过程中所用到的操作数、结果或其他信息。

表 2-4　8086 中通用寄存器的一般用法和隐含用法

寄存器	一般用法	隐含用法
AX	16 位累加器	字乘时提供一个操作数并存放积的低字；字除时提供被除数的低字并存放商；I/O 传送指令
AL	AX 的低 8 位	字节乘时提供一个操作数并存放积的低字节；字节除时提供被除数的低字节并存放商；BCD 码运算指令和 XLAT 指令中作累加器；字节 I/O 操作中存放 8 位输入/输出数据
AH	AX 的高 8 位	字节乘时提供一个操作数并存放积的高字节；字节除时提供被除数的高字节并存放余数；LAHF 指令中充当目的操作数
BX	基地址寄存器，支持多种寻址，常用做地址寄存器	XLAT 指令中提供被查表格中源操作数的间接地址
CX	16 位计数器	串操作时用作串长计数器，循环操作中用作循环次数计数器；loop/rep
CL	8 位计数器	移位或循环移位时用作移位次数计数器
DX	16 位数据寄存器	在间接寻址的 I/O 指令中提供端口地址；字乘时存放积的高字，字除时提供被除数高字并存放余数
SP	堆栈指针，与 SS 配合指示堆栈栈顶的位置	入栈、出栈操作中指示栈顶
BP	基地址指针,它支持间接寻址、基地址寻址、基地址加变址寻址等多种寻址手段。在子程序调用时，常用它来取压栈的参数	
SI	源变址寄存器，它支持间接寻址、变址寻址、基地址加变址寻址等多种寻址手段	串操作时用作源变址寄存器，指示数据段(段默认)或其他段(段超越)中源操作数的偏移地址
DI	目标变址寄存器，它支持间接寻址、变址寻址、基地址加变址寻址等多种寻址手段	串操作时用作目标变址寄存器，指示附加段(段默认)中目的操作数的偏移地址

用来存放地址的偏移量的 4 个寄存器 SP、BP、SI、DI 的功能如表 2-4 所示，此外，这 4 个寄存器可以联合使用。SP、BP 与 SS 联用可以确定堆栈段中某一存储单元的地址，SP 用来表示栈顶的偏移地址，BP 可作为堆栈区中的一个基地址以便访问堆栈中的其他信息。SI、DI 与 DS、ES 联用可以确定数据段中某一存储器单元的地址，SI 和 DI 有自动增量和自动减量的功能。在串处理指令中，SI 和 DI 分别作为隐含的源变址寄存器和目标变

址寄存器，SI 和 DS 联用、DI 和 ES 联用分别达到在数据段和附加段中寻址的目的。

这 8 个 16 位通用寄存器都具有通用性，从而提高了指令系统的灵活性。但在有些指令中，这些通用寄存器还有各自特定的用法。

2. 指令指针寄存器和标志寄存器

指令指针寄存器是一个 16 位的寄存器，存放 EU 要执行的下一条指令的偏移地址，用以控制程序中指令的执行顺序，实现对代码段指令的跟踪。将这个偏移地址和 CS 寄存器的内容进行组合，就可以得到下一条指令代码起点的物理地址。在程序运行期间，BIU 可以自动修改 IP 的内容，使它始终指向下一条指令。程序不能直接访问 IP，但是可通过某些指令来修改 IP 的内容，或把 IP 的内容压入堆栈或弹出堆栈。

FR 也称为程序状态字(Program Status Word，PSW)寄存器，是一个 16 位的寄存器，其中存放着 9 个标志位，格式如图 2-4 所示。这 9 个标志位可以分成两类。第一类包括 OF、SF、ZF、AF、PF 和 CF，被称为状态标志，用于表示算术运算结果和逻辑运算结果的特征。第二类包括 IF、DF 和 TF，被称为控制标志，用于控制 CPU 的操作特征。各标志位的功能如下。

D_{15}	D_{14}	D_{13}	D_{12}	D_{11}	D_{10}	D_9	D_8	D_7	D_6	D_5	D_4	D_3	D_2	D_1	D_0
				OF	DF	IF	TF	SF	ZF		AF		PF		CF

图 2-4　程序状态字寄存器

(1) OF(Over Flag)为溢出标志位。OF 置 1 表示算术运算的结果发生溢出现象，即运算结果的长度超出了存放运算结果的目标单元的容量，因而发生丢失有效数字的现象。8086/8088 有一条溢出中断指令 INTO，当 OF 置 1 时，可以通过这条指令产生软件中断，把控制自动转向溢出中断处理程序。

(2) SF(Sign Flag)为符号标志位。用它来表示运算结果的符号。当 SF 置 1 时，表示运算结果为负；当 SF 清 0 时，表示运算结果为正。

(3) ZF(Zero Flag)为零标志位。ZF 置 1，表示运算结果为零。

(4) AF(Auxiliary Flag)为辅助进位标志。AF 置 1，表示运算结果的低 4 位向高 4 位进位或借位。这个标志用于十进制算术运算指令。

(5) PF(Parity Flag)为奇偶进位标志位。用它来表示运算结果中为 1 的位的个数是奇数或偶数。当 PF 置 1 时，表示运算结果中有偶数个 1；当 PF 清 0 时，表示运算结果中 1 的个数为奇数。这个标志位用于数据传送时的奇偶校验，以便测试在数据传送过程中是否发生错误。

(6) CF(Carry Flag)为进位标志位。CF 置 1 表示运算结果的最高位发生进位或借位。这个表示用于字或字节的加减运算指令。循环移位指令的执行过程也可以改变 CF 的内容。

(7) DF(Direction Flag)为方向标志位。这个标志用于控制字符串的处理。当 DF 清 0 时，字符串操作指令使地址指针自动增量，即字符串的处理顺序是由低地址向高地址。当 DF 置 1 时，字符串指令使地址指针自动减量，即字符串的处理顺序是从高地址向低地址。

(8) IF(Interrupt Flag)为中断标志位。当 IF 置 1 时，允许中断，即允许 CPU 响应可屏蔽外部中断请求。当 IF 清 0 时，则禁止中断，即不允许 CPU 响应可屏蔽外部中断请求。IF 对内部中断及非屏蔽外部中断没有影响。IF 位可通过 STI 指令置位，并通过 CLI 指令复位。

(9) TF(Trap Flag)为陷阱标志位(又称为跟踪标志)。当 TF 置 1 时，CPU 进入单步工作方式，即每执行一条指令就引起一个内部中断，这种工作方式特别有利于程序调试过程。当 TF 为清 0 时，CPU 不产生陷阱，正常工作。TF 标志位也可用软件进行置位和复位。

3. 段寄存器

8086/8088 CPU 的内部寄存器都是 16 位的，可直接处理 16 位长度的存储地址。但 16 位长度的存储地址只能寻址 64KB 的存储空间，为了把寻址范围扩大到 1MB，就必须采取适当的措施把地址码的长度扩展到 20 位。

在 8086/8088 系统中，把不超过 1MB 的存储空间划分成若干个逻辑段，每段不超过 64KB。我们把各个逻辑段的起始地址称为相应段的段基地址，并把 20 位段基地址的最低 4 位规定为 0000。这就表明逻辑段只能在节(Paragraph)的边界开始。在存储器中，一节的长度为 16B，节的边界就是能被 16 整除的二进制数，即最低 4 位都是 0000。在 8086/8088 中，设置 4 个段寄存器：代码段寄存器、数据段寄存器、堆栈段寄存器、附加段寄存器，这些段寄存器都是 16 位的。由于 20 位的段基地址只有高 16 位是有效数字，把段基地址的前 16 位数字称为段基值。这样，4 个 16 位段寄存器中即可同时存放 4 个段基值。把段基值的内容向左移动 4 位，即可得到相应的段基地址。这样，每个段寄存器都可指向一个逻辑段的段基地址，CPU 即可寻址 4 个段基地址。用软件更换各个段寄存器的内容，即可对所有的段基地址进行寻址。当然，CS 只能指向专为存放指令代码的各个代码段的段基地址；SS 只能指向被开辟为堆栈区的堆栈段的段基地址；DS 和 ES 只能指向专为存放数据的各个数据段的段基地址。

1) 代码段寄存器(CS)

其内容左移 4 位再加上指令指针的内容，就形成下一条要执行的指令存放的实际物理地址。

2) 数据段寄存器(DS)

DS 中的内容左移 4 位再加上按指令中存储器寻址方式计算出来的偏移地址，即为数据段指定的单元进行读/写的地址。

3) 堆栈段寄存器(SS)

堆栈是按"后进先出"原则组织的一个特别存储区。操作数的存放地址是由 SS 的内容左移 4 位再加上 SP 的内容形成的。

4) 附加段寄存器(ES)

附加段是在进行字符串操作时作为目标区地址使用的一个附加数据段。在字符串操作指令中，SI 作为源变址寄存器，DI 作为目标变址寄存器，其内容都是偏移地址。

一个存储单元与它所在段的段基地址之间的字节数称为该存储单元的偏移地址。通过 BIU 中的加法器把段基地址和偏移地址相加，就可以得到 20 位绝对地址。绝对地址又称为物理地址，它表示存储单元距离整个存储器起始地址的字节数。由此得

$$物理地址=段基地址+偏移地址$$

2.3 8086 的引脚功能和工作模式

8086/8088 有 40 个引脚，采用双列直插（Dual In-line Package，DIP）封装，见图 2-5。8086 有两种工作模式：最小模式和最大模式。在最小模式时，8086 本身产生系统所需的全部控制信号，在构成微机系统时，只能构成单处理器系统。在最大模式时，部分控制信号需借助于其他芯片，在构成微机系统时，可构成多处理器系统。8086 的第 24～31 脚在两种模式下的引脚功能定义不一样。

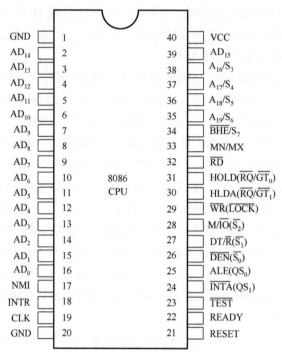

图 2-5 8086/8088 引脚图

1. 8086/8088 引脚信号

下面以 8086 CPU 芯片引脚为例来说明基本引脚的功能。

1）AD_{15}～AD_0（地址/数据复用，双向，三态）

分时复用的存储器或端口的地址/数据总线。传送地址时为单向的三态输出，传送数据时为双向的三态输入/输出。

在总线周期的 T_1 期间，输出要访问的存储器或 I/O 端口的地址；T_2 期间浮空置成高阻态，为传输数据做准备；T_3 期间，用于传输数据；T_4 期间，结束总线周期。当 CPU 响应中断 DMA 方式时，这些线处于浮空状态（高阻态）。

这里要对 A_0 做一些说明。A_0 是 20 位地址的最低位，在 ALE 下降沿时被锁存到地址锁存器中。它除了作为地址的一位，参与地址译码外，还作为低 8 位数据的传送允许信号，即对于连接低 8 位数据总线的存储器或 I/O 端口来说，在进行数据传送时需用 A_0 选通。

2) $A_{19}/S_6 \sim A_{16}/S_3$（地址/状态复用，输出，三态）

$A_{19}/S_6 \sim A_{16}/S_3$ 在 T_1 期间作为地址总线，对于存储器访问来说，输出地址的最高 4 位；对于 I/O 访问来说，由于只使用 16 位地址，所以在 I/O 访问期间这 4 根线将保持低电平。

这 4 个引脚又可作为状态引脚。作为状态引脚使用时，S_6 指示 8086 当前是否使用总线；S_5 指示中断标志位的状态；S_4、S_3 指明现在正在使用的段寄存器，S_4、S_3 的每一种组合对应一个段寄存器，组合 00、01、10、11 分别对应 ES、SS、CS、DS。

3) $\overline{\text{BHE}}/S_7$（高 8 位数据总线允许/状态分时复用引脚，输出，三态）

当微处理器执行访问存储器或输入/输出设备时，首先给出 $\overline{\text{BHE}}$ 信号以确定是否进行高 8 位数据的传输。$\overline{\text{BHE}}/S_7$ 在 T_1 期间作为高 8 位数据传送允许信号 $\overline{\text{BHE}}$；在 $T_2 \sim T_4$ 期间输出状态信号 S_7。$\overline{\text{BHE}}$ 为低，表示在高 8 位数据总线上可以进行数据传送，即对于连接高 8 位数据总线的存储器或 I/O 端口来说，在进行数据传送时需用 $\overline{\text{BHE}}$ 选通。$\overline{\text{BHE}}$ 和 A_0 的组合作用见表 2-5。对 8086 来说，S_7 并未赋予实际意义。

表 2-5　$\overline{\text{BHE}}$、A_0 代码表示的相应操作

BHE	A_0	操作	所用数据引脚
0	0	从偶地址读/写一个字	$AD_{15} \sim AD_0$
1	0	从偶地址读/写 1 字节	$AD_7 \sim AD_0$
0	1	从奇地址读/写 1 字节	$AD_{15} \sim AD_8$
0	1	从奇地址读/写一个字（分两个总线周期实现，首先做	$AD_{15} \sim AD_8$
1	0	奇字节读/写，然后做偶字节读/写）	$AD_7 \sim AD_0$

4) $\overline{\text{RD}}$（读控制，输出，三态）

低电平有效。有效时，表示 CPU 正在从存储器或 I/O 端口读出数据，究竟读谁的数据需借助于信号 $M/\overline{\text{IO}}$。

5) $\overline{\text{WR}}$（写控制，输出，三态）

低电平有效。有效时，表示 8086 为存储器或 I/O 端口写操作。当 DMA 时，此线浮空。

6) $M/\overline{\text{IO}}$（输出，高、低电平均有效，三态）

$M/\overline{\text{IO}}$ 用于指示是存储器访问还是 I/O 访问。$M/\overline{\text{IO}}=1$，表示 CPU 与存储器之间的数据传输；$M/\overline{\text{IO}}=0$，表示 CPU 和 I/O 设备之间的数据传输。当 DMA 时，此线浮空。

7) ALE（地址锁存信号，输出）

ALE 是 8086 在每个总线周期的 T_1 期间时发出的，作为地址锁存器的选通信号，表示当前地址/数据复用线上输出的是地址信息，要求进行地址锁存，注意 ALE 端不能被浮空。

8) DEN、$DT/\overline{R}$

DEN 是 8086 提供给数据收发器的选通信号。$DT/\overline{R}$ 是控制其数据传输方向的信号。

如果 DEN 有效，表示允许传输。此时，$DT/\overline{R}=1$，进行数据发送；$DT/\overline{R}=0$，进行数据接收。在 DMA 下，它们被置浮空。

9) READY（准备好，输入）

高电平有效。当 8086 在每个总线周期的 T_3 期间采样该信号时，若发现其端为高电平，表示不需插入等待时钟 T_w，反之则需在 T_3 期间之后插入 T_w。

10) INTR（可屏蔽中断请求，输入）

8086 的中断有多种分类方法。从屏蔽角度分，可以将其分为可屏蔽中断和非屏蔽中断两类。屏蔽是指让对应的中断不起作用，即不能提出中断请求或虽有中断请求但 CPU 不予响应。对于非屏蔽中断，一旦提出请求，CPU 必须无条件予以响应，即这类中断是不可屏蔽的。对于可屏蔽中断，每一个中断源都有自己的屏蔽机制，另外还有一个总的屏蔽机制，即前面说过的 IF。当 IF 为 0 时，CPU 不响应任何可屏蔽中断请求。只有在 IF 为 1 时，CPU 才予以响应。INTR 是可屏蔽请求输入端。

11) $\overline{INTA}$（中断响应，输出）

$\overline{INTA}$ 有效表示对 INTR 的外部中断请求做出响应，进入中断响应周期。

$\overline{INTA}$ 信号实际上是位于连续周期中的两个负脉冲，在每个总线周期的 T_2、T_3 和 T_w 期间，$\overline{INTA}$ 端为低电平。第一个负脉冲通知外设的接口，它发出的中断请求已经得到允许；外设接口收到第二个负脉冲后，往数据总线上放中断类型码（中断向量号），从而 CPU 便得到了有关此中断请求的详尽信息。

12) HOLD、HLDA

HOLD 和 HLDA 是一对配合使用的总线联络信号。当系统中的其他总线主控部件要占用总线时，向 CPU 发 HOLD=1 总线请求。

如果此时 CPU 允许让出总线，就在当前总线周期完成时，发 HLDA=1 应答信号，且同时使具有三态功能的地址/数据总线和控制总线处于浮空，表示让出总线。

总线请求部件收到 HLDA=1 后，获得总线控制权，在这期间，HOLD 和 HLDA 都保持高电平。当请求部件完成对总线的占用后，HOLD=0 总线请求撤销，CPU 收到后，也将 HLDA 清 0。这时，CPU 又恢复了对地址/数据总线和控制总线的占有权。

13) TEST（测试，输入）

在 8086 指令系统中有一条等待指令 WAIT。执行该指令时，8086 处于空闲状态，重复执行空闲时钟周期 T_i。在每一个 T_i 的开始测试 TEST，若为高电平，则继续插入 T_i；若为低电平，则脱离等待状态，去执行 WAIT 的下一条指令。可以说，等待指令是等待外部提供的 TEST 信号变为低电平。因此，将 TEST 和 WAIT 指令结合起来使用，可提供微处理器与外部硬件同步的机制。

14) NMI（非屏蔽中断请求，输入）

NMI 中断请求不受中断标志位的影响，也不能用软件进行屏蔽。只要此请求一有效，CPU 就在现行指令结束后立即响应中断，进入非屏蔽中断处理程序。

15) RESET（复位，输入）

高电平有效（保持 4 个时钟周期以上），使 8086 复位，即立即结束现行操作，清空指令队列，初始化 8086 的内部寄存器。CS 被置成 0FFFFH，DS、ES、SS、IP 和标志寄存器被清 0。随着 RESET 变为低电平，8086 开始再启动过程，首先执行地址 0FFFF0H 中的指令。

16) CLK（时钟输入）

该引脚是 8086 的时钟信号输入端。时钟信号一般由时钟发生器 8284 提供，8284 将外接的石英振荡器的频率 3 分频后输出。当外接的石英振荡器的频率为 15 MHz 时，8284 输出信号的频率为 5 MHz，这是 8086 的标准工作时钟频率。

17）VCC + 5V（电源输入）

8086 CPU 的电源引脚，采用单一+5V 电源供电。

18）GND（接地输入）

8086 CPU 的地线引脚，接系统地线。

19）MN / $\overline{\text{MX}}$（组态选择，输入）

该引脚接 0 V 时，8086 工作在最大模式；接+5V 时，工作在最小模式。在最小模式系统中，全部控制信号由 8086 提供。

8086 和 8088 两个微处理器芯片的共同点是采用 20 位地址总线，而且指令系统与操作方式也是相同的；都采用分时复用的地址总线和数据总线，有一部分引脚具有地址总线和数据总线两种功能。其主要差别在于数据总线引脚的个数不同。8086 数据总线引脚为 16 个；8088 数据总线引脚为 8 个。

2．8086/8088 工作模式

8086/8088 微处理器都具有两种工作模式，即最小模式和最大模式。最小模式与最大模式的确定通过引脚 MN/$\overline{\text{MX}}$ 所接的逻辑电平是 1 或 0 来完成。

在最小模式下，8086/8088 微处理器被用来构成一个小规模的单处理机系统，微处理器本身必须提供全部的控制信号给外围电路，系统中总线控制逻辑电路被减到最少，这些特征就是最小模式名称的由来。最小模式适合较小规模的系统。与最小模式相关的引脚为 $\overline{\text{WR}}$、$\overline{\text{RD}}$、$\overline{\text{IO}}$、M/$\overline{\text{IO}}$、ALE、DEN、DT/$\overline{\text{R}}$、HOLD、HLDA。

在最大模式下，微处理器被用来构成一个较大规模的多机系统，在此系统中，其中必有一个主处理器 8086，其他微处理器称为协处理器或辅助处理器，承担某一方面的专门工作。由于外围电路芯片数目较多，有的信号要经系统总线转插件送到另外的板卡上，控制信号的负载加重不能直接由微处理器的引脚信号来驱动。与最大模式相关的引脚为 $\overline{\text{S}}_2$、$\overline{\text{S}}_1$、$\overline{\text{S}}_0$、$\overline{\text{LOCK}}$、QS$_1$、QS$_0$、$\overline{\text{RQ}}_0$/$\overline{\text{GT}}_0$、$\overline{\text{RQ}}_1$/$\overline{\text{GT}}_1$。这部分控制引脚的功能如下。

1）$\overline{\text{S}}_2$、$\overline{\text{S}}_1$、$\overline{\text{S}}_0$

$\overline{\text{S}}_2$、$\overline{\text{S}}_1$、$\overline{\text{S}}_0$ 的组合表示 CPU 总线周期的操作类型。8288 总线控制器依据这三个状态信号产生相关访问存储器和 I/O 端口的控制命令。表 2-6 给出了 $\overline{\text{S}}_2$、$\overline{\text{S}}_1$、$\overline{\text{S}}_0$ 对应的数据传输过程的类型。

表 2-6　$\overline{\text{S}}_2$、$\overline{\text{S}}_1$、$\overline{\text{S}}_0$ 的代码组合对应的操作

$\overline{\text{S}}_2$	$\overline{\text{S}}_1$	$\overline{\text{S}}_0$	操作过程
0	0	0	发出中断响应信号
0	0	1	读 I/O 端口
0	1	0	写 I/O 端口
0	1	1	暂停
1	0	0	取指令
1	0	1	读存储器(内存)
1	1	0	写存储器(内存)
1	1	1	无源状态(不起作用)

2) $\overline{\text{LOCK}}$

该信号一般与指令前缀 LOCK 配合使用。当 CPU 执行一条加有 LOCK 前缀的指令时，该引脚输出有效电平，用来封锁其他总线主控设备，不允许它们此时提出总线请求，直到 CPU 将该指令执行完为止。另外，在中断响应周期中该信号有效，目的是利用该信号来封锁总线主控设备的请求，以确保 CPU 从数据总线上正确地获得中断向量。在 DMA 时，LOCK 端处于浮空。

3) QS_1、QS_0 指令队列状态，输出

QS_1、QS_0 组合起来提供总线周期的前一个状态中指令队列状态(Queue Status)标志，以便让外部对 8086 内部指令队列的动作进行跟踪。QS_1、QS_0 组合与队列状态的对应关系见表 2-7。

表 2-7　QS_1、QS_0 与队列状态

QS_1	QS_0	队列状态
0	0	无操作
0	1	从队列缓冲器中取出指令的第 1 字节
1	0	清除队列缓冲器
1	1	从队列缓冲器中取出指令的第 2 字节以后部分

4) $\overline{\text{RQ}_0}/\overline{\text{GT}_0}$、$\overline{\text{RQ}_1}/\overline{\text{GT}_1}$

$\overline{\text{RQ}_0}/\overline{\text{GT}_0}$、$\overline{\text{RQ}_1}/\overline{\text{GT}_1}$ 是两组功能相同的信号，在最大模式时提供裁决总线使用权的总线请求/总线允许信号。可供 CPU 以外的两个处理器用来发出使用总线的请求信号和接收 CPU 对总线请求信号的应答信号。$\overline{\text{RQ}}$ 为输入信号，表示总线请求，$\overline{\text{GT}}$ 为输出信号，表示总线允许，当它们两个同时有请求时，$\overline{\text{RQ}_0}/\overline{\text{GT}_0}$ 的优先权更高。

若 8086 使用总线，其 $\overline{\text{RQ}_0}/\overline{\text{GT}_0}$、$\overline{\text{RQ}_1}/\overline{\text{GT}_1}$ 为高电平(浮空)；这时，若 8087 或 8089 要使用总线，它们就使 $\overline{\text{RQ}_0}/\overline{\text{GT}_0}$、$\overline{\text{RQ}_1}/\overline{\text{GT}_1}$ 输出低电平。经 8086 检测，若总线处于开放状态，则 8086 输出的 $\overline{\text{RQ}_0}/\overline{\text{GT}_0}$、$\overline{\text{RQ}_1}/\overline{\text{GT}_1}$ 变为低电平，再经 8087 或 8089 检测出此允许信号，对总线进行使用。待总线使用完，8087 或 8089 将 $\overline{\text{RQ}_0}/\overline{\text{GT}_0}$、$\overline{\text{RQ}_1}/\overline{\text{GT}_1}$ 变成高电平，8086 再检测出该信号，又恢复对总线的使用。

3. 8086 的系统组成

前面已经介绍过，在不同结果模式下 CPU 的部分引脚具有不同的功能。当 MN/$\overline{\text{MX}}$ 引脚接 0V 时，8086 工作在最大模式；接+5 V 时，工作在最小模式。

1)最小模式系统组成

图 2-6 为 8086 最小模式系统组成。在这种模式下，总线控制信号($\overline{\text{IO}}$、M/$\overline{\text{IO}}$、ALE、DT/$\overline{\text{R}}$、DEN、HOLD、HLDA)和读/写控制信号($\overline{\text{WR}}$、$\overline{\text{RD}}$、$\overline{\text{INTA}}$)都由 CPU 直接提供。

在这种模式下，允许其他总线主控设备通过 HOLD 线向 CPU 请求使用系统总线。当 CPU 响应这种请求时，就把 HLDA 输出端置为高电平，并使 CPU 本身的系统总线及控制线处于高阻状态。这种请求信号是异步产生的，在每个时钟周期的上升沿，CPU 都对 HOLD 输入信号进行一次测试。

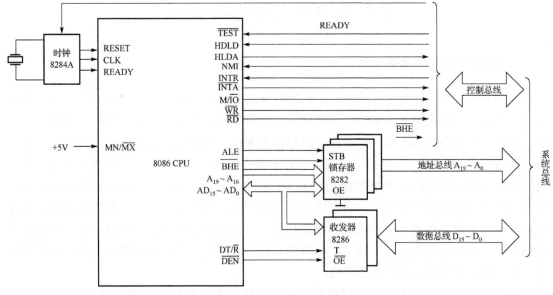

图 2-6　8086 最小模式系统组成

2) 最大模式系统组成

图 2-7 为 8086 最大模式系统组成。在这种模式下，总线控制信号并非直接由 CPU 提供，而是由总线控制器 8288 根据 CPU 提供的总线状态信息 $\overline{S}_2$、$\overline{S}_1$、$\overline{S}_0$ 产生的。这样，原在最小模式下用于提供总线控制信号的引脚即可重新定义，改作支持多处理器系统用。

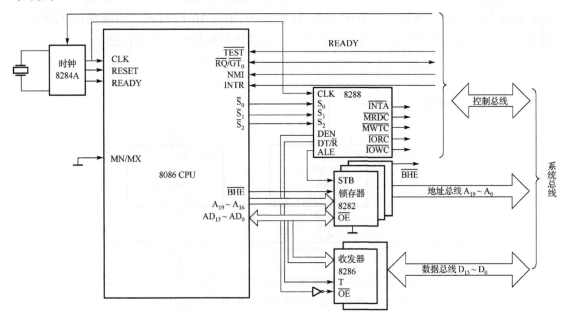

图 2-7　8086 最大模式系统组成

2.4　存储器组织和 I/O 组织

1. 8086/8088 的存储器组织

8086 CPU 有 20 位地址总线,无论在最小方式下,还是在最大方式下,都可寻址 1MB 的存储空间。存储器通常按字节组织排列成一个个单元,每个单元用一个唯一的地址码表示,这称为存储器的标准结构。若存放的数据为 8 位,则将它们按顺序进行存放;若存入的数据为一个 16 位的字,则将字的高字节存于高地址单元,低字节存于低地址单元;若存放的数据为 32 位的双字,则将地址指针的偏移量存于低地址的字单元中,将地址指针的段基地址存于高地址的字单元中。还要注意,存放字时,其低字节可从奇数地址开始,也可从偶数地址开始。称前一种方式为非规则存放,这样存放的字为非规则字;后一种方式为规则存放,这样存放的字为规则字。对规则字的存取可在一个总线周期内完成;对非规则字的存取则需两个总线周期才能完成。

8086 CPU 在组织 1MB 的存储器时,实际上被分成两个 512KB 的存储体(或称为存储库),分别称为高位库和低位库。高位库与 8086 数据总线中的 $D_{15} \sim D_8$ 相连,库中每个单元的地址均为奇数;低位库与数据总线中的 $D_7 \sim D_0$ 相连,库中每个单元的地址均为偶数。地址总线 A_0 和控制线 $\overline{BHE}$ 用于库的选择,分别接到每个库的选择端 $\overline{SEL}$,其余地址总线 $A_{19} \sim A_1$ 同时接到两个库的存储芯片上,以寻址每个存储单元。存储器的高位库和低位库与总线的连接如图 2-8 所示。当 $\overline{BHE} = 0$ 时,选中奇数地址的高位库;当 $A_0 = 0$ 时,选中偶数地址的低位库。可见,当执行对各种数据寻址的指令发出的 $\overline{BHE}$ 和 A_0 信号时,就可控制对两个库的读/写操作;当 $\overline{BHE}$ 和 A_0 分别为 00、01、10 和 11 时,实现的读/写操作分别为:①16 位数据(双库);②奇地址高位库;③偶地址低位库;④不传送。

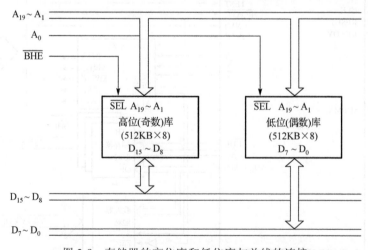

图 2-8　存储器的高位库和低位库与总线的连接

8088 因为数据总线为 8 位的,因此它所对应的 1MB 的存储空间是一个不分高位库和低位库的单一存储体。这样,无论对 16 位的字数据,还是对 8 位的字节数据;也无论对规则字的操作，还是对非规则字的操作，其每一个总线周期内都只能完成 1B 的存取操作。要注意：对 16 位数据操作所构成的连续两个总线周期是由 CPU 执行这类指令自动完成的，不需要再用软件进行干预。这样，8088 的存储器和总线连接时，地址总线中的 A_0 和其余各位 $A_{19} \sim A_1$ 都具有同样的作用，参与对单元的寻址，而不像在 8086 中专用它作为低字节库的选择信号 $\overline{SEL}$。8088 与存储器的连接如图 2-9 所示。

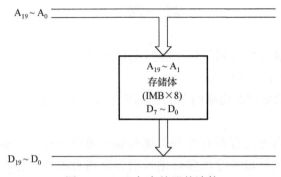

图 2-9　8088 与存储器的连接

由于微处理器内部的寄存器和 ALU 都是 16 位的，为了方便 20 位的地址管理，在 8086 对存储器管理的设计中，采用了分段管理的技术。

把 1MB 的存储器按照使用需要分成若干段。每段的大小不超过 64KB，把每段起始位置的 20 位实际物理地址称为段基地址，其中的高 16 位称为段地址。从该段基地址的物理位置算起的距离称为偏移量。段基地址和偏移量合称为逻辑地址。使用该段时，用段地址寄存器存储 16 位的段地址左移 4 位形成段基地址，用指针寄存器或是计算得到 16 位的偏移量，经过地址加法器生成 20 位的实际物理地址。

2. I/O 组织

8086 系统和外部设备之间的数据交互都是通过 I/O 接口来进行的。每个 I/O 接口往往包含一个或多个端口，这些端口对应一个或多个寄存器。和存储器一样，微型机系统要为每个端口分配一个地址。8086 有相互独立的访问存储器和 I/O 端口的指令，在执行存储器和指令 I/O 指令时，CPU 引脚上呈现不同的信号特征。CPU 在执行访问 I/O 端口的输入/输出指令时，读/写信号 $\overline{WR}$、$\overline{RD}$ 有效，同时 $M/\overline{IO}$ 信号输出低电平。在执行访问存储器指令时，除了读/写信号 $\overline{WR}$、$\overline{RD}$ 有效外，$M/\overline{IO}$ 信号输出高电平。这样就区分了 I/O 读/写和存储器读/写。可以通过外部逻辑电路产生对 I/O 端口的读/写信号，因此，8086 的 I/O 系统是可以单独编址的。

8086 的 I/O 寻址范围是 0～64KB，可以编址 65536 个 8 位 I/O 端口。两个相邻编号的 8 位端口也可以组合成一个 16 位端口。指令系统中既有访问 8 位端口的输入/输出指令，也有访问 16 位端口的输入/输出指令。

通常，微处理机的 I/O 端口编址方式有两种，即统一编址和独立编址。统一编址是将 I/O 端口和存储单元统一编址，即把 I/O 端口置于存储器空间，也看作存储单元。因此，存储器的各种寻址方式均可用来寻址 I/O 端口。在这种方式下 I/O 端口操作功能强，使用起来也很灵活，I/O 接口与 CPU 的连接和存储器与 CPU 的连接相似。但是 I/O 端口占用了一定的存储空间，而且执行 I/O 操作时，因地址位数长，速度较慢。独立编址是将 I/O 端口进行独立编址，I/O 端口空间与存储器空间相互独立。这就需要设置专门的输入/输出指令对 I/O 端口进行操作。8086 系统采用的就是这种独立的 I/O 编址方式访问 I/O 端口。

习　题　2

2-1　简述 80x86 微型计算机经过了哪些主要发展阶段。

2-2　简述 8086/8088 结构特点。

2-3　8086/8088 微处理器由哪两个关键部分组成？其功能主要包括哪些？说明二者是如何配合工作的。

2-4　8086/8088 内部寄存器有哪些？哪些属于通用寄存器？哪些寄存器可用于寄存器间接寻址？存放段地址以及存放偏移地址的寄存器有哪些？标志寄存器各位的含义是什么？

2-5　对于 8086/8088 和 80286，求以下运算结果的各标志位。

(1) 5439H+456AH　　　(2) 2345H+5219H　　　(3) 54E3H−27A0H

(4) 3881H+3597H　　　(5) 5432H−6543H　　　(6) 9876H+1234H

2-6　简述最大模式和最小模式的含义及区别。

2-7　在最小模式下，对于 8086/8088 微处理器试回答以下问题。

(1) 当微处理器访问存储器时，要利用哪些信号？

(2) 当微处理器访问外部设备时，要利用哪些信号？

(3) 当微处理器进行内部寄存器间的数据交换时．是否需要 BIU 进行总线操作？

2-8　对于 8086，已知 (DS)＝0150H，(CS)＝0640H，(SS)＝0250H，(SP)＝1200H，问：

(1) 在数据段中存放的数据最多为多少字节？首地址和末地址各为多少？

(2) 堆栈段中可存放多少个 16 位的字？首地址和末地址各为多少？

(3) 代码段最大的程序可放多少字节？首地址和末地址各为多少？

(4) 如果先后将 Flags、AX、BX、CX、SI 和 DI 压入堆栈，则 (SP) 的值为多少？如果此时 (SP)＝0300H，则原来 (SP) 的值为多少？

第 3 章　Pentium 系统原理

3.1　概　　述

1997 年 5 月 Intel 公司正式推出 Pentium Ⅱ 微处理器。它是将 Pentium Pro 的先进特性与 MMX 多媒体增强技术相结合的新型第六代微处理器。它的优异性能与先进结构也带动了 Pentium PC 系统结构的重大改进。Pentium Ⅱ 微处理器是在第五代微处理器基础上改进发展的，因此首先学习第五代微处理器 Pentium。

1993 年，Intel 公司推出了性能全面超越 486 的新一代 586 CPU，为了摆脱 486 时代微处理器名称混乱的困扰，Intel 公司把自己的新一代产品命名为 Pentium 以区别 AMD 和 Cyrix 的产品。AMD 和 Cyrix 也分别推出了 K5 和 6x86 微处理器来对付芯片“巨人”，但是由于 Pentium 微处理器的性能较好，Intel 逐渐占据了大部分市场。

Pentium 微处理器是 Intel 产品杰出的代表之一。它是 32 位体系结构的微处理器，主要是针对个人计算机、工作站以及服务器而设计的，它兼容了此前的 80x86 系列微处理器，适用于 DOS、Windows、OS/2 和 Unix 等操作系统。Intel 通过采用较先进的计算机设计及硅片制造工艺，不断发展完善了它的系列产品的技术含量，使它逐渐成为性价比高、计算性能优越的微处理器。

与 80486 相比，Pentium 具有很多特色与增强点，它不仅拥有 80486 微处理器的全部特征，而且由于又增加了以下先进的技术配置，使得其自身性能较 80486 又有了大幅度的提高。这些先进的技术配置如下。

(1) 超标量体系结构。

(2) 动态预测转移。

(3) 流水线操作(Pipelining)的浮点部件。

(4) 改进了性能的指令执行计时。

(5) 分离式的 8KB 的指令 Cache 和数据 Cache。

(6) 数据 Cache 中采用了写回的 MESI 协议。

(7) 64 位数据总线。

(8) 总线周期的流水线技术。

(9) 地址奇偶校验。

(10) 内部奇偶校验。

(11) 功能冗余校验。

(12) 执行跟踪。

(13) 性能监控。

(14) IEEE 1149.1 边界扫描。

（15）系统管理模式。

（16）虚拟方式扩充。

它的超标量结构（Supxcalar Architecture）使得在每个时钟周期内可以同时执行两条整数型指令，它将芯片内的数据 Cache 与代码 Cache 分开，以及分支预测和流水线浮点单元等的设计都显著提高了系统性能，从而使全球的微处理器技术步入了一个崭新的 Pentium时代。Pentium 还支持双处理器系统，其芯片中具有本地多处理器中断控制器以及电源管理特性等。从工作时钟频率来说，从开始的 60MHz、66MHz 到 75MHz、90MHz、100MHz、133MHz、166MHz 再到现在的 220MHz、260MHz、300MHz。

3.2　Pentium 微处理器体系结构

3.2.1　Pentium 微处理器的外形和封装

Intel 公司的首款第五代微处理器芯片产品 Pentium 采用 0.8μm 制造工艺，在面积为2.16in^2 的硅片上集成了 310 万只晶体管，封装在 273 引脚的陶瓷 PGA 管壳内，集成度是486 DX 的 3 倍，有 273 根引脚，有 60MHz 和 66MHz 两种时钟频率。工作电压为 5V，功耗为 15W，使系统散热成为问题，因此在该芯片背面需要贴附散热器，散热器上往往还带有一个 12V 直流电压驱动的小风扇。而真正形成全球 Pentium 热门的是随后推出的改进系列，即 P54C 系列。它采用 BiCMOS 硅片技术、0.6μm 制造工艺，集成 330 万个晶体管，296 引脚的交错式引脚栅格阵列（SPGA），封装在陶瓷管壳内，如图 3-1 所示。电源电压下降至 3.3V，功耗也明显降低，在 100MHz 工作时钟频率下的电流消耗大约为 3A。表 3-1中综合列举了这一代 Pentium 微处理器的各种不同工作时钟频率的芯片产品。

图 3-1　Pentium 的背面与正面的外形

Pentium 各引脚的命名如表 3-2 所示，表中各引脚的位置由字母和数字组成，字母表示该引脚在栅格阵列中的列位置，数字则表示行位置。Pentium 有数据总线 D_0～D_{63} 共 64 根、数据奇偶校验线 DP_0～DP_7 共 8 根、字节使能线 BE_0～BE_7 共 8 根、地址总线 A_3～A_{31} 共 29根，此外还有大量的控制线。

表 3-1　几种 Pentium 的主频与工作电压

型号	主总线工作时钟频率/MHz	倍数因子	主频/MHz	工作电压/V
Pentium-90	60	1.5	90	3.3 或 2.9
Pentium-100	60	1.5	100	3.3
Pentium-120	60	2	120	3.3
Pentium-133	60	2	133	3.3
Pentium-150	60	2.5	150	3.3
Pentium-166	66	2.5	166	3.3
Pentium-200	66	3	200	3.3

表 3-2　Pentium 的地址、数据与控制引脚定义

地址引脚		数据引脚				控制及其他引脚					
引脚位置	信号定义	引脚位置	信号定义	引脚位置	信号定义	引脚位置	信号定义	引脚位置	信号定义	引脚位置	信号定义
无	A_0	K18	D_0	D10	D_{32}	U4	$\overline{BE_0}$	H4	DP_0	T8	BT_0
无	A_1	E3	D_1	C17	D_{33}	Q4	$\overline{BE_1}$	C5	DP_1	W21	BT_1
无	A_2	E4	D_2	C19	D_{34}	U6	$\overline{BE_2}$	A9	DP_2	T7	BT_2
T17	A_3	F3	D_3	D17	D_{35}	V1	$\overline{BE_3}$	D8	DP_3	W20	BT_3
W19	A_4	C4	D_4	C18	D_{36}	T6	$\overline{BE_4}$	D18	DP_4	N18	INTR
U18	A_5	G3	D_5	D16	D_{37}	S4	$\overline{BE_5}$	A19	DP_5	N19	NMI
U17	A_6	B4	D_6	D19	D_{38}	U7	$\overline{BE_6}$	E19	DP_6	V3	$\overline{LOCK}$
T16	A_7	G4	D_7	D15	D_{39}	W1	$\overline{BE_7}$	E21	DP_7	C2	$\overline{IERR}$
U16	A_8	F4	D_8	D14	D_{40}	U5	$\overline{A20M}$	H3	$\overline{PCSK}$	S20	$\overline{IGNNE}$
T15	A_9	C12	D_9	B19	D_{41}	P4	$\overline{ADS}$	N3	W/R	T20	INIT
U14	A_{10}	C13	D_{10}	D20	D_{42}	L2	AHOLD	A2	M/IO	L18	RESET
T14	A_{11}	E5	D_{11}	A20	D_{43}	P3	AP	J3	$\overline{KEN}$	A1	INV
U14	A_{12}	C14	D_{12}	D21	D_{44}	W3	$\overline{APCHK}$	K3	$\overline{NA}$	J2	IU
T13	A_{13}	D4	D_{13}	A21	D_{45}	K4	$\overline{BOFF}$	W4	PCD	B1	IV
U13	A_{14}	D13	D_{14}	E18	D_{46}	B2	BP_2	M18	$\overline{PEN}$	D2	PM_0/BP_0
T12	A_{15}	D5	D_{15}	B20	D_{47}	B3	BP_3	U3	PRDY	C3	PM_1/BP_1
U12	A_{16}	D6	D_{16}	B21	D_{48}	L4	$\overline{BRDY}$	B18	R/S	S3	PWT
T11	A_{17}	B9	D_{17}	F19	D_{49}	V2	BREQ	B4	SCYC	T4	TCK
U11	A_{18}	C6	D_{18}	C20	D_{50}	T3	BUSCHK	P18	$\overline{SMI}$	T21	TDI
T10	A_{19}	C15	D_{19}	F18	D_{51}	J4	$\overline{CACHE}$	T5	$\overline{SMIACT}$	S21	TDO
U10	A_{20}	D7	D_{20}	C21	D_{52}	K18	CLK	S18	$\overline{TRST}$	P19	TMS
U21	A_{21}	C16	D_{21}	G18	D_{53}	V4	D/C	N3	WB/WT		GND
U9	A_{22}	C7	D_{22}	E20	D_{54}	M3	$\overline{EADS}$		VCC		GND
U20	A_{23}	A10	D_{23}	G19	D_{55}	A3	$\overline{EWEB}$		VCC		GND
U8	A_{24}	B10	D_{24}	H21	D_{56}	H3	$\overline{FERR}$		VCC		GND

续表

地址引脚		数据引脚				控制及其他引脚					
引脚位置	信号定义	引脚位置	信号定义	引脚位置	信号定义	引脚位置	信号定义	引脚位置	信号定义	引脚位置	信号定义
U19	A_{25}	C8	D_{25}	F20	D_{57}	U2	$\overline{\text{FLUSH}}$		VCC		GND
T9	A_{26}	C11	D_{26}	J18	D_{58}	M19	$\overline{\text{FRCMC}}$		VCC		GND
		D9	D_{27}	H19	D_{59}	W2	$\overline{\text{HIT}}$		VCC		GND
		D11	D_{28}	L19	D_{60}	M4	$\overline{\text{HITM}}$		VCC		GND
		C9	D_{29}	K19	D_{61}	T19	IBT		VCC		GND
		D12	D_{30}	J19	D_{62}	Q3	HLDA		VCC		GND
		C10	D_{31}	H18	D_{63}	V5	HOLD		VCC		GND

除表 3-2 中的引脚之外，Pentium 还各有约 50 个分布在各个不同的位置、相同电位的地线引脚 GND 和电源引脚 VCC，通过它们给芯片内部供电，同时还起到散热的作用。因为这类 CPU 芯片的功耗已在 10W 以上，其中绝大部分的功耗都转换成热量，每单元面积中所产生的热量已在极大程度上高出它所能承受的热辐射。

由于 CPU 的引脚多达数百个，安装时各引脚与插孔必须一一对应，因此非常费时费力，稍不注意就会折断引脚而损坏芯片。据此，Intel 公司专门开发了一种 ZIF 插座，即零插拔插座。ZIF(Zero Insertion Force) 套接字是一种存于 Intel 1486 和 Pentium 微处理器内的一种从计算机主板到数据的物理链路。从它的名字可以看出，零插拔套接字是为生产商的投入，使一般的计算机拥有者就可以方便地更新它的微处理器。零插拔套接字包含一个打开和关闭层，以确保微处理器在一个正确的位置。这项技术从 80486 开始应用，用户可以根据自己的需要选择安装 CPU。

ZIF 套接字包含 8 种不同的变化，每一种都有不同的引脚数，而且引脚是分层管理的。首代原型 Pentium 使用 273 个引脚的 ZIF；Pentium P54C 改用 320 个引脚的 ZIF Socket5；P55 系列多能 Pentium 则使用 321 个引脚的 ZIF Socket7。目前，使用较广泛的套接字是 Socket7。但 Pentium Pro 使用 Socket8。随着 Pentium Ⅱ 微处理器的出现，它是基于 Intel 新的 P6 架构的处理器，Intel 已经采用了新的连接配置，称为 Slot1。在这种配置中，微处理器以集成的方式出现，有 242 引脚和 330 引脚的 Slot 两种配置。

以 ZIF Socket7 插座为例，插座一般每边 5 排插孔，插座的其中一角与其他三角相比少一根引脚，该角为插入 CPU 芯片的识别方向，ZIF Socktet7 插座的外观如图 3-2 所示。如果要在 ZIF Socket7 插座上安装 Pentium CPU 芯片，则只需将插座紧固杠拉起，即图 3-2 中的 CPU 紧固杠推向顶端，放入 CPU 芯片，再压回紧固杠即可。如果要从 ZIF Socket7 插座上取下该 CPU 芯片，则只需将紧固杠拉起，即图 3-2 中的 CPU 紧固杠推向顶端，取出该 CPU 芯片即可。

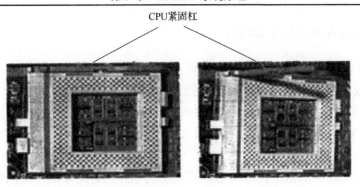

图 3-2　在主板 ZIF Socket7 安装插座

3.2.2　Pentium 微处理器的功能结构

Pentium CPU 内部的主要部件包括总线接口部件(64 位)、U 流水线和 V 流水线、指令高速缓冲存储器、数据高速缓冲存储器、指令预取部件、指令译码器、浮点处理单元(FPU)、分支目标缓冲器(BTB)、微程序控制器中的控制 ROM、寄存器组等功能部件，如图 3-3 所示。其核心执行部件则是两个整数流水线执行部件以及一个带有专用加法器、专用乘法器和专用除法器的浮点流水线部件。

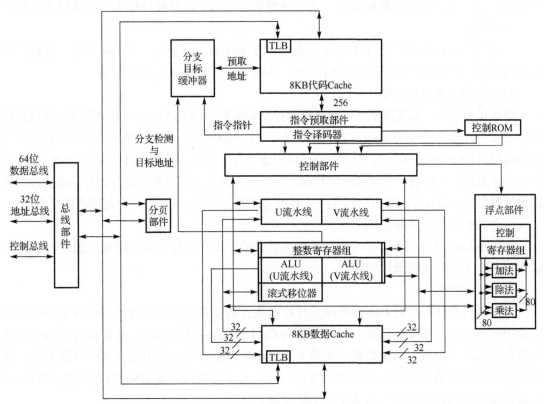

图 3-3　Pentium CPU 原理结构图

各部件的功能如下。

1. Pentium 总线接口部件(64 位)

在 Pentium CPU 中，总线接口部件实现 CPU 与系统总线之间的连接，其中包括 64 位双向的数据总线、32 位地址总线和所有的控制线，具有锁存与缓冲等功能，总线接口部件实现 CPU 与外设之间的信息交换，并产生相应的各类总线周期。

Pentium 微处理器的总线接口部件拥有如下结构特征。

1)地址收发器和驱动器

在地址总线上，驱动器不仅驱动地址总线上的 $A_{31} \sim A_2$ 地址信号，同时也要驱动与地址信号相对应的字节允许信号 $\overline{BHE_7} \sim \overline{BHE_0}$。在 $A_{31} \sim A_2$ 这 29 个地址信号中的高序 28 个地址信号还是一种双向信号，这样就允许芯片外逻辑将 Cache 的无效地址驱动到处理机内。

2)数据总线收发器

数据信号 $D_{31} \sim D_0$ 被驱动到 Pentium 微处理器的总线上，而接收数据信号也从 Pentium 微处理器的总线上进行。

3)总线规模大小控制

在 Pentium 微处理器上，外部数据总线规模大小共有 4 种可供选用，它们分别是 64 位宽、32 位宽、16 位宽和 8 位宽的数据总线。用外部逻辑的 2 个输入端来说明所使用的数据总线的宽度。在一个时钟周期挨着一个时钟周期的基础上，总线规模大小是可以变化的。

4)写缓冲

总线接口部件最多可允许 4 个写请求采用缓冲技术。由于采用了这项技术，可使多个芯片内部操作在不必等待写周期的情况下，继续完成它们在总线上的操作。

5)总线周期和总线控制

总线接口部件对总线周期的广泛选择和控制功能都给以支持，如对成组传送、非成组传送、总线的仲裁(其中包括总线请求、总线保持、总线保持确认、总线锁存、总线的伪锁存以及总线退出(Bus Backoff)等操作)、浮点运算出错信号的发出、中断和复位等操作都给以支持；对在一个总线周期接着一个总线周期基础上的由两个软件控制的允许按页进行高速缓冲的输出也提供支持；而在控制成组读传送操作时还可提供一个是输入，另一个是输出的操作。

6)奇偶校验的生成和控制

在 Pentium 微处理器进行写操作时生成偶校验，而在进行读操作时则生成奇校验。而错误信号表示的是读奇偶校验错。

7)Cache 控制

总线接口部件与片内 Cache 外部总线接口实行的是逻辑接口连接。当访问 Cache 出现没命中；或需更改系统存储器内容；或需向 Cache 写入某些信息时，就要通过总线接口从外部存储器系统中取出一批数据。在填充 Cache 时，总线接口使用的是成组传送方式，以遮掩向缓冲存储器写数据时等出现的等待时间。为了支持片内 Cache 的连贯性，Pentium 微处理器的总线接口还配备总线监视功能设施。

总线接口部件的 Cache 控制特征对 Cache 操作的控制和一致性操作提供支持。3 个输入端允许外部系统对存放在片内 Cache 的数据的一致性实施控制。两个专用的总线周期允许处理机对片外 Cache 的一致性实施控制。

2. Pentium 整数流水线

Pentium 有 U、V 两条指令流水线，称为超标量流水线，U、V 指令流水线与 80486 微处理机的整数流水线非常类似，其流水线操作均由 5 段组成，分别为预取指令(PF)、指令译码(D1)、地址生成(D2)、指令执行(EX)和结果写回(WB)。这两个流水线可以在 1 个时钟周期内发出 2 条整数指令。超标量流水线技术的应用使得 Pentium CPU 的速度较 80486 的有很大的提高。因此，超标量流水线是 Pentium 系统结构的核心。例如，在对某些指令进行译码时，80486 需用 2 个时钟周期，而 Pentium 微处理器则只需要一个时钟周期。而且在执行移位指令和乘法指令时，Pentium 微处理器比 80486 更快。最为显著的是 Pentium 在其流水线操作机构中又配置了超标量执行机构和转移预测判断逻辑机构，以提高其整体性能。

3. 互相独立的指令 Cache 和数据 Cache

为提高计算机操作的并行度及简化设计，Pentium CPU 将存放指令的 Cache 和存放数据的 Cache 分开，分别称为指令 Cache 和数据 Cache。指令 Cache 与数据 Cache 均与 CPU 内部的 64 位数据总线以及 32 位地址总线相连接。在片内，Pentium 将这 2 个独立的 Cache 设置为 8KB，在指令 Cache 中存放内存中一部分程序的副本，通过猝发方式从内存中每次读入一块存入某一 Cache 行中，便于 CPU 执行程序时取出并执行。数据 Cache 是可以读/写的，双端口结构，每个端口与 U、V 两条指令流水线交换整数数据，或者组合成 64 位数据端口，用来与浮点部件交换浮点数据。这两个 Cache 可以同时被访问。

这种双路高速缓存结构减少了争用 Cache 所造成的冲突，提高了处理器效率。互相独立的指令 Cache 和数据 Cache 有利于 U、V 两条指令流水线的并行操作，它不仅可以同时与 U、V 两条指令流水线分别交换数据，而且使指令预取和数据读/写能无冲突地同时进行。此外，程序员可以通过硬件方法或软件方法来禁止或允许使用 Pentium CPU 内部的 Cache。

Pentium 的 Cache 还采用了回写写入方式，这同 486 的贯穿写入方式相比，可以增加 Cache 的命中率。此外，还采用了一种称为 MESI 的高速缓存一致性协议，为多处理器环境下的数据一致性提供了保证。

4. Pentium 指令预取部件

指令预取部件从存储器顺序地预取指令，每次预取 32B 的指令模块，指令地址要字对准，其起始地址比最后一次取指令时所用地址的数值大，起始地址是由预取缓冲部件生成的。在指令预取周期，被预取的 32B 的指令模块被读到预取部件和 Cache 部件内。分支指令处理部件发出命令后，才改变取指令顺序。Pentium 微处理器总是提前把指令从指令 Cache 预取到预取缓冲部件，很少出现微处理机等待指令的现象。

Pentium 微处理器包含 2 个预取指令队列，每个队列由 2 个缓冲器组成。2 个预取指令队列不是同时工作的，在同一时刻只有一个预取指令队列处在有效状态。指令预取器从指令 Cache 中取出指令以后，将它们顺序地存放在那个有效的预取指令队列中，当预测分支指令将发生转移时，指令预取器将跳转到分支指令的转移目标地址上顺序地取指令，并将当时空闲的第二条预取指令队列激活，把取出的指令顺序地存放在第二条指令队列中。在

CPU 的整个工作过程中，都是由当时有效的一条指令队列给两条预取流水线输送指令的。

指令预取部件绝不会访问超越了代码段的代码，而且也不会访问在存储器中不存在的页。但预取操作也有可能使硬件机构出现某些问题。例如，当程序执行到接近主存储器的终点时，预取操作就有可能引起一次中断。为使预取操作不再从过去给定的地址上读信息，应到下一个被对准的 32 字节模块的首地址开始执行预取指令操作。

5. Pentium 指令译码器

指令译码部件的作用是对由指令预取部件提供的指令流给以译码。Pentium 微处理器采用的是两步指令流水线译码方案。对绝大多数指令来说，Pentium 微处理器可以做到每个时钟周期以并行方式完成两条指令译码操作。指令译码部件接收来自预取缓冲部件的指令。在流水线预取操作步骤和指令译码操作步骤后开始对主存储器进行访问，CPU 首先以并行方式取两条简单指令并给以译码，然后将这两条指令分别发送给 U 指令流水线和 V 指令流水线。这样就可以在一个时钟周期内同时执行两条指令，在第一个时钟周期装入的 2 条指令，在第二个时钟周期已开始进入译码操作，同时第二批指令又在第二个时钟周期装入指令流水线内。而对那些比较复杂的指令来说，CPU 则是在 D1 期间生成控制 U 指令流水线和 V 指令流水线的微代码(Micro Code)序列。

指令译码部件对指令前缀字节、操作码、读存储器方式字节以及位移量等同时给予处理。指令译码部件的输出包括将微指令传送到分段部件、整数部件以及浮点部件的控制信号。每当刷新指令预取部件时，指令译码部件也随之刷新。

6. Pentium 浮点运算部件

Pentium CPU 内部的浮点运算部件在 80486 的基础上重新进行了设计，如图 3-3 所示。浮点运算部件内有浮点接口、控制部件(FIRC)、专门用于浮点运算的加法器(FADD)、乘法器(FMUL)和除法器(FDIV)以及浮点舍入处理部件(FRND)，还有 80 位宽的 8 个寄存器构成了寄存器堆栈，内部的数据通路为 80 位。浮点运算部件支持 IEEE754 标准的单、双精度格式的浮点数，还可以使用一种临时实数的 80 位浮点数。

Pentium 微处理器把浮点部件与整数部件、分段部件(SU)、分页部件(PU)等都集成到同一芯片内，而且执行的是指令流水线操作方式。把整个浮点部件设计成每个时钟周期都能够进行一次浮点操作，每个时钟周期可以接收两条浮点指令，但是其中的一条浮点指令必须是交换类的指令。

Pentium 对浮点数的一些常用指令，如加法指令 ADD、乘法指令 MUL 等，都采用了新的算法，并将新的算法用硬件来实现，使得浮点数运算的速度显著提高，其速度相当于 80486 的 10 倍多。

7. Pentium 分支目标缓冲器

在 Pentium 微处理器内采用了分支指令预测新技术。Pentium 内部设计的分支指令预测逻辑可以对将要执行的分支指令进行动态的转移预测。分支指令预测逻辑是以该分支指令的历史执行情况为预测依据的，因此预测有较大的成功率。在预测正确的情况下，完全避免了时间的延误。如果预测错误，则要花费 3～4CLK 时钟周期。

支持分支预测机制的关键部件是分支目标缓冲器。分支目标缓冲器是一个 256 行 4 路组相联结构的 Cache，它记录了已执行过的分支指令的信息。这 256 个目录行中的每行包含以下信息。

(1)一个有效位指示该项是否正在使用(1bit)。

(2)历史记录位表示每次分支指令转移发生的频率(2bit)。

(3)这条跳转指令源存储器的地址。

(4)该跳转指令最后一次执行时的目标地址。

Pentium 采用了分支目标缓冲器实现动态转移预测，可以减少指令流水作业中因分支跳转指令而引起的指令流水线断流。

例 3-1　下面是连续传送 100B 的循环程序段。

```
          MOV   SI,0200H              ;源数据区偏移地址给 SI
          MOV   DI,     0500H         ;目的数据区偏移地址给 DI
          MOV   CX,     64H           ;待传送字节数为 100 赋给 CX
ABC: MOV  AL,   [SI]                  ;从源区取出 1B
          MOV   [DI],   AL            ;存入目的数据区
          INC   SI                    ;源地址指针加 1
          INC   DI                    ;目的地址指针加 1
          DEC   CX                    ;CX=CX-1
          JNZ   ABC                   ;若 CX≠0，转 ABC
```

从上述程序可以看出，许多分支跳转指令转向每个分支的机会不是均等的，而且大多数分支跳转指令排列在循环程序段中，除了一次跳出循环体之外，其余转移的目标地址均在循环体内。因此，分支跳转指令的转移目标地址是可以预测的，预测的依据就是前一次转移目标地址的状况，即根据历史状态预测下一次转移的目标地址。预测的准确率不可能为 100%，但是对于某些分支跳转指令预测的准确率却非常高。

8. Pentium 控制部件

控制部件是 Pentium 的指挥中心，Pentium 微处理器控制部件的作用是负责解释来自指令译码部件的指令字和控制 ROM 的微代码，主要控制整型运算的 U 与 V 两条指令流水线和浮点处理流水线。由于 Pentium 兼容 80x86 处理器，因而自然支持 80386 与 80387 处理器的全部微代码指令。

在控制 ROM 的部件内拥有 Pentium 微处理器的微代码。由于有许多指令都有唯一的一行微代码，Pentium 微处理器平均每一个时钟周期就能执行一条以上的指令。可以设想，采用硬件控制单元来实现这些指令是不可取的，尤其是保护模式下的复杂指令与功能、任务切换以及浮点部件的复杂处理等几乎是不可能实现的。据此，Pentium 只能通过微代码来实现这些复杂的功能。另外，一些简单的功能，如全部的累加器功能等，则是根据 RISC 原理由硬件逻辑来实现的。

9．Pentium 分段部件

Pentium 微处理器的存储管理功能是由分段和分页部件实施的。分段部件是片内整个存储管理功能的一个组成部分。分段部件内配备了一个段描述符 Cache（Segment Descriptor Cache）以及用来计算有效地址和线性地址所必需的电路。分段部件还配备了一种称为面向分段的执行逻辑，进行例行保护规则测试。为了加快分段装入操作，在一个时钟周期内可以从 Cache 传送出 64 位数据。

分段部件的功能是将由程序提供的逻辑地址转换成一种线性地址。线性地址空间中的段的位置被存放在段描述符（Segment Descriptor）的数据结构中。分段部件首先使用段描述符以及从指令中提取出来的偏移量计算所需的线性地址；然后把线性地址传送给分页部件和 Cache 部件。

10．Pentium 分页部件

Pentium 微处理器的分页部件在整个存储管理系统内采用的是二级分页管理机制。分页部件还配备了一个包括 32 个页表项的转换旁视缓冲器（Translate Lookside Buffer，TLB）。分页部件也需要一种面向分页的执行逻辑，用来对分页规则进行检测。分页部件使用页表数据结构将线性地址转换成物理地址。

分页部件的功能是使程序能够访问比实际可用的存储空间大很多的数据结构，所采用的手段就是将这种大数据结构的一部分保存在主存内，而另一部分则保存在磁盘上。Pentium 微处理器将 4KB 定义为一页，当要将线性地址转换成物理地址时，分页部件在 TLB 中查找所需的线性地址，若分页部件在 TLB 中没能找到所需的线性地址，此时分页部件就会发出一个请求，用存储器中含有所需物理地址的页表填充 TLB。只有当在 TLB 中拥有了正确的页表项时，才会出现总线周期。当分页部件将线性地址空间中的一个页转换成物理地址空间中的一个页时，它转换的仅是线性地址中高序的 20 位地址，而低序的 12 位地址则没有改变。

在 TLB 中，采用了一种伪最近最少使用算法（Pseudo-LRU Algorithm），此算法与 Cache 中使用的替换算法类似。在典型的系统中，在访问页表时通过 TLB，99%的访问请求可以得到满足。

Pentium 的流水线操作自然离不开寄存器，它将频繁地从寄存器中读取数据或写入结果。下面将专门介绍 Pentium 的各类寄存器。

3.3　Pentium 微处理器的寄存器

Pentium 微处理器的寄存器可以分为四组。

（1）基本寄存器。

（2）系统寄存器。

（3）调试和测试寄存器。

(4)浮点部件寄存器。

除了控制寄存器 CR$_4$ 与测试寄存器之外,其他所有的寄存器在 80386/80486 处理器中就已经有了,但在 Pentium 寄存器中增加了一些新的功能位。

3.3.1　基本寄存器

Pentium 的基本寄存器包括通用寄存器、段寄存器、指令指针寄存器和标志寄存器,如图 3-4 所示。Pentium 的 32 位寄存器符号表示在原 16 位寄存器标识符上加前缀 E(Extended)以示"扩展"。Pentium 有 EAX~ESP 共 8 个通用寄存器、CS~GS 共 6 个段寄存器、一个指令指针寄存器 EIP 和一个标志寄存器 EFLAGS。其中,通用寄存器、指令指针寄存器和标志寄存器都是 32 位的,段寄存器则只是 16 位的。32 位意味着偏移量的大小为 0~4GB。所有的 32 位寄存器可以用最低的 2 字节作为 16 位寄存器独立操作,并仍然用 AX~SP 符号表示通用寄存器、IP 符号表示指令指针寄存器与 FLAGS 符号表示标志寄存器。而 AX~DX 这 4 个通用寄存器则还可以进一步分解成两个独立的字节寄存器,例如,AX 寄存器可分成 AH 与 AL 两个 8 位寄存器。这样,Pentium 就兼容了 80x86 系列的 16 位处理器。

31	16 15	8 7	0
		AH	AL
		BH	BL
		CH	CL
		DH	DL
		SI	
		DI	
		BP	
		SP	

(a) 通用寄存器

	段寄存器(16位)	段描述符高速缓存		
CS		段基地址(32位)	段限值(20位)	属性(12位)
DS		段基地址(32位)	段限值(20位)	属性(12位)
ES		段基地址(32位)	段限值(20位)	属性(12位)
FS		段基地址(32位)	段限值(20位)	属性(12位)
GS		段基地址(32位)	段限值(20位)	属性(12位)
SS		段基地址(32位)	段限值(20位)	属性(12位)

(b) 段寄存器

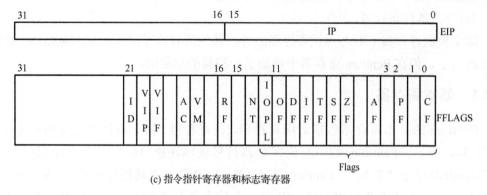

(c) 指令指针寄存器和标志寄存器

图 3-4　Pentium 的基本寄存器

1. 通用寄存器

　　Pentium 通用寄存器如图 3-4(a)所示,通用寄存器共有 8 个,它们全部是 32 位寄存器,它兼容 8086 CPU 原来的 8 个 16 位通用寄存器以及 8 个 8 位的寄存器,而且将原来的 8 个 16 位通用寄存器 AX、BX、CX、DX、SI、DI、BP、SP 均扩展成 32 位的寄存器 EAX、EBX、ECX、EDX、ESI、EDI、EBP、ESP,既可以使用保留的 8 位寄存器和 16 位寄存器,又可以使用 32 位寄存器。

　　这 8 个寄存器既能通用,又具有专用功能,专用功能如下。

　　EAX:累加器。

　　EBX:基地址寄存器。

　　ECX:计数器。

　　EDX:数据寄存器。

　　ESI:源地址指针寄存器。

　　EDI:目的地址指针寄存器。

　　EBP:基地址指针寄存器。

　　ESP:堆栈指针寄存器。

　　通过把某些功能分配给这些既能通用又具有专用功能寄存器,人们在用 Pentium 微处理器的指令系统编写程序时更加紧凑。使用这些专用寄存器的指令有双精度乘法指令、除法指令、输入/输出指令、串操作指令、转换指令、循环指令、可变长度移位指令和循环移位指令以及堆栈操作指令。

　　应用程序设计人员可以随意使用这 8 个 32 位通用寄存器。这些寄存器内存放着逻辑运算和算术运算用的操作数,除 ESP 不能作为变址寄存器使用外,其余 7 个通用寄存器在进行地址计算时都可用来保存参与运算的操作数。在进行地址计算和进行绝大多数算术运算及逻辑运算时,这 8 个通用寄存器都可以使用,但也有少数几条指令要用专用寄存器为其保存操作数。例如,Pentium 的一些字符串操作指令就要用 ECX、ESI 以及 EDI 的内容作为操作数。

　　1) 累加器 EAX

　　累加器 EAX 是寄存器的一个特例,主要用于暂存数据与操作码,这是传统的用法,最早的微处理器只有一个寄存器，所以在任一时刻只能执行一个操作。目前，微处理器内部已经具有多个寄存器。Pentium 的累加器依然实现原来的操作，大量的指令是针对它的执行速度进行优化设计的，因而由累加器 EAX 执行某个指令，相对于在 EBX 等其他寄存器中执行该指令要快一些。此外，有些寄存器操作指令仅对累加器有效，例如，对 I/O 端口的输入/输出就非它不可。32 位的 EAX 累加器可以用作 16 位的 AX 累加器，而且还可进一步分解成 AH 与 AL 两个 8 位累加器。

2) 基地址寄存器 EBX

基地址寄存器 EBX 用于暂存数据，或者作为直接寻址的某数据对象的起始地址指针。32 位的 EBX 寄存器可以用作 16 位的 BX 寄存器，而且还可以进一步分成 BH 与 BL 两个8 位寄存器。例如：

```
MOV  EAX,[EBX]              ;将 EBX 所指定的存储器中的值装载到 32 位的 EAX 中
```

3) 计数寄存器 ECX

计数寄存器 ECX 通常用于设定循环、串指令、移位指令与其他重复操作指令的重复次数，完成一个循环后，ECX 的值就会自动减 1。当然，也可以将它用作标准的通用寄存器来暂存数据。32 位的 ECX 寄存器可以用作 16 位的 CX 寄存器，而且还可以进一步分成CH 和 CL 两个 8 位寄存器。

例 3-2　从端口连续读入数据，程序段如下。

```
MOV EBX,MEM                ;将存储器地址装入 EBX 中
MOV ECX,08H                ;将次数 08H 赋值给 ECX
START:IN  AL,70H           ;读端口 70H
MOV [EBX],AL               ;写到由 EBX 指定的存储器中
INC EBX                    ;存储器地址加 1
LOOP START                 ;重复，直至 ECX 为 0
```

第 3 条指令由指定的端口直接将 8 位数据传送到 AL 寄存器中，这里的端口地址范围为 0～255，若超过该范围，则只能由 EDX 间接访问。

4) 数据寄存器 EDX

数据寄存器 EDX 通常用来暂存数据。例如：

```
MOV  EDX,ESP               ;将堆栈指针装入 EDX 寄存器
```

对 I/O 端口进行输入/输出操作时，EDX 起着很重要的作用，即 EDX 中应为指定端口的地址：整个 I/O 端口地址范围为 0～65535，但适用于 EDX 寻址的范围只能是 256～65535。例如：

```
MOV  EDX,260H              ;将 I/O 端口地址装入 EDX
IN   AX,EDX                ;从端口输入一个字到 AX
```

32 位的 EDX 寄存器可以用作 16 位的 DX 寄存器，而且还可以进一步分成 DH 与 DL两个 8 位寄存器。

5) 基地址指针寄存器 EBP

如同前面的 4 个寄存器一样，基地址指针寄存器 EBP 也可以用于暂存数据，但它的主

要功能是用作堆栈的基地址指针，这样 EBP 就可作为访问过程的自变量。与其他寄存器不同，这里不提倡将它与使用 DS 寄存器的标准数据段配合，而应与 SS 段寄存器匹配。堆栈存储器的访问通常使用 SS：EBP 寄存器。但这里也允许使用其他的段，例如，用 ES 附加段来替代 SS 堆栈段也是可以的。

例 3-3　用 EBP 取代堆栈基地址的过程调用，程序段如下，这里要特别注意堆栈指针的变化。

```
PUSH     SUM3                      ;将双字数据 SUM3 压入堆栈
PUSH     SUM2                      ;将双字数据 SUM2 压入堆栈
PUSH     SUM1                      ;将双字数据 SUM1 压入堆栈
CALL     ADDITION                  ;调用加法子程序，返回地址 EIP 自动入堆栈
POP      SUM1
POP      SUM2
POP      SUM3
ADDITION    PROC    NEAR           ;近调用
PUSH     EBP                       ;保存基地址指针
MOV      EBP,ESP                   ;将堆栈指针移入作为当前的基地址指针
MOV      EAX,[EBP+8]               ;将 SUM1 装入 EAX
ADD      EAX,[EBP+12]              ;加上 SUM2
ADD      EAX,[EBP+16]              ;再加上 SUM3
POP      EBP                       ;恢复原来的基地址指针
RET                                ;返回
```

6）源变址寄存器 ESI

与上述 32 位通用寄存器一样，源变址寄作器 ESI 也可以用于暂存数据，然而它的专有功能是在字符串操作时作为指针使用，如在一个矩阵里设置搜索的索引。矩阵的基地址通常是由 EBP 基地址寄存器来设置的，在执行字符串指令时，ESI 通常用来指向以单字节、单字或双字的形式连续输出字符串的源地址。此外，当字符串操作指令使用重复前缀 REP 时，ESI 依据方向标志的取值自动增量或减量，使用 MOVS 指令与 REP 前缀在存储器内快速搬运数据块就是一个典型的实例。

7）目的变址寄存器 EDI

目的变址寄存器 EDI 也可用于暂存数据或作为指针。在字符串操作指令中，EDI 指向字节、字或双字字符串的目的地址。当字符串操作指令使用重复前缀 REP 时，EDI 能够依据方向标志的取值自动增量或减量，使用 MOVS 指令与 REP 前缀在存储器内快速搬运数据块就是一个典型的实例。

例 3-4　在监视器上显示字符串"message："，程序段如下。

```
STRING   DB 1 DUP('message：')     ;在缓冲区中提供串操作的字串
MOV      AX,DATA                   ;缓冲的数据段地址装入 AX
MOV      DS,AX                     ;DS 调整到字符串的数据段
MOV      AX,0B800H                 ;视频 RAM 缓冲区段地址装入 AX
MOV      ES,AX                     ;显示缓冲区段地址装入附加段
CLD                                ;清方向标志为 0，地址递增
```

```
MOV     ECX,2                      ;每次传送 2 字节，共传 2 次
MOV     ESI,OFFSET STRING          ;字串偏移量地址装入源变址 ESI
MOV     EDI,00H                    ;字符串在监视器左上角开始显示
REP     MOVSD                      ;双字重复传输 2 次
```

在实模式下，MS-DOS 可以管理 1MB 的内存空间。其中，00000H～9FFFFH 的 640KB 为基本内存区；A0000H～0FFFFFH 为保留内存区，这里的 0B8000H 是该区中文本显示缓冲区的首地址，对应显示器左上角的起始位置。此处，ESI 中放置源缓冲区偏移地址，EDI 中放置目的缓冲区偏移地址，它们每传送一次均自动加 4。

8) 堆栈指针寄存器 ESP

堆栈指针寄存器 ESP 用于堆栈操作，执行 PUSH 指令与 POP 指令、子程序调用与中断和异常处理时都会用到堆栈。这个堆栈指针寄存器中总是保存着当前堆栈栈顶(Top of Stack，ToS)的偏移量，当参数压入堆栈时其指针内容自动减量；弹出堆栈时其指针内容则自动增量。

2. 段寄存器

Pentium 段寄存器及段描述符高速缓存如图 3-4(b)所示，Pentium 有 6 个 16 位段寄存器，每个段寄存器对应一个 64 位的段描述符，用户不可见。6 个段寄存器的长度均为 16 位。它们的名字和用途分别如下。

(1) 代码段寄存器 CS。该寄存器为指令代码建立数据块，段内的指令是由扩展的指令指针 EIP 来寻址的，而维持 CS 内容不变。只有远调用、远转移或者中断时，才能自动改变 CS 的值。在保护模式下，Pentium 能够自动检测段寄存器的内容，以确保所需的任务能够访问新的段。

(2) 数据段寄存器 DS。该寄存器通常为激活的任务放置数据。更确切地说，DS 是标准数据段，如 MOV 等许多指令都使用这个数据段来寻址存储器中的数据，这时只要考虑偏移量地址即可。Pentium 只有在使用另一个段，即附加段时才能改变 DS 的设置，使用 DS 作为标准数据段可以使程序代码更加简洁。

(3) 堆栈段寄存器 SS。该寄存器中放置了用 PUSH、POP 与 PUSHALL 等堆栈指令寻址的数据。堆栈在存储器中占用一个专用的区间，通常存放 CPU 的返回地址；此外，一些过程的局部变量或局部数据一般也存放在堆栈中。当过程结束后，该段的数据又将被新的过程参数替换。

堆栈指令放置数据到堆栈中或者从堆栈中读取数据，注意数据在堆栈中的存放以 ESP 堆栈指针的减量规则自动进行。一条 PUSH EAX 指令使 ESP 的指针内容减 4，也就是说，堆栈在存储器中按照由高序地址到低序地址的寻址规律"生长"。

(4) 附加数据段寄存器 ES。

(5) 附加数据段寄存器 FS。

(6) 附加数据段寄存器 GS。

这 3 个附加段寄存器主要用来存放数据，它们可用来寻址不在 DS 这个标准数据段中的数据，注意这时的数据已经超越段界。Pentium 可以比较灵活地使用 DS、ES、FS 和 GS

这 4 个数据段寄存器。根据数据结构的实际情况，一个程序要求访问的数据段有可能会多于 4 个数据段。为能访问附加数据段，在应用程序执行期间，是通过给数据段寄存器 DS，附加数据段寄存器 ES、FS 和 GS 装入段地址的方法实现的。为解决一个程序需要使用 4 个以上数据段的问题，可供使用的方案是，在访问这些段内的数据之前，先将它的段地址装入一个适当的段寄存器。

每个段寄存器的组成如图 3-5 所示。在保护模式下，段寄存器被称为一个 16 位的段选择符(Segment Selector)，其中，b_1、b_0 位为请求特权级 RPL，可以请求特权层的级别 0~3 级；b_2 位为指示符字段 TI，可以选择全局描述符表 TI=0，局部描述符表 TI=1；高 13 位为索引字段 INDEX 用于索引段描述符表。

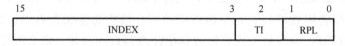

图 3-5　段寄存器的组成

每个段选择符对应一个段描述符(8 字节)，6 个段描述符存放在 CPU 内的段描述符高速缓存中，以便 CPU 访问某一段时，按存放在 CPU 内该段的段描述符所描述的信息进行操作。每个段描述符的具体组成如图 3-6 所示。

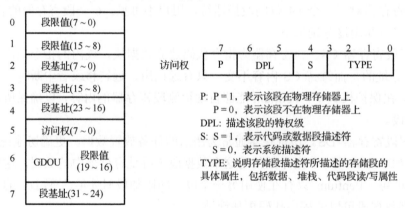

图 3-6　段描述符的组成

在任何时刻，存储器中会有一个程序是现役的，每一个现役程序可以有多达 6 个段可供直接使用。而在 CS、DS、SS、ES、FS 和 GS 中存放着各自的段选择符。每个寄存器都和一种特定的存储器访问类型(代码、数据或堆栈)相关联。每个段寄存器都可以准确地指示出由程序使用的众多段中的某一个特定的段，如图 3-7 所示。通过把某一段的段选择符装入它的段寄存器，就能使用这个段。

那么这 6 个段是如何协同工作的？物理存储器中保存着正被执行的指令的那个段称为代码段。这个代码段的段选择符也就理所当然被存放在代码段寄存器 CS 中，Pentium 微处理器从代码段中取指令。在调用这个过程之前，要先把一个存储器区域分配给一个堆栈。要用这个堆栈来存放返回地址、调用程序要传递的众多的参数以及由该过程分配的若干临时变量。所有的堆栈操作都用堆栈段寄存器 SS 中的内容去寻找位于存储器内的堆栈段。

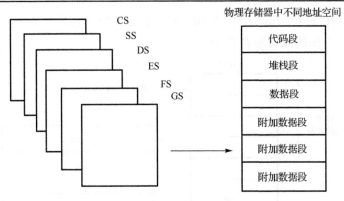

图 3-7　分段存储器

与代码段寄存器 CS 不同的是，堆栈段寄存器 SS 可显式地直接装入内容，而且还允许各应用程序建立自己专用的堆栈。由于 Pentium 微处理器配有一个数据段寄存器 DS 和 3 个附加数据段寄存器 ES、FS 和 GS，这样在存储器中就有 4 个数据段可同时使用。使用这 4 个名称不同的数据段就可以对不同类型的数据结构进行安全有效地存储操作。例如，可以对当前数据模块的数据结构、从更高级别的数据模块内输出的数据、动态生成的数据结构以及与其他程序共享的数据等分门别类地逐一生成各自独立的数据段。若某一程序在运行过程中因某种错误而漫无秩序地运行，因为其是在保护方式下运行的，所以 Pentium 微处理器的分段机制就能把这种错误限制在分配给这个程序的那些存储器段内，而不会殃及其他各段。

在代码段、堆栈段、数据段和附加数据段的 3 种段类型中，堆栈段作为一种特殊的数据段，其工作方式较为特殊。堆栈段定义了堆栈所在的区域，堆栈是一种数据结构。要进行堆栈操作，必须由以下 3 个寄存器提供支持。

(1)堆栈段寄存器 SS。系统中堆栈的数量仅受段的最大数量的限制。在 Pentium 微处理器内，一个堆栈的大小可达 4GB，相当于一个段的最大规模。经常使用的堆栈被称为当前现役堆栈。在同一时刻只能有一个堆栈为当前现役堆栈，Pentium 微处理器进行的所有堆栈操作都会自动使用堆栈段寄存器 SS。

(2)堆栈指针寄存器 ESP。在对堆栈进行操作时，还要用到通用寄存器中的堆栈指针寄存器 ESP。在堆栈指针寄存器内保存着当前堆栈栈顶的偏移量。在执行 PUSH 指令和 POP 指令，调用子程序以及从子程序返回调用程序出现了异常事故和中断时，就会用到 ESP。当把某一项下压入栈之际，Pentium 微处理器就自动地将 ESP 内容减1，于是就把这一项写入新的 ToS，如图 3-8 所示。而且把堆栈内某一项上托出栈时，Pentium 微处理器就把这一项从堆栈的 ToS 中复制出来，同时还要将 ESP 内容加 1。

(3)堆栈段基地址指针寄存器 EBP。堆栈结构的 EBP 是 8 个通用寄存器中的一个，它的典型用法是访问堆栈内的数据结构。例如，在进入子程序之际，堆栈内就要保存子程序的返回地址以及传送给子程序的数据结构内的某些数。每当子程序需要给暂时的局部变量建立存储空间时，就要扩大堆栈规模。而此时的堆栈指针内的内容总是围绕暂时变量的被压入堆栈和弹出堆栈的操作，而相应地被减少或被增加。如果堆栈指针 ESP 内容在入栈操作之前被复制到基地址指针 EBP，此时就可以用基地址指针连同固定的偏移量一起去访问数据结构。当用 EBP 对存储器进行寻址操作时，就要访问当前堆栈段。由于不必对堆栈段给以特殊说明，指令编码也就显得特别紧凑。

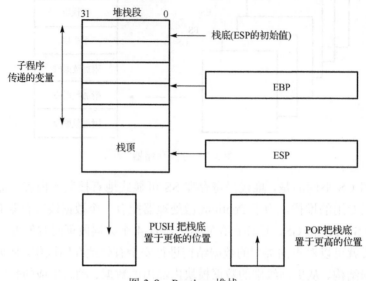

图 3-8   Pentium 堆栈

Pentium 微处理器提供了 ENTER 为过程参数构造一个堆栈结构和 LEAVE 退出高级过程这两条指令，自动地加载基地址指针寄存器 EBP 使访问变量更方便。

3. 指令指针和标志寄存器

Pentium CPU 中有一个 32 位的指令指针寄存器(EIP)和一个 32 位的标志寄存器(EFLAGS)，如图 3-4(c)所示。

指令指针寄存器 EIP 内保存下一条待执行指令所在代码段内的偏移量，也就是偏离代码段首地址的字节数值。EIP 的低 16 位为 IP，供实地址方式下采用。指令指针寄存器不直接供程序员使用，它由跳转指令、中断及异常隐含地进行控制。EIP 中的内容比下一条指令总是超前一条指令。因为可以预取指令，所以它只完成把指令装入微处理机的一个指示活动。

标志寄存器 EFLAGS 中的标志位用来存放有关 Pentium 微处理器的状态标志信息、控制标志信息以及系统标志信息。EFLAGS 在 8086 16 位 FLAGS 基础上扩充了高 16 位，其中，FLAGS bit11～bit0 中保留了 8086 CPU 中 6 个状态标志和 3 个控制标志，增加了 NT 与 IOPL，高 16 位中新增了 6 个标志位。

各位的定义如下。

bit11～bit0 这 12 位在 8086 微处理器中就已做了定义，它们分别是溢出(OF)、方向(DF)、中断允许(IF)、陷阱(TF)、符号(SF)、零(ZF)、保留(r)、辅助进位(AF)、奇偶(PF)和进位(CF)。

CF(Carry Flag，bit0)，即进位标志位，是状态标志。在进行算术运算时，如果产生了进位或借位，则把该位置 1，否则，则把该位清 0。在进行移位和循环移位指令时，也要用到 CF。在标志寄存器的 CF 内保存的是从寄存器移出或循环移出的那一位。而在进行 8 位、16 位或 32 位操作时，则要依据 bit7、bit15 和 bit31 的进位或借位情况将 CF 置 1。

D_1（bit1），未定义，保留（r）。

PF（Parity Flag，bit2），即奇偶校验标志位，是状态标志。这一位的主要作用是在数据通信上对低 8 位进行奇偶校验。若进行偶校验，当操作结果的低 8 位中 1 的个数为偶数时，则将 PF 位置 1。若进行奇校验，当操作结果的低 8 位中 1 的个数为奇数时，则将 PF 位置 1。

D_3（bit3），未定义，保留（r）。

AF（Assistant Flag，bit4），即辅助进位标志位，是状态标志。在用 BCD 操作数进行算术运算时，就用该位来表示进位输出是否进入 BCD 第 4 位，或者是否到 BCD 第 4 位借位。使用该辅助进位标志位，因而简化了用压缩的 BCD 数进行加法和减法的运算过程。如果在进行加法运算时出现了进位，或在进行减法运算时出现了借位，就将 AF 位置 1；否则将其清 0。

D_5（bit5），未定义，保留（r）。

ZF（Zero Flag，bit6），即零标志位，是状态标志。若计算结果为零时，则将该位置 1，否则就将该位清 0。

SF（Singal Flag，bit7），即符号标志位，是状态标志。当计算结果为负时则将其置 1；若计算结果为正则将该位清 0。当指令执行的是 8 位、16 位或 32 位数值操作时，它所反映的是 bit7、bit15 和 bit31 的状态。

TF（Trap Flag，bit8），即陷阱标志位，是系统标志。当将 TF 位置 1 时，意味着将 Pentium 微处理器置于一种用于调试的单步操作方式。在这种操作方式下，Pentium 微处理器在每执行完一条指令后，都要生成一次调试异常。这样就可以在程序运行时，对程序中的每条指令实施检查。单步操作是 Pentium 微处理器诸多调试特征中的一种。若应用程序利用 POPF 指令、POPFD 指令，以及 IRET 指令，则会产生一次调试异常。

IF（Interrupt Flag，bit9），即允许中断标志位，是系统标志。其作用是表示允许或者禁止某些外部设备中断。如果把 IF 位置 1，则意味着把 Pentium 微处理器能对可屏蔽的中断请求给以响应。如果将 IF 位清 0，则禁止这些中断。IF 既不影响异常，也不影响不可屏蔽中断（NMI 中断），只有 CPL 和 IOPL 才可以决定如 CLI 指令、STI 指令、POPF 指令、POPFD 指令以及 IRET 指令是否能够更改 IF 位的状态。

DF（Direction Flag，bit10），即方向标志位，是控制标志。DF 规定了在执行字符串操作的过程中，对 ESI 或 EDI 内容增还是减。当 DF＝1 时，则对 ESI 或 EDI 内容进行减操作。这就意味着，在对字符串进行处理时，其处理顺序是从高序地址向低序地址。若 DF=0，则对 ESI 或 EDI 内容进行增操作。就意味着，在处理字符串时，是从低序地址向高序地址依次顺序进行的。

OF（Overflow Flag，bit11），即溢出标志位，是状态标志。当 Pentium 微处理器在进行带符号的数据操作时，若运算结果超过机器所能表示的数值范围，就将这一位置 1，即当运算结果的符号位有进位或借位情况出现，而最高位（符号位）又没有进位或借位输出时，就将 OF 置 1。而在进行 8 位、16 位或 32 位操作时，就根据 bit7、bit15 和 bit31 有没有进位决定 OF 置 1 与否。

80286 中新定义了以下两个标志。

IOPL（I/O Protection Level，bit13、bit12），即输入/输出特权级标志位，是系统标志。

这里定义了在保护模式操作时访问 I/O 寻址操作必备的最小所需保护级。在多数场合下 IOPL 受操作系统控制。在实模式下，则不使用这个标志。在保护模式下常使用这两位标志。由于输入/输出特权级标志共两位，它的取值范围只可能是 0、1、2 和 3 共 4 个值，恰好与输入/输出特权级 0～3 级相对应。当前正在执行的代码段的特权级（当前任务特权级 CPL）以及输入/输出特权级 IOPL 决定通过 POPF 指令、POPFD 指令以及 IRET 指令是否能对这个字段进行修改。

NT(Nested Task，bit14)，即嵌套任务标志位，是系统标志。在保护模式下，多任务操作系统常使用嵌套任务标志，以便知道目前是否同时装载了多个任务以及任务是否被中断。当 NT 置 1 时，就意味着至少有一个任务切换，并且在存储器中还有一个非激活的任务状态段 TSS。多个任务嵌套后将形成链，返回时则按反向链路切换到被中断的一个任务。若没有出现任务切换，就将 NT 清 0。Pentium 微处理器设置并测试嵌套任务标志位的目的就是控制被中断和被调用任务的链接。嵌套任务标志位会对 IRET 指令的操作产生一定的影响。反过来，嵌套任务标志位也会受 POPFD 指令以及 IRET 指令的影响，在应用程序中，如果不适当地变更了 NT 的状态，就会产生一个意想不到的异常。

80386 中新定义了以下两个标志。

RF(Resume Flag，bit16)，即恢复标志位，是系统标志。它与调试寄存器的断点一起使用，控制断点中断后的任务通过调试寄存器获得重新启动。若将这一位置 1，则会暂时地禁止调试异常，此时即使遇到断点或调试故障也不会产生 1 号异常中断，但任务在断点处可以重新启动。

VM(Virtual 8086 Mode，bit17)，即虚拟 8086 模式位，是系统标志。在保护方式下，若将虚拟 8086 模式位置成 1，表示将 Pentium 微处理器置于虚拟 8086 模式下运行，此时 Pentium 微处理器就模拟 8086 微处理机的程序运行环境，使全部操作就像在 16 位的 8086 微处理机上运行一样。如果后来 VM 又被清 0，那么 Pentium 又会返回保护模式。在实模式下，VM 标志没有意义。在虚拟 8086 模式下，为了加速中断的处理，Pentium 又增加了下面将要讨论的 VIF 与 VIP 两个标志位。

80486 中新定义了下面一个标志。

AC(Allignment check，bit18)，即对准校验方式位，是系统标志。如果 AC 置 1，同时也将控制寄存器 CR_0 中的对准屏蔽位 AM(bit18) 置 1，在进行存储器访问时就允许进行对准校验，而当出现对准错误时，Pentium 就会输出 17 号异常中断。对准检测只影响第 3 级特权，在特权级 0～2 级的程序中不考虑未对准问题。对奇数地址进行字访问、非 4 倍地址进行双字访问或者非 8 倍地址进行 8 字节访问都会出现未对准问题。有些处理器，如 i860 以及其他的 RISC 处理器，它们使用不同的指令与数据格式，当与它们组成多处理器系统时，就必须对数据与代码进行对准检测。另外，解释程序也可以使用对准校验异常去标志某些指针，由未对准的指针作为特殊用途指针使用。这样就可以省掉对每个指针都要实施校验这种烦琐的内务操作，只在使用时仅处理那个专用指针即可。

Pentium 又增加了以下 3 个标志：VIF(bit19)、VIP(bit20)及 ID(bit21)。

VIF(Virtual Interrupt Flag) (bit19)，即虚拟中断标志位，是系统标志。它是在虚拟 8086 模式下中断允许 TF 的一种虚拟方式，VIF 与 VIP 一起使用。

VIP(Virtual Interrupt Pending，bit20)，即虚拟中断挂起标志，是系统标志。这个虚拟中断挂起标志与虚拟中断标志联合在一起，使得虚拟 8086 模式下的检测任务具有中断允许标志 IF 的虚拟方式。通过这种处理，中断过程就会明显加速，而且 CLI 与 STI 指令就不会导致异常。通过这种方式给多任务环境中的每个应用程序提供了一个虚拟化的系统允许中断标志文本。

ID(Identification，bit21)，即标识标志位，是系统标志。它用以指示 Pentium 微处理器支持 CPU 标识指令 CPUID，如果置 1，则支持 CPUID 指令，从而获得处理器的版本与特性等信息。

CPUID 指令是 Pentium 微处理器新设置的一条指令，它的作用是给软件提供一种信息，用来标识 Intel 系列微处理机型号、软件在微处理器上的执行步骤等。针对 CPUID 指令来说，若在 EAX 寄存器内装入了一个输入的值，就可以指明经由 CPUID 指令返回的应是什么样的信息。在执行 CPUID 指令之后，累加寄存器 EAX 内容用零填充，因为 EAX 寄存器内保存的应该是 CPUID 指令认识的输入值的最高有效位。对 Pentium 微处理器来说，如果 EAX 中的值是 0，那么，12 字节的 ASC II 字符串"GenuineIntel"被保存在 EBX、EDX、ECX 寄存器中的内容中，EBX 寄存器内保存的是前 4 个字符；EDX 寄存器内保存的是中间 4 个字符；而在 ECX 寄存器内保存的则是最后 4 个字符。如果 EAX 中的值是 1，那么，EAX 中返回处理器的版本，而 EDX 中返回处理器的能力。如果 EAX 的值既不是 1 也不是 0，那么将 0 写至 EAX、EBX、ECX 和 EDX 中。

标志寄存器 EFLAGS 的 bit31～bit22 保留，待进一步开发后再进行定义。

Pentium 微处理器的标志寄存器 EFLAGS 不仅起到控制某些操作的作用，而且还随时指出 Pentium 微处理器所处的状态。所以，在标志寄存器中不仅配备状态和控制标志位，而且还配备有某些系统标志位。需要注意的是，标志寄存器中的系统标志位控制 Pentium 微处理器的输入/输出、可屏蔽中断、调试、任务切换以及虚拟 8086 模式等。对应用程序来说，可以不理睬这几位系统标志，但绝不可以试图改变这几位系统标志的状态。对大多数系统来说，若通过应用程序来改变标志寄存器中系统标志的状态，都将引起一个异常。

3.3.2　系统级寄存器

Pentium 的系统寄存器包括 4 个表基地址寄存器，分别为全局描述符表寄存器 GDTR、中断描述符表寄存器 IDTR、局部描述符表寄存器 LDTR、任务寄存器 TR，也称为 4 个段基地址寄存器，还包括 5 个控制寄存器 CR_0、CR_1、CR_2、CR_3、CR_4。系统寄存器中的所有寄存器都不可能被用户访问，只能由特权级为 0 级的操作系统程序访问。

1. 4 个表基地址寄存器

全局描述符表(Global Descriptor Table，GDT)、局部描述符表(Local Descriptor Table，LDT)和中断描述符表(Interrupt Descriptor Table，IDT)等都是保护模式下非常重要的特殊段，它们包含为段机制所提供的重要表格。为了方便快速地定位这些段，处理器采用一些特殊的寄存器保存这些段的基地址和段界限。我们把这些特殊的寄存器称为表基地址寄存器。它们分别是系统地址寄存器(全局描述符表寄存器 GDTR 和中断描述符表寄存器 IDTR)

和描述符寄存器(局部描述符寄存器 LDTR 和任务寄存器 TR)，如图 3-9 所示。GDT 的存储位置由全局描述符表寄存器 GDTR 指向，IDT 的存储位置由中断描述符表寄存器 IDTR 指向，两个表基地址寄存器还有 16 位的表限字段。而多个 LDT 和 TSS 的每个表(或段)的基地址、表(或段)限、属性等又以描述符的形式登记在 GDT 中。当前使用的 LDT 和 TSS，分别由局部描述符表寄存器 LDTR 和任务寄存器 TR(各为 16 位长)以选择符形式指出，即以指定的选择符查找 GDT，读取相应的描述符并装入各自相应的描述符高速缓存，才得到当前 LDT 和 TSS 的基地址及表限和属性等信息。

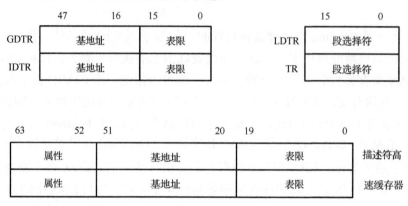

图 3-9　4 个表基地址寄存器

1) 全局描述符表寄存器 GDTR

全局描述符表寄存器 GDTR 共有 48 位，其中，高 32 位保存全局描述符表的线性基地址；低 16 位是表限字段；表的最大长度为 64KB。因为 GDT 不能由 GDT 本身之内的描述符进行描述定义，所以处理器采用 GDTR 为 GDT 这一特殊的系统段提供一个伪描述符。GDTR 中的段界限以字节为单位。由于段选择符中只有 13 位作为描述符索引，而每个描述符长 8 字节，所以用 16 位表示，用 16 位的界限足够。通常，对于含有 N 个描述符的描述符表的段界限设为 $N-1$。

利用结构类型可定义伪描述符如下：

```
PDESC STRUC
        LIMIT  DW 0
        BASE   DD 0
PDESC ENDS
```

全局描述符表中除了包括操作系统使用的描述符，还包括所有任务使用的公用描述符。在对存储器中的数据进行存取操作时，要先用段选择符到全局描述符表或局部描述符表中查找这个段的描述符，因为在这个段描述符中保存着这个段的基地址及其他一些有关这个段的信息。

2) 中断描述符表寄存器 IDTR

中断描述符表寄存器 IDTR，共有 48 位，其中，高 32 位用于保存 IDT 的 32 位线性基地址；低 16 位是表限字段；表的最大长度也是 64KB。IDTR 指示 IDT 的方式与 GDTR 指示 GDT 的方式相同。Pentium 为每个中断或异常都定义了一个中断描述符，中断描述符表中所有内容都是与中断描述符有关的内容，如中断或异常服务程序的首地址等属性信息。中断描述符表的首地址和表限等就都存放在中断描述符表寄存器中。当出现中断时，就把中断向量当成索引从 IDT 内得到一个门描述符（Gate Descriptor）。在这个门描述符内含有用来启动中断处理程序的指针。

3）局部描述符表寄存器 LDTR

局部描述符表寄存器 LDTR 包括 16 位段选择符、不可编程的 64 位描述符寄存器。在 64 位描述符寄存器中，有 32 位 LDT 的线性基地址、20 位的表限字段及 12 位的描述符属性。局部描述符表寄存器 LDTR 规定当前任务使用的 LDT。LDTR 类似于段寄存器，由程序员可见的 16 位的寄存器和程序员不可见的高速缓冲寄存器组成。实际上，每个任务的 LDT 作为系统的一个特殊段，由一个描述符描述，而用于描述 LDT 的描述符存放在 GDT 中。在初始化或任务切换过程中，把对应任务 LDT 的描述符的选择符装入 LDTR，处理器根据装入 LDTR 可见部分的选择符，从 GDT 中取出对应的描述符，并把 LDT 的基地址、界限和属性等信息保存到 LDTR 的不可见的高速缓冲寄存器中。随后对 LDT 的访问，就可根据保存在高速缓冲寄存器中的有关信息进行合法性检查。

LDTR 寄存器包含当前任务的 LDT 的选择符。所以，装入 LDTR 的选择符必须确定一个位于 GDT 中的类型为 LDT 的系统段描述符，即选择符中的 TI 位必须是 1，而且描述符中的类型字段所表示的类型必须为 LDT。

可以用一个空选择符装入 LDTR，表示当前任务没有 LDT。在这种情况下，所有装入段寄存器的选择符都必须指示 GDT 中的描述符，即当前任务涉及的段均由 GDT 中的描述符来描述。如果再把一个 TI 位为 1 的选择符装入段寄存器，将引起异常。

4）任务寄存器 TR

任务寄存器 TR 包括 16 位段选择符、64 位描述符寄存器，其中，有 32 位任务状态段的线性基地址、20 位的表限字段及 12 位的描述符属性。任务寄存器 TR 包含指示描述当前任务的任务状态段的描述符和选择符，也有程序员可见和不可见的两部分。任务寄存器访问的是全局描述符表中的任务状态段 TSS 描述符。当把任务状态段的选择符装入 TR 可见部分时，处理器自动把选择符索引的描述符中的段基地址等信息保存到不可见的高速缓冲寄存器中。在此之后，对当前任务状态段的访问可快速、方便地进行。装入 TR 的选择符不能为空，必须索引位于 GDT 中的描述符，且描述符的类型必须是 TSS。Pentium 的每项任务都配备一个 TSS，用来描述该项任务的运行状态。当前任务的 TSS 选择符总是存放在任务寄存器 TR 中，而将 TSS 的描述符存放在 TSS 描述符寄存器中。

2. 5 个控制寄存器

80286 CPU 只有机器状态字 MSW，即 CR_0 的低 16 位。80386 CPU 开始具有 $CR_0 \sim CR_3$ 四个控制寄存器，到 Pentium 又增加了一个控制寄存器 CR_4，并对 CR_0 的 CD、NW 位重新进行定义。其中，CR_1 为 Intel 公司保留，未使用。Pentium 微处理器的 5 个控制寄存器中保存着全局性的和任务无关的机器状态。

大多数系统都会阻止应用程序通过各种手段装载控制寄存器（不带保护的允许装载控制寄存器），但应用程序可以读这些寄存器信息。例如，可以通过读控制寄存器 CR_0 的信息以确定浮点部件是否存在。经由传送类指令 MOV，可以将通用寄存器中的内容装入控制寄存器，也可以将控制寄存器中的内容存到通用寄存器，例如：

```
MOV     EAX,      CR0
MOV     CR3,      EBX
```

1) 控制寄存器 CR0

CR0 寄存器含有系统控制位，它们用于控制操作模式或指示处理器正常工作的状态，这些状态通常适用于处理器，而不适用于单个任务的执行。程序不应该试图改变任何保留的位字段。保留的位字段应该总是被置为前次读到的值。如图 3-10(a) 所示的 Pentium 微处理器的 CR0 中有 11 个预定义标志。为能使 Pentium 在保护模式下能与 PC 低档机 80286 兼容，CR0 寄存器中的低 16 位被当成机器状态字使用。

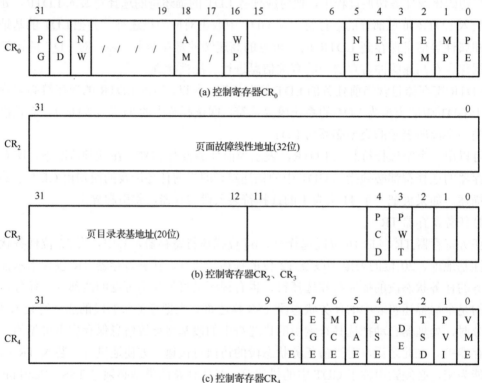

图 3-10　Pentium 的控制寄存器

现将 Pentium 的 CR0 寄存器中 11 个预定义标志的作用和名称分述如下。

PE 位(bit0)，即保护模式允许位，允许/禁止保护模式。当把 PE 置 1，则允许给分段实施保护，在这种情况下，微处理机才能在保护模式下运行；若 PE 清 0，则微处理机在实模式下运行。

MP 位(bit1)，即监督协处理器，该位为 1/0，表示有/无协处理器，仅当在 Pentium 上运行 80x86 的程序时该位才有效。在 Intel 80286 和 80386 DX 微处理机上，这一位控制着 wait 指令的功能，用这一位达到与浮点部件同步的目的。当在带有 Intel 80486 处理机和 Pentium 微处理器的 FPU 的处理机上运行 80286 和 80386 DX CPU 的程序时，就要将这一位置 1；而在 Intel 80486 SX CPU 系统内就将这一位清 0。

　　EM 位（bit2），即模拟浮点部件位。该位置 1 时，表示用软件仿真协处理器，此时，CPU 遇到 ESC（协处理器指令标志）指令，产生中断 7，即可用中断处理程序进行仿真操作。在 Pentium 微处理器系统内若没有配备浮点部件则必须将 EM 置 1。

　　TS 位（bit3），即任务切换位，每当任务切换时由硬件将其自动置 1，之后由软件清 0，与 EFLAGS 共同管理任务切换。这一位还允许在实际用到数值数据之前，对保存的或者恢复的数值上下文给以延迟处理。Pentium 微处理器的 CLTS 清除任务切换标志指令能将这一位清 0。

　　ET 位（bit4），即扩展类型控制位，在 80386 机器上用于支持数字协处理器指令，这一位在 Pentium 内被保留。若这一位为 1，表明支持 80387 数值协处理器的指令。

　　NE 位（bit5），即数值错处理控制位，用这一位来控制处理浮点部件中未被屏蔽的异常。执行浮点指令发生故障时，若该位置 1，则用异常中断 16 进行处理；否则用外部中断进行处理。

　　WP 位（bit16），即写保护位。当写保护位 WP 置 1，这一位保护的是用户级的那些页，禁止来自管理程序级的写操作写到用户级的页上。当把 WP 清 0，通过管理进程可以对用户级的只读页进行写操作。这个特征可用来支持进程生成，对某些操作系统是有用的。例如，像 UNIX 这样的操作系统，要根据写操作进行复制从而生成新进程，在这种情况下，这一特征显得特别有用。

　　AM 位（bit18），即对准屏蔽位，该位置 1 时，EFLAGS 中的 AC 位有效，与 AC 共同管理地址对准检查，否则 AC 位被屏蔽。当 AM 位为 1，AC 位也为 1，且当前优先级 CPL=3 时才可以执行对准校验。AM=1，允许对准校验；AM=0，则禁止对准校验。

　　NW 位（bit29），即不写贯穿位，用这一位控制 Cache 的功能。当 NW＝0 时，这一位允许写贯穿和允许 Cache 无效操作周期；当 NW＝1 时，则禁止 Cache 无效操作周期和禁止 Cache 命中时的写贯穿。

　　CD 位（bit30），即 Cache 禁止控制位，该位为 1/0 表示禁止/允许内部 Cache 的填充操作。若 CD＝1，且又不命中 Cache 时，则不进行填充 Cache 操作；若访问 Cache 时命中，则 Cache 操作不被禁止仍正常运行。要完全使 Cache 停止运行，则必须将 Cache 内容变成无效数据。

　　PG 位（bit31），即分页控制位，该位为 1/0 表示允许/禁止分页工作模式。若把这一位置 1，则允许分页；若把这一位清 0，则禁止分页。当 PG 位为 1，即允许分页时，CR_2 和 CR_3 控制寄存器有效。

　　2) 控制寄存器 CR_1

　　Pentium 微处理器的 CR_1 寄存器没有定义，供将来用，这样的设计考虑为产品的兼容性创造了条件。

　　3) 控制寄存器 CR_2

　　Pentium 的 CR_2 控制寄存器是页故障线性地址寄存器，如图 3-10（b）所示。当在分页操作期间若出现了异常，在 CR_2 寄存器内保存的就是引起这次异常的全 32 位线性地址。当控制寄存器 CR_0 中 bit31 允许分页位被置 1 时，CR_2 才是有效的。当把页故障处理程序启动之后，由被压入该页故障处理程序堆栈中的错误码来提供页故障的状态信息。

4) 控制寄存器 CR$_3$

Pentium 的 CR$_3$ 控制寄存器是页目录基地址寄存器，保存着页目录表的物理基地址，如图 3-10(b)所示。

当 Pentium 微处理器存储管理使用了分页存储管理机制时，控制寄存器 CR3 中的高 20 位(bit31~bit12)表示的是页目录的地址(一级页表)。因为 Pentium 的页目录表是按页排列的，所以低端 12 位(212= 4096)中的 10 位不起作用，即使写上了内容，也不会被理会。与 80386 微处理机的不同点是，Pentium 微处理器给 CR3 寄存器中的 bit4 和 bit3 分别分配了某些功能。

PCD 位(bit4)，即禁止 Cache 位。在不分页情况下，在总线周期期间用这一位的状态驱动 Pentium 微处理器的 PCD 外部引线。而当允许分页时，这个总线周期就被认为是中断确认周期。在禁止分页时的所有总线周期期间都要对 PCD 引脚给以驱动；所以 PCD 引脚的作用就是用来在一个总线周期挨着一个周期的基础上控制外部 Cache(二级 Cache)的高速缓冲操作。若 PCD=1，则不能对页目录进行高速缓冲操作；若 PCD=0，则可以进行高速缓冲操作。由 PCD 外部引线控制外部 Cache 的运行与否。

PWT 位(bit3)，即页级透明写位。在不分页情况下，在总线周期期间用这一位的状态驱动 Pentium 微处理器的 PWT 外部引线。在允许分页时，这个总线周期被当成中断确认周期。当不允许分页时，在所有总线周期期间都要驱动 PWT 外部引线。所以 PWT 外部引线的作用就是在一个周期接着一个周期的基础上，对外部二级 Cache 写贯穿进行控制。

5) 控制寄存器 CR$_4$

Pentium 在 CR$_4$ 控制寄存器又设置了 6 个控制位，其目的是用来扩展 Pentium 的某些体系结构，如图 3-10(c)所示。

VME(bit0)，即虚拟 8086 模式扩充位。如果把 VME 置 1，则表明允许为保护方式下的一个虚拟中断标志提供支持。这一配置有效地改进了虚拟 8086 应用程序执行的性能。究其原因，是因为省掉了虚拟 8086 监视程序模拟某些操作而造成的故障的额外开销。

PVI(bit1)，即保护模式虚拟中断允许位，该位为 1 时允许虚拟中断；否则禁止虚拟中断。如果把 PVI 置 1，就可以允许把某些在特权级 0 级下执行的程序设计成到特权级 3 级下运行。

TSD(bit2)，即时间标记禁止位，该位为 1 而且当前特权级不为 0 时，禁止 RDTSC(读时间标记计数器)指令；该位为 0 时，允许在所有特权级上执行 RDTSC 指令。

DE(bit3)，即调试扩充允许位，该位为 1 时允许 I/O 断点，这使处理器能在 I/O 读/写时中断；该位为 0 时禁止此调试扩充能力。

PSE(bit4)，即页面大小扩充允许位，该位为 1 时允许使用 4MB 分页方式。

PAE(bit5)，即物理地址扩展位，该位为 1 时允许采用 32 位以上的物理地址；若为 0 只允许采用 32 位物理地址。

MCE(bit6)，即机器检查中断允许位，当一个总线周期不能成功完成或在一个读总线周期出现数据奇偶错时，若该位为 1 则产生机器检查异常；若该位为 0 则禁止机器检查异常。

PGE(bit7)，即全局页面使能位，该位为 1 时允许全局分页机制。

PCE(bit8)，即性能监视计数器启用使能位，该位为 1 时允许以任何 特权级别运行的软件使用 RDPMC 指令；若为 0 只允许最高特权的软件 (CPL=0)使用 RDPMC 指令。

3.3.3 调试寄存器

Pentium 微处理器的寄存器中，有一些寄存器用于调试，称为调试寄存器，一共有 8 个调试寄存器 $DR_0 \sim DR_7$。所以也把调试寄存器简单地称为 DR_x，这些寄存器全是 32 位的，如图 3-11 所示。其中，$DR_0 \sim DR_3$ 为 4 个断点寄存器，用于存放相应断点的线性地址。DR_4 和 DR_5 是 Intel 公司保留备用的。DR_6 为调试状态寄存器，其中某些位的状态用来指示调试异常发生的原因，以便调试异常处理程序对它们进行分析、判断，并进行相应的处理。DR_7 为调试控制寄存器。

调试寄存器把先进的调试能力带给了 Pentium 微处理器，其中包括数据断点和不必修改代码段就可以设置指令断点的能力（在调试以 ROM 为基础的软件时就显得非常有用）。但是，只有在最高特权级下执行的程序才可以访问这些调试寄存器。

1. Pentium 调试地址寄存器 $DR_0 \sim DR_3$

调试寄存器中的 $DR_0 \sim DR_3$ 这 4 个寄存器被称为断点线性地址寄存器，用于设置硬件断点，它们的作用是存放中断的地址，如 401000。在调试器中经常使用的 bpm 断点，因为只有 4 个断点寄存器，所以最多只能设置 4 个 bpm 断点。在进行物理地址转换之前，需进行断点的比较。而每一个断点的条件要由调试控制寄存器 DR_7 给以进一步的说明。用它们可以规定指令执行和数据读/写的任何组合。通过 MOV 这种指令格式可以访问调试寄存器，调试寄存器既可以作为 MOV 指令的源操作数，也可以作为它的目的操作数。调试寄存器也是带有特权的资源，所以，只有在特权级 0 级下执行的 MOV 指令才有资格访问调试寄存器，而从其他任何特权级访问调试寄存器的企图都被视为非法，均会产生一个一般保护异常。

2. Pentium 调试寄存器 DR_4 和 DR_5

调试寄存器 DR_4 和 DB_5 属于被保留的寄存器。

3. Pentium 调试状态寄存器 DR_6

调试寄存器中的 DR_6 寄存器被称为调试状态寄存器，结构如图 3-11 所示，在产生调试异常时由它来报告所采集的条件。

该寄存器用于表示进入陷阱 1 的原因，各个位的含义如下。

31 30	29 28	27 26	25 24	23 22	21 20	19 18	17 16	15 14	13	12 11 10 9	8	7	6	5	4	3	2	1	0	
LEN_3	R/W_3	LEN_2	R/W_2	LEN_1	R/W_1	LEN_0	R/W_0	00	GD	001	GE	LE	G_3	L_3 G_2	L_2 G_1	L_1 G_0	L_0			DR_7
00	00	00	00	00	00	00		BTBS	BD	001　1		1	1	1	1	B_3	B_2	B_1	B_0	DR_6
保留																				DR_5
保留																				DR_4
断点3线性地址																				DR_3
断点2线性地址																				DR_2
断点1线性地址																				DR_1
断点0线性地址																				DR_0

图 3-11　调试状态寄存器

$B_3 \sim B_0$ 位（bit3～bit0），如果其中任何一个位置 1，则表示是相应的 $DR_0 \sim DR_3$ 断点引发的调试陷阱。但还需注意的是，有时候不管 DR_7 的 G_i 位和 L_i 位如何设置，只要是遇到 DR_x 指定的断点，总会设置 B_i，如果看到多个 B_i 置 1，则可以通过 G_i 位和 L_i 位的情况判断究竟是哪个 DR 寄存器引发的调试陷阱。

BD 位（bit13），置 1 表示是 GD 置 1 情况下访问调试寄存器引发的调试陷阱。如果下一条指令将对 8 个调试寄存器中的任何一个寄存器进行读/写操作，而这 8 个调试寄存器此时又正在被电路仿真使用，DR_7 中的 GD 又被置 1，此时调试状态寄存器 DB_6 中的 BD（bit13）将被置 1。

BS 位（bit14），置 1 表示是单步中断引发的断点，即 EFLAGS 的 TF 置 1 时引发的调试陷阱。单步处理方式是最高特权级的调试异常。当 BS 被置 1 时，其他任何一个状态位都可以被置 1。

BT 位（bit15），置 1 表示是因为 TS 置 1 时所引发的，即任务切换时 TSS 中 TS 位置 1 时切到第二个任务的第一条指令所引发的调试陷阱。如果已经出现了一项任务转换且 TSS 中的调试自陷位 TS 随着任务转换也被置 1，在进入调试处理程序之前，微处理机会把 DR_6 中的 BT 置 1。

注意 I/O 端口断点是 Pentium 以上的 CPU 才有的功能，受 CR_4 的 DE 位的控制，DE 为 1 才有效。需强调说明的一点是，微处理器从来都不会清理调试状态寄存器 DR_6 中的内容。为了避免出现标识调试异常中的混乱现象，调试处理程序在返回之前，应该把这个寄存器清 0。

4. Pentium 调试控制寄存器 DR_7

调试控制寄存器 DR_7 的结构如图 3-11 所示，用于控制断点的方式，由它来说明与每个断点相关的存储器或输入/输出访问操作的类型。DR_6 和 DR_7 这两个寄存器的作用是用来记录在 $DR_0 \sim DR_3$ 中的断点地址的属性，例如，对这个 401000 硬件读还是写，或者执行；断点长度是对字节还是字，或者双字。

各位功能如下。

G_0 位和 L_0 位（bit1、bit0），用于控制 DR_0 是全局断点还是局部断点，如果 G_0 置 1 则是全局断点；L_0 置 1 则是局部断点。

$G_3L_3 \sim G_1L_1$ 位（bit7～bit2），用于控制 $DR_1 \sim DR_3$，其功能同上。

LEN_0 位（bit19～bit18），占两个位，用于控制 DR_0 的断点长度，可能取值如下：

    00——长度为 1B；

    01——长度为 2B；

    10——无定义；

    11——长度为 4B。

R/W_0 位（bit19～bit18），占两个位，控制 DR_0 的断点是读/写断点，还是执行断点或是 I/O 端口断点。控制寄存器 CR_4 中的 bit3 的作用是用来决定怎样解释各个 R/W_0 字段。当 DE 被置 1 时，Pentium 微处理器按如下所述的规律解释 R/W_0 字段：

    00——只在指令执行时才断开；

01——只在写数据时才断开；

10——只在输入/输出读或写时才断开；

11——只在读数据或写数据但没有取指令时才断开。

当 DE 被清 0 时，Pentium 微处理器对 R/W$_0$ 各位的解释与 80486 的解释一样，其解释如下：

00——只在指令执行时才断开；

01——只在写数据时才断开；

10——无定义；

11——只在读数据或写数据但没有取指令时才断开。

R/W$_1$～R/W$_3$，LEN$_1$～LEN$_3$ 分别用于控制 DR$_1$～DR$_3$ 的断点方式，含义如上。

GE 位和 LE 位(bit9、bit8)，分别指示准确的全局/局部数据断点。如果 GE 或 LE 被置 1，则处理器将放慢执行速度，使得数据断点准确地把产生断点的指令报告出来。如果这些位没有置 1，则处理器在执行数据写的指令接近执行结束稍前一点报告断点条件。建议读者每当启用数据断点时，置位 LE 或 GE，这样处理除降低处理器执行速度以外，不会引起别的问题。但是，对速度要求严格的代码区域除外。这时，必须禁用 GE 及 LE，并且必须容许某些不太精确的调试异常报告。

GD 位(bit13)，用于保护 DR$_x$，如果 GD 位为 1，则对 DR$_x$ 的任何访问都会导致进入 1 号调试陷阱，即 IDT 的对应入口，这样可以保证调试器在必要时完全控制 DR$_x$。若 GD 位在进入调试异常处理程序时由微处理器将其清 0，在这种情况下，允许处理程序可以自由地访问这几个调试寄存器。

例 3-5　现在我们来看一个例子，构造一个子程序的死循环，载入 OD，程序清单如下。

```
00400154        90              nop             //EP 停在这里
00400155        90              nop
00400156        90              nop
00400157        90              nop
00400158        ^EBFA           jmpshort        //构造一个死循环
0040015A        61              popad           //对这里下 F2 断点
0040015B        94              xchgeax, esp
```

在调试器的窗口里，查看调试寄存器，结果在 DR$_x$ 里面显示。

```
DR0: 0040015A             //地址
DR1: 00000000
DR2: 00000000
DR3: 00000000
DR6: FFFF0FF0             //断点属性
DR7: 00000401
```

3.4　CISC 和 RISC

CPU 从指令集的特点上可以分为两类：复杂指令集计算机(Complex Instruction Set Computer，CISC)和精简指令集计算机(Reduced Instruction Set Computer，RISC)。RISC 和 CISC 是当前 CPU 的两种架构。它们的区别在于 CPU 的设计理念和方法。我们所熟悉的 Intel

系列 CPU 就是 CISC 的 CPU 的典型代表。

目前,RISC 和 CISC 各有优势,而且界限并不那么明显了。现代的 CPU 往往采用 CISC 的外围,内部加入了 RISC 的特性。就连 Intel 最新的 PentiumⅡ等 CISC 芯片也具有了明显的 RISC 特征。另外,超长指令集 CPU 由于融合了 RISC 和 CISC 的优势,成为未来的 CPU 发展方向之一。

3.4.1　复杂指令集计算机——CISC

随着大规模集成电路技术的发展,计算机的硬件成本不断下降、软件成本不断提高,使得指令系统增加了更多更复杂的指令,以提高操作系统的效率。另外,同一系列的新型计算机对其指令系统只能扩充而不能减去旧型计算机的任意一条,以达到程序兼容。这样一来,随着指令系统越来越复杂,有的计算机指令甚至达到数百条,称这种计算机为 CISC,如 IBM 公司的大、中型计算机,Intel 公司的 8086、80286、80386 微处理器等。

早期的 CPU 全部是 CISC 架构的,它的设计目的是用最少的机器语言指令来完成所需的计算任务。例如,对于乘法运算,在 CISC 架构的 CPU 上,可能需要这样一条指令:MUL ADDRA,ADDRB 就可以将 ADDRA 和 ADDRB 中的数相乘并将结果储存在 ADDRA 中。将 ADDRA、ADDRB 中的数据读入寄存器,相乘的操作和将结果写回内存的操作全部依赖于 CPU 中设计的逻辑来实现。这种架构会增加 CPU 结构的复杂性和对 CPU 工艺的要求,但对于编译器的开发十分有利。在 20 世纪 90 年代中期之前,大多数的微处理器都采用 CISC 体系,包括 Intel 的 80x86 和 Motorola 的 68K 系列等。如今,只有 Intel 及其兼容 CPU 还在使用 CISC 架构。

RISC 架构要求软件来指定各个操作步骤。上面的例子如果要在 RISC 架构上实现,将 ADDRA、ADDRB 中的数据读入寄存器,相乘的操作和将结果写回内存的操作都必须由软件来实现,例如,MOV A,ADDRA;MOV B,ADDRB;MUL A,B;STR ADDRA,A。这种架构可以降低 CPU 的复杂性以及允许在同样的工艺水平下生产出功能更强大的 CPU,但对于编译器的设计有更高的要求。

CISC 体系结构的优点:能够有效缩短新指令的微代码设计时间;允许设计师实现 CISC 体系机器的向上相容。新的系统可以使用一个包含早期系统的指令超集合,也就可以使用较早计算机上使用的相同软体。另外微程式指令的格式与高级语言相匹配,因而编译器并不一定要重新编写。缺点:指令集以及晶片的设计比上一代产品更复杂;不同的指令,需要不同的时钟周期来完成,执行较慢的指令将影响整台机器的执行效率。

3.4.2　精简指令集计算机——RISC

日益庞大的指令系统不仅使计算机的研制周期变长,而且还有难以调试、维护等一些自身无法克服的缺点。并且经过对 CISC 体系结构计算机的深入研究,得出了著名的"8020结论",即在 CISC 指令系统的计算机中,20%的指令在各种应用程序中的出现频率占整个指令系统的80%。于是,RISC 的概念就应运而生,在 1983 年,一些中、小型公司开始推出 RISC 产品。

RISC 的核心思想是通过简化指令来使计算机的结构更加简单、合理,从而提高 CPU

的运算速度。实现途径就是减少微处理机指令总数和指令操作的时钟周期数。它的关键技术在于流水线操作：在一个时钟周期里完成多条指令。而超流水线技术以及超标量技术已普遍在晶片设计中使用。技术比较测试表明：处于同样工艺水平的芯片，RISC 的运行速度要比 CISC 的快 3.5 倍。

RISC 并非只是简单地减少指令，而是把重点放在了如何使计算机的结构更加简单、合理地提高运算速度上。RISC 优先选取使用频率最高的简单指令，避免复杂指令；将指令长度固定，指令格式和寻址方式种类减少，以布线控制逻辑为主，不用或少用微代码控制等措施来达到上述目的。

RISC 体系结构的优点：在使用相同的晶片技术和运行时钟下，RISC 系统的运行速度将是 CISC 的 2～4 倍。由于 RISC 处理器的指令集是精简的，它的记忆体管理单元、浮点处理单元等都能设计在同一块晶片上。RISC 处理器比相对应的 CISC 处理器设计更简单，所需要的时间将变得更短，并可以比 CISC 处理器应用更多先进的技术，开发更快的下一代处理器。

RISC 体系结构缺点：多指令的操作使得程序开发者必须小心地选用合适的编译器，而且编写的代码量会变得非常大。另外就是 RISC 体系结构的处理器需要更快的记忆体，这通常都集成于处理器内部，就是 L_1 Cache。

3.5 Pentium 指令格式与寻址方式

3.5.1 指令格式

表示一条指令的机器字就称为指令字，通常简称指令。指令系统是微机处理器所能执行的各种指令的集合，不同的微处理器有不同的指令系统。Pentium 指令的一般格式如图 3-12 所示。由图可知，Pentium 指令的长度可以是 1～12B，一条指令是由可任选的指令前缀、一个或两个原操作码字节、有可能要用的地址说明符、一个位移量和一个立即操作数数据字段等元素组成的，这种非固定长度的指令格式是典型的 CISC 体系结构特征。采用 CISC 体系结构，一部分原因是为与它的前身 80x86 保持兼容；另一部分原因是 Pentium 希望能给编译程序的作者以更多灵活的编程支持。

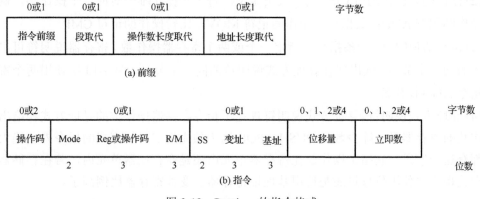

图 3-12 Pentium 的指令格式

在主操作码或操作码内可以定义少量的编码字段，用这些字段规定操作的方向、位移量的大小规模、寄存器编码或者符号的扩充，而且编码字段会根据操作的类型而发生变化。绝大多数到存储器中存取操作数的指令，在主操作码字节的后面都会有一个寻址方式字节，称为 ModR/M 字节，由这个字节来规定所采用的寻址方式。ModR/M 字节的某些编码又指示第二个寻址字节，跟在 ModR/M 字节之后的是 SIB（比例、变址、基地址）字节，在说明完整的寻址方式时就会用到它。

指令的各组成部分如下。

(1)前缀的编码为 1 字节，在一条指令前可同时使用多个指令前缀，不同前缀的前后顺序无关紧要。指令前缀分成 5 类。

①段超越前缀。它明确地指定一条指令应使用哪一个段寄存器。这些段超越前缀如下：

　　2EH　　CS 段超越前缀

　　36H　　SS 段超越前缀

　　26H　　ES 段超越前缀

　　65H　　GS 段超越前缀

②地址尺寸前缀（67H）。它的作用是在 16 位寻址方式和 32 位寻址方式间切换，这两种尺寸中任一种都不是缺省尺寸，这个前缀选用非缺省尺寸。

③操作数尺寸前缀（66H）。它的功能是在 16 位数据尺寸和 32 位数据尺寸间切换。这两种尺寸中任一种都不是缺省尺寸，这个前缀选用非缺省尺寸。

④重复前缀。它和串操作指令联用，使串操作指令重复执行。重复前缀如下：

　　F3H　　REP 或 REPE/REPZ 前缀

　　F2H　　REPNE/REPNZ 前缀

⑤锁定前缀（0F0H）。用于在多处理器环境中确保共享存储器的排他性使用，它仅与以下指令联用：BTS、DTR、DTC、XCHG、ADD、OR、AND、SUB、XOR、NOT、NEG、INC、DEC、CMPXCH8B、CMPXCHG、XADD。

每一条指令都可以使用 5 类前缀中的任何一个，冗余前缀是没有定义的，而且会因微处理器的不同而不同，前缀可以任意的次序在指令中出现。

(2)操作码。操作码由 CPU 设计人员定义。每一种操作唯一对应一个操作码。例如，加法操作助记符 ADD；数据传送操作助记符 MOV；比较操作助记符 CMP。

(3)寄存器说明符。一条指令可指定一个或两个寄存器操作数。寄存器说明符可出现在操作码的同一字节内，或出现在寻址方式说明符的同一字节内。图 3-13 中使用两个寄存器作为指令 ADD 操作数。

(4)寻址方式说明符。寻址方式说明符规定了指令存储器操作数的寻址方式和给出寄存器操作数的寄存器号。除少数如 PUSH、POP 这类预先规定寻址方式的指令外，绝大多数指令都有这个字段。它指定操作数在寄存器单元内还是在存储器单元内，若在存储器单元内，它就指定要使用位移量还是使用基地址寄存器、变址寄存器比例因子。

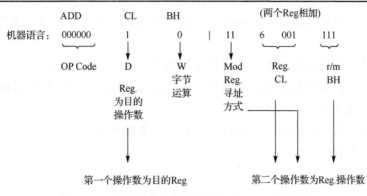

图 3-13　使用两个寄存器作为指令 ADD 操作数

(5) SIB 字段。MODR/M 字段的某种编码需要 SIB 字段将寻址方式说明完整化。它由比例系数 SS（2 位）、变址（Index）寄存器号（3 位）和基地址寄存器号（3 位）组成，故称 SIB 字段。

(6) 位移。寻址方式说明符指明用位移来计算操作数地址时，位移量被编码在指令中。位移是一个 32 位、16 位或 8 位的带符号整数。在常见的位移量足够小的情况下，用 8 位的位移量。微处理器把 8 位的位移量扩展到 16 位或 32 位时，会考虑符号的作用。

(7) 立即操作数，即直接提供操作数值。立即操作数可以是字节、字或双字。在 8 位立即操作数和 16 位或 32 位操作数一起使用时，处理器把 8 位立即操作数扩展成符号相同、幅值相等的较大尺寸的整数。用同样方法，16 位操作数被扩展成 32 位的。

由此可见，Pentium 提供存储器操作数的寻址方式字段是作为操作码字段的延伸，而不是与每个存储器操作数一起提供的。因此，指令中只能有一个存储器操作数，Pentium 没有存储器-存储器的操作指令。

3.5.2　寻址方式

寻址方式是指处理器获取操作数的方式。处理器通过执行指令来处理信息，一条指令可以对零个或多个操作数进行操作。零个操作数的指令的例子是 NOP 指令。带操作数的指令中有一些指令可以隐含指定操作数，另一些指令显式指定操作数，也有一些是两者结合方式的指令，例如：

(1) 隐含指定操作数：AAM。

(2) 显式指定操作数：XCHG　EAX，EBX。

(3) 隐含和显式指定操作数：PUSH COUNTER。

一条指令可以显式地引用 1 个或 2 个操作数。带 2 个操作数的指令，如 MOV、ADD 和 XOR，通常将处理结果送入其中一个操作数中，因此将 2 个操作数分为源操作数和目的操作数。对大多数指令来说，2 个显式指定的操作数之一可以保存在寄存器或存储器中，而另一个操作数则必须在寄存器中，或者是一个立即源操作数。这样含有 2 个操作数的指令常分为下列几组：寄存器对寄存器、寄存器对存储器、存储器对寄存器、立即数对寄存器、立即数对存储器。

(4) 还有一些拥有 3 个操作数的指令，如 IMUL、SHRD 和 SHLD。3 个操作数中的 2

个操作数可以由指令显式地指定，而第三个操作数则取自 CL 寄存器，或者以立即操作数方式提供。

操作数可以存放在指令、寄存器或是存储器中。寄存器操作数和立即操作数供处理器直接使用，立即操作数随指令被领取出来，而高速缓冲存储器中的存储器操作数可以像大多数指令一样被快速访问。

通常根据操作数存放的位置，可将寻址方式分为以下 4 种：立即寻址、寄存器寻址、存储器寻址和 I/O 端口寻址。

1. 立即寻址

操作数在指令中，与代码存放在一起，称为立即寻址。操作数紧跟操作码并与操作码一起存放在代码段中，与代码一起被读入 CPU 的指令队列，在指令执行时不需要再访问存储器。立即操作数可以是 8 位、16 位、32 位的，若是 16 位或 32 位的，则存放时必须满足低对低、高对高的原则。并且此指令中的立即数只能是"源"，不能是"目的"。

例 3-6　SHR PATTERN，2

在指令的 1 字节内存放着数值 2，即指明对变量 PATTERN 移位的位数。

例 3-7　TEST PATTERN，0FFFF00FFH

在指令的一个双字内存放着数值 0FFFF00FFH 用于测试变量 PATTERN 的屏蔽。

例 3-8　IMUL CX，PATTERN，3

将存储器中的一个字乘以立即数 3，并将其积存入 CX 寄存器。

所有算术运算指令(除法除外)都允许源操作数是一个立即数。当目的寄存器是 EAX 或 AL 时，指令的编码就比用其他通用寄存器少 1 字节。立即寻址常用于给寄存器赋初值。

2. 寄存器寻址

操作数在寄存器中，指令中操作数部分是对应的编码，称为寄存器寻址。寄存器寻址方式中的寄存器可以是 CPU 中的任何通用寄存器，如 AX，BX，CX 等。因为操作数在寄存器中，所以无须访问存储器，执行速度快，而且如果选用 AX，执行指令时间更短。

例 3-9　INC　　　SI

　　　　　MOV　　AX，BX

　　　　　MOV　　ECX，EAX

Pentium 微处理器还有些用于改变标志寄存器 EFLAGS 中各个标志状态的指令。这些指令是为设置和消除经常要访问的那些标志而提供的。对不常使用的标志位进行修改时，可以先将 EFLAGS 寄存器的内容压入栈内，然后在栈内对位进行修改，最后再弹回 EFLAGS。

3. 存储器寻址

操作数在存储器中，指令的操作数部分是操作数所在的内存地址，称为存储器寻址。带有显式存储器操作数的指令必须引用含有该操作数的段以及从该段起点到这个操作数的偏移量。存储器寻址时，一般不在指令中给出段寄存器，而是遵循一种默认方式，如表 3-3 所示。

表 3-3　缺省的段选择规则

存储器操作类型	默认段寄存器	允许超过的段寄存器	偏移地址寄存器
取指令代码	CS		EIP
堆栈操作	SS		ESP
源串数据访问	DS	CS、ES、SS、FS、GS	ESI
目的串数据访问	ES		EDI
通用数据访问	DS	CS、ES、SS、FS、GS	偏移地址 EA
以 EBP、ESP 间接寻址的指令	SS	CS、ES、SS、FS、GS	偏移地址 EA

存储器寻址方式中，操作数的有效地址 EA 计算过程为

有效地址 EA＝段基地址+(变址×比例因子)+位移量

其中：

(1)位移量表示的是一个操作数的偏移量。这种寻址方式常被用来对静态分配的标量进行寻址。可以使用字节、字或双字作为位移量。

(2)基地址的偏移量是在一个通用寄存器内间接指定的。

(3)(变址×比例因子)+位移量。这是在静态数据中，当数组元素占用 2B、4B 或 8B 时，对静态数组元素进行变址操作的一种高效方法。由位移量对数组的起始位置进行寻址，在变址寄存器内存放着所需的数组元素的下标，处理器则利用比例因子自动把下标变成变址值。

4. I/O 端口寻址

操作数在 I/O 端口中，指令中操作数部分是操作数所在的 I/O 端口地址，称为 I/O 端口寻址。I/O 端口采用独立编址方式，最大可访问 64KB 的端口地址。对于 8086 /8088 指令系统，设有专门的输入指令 IN 和输出指令 OUT 来访问端口地址。

I/O 端口的寻址方式有两种：直接端口寻址和间接端口寻址。直接端口寻址是在指令中直接给出要访问的端口地址，端口地址用一个 8 位二进制数表示，则此时最多允许寻址 256 个端口。例如：

```
IN      AL,     220H        ;从端口地址为 220H 的端口读取 1B 数据传送到 AL 寄存器
OUT     221H,   AL          ;将 AL 寄存器中的内容输出到端口地址为 221H 的端口中
```

当访问的端口地址数大于等于 256 时，采用间接端口寻址方式。间接端口寻址方式的端口地址必须由 DX 寄存器指定，允许寻址 64KB 个 I/O 端口。 例如：

```
MOV DX, 350H
IN AL,  DX               ;从端口地址为 350H 的端口中取出字节给 AL
MOV DX, 351H
OUT DX, AL               ;将 AL 寄存器中的内容输出到端口地址为 351H 的端口中
```

3.6　数　据　类　型

3.6.1　基本的数据类型

汇编语言所用到的基本数据类型为字节、字、双字和四字等。下面对它们进行最基本的描述。

1. 字节

1 字节由 8 位二进制数组成，其最高位是第 7 位，最低位是第 0 位，如图 3-14 所示。在表示有符号数时，最高位就是符号位。通常情况下，存储器按字节编址，读/写存储器的最小信息单位就是 1 字节。

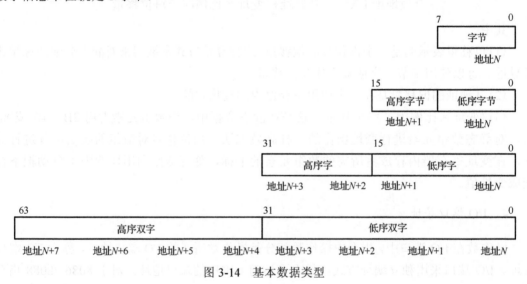

图 3-14　基本数据类型

2. 字

2 字节组成一个字，其最高位是第 15 位，最低位是第 0 位。高 8 位称为高序字节；低 8 位称为低序字节。低序字节存在地址较低的字节中。这个低序字节地址也是该字的地址。仅当访问高序字节时才使用高序字节地址。字节和字是汇编语言程序中最常用的两种数据类型，也是最容易出错的数据类型。

3. 双字

用 2 个字(4 字节)来组成一个双字，其高 16 位称为高序字，低 16 位称为低序字。双字有较大的数据表示范围，它通常是为了满足数据的表示范围而选用的数据类型，也可用于存储远指针。低序字存在地址较低的 2 字节中。最低字节的地址就是该双字的地址。仅当与较低序字分开而访问较高序字，或者在访问各单字节时才使用各个较高的地址。

4. 四字

由 4 个字(8 字节)组成一个四字，它总共有 64 个二进制位，当然，它也就有更大的数据表示范围。一个四字占八个连续地址的 8 字节。四字中的各位编号为 0~63。含 0~31 位的双字称为低序双字；含 32~63 位的双字称为高序双字。仅当与较低序双字分开而访问较高序双字，或者在访问各单字节时才使用各个较高的地址。图 3-15 中说明了在存储器中字节字、双字和四字的安排。

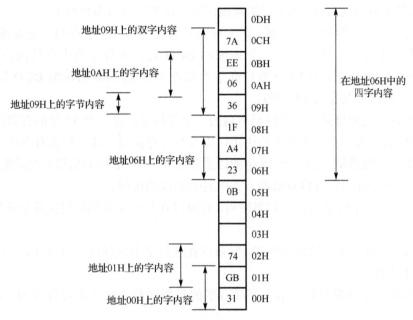

图 3-15　存储器中的字节、字、双字和四字

注意，字不需要在偶数编号的地址上对齐；双字不需要在可被 4 整除的地址上对齐；四字不需要在可被 8 整除的地址上对齐。这样就可在数据结构上有最大的灵活性，例如，含有混用字节、字和双字的项的记录，这样做在存储器使用上可以获得最高的效率。由于 Pentium 微处理器有一个 64 位数据总线，因此存储器和处理器之间的通信可按字节、字、双字和四字的传输来进行。数据可在任何边界上被访问，但对于不对齐的传输来说，需用多个周期。Pentium 微处理器认为跨 2 字节边界的 2 字节或跨 4 字节边界的 4 字节操作以及跨 8 字节边界的 8 字节操作数是未对齐的。但为达到最高性能的传输，就要使字操作数和偶地址对齐、双字操作数和可被 4 整除的地址对齐、四字操作数和可被 8 整除的地址对齐。

3.6.2　Pentium 的操作数类型

Pentium 微处理器支持下列操作数类型。

(1)有符号整数。有符号整数是在内存中以二进制补码形式存放在 32 位双字、16 位字或 8 位字节中的一个带符号的二进制数。在字节中，符号位位于第 7 位；在字中，符号位位于第 15 位；在双字中，符号位位于第 31 位。8 位整数的值为 −128~+127；16 位整数的值为−32768～+32767；32 位整数的值为-2^{31}～$+2^{31}-1$。

(2)无符号整数。无符号整数是存放在 32 位双字、16 位字或 8 位字节中的一个不带符号的二进制数。8 位无符号数的值为 0～255；16 位无符号数的值为 0～65535；32 位无符号数的值为 0～$2^{32}-1$。

(3)二−十进制整数。二−十进制整数是指在 0～9 内的二进制编码的十进制数表示法。非压缩十进制数按不带符号的字节个数存储。每字节 bit3～bit0 存储一位数，该数的大小是低半字节的二进制值；数值 0～9 为有效数值，被解释成一个数的值。在进行乘法及除法操作时，高半字节必须为 0；在进行加减操作时，高半字节可为任何值。

(4)压缩二−十进制整数。压缩二−十进制整数是指在 0～9 内的二进制编码的十进制数表示法。在每半字节中存放 1 位压缩的 BCD 数，在每字节中存放两位压缩 BCD 数。放在 bit7～bit4 的压缩 BCD 数位高于存放在 bit3 到 bit0 的压缩 BCD 数。对一个压缩 BCD 数来说，其值为 00～99。

(5)近指针。近指针是在一个段范围内的一个偏移量，是一个 32 位的有效地址。它适用于分段存储管理方式中一个段内的引用，以及平台存储器方式中的所有指针。

(6)远指针。远指针是由一个 16 位的段选择符和一个 32 位的偏移量组成的一个 48 位的逻辑地址。远指针用于分段存储器方式中对其他段的访问。

(7)位字段。位字段是指位的相邻序列，它可以在任何字节的任何位置处开始，但最多只能包含 32 位。

(8)位串。位串是指位的相邻序列，它可以在任何字节的任何位置处开始，而且可以包含多达 $2^{32}-1$ 个位。

(9)字节串。字节串是指字节、字或双字的相邻序列。字节串可包含 0～$2^{32}-1$ 字节(4GB)。

(10)浮点类型。浮点类型可以分为单精度、双精度和扩展精度的浮点类型。

3.6.3 Pentium FPU 的数据类型

Pentium 微处理器可以识别以存储器为基础的 7 种数值数据类型，又可进一步将其分成 3 类，分别是二进制整数、压缩的十进制整数和二进制实型数。

图 3-16 中展示了 Pentium 微处理器浮点部件使用的每一种数据类型的数据格式。

图 3-16 中符号说明：①S：符号位(0 表示正，1 表示负)；②d_n($0 \leqslant n \leqslant 17$)：十进制位(每字节两位)；③X：无意义位(当装入信息时不理睬，存储时作 0 处理)；④D：隐含的二进制小数点位置；⑤I：有效数的整数位，实型数以暂时形式存储，单精度和双精度以隐含形式存储；⑥指数(规格化数)，单精度数：127(7FH)，双精度数：1023(3FFH)，扩展实型数：16383(FFFH)；⑦压缩的 BCD 数：$(-1)^S$ ($d_{17}\cdots d_0$)；⑧实型数：$(-1)^S(2^E)$ ($b_0 b_1 \cdots b_{p-1}$)。

1. 二进制整数

三种二进制整数格式除适应范围的长度外，其他都相同。字整型格式与 16 位带符号整数数据类型相同；短整型格式和 32 位带符号整数数据类型相同。

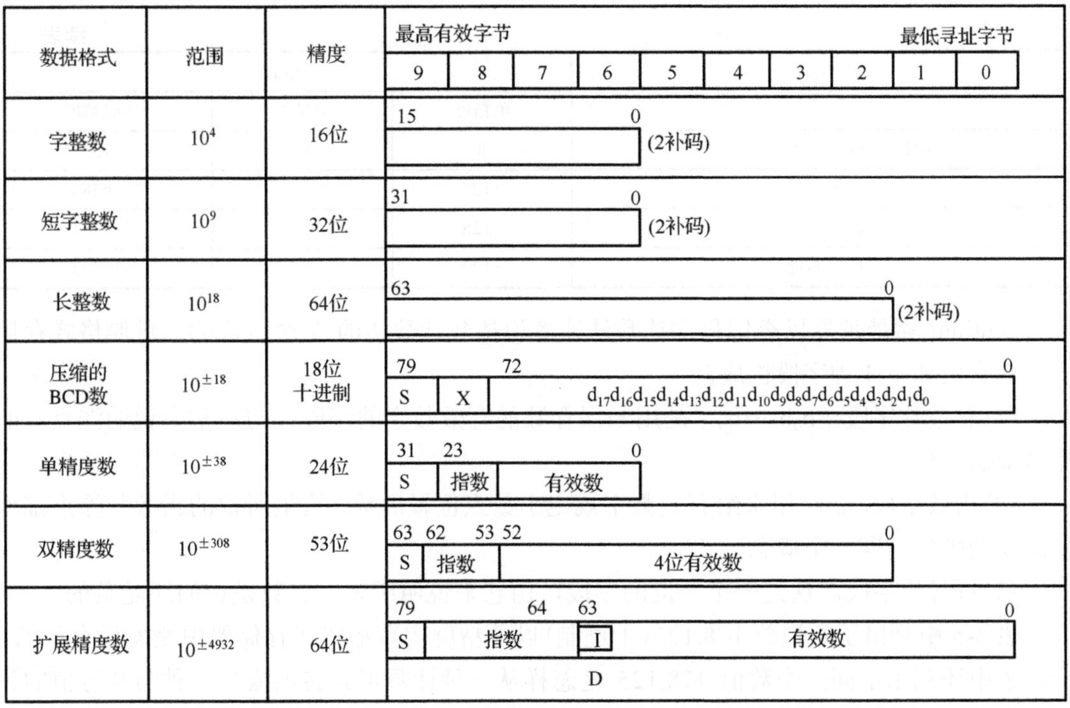

数据格式	范围	精度	最高有效字节 ～ 最低寻址字节 (9 8 7 6 5 4 3 2 1 0)
字整数	10^4	16位	15 ～ 0 (2补码)
短字整数	10^9	32位	31 ～ 0 (2补码)
长整数	10^{18}	64位	63 ～ 0 (2补码)
压缩的BCD数	$10^{\pm 18}$	18位十进制	79　72 ～ 0　S　X　$d_{17}d_{16}d_{15}d_{14}d_{13}d_{12}d_{11}d_{10}d_9d_8d_7d_6d_5d_4d_3d_2d_1d_0$
单精度数	$10^{\pm 38}$	24位	31　23 ～ 0　S　指数　有效数
双精度数	$10^{\pm 308}$	53位	63 62　53 52 ～ 0　S　指数　4位有效数
扩展精度数	$10^{\pm 4932}$	64位	79　64 63 ～ 0　S　指数　I　有效数　D

图 3-16　数值数据格式

各种二进制整数格式仅存在于存储器中。FPU 使用时，它们都被自动转换成 80 位扩展精度的实数格式表示。

2. 十进制整数

十进制整数是以压缩的十进制计数法存放的。而且十进制负整数也不是以通常的二进制补码的形式存放的，只是通过符号位来区分其是正数还是负数。十进制整数的最高有效位也是最左边的那一位，所有位值的范围均为 0～9。

十进制整数格式只是在存储器中存放的一种格式，FPU 使用时，就会立即自动地将十进制整数转换成 80 位扩展精度实数格式。

3. 二进制实型数

Pentium 微处理器是以下面这种形式表示实型数的：

$$(-1)^S (2^E)(b_0b_1\cdots b_{p-1})$$

其中，符号 $S=0$ 或 1；E 为任一整数的最大、最小指数；b_i 为 0 或 1；p 为精度位数。

表 3-4 中列出了 Pentium 微处理器浮点部件的 3 种实型数格式中每一种所使用的参数。

表 3-4　3 种实型数格式中参数

参数	格式		
	单精度	双精度	拓展精度
格式宽度(以二进制位计)	32	64	80
p(精度位数)	24	53	64

续表

参数	格式		
	单精度	双精度	拓展精度
指数宽度(以二进制位计)	8	11	15
最大指数	+127	+1023	+16383
最小指数	−128	−1024	−16384
指数偏置	+127	+1023	+16383

Pentium 微处理器以类似科学计数法或者说指数计数法的 3 个字段的二进制格式存储实数。它由如下 3 种字段构成。

(1)有效数字段。$b_0b_1 \cdots b_{p-1}$ 是用来保存数的有效数字的字段,与通常所说的浮点数的尾数概念类似。

(2)指数字段。E 是用来给有效数字规定小数点位置的数,这里所说的指数与浮点部件中所说的阶码是同一个概念。

(3)符号位字段。这是一个一位的字段,由它来说明所表示实数是正的还是负的。

表 3-5 中列出了实型数 178.125(十进制)以单精度实数形式在存储器中是怎样存放的。同时表中还列出了同一个数值 178.125 是怎样从一种计数形式转换成另一种与其等值的计数形式的。

表 3-5   实型数计数法

计数法	值		
普通十进制数	178.125		
科学计数法下的十进制数	1.78125E2		
普通的二进制数	1.0110010001E111		
科学计数法下的二进制数(偏置指数)	1.0110010001E10000110		
单精度格式(规格化数)	符号	偏置指数	有效数字
	0	10000110	01100100010000000000000(隐含)

单精度数和双精度数格式只能存放在存储器中。若将单精度数或双精度数格式下的一个数装到浮点部件寄存器中,则该数会被自动转换成扩展精度的实型数格式,因为所有的浮点操作都使用这种格式。同样,浮点部件寄存器中存放的数据,当向存储器中存放时也同样会被自动地将其转换成单精度数或双精度数格式。扩展精度的实型数也可存放到存储器中,但只能存放浮点部件寄存器中不能保存的那些中间结果。

大多数应用程序在保存实型数和计算结果时都喜欢使用双精度数格式,因为程序设计人员都希望浮点部件传送给 Pentium 微处理器 FPU 的是精度高而范围大的正确计算结果。单精度数格式非常适合于受存储器约束的应用程序,不过这种格式被认为能提供的安全系数较小,但在进行算法调试时还是非常有用的,在舍入处理时这种格式还是比较迅速的。而扩展精度的实数格式通常用来保存中间结果、循环累加和以及常数等。为使最后结果免受由于舍入处理以及中间计算过程中上溢/下溢的影响,扩展精度的实数位数格外长。但双精度数格式下的精度以及双精度数格式所表示的数的范围也完全可以满足绝大多数应用程序的需要。

3.7　Pentium Ⅱ 微处理器

1997～1998 年是 CPU 市场竞争异常激烈的一个时期,这一时期的 CPU 芯片异彩纷呈,令人目不暇接。

Pentium Ⅱ 的中文名称为 Pentium 二代,它有 Klamath、Deschutes、Mendocino、Katmai 等几种不同核心结构的系列产品,其中第一代采用 Klamath 核心,0.35μm 制造工艺,内部集成 750 万个晶体管,核心工作电压为 2.8V。

Pentium Ⅱ 微处理器采用了双重独立总线结构,即其中一条总线连通二级缓存,另一条负责主要内存。Pentium Ⅱ 使用了一种脱离芯片的外部高速 L_2 Cache,容量为 512KB,并以 CPU 主频速度的一半运行。作为一种补偿,Intel 公司将 Pentium Ⅱ 的 L_1 Cache 从 16KB 增至 32KB。另外,为了打败竞争对手,Intel 公司第一次在 Pentium Ⅱ 中采用了具有专利权保护的 Slot 1 接口标准和 SECC 封装技术。

1998 年 4 月 16 日,Intel 公司第一个支持 100MHz 额定外频的、代号为 Deschutes 的 350/400MHz CPU 正式推出。采用新核心的 Pentium Ⅱ 微处理器不但额定外频提升至 100MHz,而且它们采用 0.25μm 制造工艺,其核心工作电压也由 2.8V 降至 2.0V, L_1 Cache 和 L_2 Cache 分别是 32KB、512KB。支持芯片组主要是 Intel 的 440BX。

1998～1999 年,Intel 公司推出了比 Pentium Ⅱ 功能更强大的 CPU-Xeon 至强微处理器。该款微处理器采用的核心和 Pentium Ⅱ 差不多,0.25μm 制造工艺,支持 100MHz 额定外频。CPU-Xeon 最大可配备 2MB Cache,并运行在 CPU 核心频率下,它和 Pentium Ⅱ 采用的芯片不同,被称为定制静态存储器(Custom Static RAM, CSRAM)。除此之外,它支持八个 CPU 系统;使用 36 位内存地址和 PSE 模式(PSE36 模式),最大 800MB/s 的内存带宽。Xeon 至强微处理器主要面向对性能要求更高的服务器和工作站系统,另外,Xeon 的接口形式也有所变化,采用了比 Slot 1 架构稍大一些的 Slot 2 架构,可支持四个微处理器。

习　题　3

3-1　Pentium 微处理器由哪几个关键部分构成?各部分的主要功能是什么?

3-2　Pentium 微处理器有哪些主要的寄存器?它们各有哪些功能?

3-3　相对于 8086/8088 而言,Pentium 微处理器的寄存器有哪些增强功能?

3-4　试说明 RISC 和 CISC 微处理器的特点。

3-5　试说明 Pentium 微处理器系统地址寄存器名称、大小、作用。

3-6　Pentium 微处理器配备有几个控制寄存器? 它们是什么类型的寄存器? 起什么作用?

3-7　Pentium 微处理器的标志寄存器是一种什么类型的寄存器?它的作用是什么?

3-8　Pentium 微处理器的指令指针寄存器内存放的是什么信息？

3-9　Pentium 微处理器堆栈操作是怎样进行的？试举例说明。

3-10　什么是寻址方式？Pentium 微处理器有几种寻址方式？

3-11　Pentium 微处理器支持的数据类型有哪几种？表示的数据范围各有多大？

3-12　试将下列数表示成规格化的单精度浮点数。

（1）69.75

（2）38.405

（3）−0.3125

（4）+0.00834

3-13　Pentium Ⅱ 相对于 Pentium 有哪些主要的增强点？

第 4 章 Pentium 存储管理

4.1 概 述

存储管理是指主存管理，包括给进程分配主存片段、收回进程释放的主存片段、为分配出去的主存片段提供保护与共享，以及为作业提供一个虚拟的存储空间。存储管理的功能主要分为内存分配、地址转换、存储保护和内存扩充四部分。存储管理是一个硬件机制，它的存在可以让操作系统为众多运行的程序创造一个便于管理的、和谐的存储环境。例如，当处理机同时运行好几个程序时，每一个程序都应该拥有一个独立的存储空间。如果这几个程序必须共享同一地址空间，每一个执行起来都很困难，同时需要花费大量的时间进行检查以免相互干扰。

存储管理由分段存储管理和分页存储管理组成。分段部件将一个已被分段的地址(也称逻辑地址)转换成一个连续不分段的地址，有时也将其称为线性地址。分页部件用一种规模相对比较小的碎片地址空间和磁盘模拟一个大容量的、不分段的地址空间。若分页被使能，分页机制的硬件把线性地址转换为物理地址。若分页未被使能，则线性地址即被用作物理地址。物理地址出现在来自处理器的地址总线上。分页通过把数据的一部分保存在存储器中，另一部分保存在磁盘上，从而允许访问大于可用存储器空间的数据结构。系统设计者可以选择使用这两个机制中的某一个或两个。当几个程序在同一时刻运行时，可以用任一机制来保护程序免受其他程序的干扰。

分段使存储器的使用形式成为完全非结构的和简单的，像 8 位处理器的存储器模型一样，或者高度结构的、带有地址转换和保护的存储器。该存储器管理的特性适用于称为段的单元上。每一段是独立的、受保护的地址空间。对段的访问由数据控制，该数据描述该段的长度、访问该段所需要的特权级、段作为存储器可引用的类型(取指令、堆栈压入和弹出、读操作、写操作等)以及该段是否存在于存储器中。

分页是可选的。如果一个操作系统永不使能分页机制，则线性地址将被用作物理地址。当旧的 16 位处理器被更新为 32 位处理器时，可能会这样做。因为 16 位处理器编写的操作系统不使用分页机制，它的地址空间的容量太小(64KB)，以至于在 RAM 和磁盘之间调动整个段而不是个别的页会更有效率。

在简单的存储器结构中，所有的地址都涉及同一个地址空间。这就是 8 位微处理器使用的存储器模型。例如，8080 处理器的逻辑地址就是物理地址。保护模式中的 32 位处理器通过把所有的段都映射到同一个地址空间并保持禁止分页功能，也能够以这种方式使用。在那些旧的设计正被更新为 32 位技术而还没有采用新的体系结构特性的场合，可能会这样做。

应用程序也可以部分使用分段机制。软件故障的常见原因是堆栈增长到程序的指令代码或数据中。可用分段来防止发生该故障。堆栈可以被放置在与代码或数据的地址空间分离的地址空间中。堆栈的地址总是只涉及堆栈段中的存储器；而数据的地址总是只涉及数据段中的存储器。堆栈段有一个由硬件限定的最大长度。若试图把堆栈增长到这个长度之外就会产生异常。

复杂的程序系统可充分使用分段机制。例如，在一个各程序实时共享数据的系统中，系统能够精确地控制对该数据的访问。当一程序进行不适当地访问时，程序会产生异常。在程序开发期间，这对于帮助调试是很有用的，在交付给最终用户的系统中，还用它来触发出错恢复过程。

对于能支持请求式调页虚拟存储器的操作系统(如 UNIX)，分页机制将被使能。分页对应用软件是透明的，所以预期支持为 16 位处理器编写的应用程序的操作系统能够在分页使能的情况下运行那些程序。同分页不一样，分段对应用程序是不透明的。使用分段机制的程序必须在被设计使用的那些段中运行。

4.2　存储器组织

处理器在它的总线上寻址的存储器称为物理存储器。物理存储器按字节序列组织。每个字节赋予一个唯一的地址，称为物理地址。Pentium 微处理器可访问的物理存储器的范围为 4GB。

根据 Intel x86/Pentium 系列 CPU 提供三种操作模式：实模式、保护模式和虚拟 8086 模式，微处理机采取不同的存储器组织方式。实模式采用段式实存或单一连续分区，不区分特权级，不能启用分页机制，只能寻址 1MB 的地址空间；保护模式下采用分段机制并可启用分页机制进行地址转换，共有段式虚存、页式虚存、段页式虚存三种内存管理模式；虚拟 8086 模式是在保护模式下对实模式的仿真，允许多个 8086 应用程序同时在 386 以上的 CPU 上运行。例如，DOS 在实模式下运行；而 Windows 和 Linux 等操作系统在保护模式下运行。

4.2.1　实模式下的存储器组织

Pentium 在实模式下把段选择器的值乘以 16 送到段寄存器的描述符寄存器的基地址字段作为访问存储器的基地址。虚拟地址中的偏移地址与这个基地址相加，便形成所对应的物理地址。在实模式下，一个段的大小被固定为 64KB，因此描述符寄存器的边界字段被设置成 0FFFFH。

Pentium 在实模式下的地址转换如图 4-1 所示。这种模式下的地址转换和 8086 系统中形成物理地址是一致的。

8086 寻址的范围限制在 20 位地址总线，共计 1MB 的空间内。但细心的人可能注意到，段 的 最 大 值 与 偏 移 量 的 最 大 值 都 可 为 0FFFFH，此时的物理地址为 0FFFF0H +0FFFFH=10FFEFH，已经超出了 8086 的 20 位可寻址空间。这样在 8086 中就存在着地址环绕的问题，此时 10FFEFH 实际的物理地址被定位到存储器的低端 0FFEFH 处。

Pentium 的地址总线有 32 位，因此地址 100000H 就不会环绕到 00000H 处，但它超出

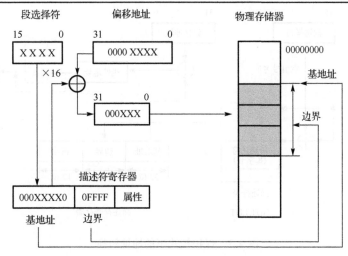

图 4-1　实模式下的地址转换

了 1MB 的地址空间限制，进入了扩展存储器的空间。为了严格兼容 8086 实模式，采取了一种附加闸门的办法，通过专门的电路设计对 A20 地址信号进行控制，以此仿真 8086 的地址环绕。这个闸门称为 A20 gate，它由键盘控制器在 HIMEM.SYS 驱动程序的管理下来实现这一控制功能。

图 4-2 是上述内存配置的示意图，很

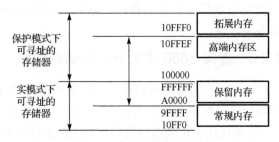

图 4-2　内存配置的示意图

明显，Pentium 的实模式只是出于兼容的目的，事实上它无法真正发挥整机的高性能。

4.2.2　保护模式下的存储器组织

保护模式是保护虚拟地址模式的简称。从 80386 CPU 开始，就具有了保护模式，Pentium CPU 内部也设有存储器管理部件（MMU），其中，仍然包括分段部件和分页部件，通过系统程序员编程，Pentium 可以工作在只分段或只分页或既分段又分页三种方式。这三种方式的关键建立在分段地址转换与分页地址转换的基础上。

保护模式与实模式有着极大的差别，仅就存储器的访问而言，两者之间绝不是寻址空间容量不同的简单区别，其寻址方法也有实质性的不同。保护模式下段寄存器的段选择符也用来指定一个段，在这一点上和实模式相同，不过它的值是用来访问描述符表的，从中选择一个段描述符，因而间接决定一个段。保护模式下的地址转换如图 4-3 所示，图中省略了所对应的物理段。

微处理器的保护功能一般包括存储器的保护功能与特权级的保护功能。存储器的保护比较容易理解，例如，尽量禁止对存储器进行非法访问；或者程序失控时产生异常，以便采取必要的补救措施等。在多任务系统中，通过局部描述符表为各任务定义不同的虚拟空间，使任务之间在区域上进行隔离，互不干扰，即使某一任务出错也不至于影响其他任务的执行等。特权级的保护则是为各类段附加一个特权级，为不同的程序赋予不同的级

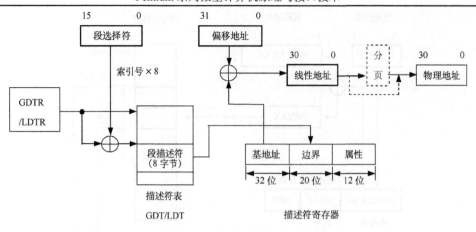

图 4-3 保护模式下的地址转换

别，例如，定义操作系统的特权级别最高，而用户应用程序级别最低。用户程序绝对不能随意修改操作系统的数据，这样就保障了操作系统的安全。本章将详细讨论保护模式的各种特性。

4.2.3 虚拟 8086 模式下的存储器组织

Pentium 的实模式和保护模式是两种截然不同的操作模式，它们互不兼容，保护模式下的程序自然不可能在实模式下运行。从原则上说，实模式的程序也不能在保护模式下运行，除非从保护模式返回实模式，这就显得很不方便。为了解决这个问题，引入了虚拟 8086 模式。可以说虚拟 8086 模式就是要实现在保护模式下运行实模式的程序。Pentium 的虚拟 8086 模式有两种版本：一是 80386/80486 兼容型；二是增强型，该版本的功能比兼容版本强。

图 4-4 是虚拟 8086 模式下的地址转换示意图。可以看出，它与实模式下的地址转换的区别在于增加了可选的分页功能。在该模式下，由段选择器决定的基地址与偏移地址相加的结果为线性地址。如果启用了分页功能，则需通过页管理部件将其转换成物理地址；否则，直接将其作为物理地址。

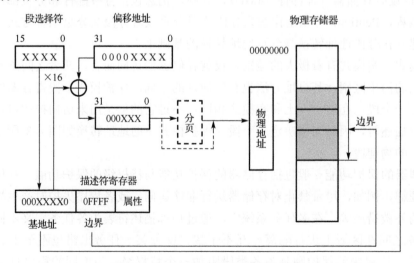

图 4-4 虚拟 8086 模式下的地址转换

虚拟 8086 模式必须提供与实模式相
同的 1MB 地址空间，使其原来为 8086 开
发的实模式程序不做任何修改就能运行，
这就构成了虚拟 8086 任务。虚拟 8086 模
式如果禁止分页功能，其存储器分配即与
实模式完全相同。但若使用分页功能就将
大变样了，它可以通过分页机制在 4GB
的物理地址空间内形成多个 8086 所需的
1MB 地址空间，从而实现多个实模式程

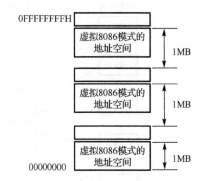

序并行运行，达到多任务的目的，图 4-5   图 4-5 虚拟 8086 模式启用分页管理时地址空间的分配
是上述内存配置思路的示意图。

4.3 保护模式的分段模型

分段机制被用来控制存储器访问，这对于在程序开发期间发现错误和提高最后产品的
可靠性是有用的。它还被用来简化目标代码模块的链接。在充分使用分段机制时，没有理
由编写浮动地址的代码，因为所有的存储器引用都可以相对于模块的代码段和数据段的基
地址进行。分段机制可用来建立以 ROM 为基础的软件模块，在那里固定的地址是对于段
的基地址的偏移量。不同的软件系统可以在不同的物理地址上拥有 ROM 模块，因为分段
机制将引导所有的存储器引用到达正确的位置。例如，在一个系统内有若干个程序适时共
享数据，为了最大限度地挖掘系统的潜在性能，就要选择一种存储管理方式，使在其控制
下访问存储器时拥有校验功能，这就是分段存储管理方式。

还有一个极端情况是在一个系统内仅有一个程序。在这种情况下用不分段模型或平面
模型将能得到最高的性能。取消远指针和段超越前缀，减少了代码的长度，并且提高了运
行的速度。上下文切换更快了，因为段寄存器的内容不必再被保存或恢复。分段机制的一
些好处也能够由分页机制提供。例如，可以通过把同一页映像到每个程序的地址空间来实
现数据共享。

4.3.1 平面模型

最简单的存储管理模型是平面模型，如图 4-6 所示。在这种模型中，所有的段都被映
像到整个物理地址空间。段的偏移量既可以代码区为基准，也可以数据区为基准。为了得
到最大可能的区域，这种模型从系统设计者或者应用程序员角度所看到的体系结构中去掉
了分段机制。对于像 Unix 这种支持分页但不支持分段的编程环境，使用平面模型可能是合
适的。

段由段描述符定义。对于平面模型来说，至少要建立两个段描述符，一个用于代码引
用，另一个用于数据引用。两个描述符有相同的基地址值。每当存储器被访问时，段寄存
器之一的内容就被用来选择段描述符。段描述符提供段的基地址和它的段限，以及访问控
制信息。

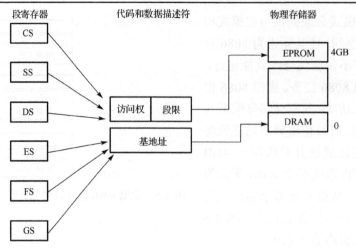

图 4-6　平面模型

平面模型中，ROM 通常被放置在物理地址空间的顶部，因为处理器是在 0FFFFFFF0H 处开始执行的。RAM 被放在地址空间的底部，因为在复位初始化之后用于 DS 数据段的最初基地址为 0。

在平面模型存储管理方式下，每个段描述符的基地址值总是 0，而段的界限为 4GB。由于在平台存储器管理方式下把段界限置为 4GB，分段机制有效地避免了内存到一个段界外访问存储器而生成的异常。但分页或分段的保护机制仍会产生异常，也可以从存储器模型中去掉它们。

4.3.2　带保护的平面模型

保护模式下的平台存储管理方式与上述的平台管理方式极其相似，只是前者的段界只能是实际存储器的地址范围。在这种存储管理方式下，任何一次企图访问不能执行的存储器的动作都将产生一个一般保护异常。这可以用于分页机制被禁止的系统，因为它提供了防止某些类型程序故障的最低级别的硬件保护。

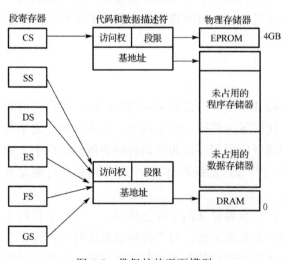

图 4-7　带保护的平面模型

在这种模型中，分段机制的硬件阻止程序寻址不存在的存储器单元。允许访问这些存储器单元而产生的后果取决于硬件。例如，如果处理器没有接收 READY 信号，则该总线周期不会终止，且程序停止执行。

虽然程序不应该试图访问不存在的存储单元，但由于程序故障，仍可能发生这种情况。如果不用硬件检测地址，则故障可能会突然停止程序的运行，有了硬件检测，程序的故障就会处于受控方式，可以显示诊断信息，并且可以尝试恢复。

图 4-7 展示了一个带保护的平面模型

的例子。从图中可以看出，段描述符已被建立为仅覆盖那些实际存在的存储器区域。代码段和数据段覆盖物理存储器的可控可编程只读存储器 EPROM 和动态存储器 DRAM。代码段的基地址和段限可选地被置成允许访问 DRAM 区域。数据段的段界限必须被置为 EPROM 和 DRAM 容量的总和。如果使用了存储器映射的 I/O，则它能够被编址在刚刚超过 DRAM 区域末尾的位置。

4.3.3　多段模型

　　最完善的模型是多段模型，如图 4-8 所示。对 Pentium 微处理器来说，最常用也是最成熟的一种存储管理方式是多段存储管理方式。该模型使用了分段机制的全部功能。每个程序被给予它自己的段描述符表和它自己的段。这些段对于程序可以是完全私有的，或者也可以被其他指定的程序共享。程序和特定段之间的访问能够被单独控制。

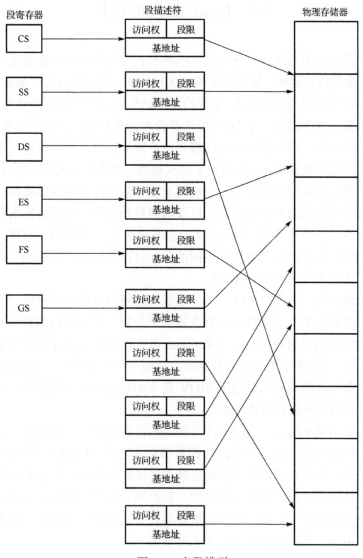

图 4-8　多段模型

　　Pentium 微处理器最多可有 6 个段供同时使用。这些段的选择符已经被装入段寄存器。其他的段也可通过把它们的段选择符装入段寄存器而被访问。

　　每个段都是一个单独的地址空间。虽然它们可能被放在相邻的物理存储器模块中，但分段机制能防止越过一个段的末尾对另一个段的内容进行越界访问。每一次存储器操作都要检查它所使用的段的指定段界限。若试图越过段的末尾对存储器寻址，将产生一般保护异常。

　　分段机制仅仅强制由段描述符指定的地址范围。操作系统要负责给每一段分配各自的地址范围。可能存在期望一些段共同享有同一地址范围的情况。例如，系统可能有代码段和数据段都被存储在 ROM 中。当取指令而访问 ROM 时，将使用代码段描述符。当取数据而访问 ROM 时，将使用数据段描述符。

4.4　Pentium 段的转换

　　在 Pentium 微处理器系统内，分段机制的硬件把分段的地址转换为连续的、非分段地址空间的地址，称为线性地址。如果分页机制未被使能，则此时的线性地址就是物理地址。物理地址出现在处理器的地址总线上，系统给出的地址以及程序给定的地址都是逻辑地址。逻辑地址由用来指示这个段的一个 16 位段选择符和一个只能在这个段内使用的 32 位偏移量组成。通过这种方法，逻辑地址的访问权和段界限被检查。在每次访问中，系统都要检查逻辑地址的访问权和段界限，如果通过了这次检查，则把这个 32 位的偏移量与这个段的基地址相加，就将逻辑地址转换成了一个线性地址。基地址来自段描述符，即存储器中的一个数据结构，它提供段的大小和位置，以及访问控制信息。段描述符来自两个表之一，即全局描述符表或局部描述符表。系统中所有的程序有同一个 GDT，而每一个正在运行的程序各有一个 LDT。如果操作系统允许不同的程序可以共享同一个 LDT，也可以建立没有 LDT 的系统，所有的程序都将使用 GDT。

　　每一个逻辑地址与一个段相关联，即使系统将所有的段都映像到同一线性地址空间。虽然一个程序可以有几千个段，但仅有 6 个段可供使用。这 6 个段值被保存在 Pentium 微处理器内 6 种类型段的段选择符中。在 Pentium 微处理器内同时可以使用 4 个数据段，其中，1 个是数据段，另外 3 个则是附加数据段。再加一个代码段和一个堆栈段，总共提供 6 个段寄存器。对其他段的访问需要使用 MOV 指令的格式装入段选择符。段选择符保存用于把逻辑地址转换成相应线性地址的信息。

　　段转换过程如图 4-9 所示。当段选择符被装入段寄存器时，基地址、段界限和访问控制信息也被装入段寄存器。在另一个段选择符被装入之前，Pentium 微处理器不再引用存储器中的描述符表。保存在处理器中的信息使得它能转换地址而不需要额外的总线周期。在有多个处理器访问同一描述符表的系统中，软件的责任是在描述符表被修改时更新装入段寄存器。如果不重装段寄存器，就会出现驻留在存储器中的描述符表版本已被修改，而在段寄存器中使用的还是旧描述符表的不正常现象。

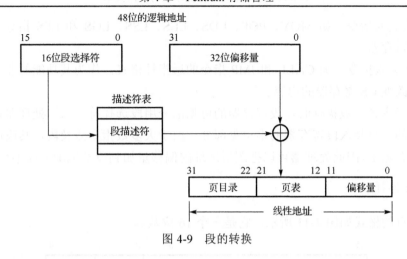

图 4-9　段的转换

4.4.1　段寄存器及段描述符高速缓存

段寄存器及段描述符高速缓存如图 4-10 所示，在保护模式下，段寄存器被称为一个 16 位的段选择字。Pentium 有 6 个 16 位段寄存器，用户可见；与每个段寄存器对应有一个 64 位的段描述符，用户不可见。6 个段寄存器的长度均为 16 位。除 CS 和 SS 分别是代码段寄存器和堆栈段寄存器之外，其余的 DS、ES、FS、GS 都是数据段寄存器。这些寄存器的可见部分用 MOV 指令的形式加载，不可见部分由处理器加载。Pentium 的数据段寄存器 DS、ES、FS、GS 以及堆栈段寄存器 SS，为了访问某一数据段的内容，必须通过 MOV、LDS、LES 等指令将数据段的选择符装入相应的段寄存器中。Pentium 在将选择符装载到段寄存器之前，必须要将当前运行程序和任务的 CPL、所要请求的 RPL 与要访问的数据段描述符中 DPL 进行比较，DPL 的值要大于或等于 CPL 以及 RPL 的值，才能将选择符装载到段寄存器中，也就是要满足如下公式的要求：DPL 数据段描述符≥MAX（CPL 当前代码段、RPL 数据段选择符）。

段寄存器(16位)	段描述符高速缓存		
CS	段基地址(32位)	段限值(20位)	属性(12位)
DS	段基地址(32位)	段限值(20位)	属性(12位)
ES	段基地址(32位)	段限值(20位)	属性(12位)
FS	段基地址(32位)	段限值(20位)	属性(12位)
GS	段基地址(32位)	段限值(20位)	属性(12位)
SS	段基地址(32位)	段限值(20位)	属性(12位)

图 4-10　Pentium 段寄存器及段描述符高速缓存

每一种类型的存储器引用都与一个段寄存器相关联，每一个都访问由它们的段寄存器的内容所指定的段。在程序运行期间，把它们的段选择符装入这些寄存器，能够使更多的段可用。

装入这些寄存器的操作是一些用于应用程序的指令。这些指令有两类。

（1）直接装入指令，如 MOV、POP、LDS、LES、LSS、LGS 和 LFS 指令。这些指令显式引用段寄存器。

（2）隐式装入指令，如 CALL 和 JMP 指令的远指针格式。作为其功能的非主要部分，这些指令要改变 CS 寄存器的内容。

当这些指令之一被执行时，段寄存器的可见部分用段选择符装入。处理器自动地将来自描述符表的信息装入段寄存器的不可见部分。由于大多数指令涉及段，其段选择符已经被装入段寄存器了，因此处理器可以把逻辑地址的偏移量加到段基地址上而不会降低性能。

1. 段选择符

段选择符的格式如图 4-11 所示，它是一个 16 位数。

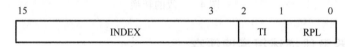

图 4-11　段选择符

bit15～bit3 是 LDT 和 GDT 的入口号（INDEX 索引字段）。选择描述符表中 8192 个描述符之一。处理器用 8 乘以 INDEX 的值，并且把结果加到描述符表的基地址上。实际上，段寄存器保存着相对于描述符表起始处的线性地址。

bit2（TI 表指示符）指出该索引字段是来自全局描述符表 GDT 还是局部描述符表 LDT，如图 4-12 所示。该位清 0 选择 GDT；置 1 选择当前 LDT。

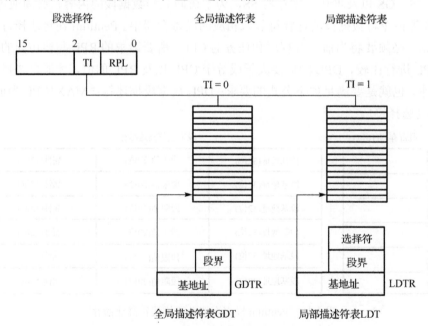

图 4-12　由 TI 位选择的描述符

bit1～bit0（RPL 请求者特权级）指明该段的特权级。可以请求特权层的级别 0～3 级，当段选择符的这个字段含有的特权级大于程序的特权级时，它有效地超越该程序的特权级，以便访问使用该选择符的程序。当程序使用较低特权级的段选择符时，存储器的访问在较低的特权级上发生。这被用来防止出现较低特权级的程序使用较高特权级的程序访问被保护的数据这种违反安全的情况。

例如，系统实用程序或设备驱动程序必须以较高特权级运行，以便能访问被保护的设施，如外围接口的控制寄存器。但它们不得干扰其他被保护的设施，即使已收到了来自较低特权级程序的这样做的请求。如果程序请求将磁盘的扇区读入由较高特权级程序(如操作系统)占用的存储器中，则当使用特权级较低的段选择符时，可用 RPL 来产生一般保护异常。即使使用该段选择符的程序有足够的特权级执行它自己的操作，这个异常也会产生。

段选择符指向定义一个段的信息，此信息称为段描述符。程序可以有比段选择符已占用段寄存器的 6 个段更多的段。如果确实如此，则当程序需要访问新的段时，就使用 MOV 指令的形式来改变这些段寄存器的内容。

段选择符通过指定描述符表和该表中的描述符来标识段描述符。段选择符作为指针变量的一部分，对应用程序而言是可见的，但段选择符的值通常是由链接编辑程序或者链接的装入程序，而不是由应用程序赋值和修改的。因为处理器不使用 GDT 的第一项，变址值为 0 且表指示符为 0 的选择符(指向 GDT 的第一项的选择符)被用作空选择符。当段寄存器(除 CS 和 SS 寄存器)被装入空选择符时处理器不发生异常。然而，当用保持空选择符的段寄存器来访问存储器时，就发生异常。这个特性可用来初始化不使用的段寄存器。

2. 段描述符

段描述符是存储器中的一个数据结构，也是描述一个段的大小、地址及各种状态的 8 字节的结构，在编程时它可以被定义。描述符通常由编译程序、链接程序、装入程序或操作系统建立，而不是由应用程序建立的。6 个段描述符存放在 CPU 内的段描述符高速缓存中，它们均由在内存的描述符表中相应数据复制而成，以便 CPU 访问某一段时，均按存放在 CPU 内该段的段描述符所描述的信息进行操作。每个段描述符的具体组成如图 4-13 所示。

根据描述符所描述对象的不同，描述符可分为存储段描述符、系统段描述符、门描述符三种。而门描述符又可分为调用门、任务门、中断门和陷阱门四类描述符。下面将分别介绍各描述符的作用及其各位的意义。

1) 存储段描述符

存储段是存放可由程序直接进行访问的代码和数据的段。其中也包括堆栈段，在保护模式下，应该把堆栈段理解为特殊的数据段，所以存储段描述符也被称为代码段和数据段描述符。存储段描述符的格式如图 4-13 所示。

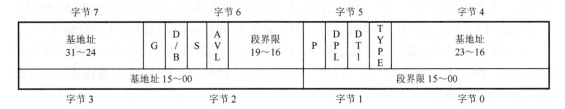

图 4-13 存储段描述符

分析存储段描述符时应该把它分成 4 个域来理解。

第一个域为该描述符的第 0～1 字节，该字是段界限的低 16 位，段界限是描述段的大小共 20 位，高 4 位在第 6 字节的低 4 位中；第二个域为该描述符的第 2～4 字节，这三个字节是段基地址的低 24 位（bit0～bit23）；第三个域是该描述符的第 5、6 字节，该字节存放的是段的一些属性；第四个域是最后 1 字节，该字节存放的是段基地址的高 8 位（bit24～bit31）。对各字段的意义分述如下。

（1）基地址字段。

Pentium 微处理器用这个字段来规定某一个段在 4GB 物理地址空间中的位置。从图 4-13 可以看出，基地址字段又是由基地址 15～00、基地址 23～16 和基地址 31～24 这三个互相独立的部分表示的。其实，在实际使用时，Pentium 微处理器把这 3 个基地址字段按序组合在一起，从而形成一个唯一的 32 位的值来表示这个段的基地址。另外，段的基地址应该与 16 字节的代码段或数据段的边界对准，通过对准 16 字节的代码段或数据段的边界，可使程序最大限度地发挥其性能。

（2）段界限粒度 G（Granularity）位字段。

G=0 表示段界限粒度为 1 字节；G=1 表示段界限粒度为 4KB。这样计算下来，20 位的段界限就可以描述大小为 64KB 或 4GB 的段了。注意，段界限粒度只对段界限有效，对段基地址无效，段基地址总以字节为单位。例如，在 G 位置 1 的同时段界限为 0，导致 0～4095 的偏移量有效。

（3）D 位/B 位字段。

D 位/B 位字段是一个很特殊的位，在描述可执行段、向下扩展数据段或由 SS 寄存器寻址的段的三种描述符中的意义各不相同。

该字段在代码段描述符中称为 D 位字段，是用来指示代码段中的缺省的操作数的长度和有效地址长度的。若代码段描述符中的 D 置 1，则说明采用的是 32 位地址及 32 位或 8 位操作数，这样的代码段也称为 32 位代码段。如果 D 清 0，则说明使用的是 16 位地址及 16 位或 8 位操作数，这样的代码段也称为 16 位代码段，它与 80286 兼容。可以使用地址大小前缀和操作数大小前缀分别改变默认的地址或操作数的大小。

如果该字段在数据段描述符中，则称为 B 位字段，由它来控制堆栈的两方面操作。

①堆栈指针寄存器的规模。如果将 B 置 1，不论入栈操作，还是出栈操作，或是调用操作，使用的都是 32 位的堆栈指针寄存器 ESP。如果将 B 清 0，则堆栈操作使用的是 16 位的堆栈指针寄存器 SP。

②向下扩展堆栈的上界。在向下扩展的段内，段界限字段规定了该堆栈段的下界，而上界则是一个各位均为 1 的地址。如果把 B 置 1，则上界为 4GB，即上界地址为 0FFFF FFFFH；如果将 B 清 0，则上部界限为 64KB，即上界地址值为 0FFFFFH，这是为了与 80286 兼容。

由 SS 寄存器寻址获得的段描述符中，D 位决定隐式的堆栈访问指令使用何种堆栈指针寄存器。D=1 表示使用 32 位堆栈指针寄存器 ESP；D=0 表示使用 16 位堆栈指针寄存器 SP，这与 80286 兼容。

（4）S 位字段。

由这一位来确定给定的段是一个系统段，还是一个代码段或数据段。如果 S 置 1，则这个段不是代码段就是数据段。若 S 清 0，那么这个段就一定是一个系统段。

(5) 软件可利用 AVL 位字段。

80386 对该位的使用未做规定，Intel 公司也保证今后开发生产的处理器只要与 80386 兼容，就不会对该位的使用做任何定义或规定。

(6) 段界限字段。

段描述符中的这个字段是用来定义段的大小的，从图 4-13 中可以看出，段界限是用段界限 15～00 和段界限 19～16 两部分表示的。但 Pentium 微处理器在用到段界限时通过把这两部分段界限组合在一起，从而形成了一个 20 位的段界限值。Pentium 微处理器用下述两种方法中的一种来解释段界限，这要根据粒度位字段的设置情况而定。

①如果粒位字段清 0，段界限字段值的范围可以是 1B ～1MB。在这种情况下，段界限字段的值可在 1B 的基础上，每次增加 1B。

②如果粒位字段置 1，段界限字段的值可以是 4KB ～4GB。段界限字段的值在 4KB 的基础上，每次可增值 4KB。

对绝大多数向上扩展的段来说，一个逻辑地址可以含有从 0 到段界限值的偏移量。而其他数值的偏移量则是不允许的，若是其他类型数值的偏移量，则会产生异常。向下扩展的段仿佛把段界限字段的定义给以反方向处理，它们可以用除上述规定的从 0 到段界限值之外的任何偏移量寻址。这样做就是允许这种向下扩展的段给段界限字段内原有值增值，以便在段的底部地址空间范围外分配出新的存储空间。向下扩展的段可以用来保存不一定要用的堆栈。如果打算将一个堆栈放到一个大小不再需要改变的段内时，这种段通常是普通的数据段。

(7) 存在 P(Present) 位字段。

P=1 表示描述符对地址转换是有效的，或者说该描述符所描述的段存在，即该段在内存中；P=0 表示描述符对地址转换无效，即该段不存在。使用该描述符进行内存访问时会引起异常。

当一个段描述符的选择符装到段寄存器时，若段存在位清 0，此时 Pentium 微处理器就会产生一个段不存在的异常。也就是说可以用这个段存在位字段检测要访问的段中不能用的段。事实上也是当系统需要生成一些可随意使用的自由存储空间时，可以把某个段设置成特权级低的用户不能使用的段。而原来在自由存储空间中的那些如字符字体、设备驱动程序等一些目前没有使用的项目就可以重新分配。凡在被标有"段不存在"信息的段内，其各项都被重新分配。这时就可以把这个段使用的存储空间分配给另一个段使用。若下一次又需要那个被重新分配的项目，这时段不存在异常会指示需要把这个段装到存储器中。当以应用程序不可见的方式对存储器进行管理时，所使用的这类存储器称为虚拟存储器。在任何时候，在物理存储器中保留少数几个段，可以使一个系统所拥有的虚拟存储空间的总数远远大于物理存储器的实际存储容量。

(8) 描述符特权级 DPL (Descriptor Privilege level) 位字段。

其共 2 位，它规定了所描述段的特权级，用于特权检查，以决定对该段能否进行访问。

(9) DT 位字段。

DT 位说明描述符的类型。对于存储段描述符而言 DT=1，以区别与系统段描述符和门描述符 DT=0。

（10）TYPE 位字段。

该字段说明存储段描述符所描述的存储段的具体属性。其中的 bit0 指示描述符是否被访问过（Accessed），用符号 A 标记。A=0 表示存储段尚未被访问；A=1 表示存储段已被访问。当把描述符的相应选择符装入段寄存器时，操作系统可测试访问位，以确定描述符是否被访问过。

其中的 bit3 指示所描述的段是代码段还是数据段，用符号 E 标记。E=0 表示段为数据段，相应的描述符也就是数据段（包括堆栈段）描述符。数据段是不可执行的，但总是可读的。E=1 表示段是可执行段，即代码段，相应的描述符就是代码段描述符。代码段总是不可写的，若需要对代码段进行写操作，则必须使用别名技术，即用一个可写的数据段描述符来描述该代码段，然后对此数据段进行写操作。

在数据段描述符中，TYPE 中的 bit1 指示所描述的数据段是否可写，用 W 标记。W=0 表示对应的数据段不可写。反之，W=1 表示数据段是可写的。TYPE 中的 bit2 是 ED 位，指示所描述的数据段的扩展方向。ED=0 表示数据段向高端扩展，即段内偏移必须小于等于段界限。ED=1 表示数据段向低端扩展，即段内偏移必须大于段界限。

在代码段描述符中，TYPE 中的 bit1 指示所描述的代码段是否可读，用符号 R 标记。R=0 表示对应的代码段不可读，只能执行。R=1 表示对应的代码段可读可执行。在代码段中，TYPE 中的 bit2 指示所描述的代码段是否是一致代码段，用 C 标记。C=0 表示对应的代码段不是一致代码段，而是普通代码段；C=1 表示对应的代码段是一致代码段。

存储段描述符中的 TYPE 字段所说明的属性可归纳为表 4-1。

表 4-1 TYPE 字段说明（一）

	类型编码	说明		类型编码	说明
数据段类型	0	只读	代码段类型	8	只执行
	1	只读，已访问		9	只执行，已访问
	2	读/写		A	执行/读
	3	读/写，已访问		B	执行/读，已访问
	4	只读，向下拓展		C	只执行，一致段码
	5	只读，向下拓展，已访问		D	只执行，一致段码，已访问
	6	读/写，向下拓展		E	执行/读，一致段码
	7	读/写，向下拓展，已访问		F	执行/读，一致段码，已访问

此外，描述符内第 6 字节中的 bit5 必须清 0，可以理解成是为以后的处理器保留的。

2）系统段描述符

系统段描述符的一般格式如图 4-14 所示。

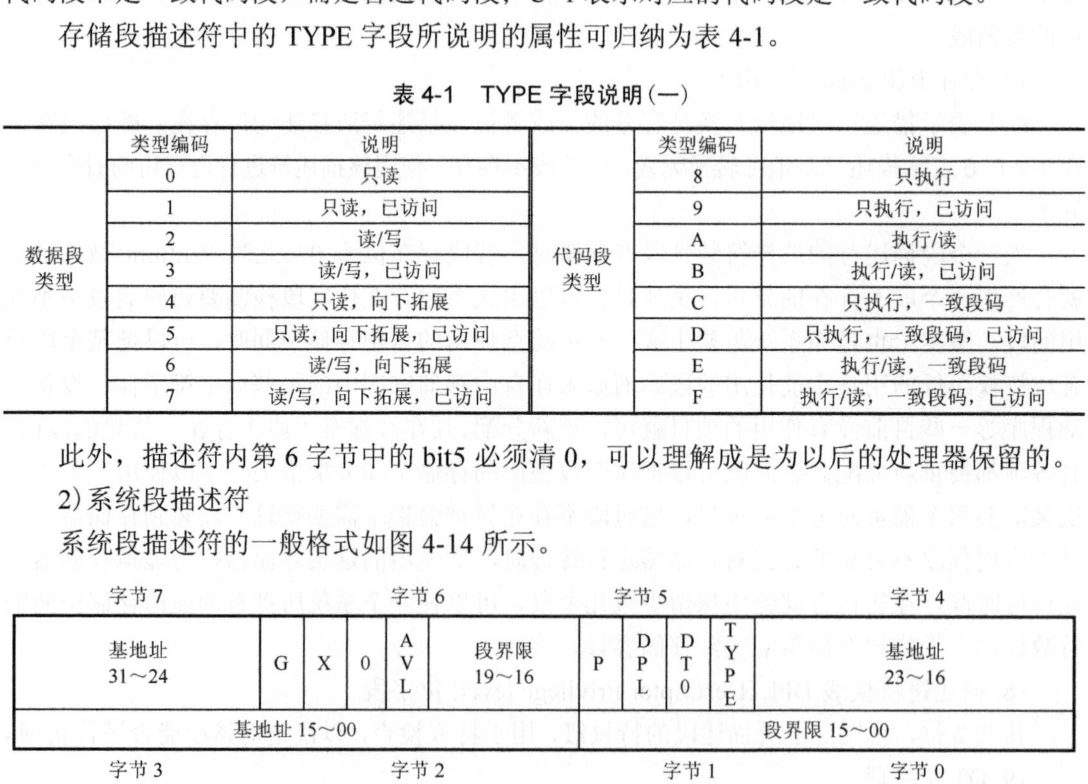

字节 7   字节 6   字节 5   字节 4

基地址 31~24	G	X	0	AVL	段界限 19~16	P	DPL	DT0	TYPE	基地址 23~16
基地址 15~00						段界限 15~00				

字节 3   字节 2   字节 1   字节 0

图 4-14 系统段描述符

系统段描述符与存储段描述符很相似，区分的标志是属性字节中的描述符类型 DT 位的值。DT=1 表示存储段；DT=0 表示系统段。系统段描述符中的段基地址字段和段界限字段与存储段描述符中的意义完全相同；属性中的 G 位、AVL 位、P 位和 DPL 字段的作用也完全相同。存储段描述符属性中的 D 位在系统段描述符中不使用，现用符号 X 表示。系统段描述符的类型字段 TYPE 仍是 4 位的，其编码及表示的类型列于表 4-2，其含义与存储段描述符的类型完全不同。

表 4-2　TYPE 字段说明(二)

	类型编码	说明		类型编码	说明
	0	未定义		8	未定义
	1	可用 286TSS		9	可用 386TSS
	2	LDT		A	未定义
系统段类型	3	忙的 286TSS	系统段类型	B	忙的 386TSS
	4	286 调用门		C	386 调用门
	5	任务门		D	未定义
	6	286 中断门		E	386 中断门
	7	286 陷阱门		F	386 陷阱门

由表 4-2 可见，只有类型编码为 2、1、3、9 和 B 的描述符才是真正的系统段描述符，它们用于描述系统段 LDT 和任务状态段 TSS，其他类型的描述符是门描述符。

3)门描述符

除存储段描述符和系统段描述符外，还有一类门描述符。门描述符并不描述某种内存段，而是描述控制转移的入口点。这种描述符好比一个通向另一代码段的门。通过这种门，可实现任务内特权级的变换和任务间的切换。所以，这种门描述符也称为控制门。

(1)门描述符的一般格式。

门描述符的一般格式如图 4-15 所示。从系统段描述符的说明中可以看出门描述符是靠 TYPE 字段描述符与系统段描述符区分的，但从图 4-15 中可见门描述符与系统段描述符在结构上也不一致，其实这才是区分二者的关键。门描述符的第 4 字节的低 4 位为双字计数字段，该字段是说在发生特权级变换时，把外层堆栈中的参数复制到内层堆栈中的数量，计数以双字为单位。

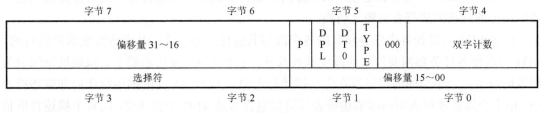

图 4-15　门描述符的一般格式

门描述符的属性只位于描述符内字节 5，与系统段保持一致，也由该字节指示门描述符和系统段描述符。该字节内的 P 和 DPL 的意义与其他描述符中的意义相同。其他字节主要用于存放一个 48 位的全指针(16 位的选择符和 32 位的偏移量)。

(2)调用门。

调用门描述某个子程序的入口。调用门内的选择符必须实现代码段描述符，调用门内的偏移是对应代码段内的偏移量。利用段间调用指令 CALL，通过调用门可实现在任务内从外层特权级变换到内层特权级。

如图 4-15 所示的门描述符，该字段只在调用门描述符中有效，在其他门描述符中无效。主程序通过堆栈把入口参数传递给子程序，如果在利用调用门调用子程序时引起特权级的转换和堆栈的改变，那么就需要将外层堆栈中的参数复制到内层堆栈。该双字计数字段就用于说明这种情况发生时，要复制的双字参数的数量。

(3) 任务门。

任务门指示任务。任务门内的段选择符必须指示 GDT 中的任务状态段 TSS 描述符，门中的偏移无意义。任务的入口点保存在 TSS 中。利用段间跳转指令 JMP 和段间调用指令 CALL，通过任务门可实现任务切换。

(4) 中断门和陷阱门。

中断门和陷阱门描述中断/异常处理程序的入口点。中断门和陷阱门内的段选择符必须指向代码段描述符，门内的偏移量就是对应代码段的入口点的偏移量。中断门和陷阱门只有在中断描述符表中才有效。

4.4.2　段描述符表

一个任务会涉及多个段，每个段需要一个描述符来描述，为了便于组织管理，Pentium 微处理器把描述符组织成线性表。由描述符组成的线性表称为描述符表。在 Pentium 中有三种类型的描述符表：全局描述符表、局部描述符表和中断描述符表。在整个系统中，全局描述符表和中断描述符表只有一张，局部描述符表可以有若干张，每个任务可以有一张。每个描述符表本身形成一个特殊的数据段，这样的特殊数据段最多可包含 8KB 描述符，中断描述符表将在第 8 章中介绍。

全局描述符表含有每一个任务都可能或可以访问的段的描述符，通常包含描述操作系统所使用的代码段、数据段和堆栈段的描述符，也包含多种特殊数据段描述符，如各个用于描述任务 LDT 的特殊数据段等。在任务切换时，并不切换 GDT，而是切换 LDT。

每个任务的局部描述符表含有该任务自己的代码段、数据段和堆栈段的描述符，也包含该任务所使用的一些门描述符，如任务门描述符和调用门描述符等。随着任务的切换，系统当前的局部描述符表也随之切换。

通过 LDT 可以使各个任务私有的各个段与其他任务相隔离，从而达到受保护的目的。GDT 可以使各任务都需要使用的段能够被共享。一个任务可使用的整个虚拟地址空间分为相等的两半，一半空间的描述符在全局描述符表中，另一半空间的描述符在局部描述符表中。由于全局描述符表和局部描述符表都可以包含多达 8192 个描述符，而每个描述符所描述的段的最大值可达 4GB，因此最大的虚拟地址空间可为 4GB×8192×2=64MMB=64TB。

全局描述符表和局部描述符表如图 4-16 所示，描述符表的长度是可变的。处理器不使用 GDT 中的第一个描述符。

Pentium 微处理器使用全局描述符表寄存器 GDTR 和中断描述符表寄存器 IDTR 寻找全局描述符表和中断描述符表。这些寄存器保存这两个表在线性地址空间中的 32 位基地址，它们还保存这些表的尺寸的 16 位表限值。

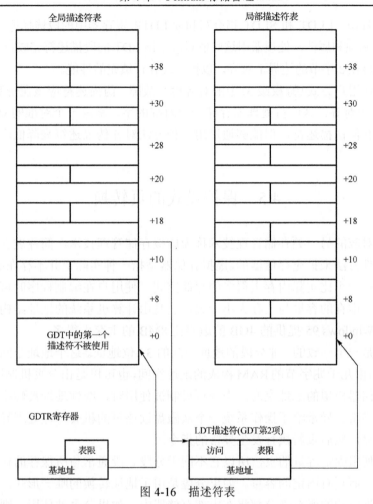

图 4-16 描述符表

当 GDTR 和 IDTR 寄存器被装入或被存储时，都要访问存储器中一个 48 位的伪描述符，如图 4-17 所示。全局描述符表和中断描述符表的基地址应该在 8 字节的边界上对准，以便在进行 Cache 行填充时最大限度地利用其性能。

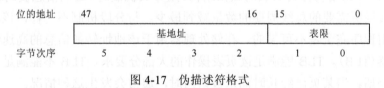

图 4-17 伪描述符格式

GDT 和 IDT 的表限部分以字节的方式表示。正如段的情况一样，表限的值被加到基地址上以得到最后有效字节的地址。表限值为零导致只有一个有效字节。因为段描述符总是 8 字节长的，故表限的值应该总是比 8 的整数倍少 1（8n−1）。在对全局描述符表寄存器 GDTR 进行读/写操作时用装全局描述符表指令 LGDT 和存全局描述符表指令 SGDT。在对中断描述符表寄存器 IDTR 进行读/写操作时就要用装中断描述符表指令 LIDT 和存中断描述符指令 SIDT。

Pentium 微处理器使用的第三个描述符表是局部描述符表。它由保存在 LDTR 寄存器中的

16 位段选择符标识。LLDT 和 SLDT 指令写和读 LDTR 寄存器中的段选择符。LDTR 寄存器保存 LDT 的检索项和属性，处理器用这些值对应于该 LDT 的段描述符完成自动装入的操作。同样，LDT 应该在 8 字节的边界上对齐，以提高缓存行填充的性能。

为了避免在用户方式(特权级 3)中的对齐检查故障，伪描述符应该在奇数字地址(该地址为 2MOD 4)上对齐。这使得处理器存储一个对准的字，紧跟一个对准的双字。用户方式的程序通常不存储伪描述符，但能够通过用这种方法对齐伪描述符来降低产生对齐检查故障的可能性。

4.5　保护模式的页转换

与实存相对应的另一类存储管理技术称为虚拟存储管理技术，简称虚存。虚拟存储管理技术是用软件方法来扩充存储器的。虚拟存储器是指一种实际上并不存在的虚假存储器，它能提供给用户一个比实际内存大得多的存储空间，使用户在编制程序时可以不必考虑存储空间的限制。虚存的容量与主存大小无关，它是由计算机系统的地址结构和寻址方式确定的。例如，Windows 95 提供的 4GB 的虚存比 8MB 的主存大得多。

线性地址是一个一致的、非分段的地址空间的 32 位地址。这个地址空间可以是大的物理地址空间，即由几千兆字节的 RAM 构成的地址空间，也可以是由分页机制用少量的 RAM 和一些磁盘存储器模拟的地址空间，当分页机制被使用时，线性地址被转换为相应的物理地址，或发生异常。异常给予操作系统一个从磁盘读该页的机会，在处理异常时，可能将另一页送入磁盘，然后重新执行发生异常的指令。

因为分页使用固定容量的页，所以它不同于分段。段通常与所保存的代码或数据结构有相同的容量，而页有固定的容量。如果分段是用于地址转换的唯一形式，则存在于物理存储器中的数据结构的所有部分都将在内部存储器中。如果分页被使用，则一个数据结构可以一部分在内存储器中，另一部分在磁盘存储器中。

将线性地址映像为物理地址所需的转换信息以及引起异常的信息都被保存在一种特殊结构的存储器中，该结构称为页表的数据结构。用分页机制时，这些信息被高速缓存到 CPU 中，使地址转换所需要的总线周期的数量减到最少。与分段机制不一样，该地址转换的高速缓存对应用程序完全是不可见的。存储处理器用于该地址转换信息的高速缓存被称为旁视缓冲存储器(TLB)。TLB 能满足读页表操作的大部分要求。TLB 不能满足要求时才产生额外的总线周期。当某页已经长时间未被访问时，通常会发生这种情况。

分页管理的基本原理是，各进程的虚拟空间被划分成若干个长度相等的页。页长的划分和内存、外存之间数据传输速度以及内存大小等有关。一般每个页长为 1～4KB，经过页划分之后，进程的虚地址转变为新的地址组成形式，该地址包括页号与页内地址。

页式管理还把内存空间也按页的大小划分为片或页面。这些页面为系统中的任一进程所共享(除去操作系统区外)，从而使进程在内存空间内除了在每个页面内的地址连续之外，每个页面之间不再连续。第一是实现了碎片的减少，因为任一碎片都会小于一个页面。第二是实现了由连续存储到非连续存储的飞跃，为在内存中局部地、动态地存储那些反复执行或即将执行的程序和数据段打下了基础。

　　页式管理把页式虚地址与内存页面物理地址建立一一对应的页表，并用相应的硬件地址变换机构来解决离散地址变换的问题。再者，页式管理采用请求调页技术或预调页技术实现了内外存的统一管理，即内存只存放那些经常被执行或即将被执行的页，而那些不常被执行以及在近期内不可能被执行的页，则存放于外存中，待需要时再调入。

　　由于使用了请求调页技术或预调页技术，进行页式管理时，内存页面的分配与回收已和页面淘汰技术及缺页处理技术结合。

　　页式管理可以为内存提供两种方式的保护：一种是地址越界保护；另一种是通过页表控制对内存信息的存取操作方式提供保护。地址越界保护可由地址变换机构中的控制寄存器的值——页表长度和所要访问的虚地址相比较来完成。存取控制保护的实现则是在页表中增加相应的保护位即可。

　　前面我们介绍 Pentium 微处理器保护模式时提出存储器的分段管理，实际上，Pentium 微处理器的存储器在保护模式下通常采用段页式管理，既分段，又分页，从而提高了存储器的管理使用效率。

4.5.1　分页功能

　　相对于 80386/80486，Pentium 微处理器的分页功能有许多新的特色，除了标准的 4KB 页面外，Pentium 微处理器还增加了 4MB 的大页面功能，这样就能支持使用线性存储器的大系统。Pentium 微处理器片内 Cache 的策略也能适应各个页面进行操作。

　　1. 为什么要进行分页管理

　　前面已经讨论过，Pentium 微处理器有 48 位逻辑地址，其中偏移量寄存器为 32 位的，段寄存器中有 14 位具有地址属性，因而获得了 64TB 这样一个庞大的逻辑地址空间。然而 Pentium 微处理器的地址总线只有 32 根，所以它的物理地址只有 4GB。说得更形象一点，逻辑地址空间可以与硬盘等外部存储器设备联系起来；物理地址空间则应与集成电路芯片构成的内存储器联系起来，但实际上目前还没有一台 PC 的内存储器容量真正达到了 4GB。相对于物理存储器而言，逻辑地址空间是一个虚拟存储器空间，这个空间要共享容量非常有限的主存储器空间，这里就有一个策略问题。例如，硬盘与主存之间交换数据以什么为基本单位？基本单位容量太小，可能会造成频繁启动硬盘的现象；而基本单位太大，又会形成数据传送中的浪费。倘若按照前面介绍的分段管理方式，可以使用段为基本单位，但是段的大小是可变的，存储器中可以覆盖的段与急需装载的段很难匹配，又会在主存储器中形成大量碎片，这样不仅不能有效地利用存储器，而且会降低数据读/写的速率。

　　为了解决这个问题，从 80386 开始提出了分页管理的策略，页是存储器与硬盘之间交换信息的基本单位，页的长度是固定的，为 4KB。发展到 Pentium 微处理器这一代 CPU 后，还增加了 4MB 为一页的管理能力，因此适用于大系统。

　　2. Pentium 微处理器的分页功能

　　Pentium 分页地址转换由 CPU 内的分页部件来实现，它将 32 位的线性地址转换成 32

位的物理地址。这 32 位线性地址可能来自分段部件，也可能是不分段只分页的情况，程序不提供段选择符，只将指令寄存器提供的 32 位地址作为线性地址。

Pentium 有两种分页方式，在控制寄存器 CR$_4$ 中的页面长度控制位 PSE 的控制下，Pentium 的分页部件可以按 80386/Pentium 每页 4KB 分页(PSE=0)，这是从 80386 继承下来的分页方式。也可按每页 4MB 分页(PSE=1)，使用单级页表进行地址转换。

1)4KB 分页方式

分页管理部件采用分层结构将线性地址变换为物理地址。因为 32 位的线性地址，基地址空间为 4GB，页面大小为 4KB，则会有 1MB 个页面。若使用单级页表，1MB 个页表项的页表规模太庞大了。所以 Pentium 采用两级页表方式，将线性地址相邻接的 1KB 个页面组成一组，使用一个 1KB 个页表项的页表；这一组页面，或说它们的页表，在页目录表中有一个对应的页目录表项，页目录表有 1KB 个页目录表项。这样，将 32 位地址分割成页目录、页表与偏移量 3 段，如图 4-18 所示。因为采用两级表管理后，实质上常驻内存中的就只有一个 4KB 页目录表，而位于第二级的页表不必全部驻留在内存中，只是需要时才调入主存储器，即"访问到哪里就调哪里的表"。

从图 4-18 可以看出，Pentium 32 位线性地址由三个字段组成：高 10 位为页目录(号)；中间 10 位为页表(号)；低 12 位为页内字节偏移。将图 4-18 与图 4-19 结合起来讨论，页内偏移量占用低位的 12 位地址，每一页大小固定为 4KB，这样的一页在专业术语上称为页帧(Page Frame)。这里按两级表的机制来完成管理，页目录的基地址高 20 位 A$_{31}$～A$_{12}$ 存放在控制寄存器 CR$_3$ 中，可以用传送指令 MOV CR3，EAX 直接装载，基地址的低 12 位 A$_{11}$～A$_0$ 则默认为全零。页目录占用高端的 10 位地址，意味着它拥有 1024 条记录，每条记录登记着一个页表的基地址和与它的有关属性，因此可以管理 1024 个页表。页表占用中间部分的 10 位地址，类似地，每个页表可以登记管理 1024 个页帧。最后的结果是整个物理地址空间被细分为以 4KB 为基本单位的一个个存储页面，共 1024×1024 个。两级表的每

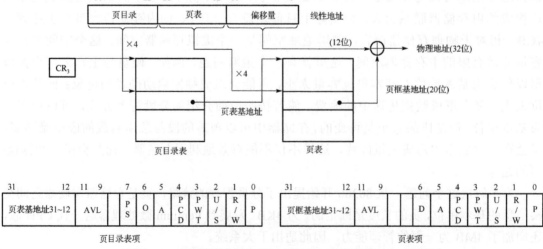

图 4-18　页转换

个表都有 1024 个表项记录，每个表项记录都是 4 字节的，即页目录表项和页表项都是 4 字节的，所以每个表都占有 4KB 空间，其表格本身的尺寸正好是一个页帧，这样就统一规范了分页管理方式。页目录记录项与页表记录项的结构如图 4-18 所示。

当不使用物理地址扩充方式(32 位地址方式)时，全系统只有一个页目录表，由 CPU 控制寄存器 CR_3 指向此表的起始地址。CPU 首先以线性地址的页目录号部分为索引，通过乘以 4 查找页目录表，由相应的页目录表项得到其页表的基地址；再以线性地址的页表号部分为索引，通过乘以 4 查找该页表项，由相应的页表项才得到分配给此页面的主存页框基地址。由页框基地址与线性地址中的页内偏移相拼接，最终得到所需要的 32 位物理地址。地址转换涉及两次访问主存。

在 Pentium 微处理器中，通过 CPU 内部的控制寄存器(CR_0~CR_3)和两级页表进行管理。从 0 开始，每一组连续相邻的 1024 个页为一个低级管理单位。每一页有一个起始地址(低 12 位全为 0)，1024 个地址集中排列存放，构成一个页表，其中每一项称为一个页表项。每个页表项占 4 字节，整个页表占 4KB 空间，由 10 位地址与之映像。在低级管理单位上面的是高级管理单位，对 1024 个低级管理单位实施管理。每一个页表有一个起始地址(低 12 位全为 0)，1024 个地址集中排列存放，构成页目录表，其中每一项称为一个页目录表项。每个页目录表项占 4 字节，整个页目录表占 4KB 空间，由 10 位地址与之映像。页目录表的高 20 位地址由控制寄存器 CR_3 提供，页表、页目录表及其转换过程如图 4-19 所示。

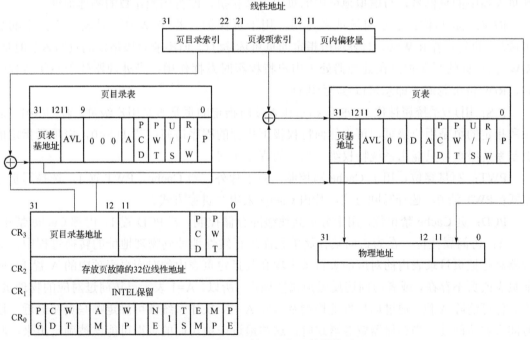

图 4-19　页表、页目录表及其转换过程

无论分段分页模式下经分段部件送来的 32 位线性地址，还是不分段分页模式下由程序直接给出的 32 位线性地址，都经分页部件转换成 32 位物理地址。

分页机制中的硬件资源只有页目录表和页表在内存中，其余的全在 CPU 中。页目录表项和页表项都是 4 字节(32 位)，其结构见图 4-20。

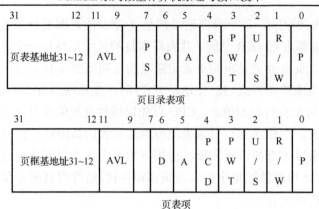

图 4-20　页目录表项、页表项结构

页目录表项、页表项含义如下。

P：存在位，表示页或页表是否在物理存储器中，是支持采用分页机制虚拟存储器的关键。P=1，表示页或页表在物理存储器中，该项地址可用于地址转换；P=0，与之相反。若存在位为 0，则产生缺页中断，此时将按图 4-19 中的内容进行处理，其中的保护中断现场是指将引发缺页中断的 32 位线性地址送到系统控制寄存器 CR_2 缓冲，等缺页中断处理程序把所需页面调入内存再以 CR_2 中的线性地址恢复原先指令的执行。若存在位为 1，取此页表项中的页框号，与虚拟地址中的页内偏移相拼，即得到操作数的物理地址。

R/W：读/写位，表示可读或者可写，用于页保护。若 R/W=1，对表项所指定的页可读/写/执行；若 R/W=0，对表项所指定的页可读/执行，但不能对该指定的页写入。但是，R/W 位对页的写保护只在处理器处于用户特权级时发挥作用；当处理器处于系统特权级时，R/W 位被忽略，即总可以读/写/执行。

U/S：用户/系统属性位。U/S 位指示该表项所指定的页是否是用户级页。若 U/S=1，表项所指定的页是用户级页，可由任何特权级下执行的程序访问；若 U/S=0，表项所指定的页是系统级页，只能由系统特权级下执行的程序访问。

PWT：写贯穿位，用于 Cache 写控制。对于片外二级 Cache，PWT 置 1，选择写贯穿方式；PWT 清 0，选择写回方式，片内 Cache 采用写贯穿方式。

PCD：页 Cache 禁止位，用于分页高速缓冲存储控制。若 PCD 置 1，内部 Cache 禁止。

A：访问属性位。在为访问某存储单元而进行线性地址到物理地址的转换过程中，处理器总是把页目录表内的对应的页目录表项和其指定页表内的对应页表项中的 A 置 1，除非页表或页不存在，或者访问违反保护属性规定。所以，A=1 表示已访问过对应的物理页。用软件可清除 A 位。通过周期性地检测及清除 A 位，操作系统就可确定哪些页在最近一段时间未被访问过。当存储器资源紧缺时，这些最近未被访问的页很可能就被确定出来，将它们从内存换出到磁盘上。

D："脏"标志位。在为了访问某存储单元而进行线性地址到物理地址的转换过程中，如果是写访问并且可以写访问，处理器就把页表内对应表项中的 D 置 1，但并不把页目录表内对应表项中的 D 置 1。当某页从磁盘上读入内存时，页表中对应表项的 D 清 0。所以，D=1 表示已写过对应的物理页。当某页需要从内存换出到磁盘上时，如果该页的 D 位为 1，那么必须进行写操作。但是，如果要写到磁盘上的页的 D 位为 0，那么就不需要实际的磁盘写操作，只要简单地放弃内存中的该页即可。因为内存中的页与磁盘中的页具有完全相同的内容。

AVL：系统设计人员可用位。从页目录表项、页表项结构各域的含义可见，Pentium 不仅提供段级保护，也提供页级保护。分页机制只区分两种特权级。特权级 0、1 和 2 统称为系统特权级，特权级 3 称为用户特权级。在图 4-20 中的页目录表和页表的表项中的保护属性位 R/W 和 U/S 就是用于对页进行保护。表 4-3 列出了上述属性位 R/W 和 U/S 所确定的页级保护下，用户级程序和系统级程序分别具有的对用户级页和系统级页进行操作的权限。

表 4-3　R/W 和 U/S 的操作的权限

	U/S	R/W	用户级访问权限	系统级访问权限
页级保护属性	0	0	无	读/写/执行
	0	1	无	读/写/执行
	1	0	读/执行	读/写/执行
	1	1	读/写/执行	读/写/执行

由表 4-3 可见，用户级页可以规定为只允许读/执行或读/写/执行。系统级页对于系统级程序总是可读/写/执行的，而对用户级程序总是不可访问的。与分段机制一样，外层用户级执行的程序只能访问用户级的页，而内层系统级执行的程序，既可访问系统级页，也可访问用户级页。与分段机制不同的是，在内层系统级执行的程序，对任何页都有读/写/执行访问权，即使规定为只允许读/执行的用户页，内层系统级程序也对该页有写访问权。

页目录表项中的保护属性位 R/W 和 U/S 对由该表项指定页表所指定的全部 1KB 个页起到保护作用。所以，对页访问时引用的保护属性位 R/W 和 U/S 的值是通过组合计算页目录表项和页表项中的保护属性位的值所得到的。

正如在 Pentium 地址转换机制中的分页机制在分段机制之后起作用一样，由分页机制支持的页级保护也在由分段机制支持的段级保护之后起作用。先测试有关的段级保护，如果启用分页机制，那么在检查通过后，再测试页级保护。如果段的类型为读/写，而页规定为只允许读/执行，那么不允许写；如果段的类型为只读/执行，那么不论页保护如何，也不允许写。

页级保护的检查是在线性地址转换为物理地址的过程中进行的，如果违反页级保护属性的规定，对页进行访问，那么将引起页异常。

启用分页机制后，线性地址不再直接等于物理地址，线性地址要经过分页机制转换才成为物理地址。在转换过程中，如果出现下列情况之一就会引起页异常。

(1)涉及的页目录表内的页目录表项或页表内的页表项中的 P=0，即涉及页不在内存。

(2)发现试图违反页保护属性的规定而对页进行访问。

页异常属于故障类异常。在进入故障处理程序时，保存的指令指针 CS 及 EIP 指向发生故障的指令。一旦引起页故障的原因被排除后，即可从页故障处理程序通过一条 IRET 指令，直接重新执行产生故障的指令。

事实上不需要在内存中存储全部的两级页。除了必须给激活任务的页目录表分配物理页外，两级页表结构中对于线性地址空间中不存在的或未使用的部分不必分配物理页。而且仅当在需要时才给页表分配物理页，于是页表的大小就对应于实际使用的线性地址空间的大小。操作系统只需为页目录表项中的属性位 P=1 的页表分配物理页，即只为实际使用的线性地址范围的页表分配物理页。这种页地址转换机制还为操作系统内核中的存储管理程序提供了可灵活运用的技巧。

例 4-1　假设线性地址是 3C445566H，CR3=11223000H，计算页目录表项的物理地址。

（1）取线性地址的高 10 位作为页目录，求得 0011 1100 01B，乘以 4（左移 2 位）作为页目录表项指针，结果为 0011 1100 0100B=3C4H；

（2）查找页目录表项的物理地址：1122 3000H+3C4H =1122 33C4H。

例 4-2　设所查找到页表项中 20 位页面基地址是 12345H，线性地址仍然取 3C44 5566H，计算该线性地址的物理地址。

转换后最终物理地址：12345000H+566H=12345566H。

2）4MB 分页方式

对于大系统而言，4KB 的页面就显得太小，而且系统运行的效率也不高。例如，对于一个 1MB 的视频缓冲区，由于系统不具备大尺寸的页面，操作系统会被迫设置 256 个页帧的记录来描述这个 1MB 的空间，每项记录 4 字节，共 1KB，因此必须采用一个页表进行管理。其实这种缓外区往往是连续的，再将其细分为 256 页，这显然增加了许多不必要的麻烦。

此外，操作系统的内核通常是驻留在内存中的，随着操作系统不断升级，这个内核占用的空间越来越大，如果仍采用 4KB 的小尺寸页面，则仅操作系统本身就要创建与维护大量的页表项，显然降低了系统本身的性能。因此，当微处理器发展到 Pentium 微处理器时，扩展页面尺寸势在必行。

Pentium 微处理器增加了一个 4MB 的大页面功能，但是又必须支持原有 4KB 的小页面，因而形成了两种页面功能结构。当使用 4MB 分页功能时，页内偏移量要占用 22 位，因此线性地址仅分割为目录与偏移量两个部分，取消了页表。图 4-21 比较了 4KB 与 4MB 两种情况下的线性地址分割。

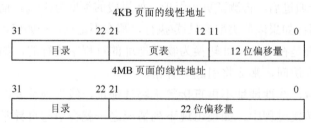

图 4-21　分页管理下的线性地址分割

将 32 位线性地址分为 2 个字段，页目录面 10 位，偏移量 22 位，采用单级页表分页方式，由于页目录面仅 10 位，页目录表中共有 1024 个页目录项，每个页目录项 32 位，页目录仅占 4KB，这是 Pentium 较 80386/80486 增加的分页方式。全系统只有一个页表，由控制寄存器 CR3 指向页目录表的起始地址。4MB 分页方式的地址转换如图 4-22 所示。

4MB 分页方式地址的转换过程如下：首先，将 10 位页目录号左移 2 位，与 32 位 CR3 相加产生页目录表项的物理地址，注意，所寻址页表项中仅有高 10 位为页面基地址，而不

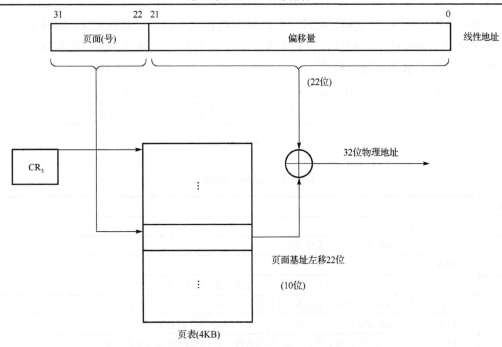

图 4-22   Pentium 4MB 分页方式地址转换过程图

是 4KB 分页方式中的 20 位为页面基地址；然后将此 10 位地址左移 22 位，相当于低 22 位补 0；最后与线性地址中的 22 位偏移量相加，最终产生 32 位的物理地址。

为了达到支持两种页面功能的目的，在页目录记录的属性中增设了页帧尺寸选择位 (SIZE)，当 SIZE=1 时为 4MB 页帧，SIZE=0 时仍为 4KB 页帧。页目录记录的结构如图 4-23 与表 4-4 所示。

31	22	21	12	11 9	8	7	6	5	4	3	2	1	0
页帧地址		0000000000		AVAIL	RES	SIZE	D	A	PCD	PWT	U/S	R/W	P

图 4-23   具有 4MB 分页功能时的页目录记录结构

表 4-4   具有 4MB 分页功能时的页目录记录结构说明

bit	命名	功能描述
31~22	—	10 位页帧地址
21~12	—	全为 0
11~9	AVAIL	可用性，供操作系统使用
8	RES	保留，为 0
7	SIZE	页尺寸，为 0 时表示使用 4KB 页帧；为 1 时表示使用 4MB 页帧
6	D	陈旧性，为 0 时表示本页还没有被改写过；为 1 时表示已经被改写过
5	A	访问度，为 0 时表示本页还没有被访问过；为 1 时表示已经被访问过
4	PCD	页 Cache 禁止，为 0 时表示允许页 Cache；为 1 时表示禁止页 Cache
3	PWT	页写贯穿，为 0 时表示使用回写策略；为 1 时表示使用写贯穿策略
2	U/S	用户/管理员页访问特权级，为 0 时表示管理员级，CPL=0~2；为 1 时表示用户级，CPL=3
1	R/W	读/写或写保护，为 0 时表示本页只能读；为 1 时表示本页可以写
0	P	页存在，为 0 时表示该页已被替换而不在内存中；为 1 时表示该页驻留在内存中

当 SIZ=0 时启用 4KB 页帧，此时页表记录中的属性位也有了新的定义，这时的页表记录与页目录记录不可能完全相同，首先来说，这里没有尺寸选择位 SIZ。图 4-24 和表 4-5 详细描述了页表记录的结构与属性。

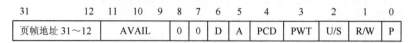

图 4-24　页表记录的结构

表 4-5　页表记录的结构说明

bit	命名	功能描述
31～12	—	20 位页帧地址
11～9	AVAIL	可用性，供操作系统使用
8～7	RES	保留，为 0
6	D	陈旧性，为 0 时表示本页还没有被改写过；为 1 时表示已经被改写过
5	A	访问度，为 0 时表示本页还没有被访问过；为 1 时表示已经被访问过
4	PCD	页 Cache 禁止，为 0 时表示允许页 Cache；为 1 时表示禁止页 Cache
3	PWT	页写贯穿，为 0 时表示使用回写策略；为 1 时表示使用写贯穿策略
2	U/S	用户/管理员页访问特权级，为 0 时表示管理员级，CPL=0～2；为 1 时表示用户级，CPL=3
1	R/W	读/写或写保护，为 0 时表示本页只能读；为 1 时表示本页可以写
0	P	页存在，为 0 时表示该页已被替换而不在内存中；为 1 时表示该页驻留在内存中

4.5.2　控制寄存器的页属性

Pentium 微处理器的内部控制寄存器 CR_0、CR_2、CR_3 与 CR_4 都或多或少与分页管理有关，图 4-25 描述了这几个寄存器的结构，现分别说明如下。

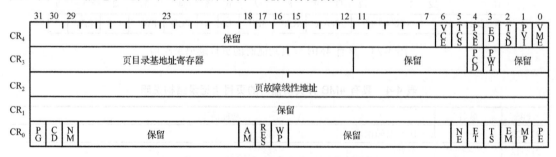

图 4-25　控制寄存器中有关功能的属性

对于 CR_4，PSE 位为页尺寸扩展，该位为 1 是 4MB 页面，为 0 是 4KB 页面。

对于 CR_3，高 20 位为页目录基地址的 A_{31}～A_{12}，A_{11}～A_0 则全部补 0。PCD 位是页目录的页 Cache 禁止位，该位为 1 表示片内 Cache 禁止分页功能；为 0 则 Cache 允许分页功能。PWT 位是页目录的页写贯穿位，该位为 1 表示采用写贯穿策略；为 0 表示可使用回写策略。

对于 CR_0，PG 化为分页功能选择，该位为 1 表示使用分页功能；为 0 则禁止分页功能。WP 位为写保护，该位为 1 表示只读页，不容许管理员写入；为 0 则可写入。

对于 CR_2，仅当出现分页管理故障时，该寄存器才会发挥作用，它将引起故障的指令的线性地址保存下来。

这里顺便指出，除了先前已经介绍过的异常中断之外，分页功能还会引起另一个异常中断，这就是 14 号异常中断。

在线性地址转换成物理地址的过程中，如果分页部件发现所需的页表或页帧不在内存中，或者如果希望在页内读取数据的任务只运行在用户级，但却标识为管理员级，那么 Pentium 微处理器就会发出 14 号异常中断。此时操作系统会将页表或者页帧装入存储器，或者登记访问出错。

4.5.3 Pentium 微处理器后系列的分页功能增强

在介绍 Pentium 微处理器的分页功能时我们已经描述了页帧尺寸扩展特性，即 4MB 页帧的操作模式，高能 Pentium 微处理器的分页功能在此基础上又有所增强，而且由于高能 Pentium 微处理器及其后续开发的 Pentium Ⅱ/Pentium Ⅲ/Pentium 4 的地址总线增加到 36 根，因而又引入了物理地址扩展特性。与 Pentium 微处理器相比，高能 Pentium 微处理器的页帧控制寄存器 CR_4 中又有了新的定义，它增加了性能计数器允许、全局页面特性允许和物理地址扩展 3 个控制位，如表 4-6 所示。

表 4-6 4MB 页帧管理时的 CR_4 控制寄存器

bit	命名	功能描述
31~9	RES	保留
8	PCE	性能计数器允许
7	PGE	全局页面特性允许
6	MCE	机器检测允许
5	PAE	物理地址扩展
4	PSE	页面尺寸扩展
3	DE	调试扩展
2	TSD	时间标志禁止
1	PVI	保护模式虚拟中断
0	VME	虚拟 8086 模式扩展

若 CR_0 的 PG 置 1，启用分页功能，而且 CR_4 的 PAE=0，即不使用物理地址扩展特性，仅使用 32 位地址总线；如果令 CR_4 的 PSE=1，即允许启用 4MB 页面，那么这时的页目录记录结构如表 4-7 所示，程序员可以通过设置来选择 4KB 或 4MB 页面。

表 4-7 不使用物理地址扩展特性时的页目录记录结构说明

bit	命名	功能描述
31~12	—	20 位高位地址
11~9	AVAIL	可用性，供操作系统使用
8	PGE	全局页面特性
7	SIZE	页面尺寸，为 0 时表示使用 4KB 页帧；为 1 时表示使用 4MB 页帧

续表

bit	命名	功能描述
6	D	陈旧性，为 0 时表示本页还没有被改写过；为 1 时表示已经被改写过
5	A	访问度，为 0 时表示本页还没有被访问过；为 1 时表示已经被访问过
4	PCD	页 Cache 禁止，为 0 时表示允许页 Cache；为 1 时表示禁止页 Cache
3	PWT	页写贯穿，为 0 时表示使用回写策略；为 1 时表示使用写贯穿策略
2	U/S	用户/管理员页访问特权级，为 0 时表示管理员级，CPL=0～2；为 1 时表示用户级，CPL=3
1	R/W	读/写或写保护，为 0 时表示本页只能读出；为 1 时表示本页可以写入
0	P	页存在，为 0 时表示该页已被替换而不在内存中；为 1 时表示该页驻留在内存中

当选用 4MB 页面时，取消了页表记录，此时页目录记录结构如表 4-8 所示。地址占用了 bit31～bit12，共 20 位。

表 4-8　高能 Pentium4MB 页目录记录结构说明

bit	命名	功能描述
31～22	—	10 位高位地址
21～12	AVAIL	保留为 0
11～9	AVAIL	可用性，供操作系统使用
8	G	全局页面
7	PS	页面尺寸，为 0 时表示 4KB，为 1 时表示 4MB
6	D	陈旧性，为 0 时表示本页还没有被改写过；为 1 时表示已经被改写过
5	A	访问度，为 0 时表示本页还没有被访问过；为 1 时表示已经被访问过
4	PCD	页 Cache 禁止，为 0 时表示允许页 Cache；为 1 时表示禁止页 Cache
3	PWT	页写贯穿，为 0 时表示使用回写策略；为 1 时表示使用写贯穿策略
2	U/S	用户/管理员页访问特权级，为 0 时表示管理员级，CPL=0～2；为 1 时表示用户级，CPL=3
1	R/W	读/写或写保护，为 0 时表示本页只能读出；为 1 时表示本页可以写入
0	P	页存在，为 0 时表示该页已被替换而不在内存中；为 1 时表示该页驻留在内存中

4.5.4　物理地址扩展特性

倘若 CR_4 的 PAE=0，则只用 32 位地址，此时与 80386/80486/Pentium 微处理器兼容。当 CR_4 的 PAE=1 时，表示启用物理地址扩展特性，地址位增加到 36 位，寻址空间可达 64GB。这里还要设定 CR_4 的 PSE=0，即暂时只涉及 4KB 分页功能。

这时系统仍使用 32 位逻辑，并将其分割为 4 段，即按三级目录结构来管理，增加了一个页目录指针表(Page Directory Pointer Table，PDPT)作为第一级目录，如图 4-26 所示。这里的 PDPT 中最多有 4 个页目录表的基地址记录，而每一个页目录表中最多有 512 个页表基地址记录，每个页表中最多又有 512 个页帧基地址记录，因此一共定义有 4×512×512= 1024MB 个 4KB 的页面。涉及的存储空间虽然仍为 4GB，但是由于 PDPT 各项记录值都扩展到 64 位宽，其中有 24 位高位地址信息，这就意味着各个记录表可以置于 64GB 物理空间的任何位置。

图 4-26　物理地址扩展特性下的 3 层目录结构

在 Pentium 微处理器的分页管理或者不启用 PAE 的高能 Pentium 微处理器的分页管理中，页目录记录与页表记录的每一项都是 32 位宽，现将其变为 64 位宽后，不仅轻松地满足了当前 36 位地址的寻址要求，而且还具有将来开发 64 位物理地址 CPU 的能力。

控制寄存器 CR$_3$ 的格式如图 4-27 所示，bit31～bit5 存放着第一级目录 PDPT 的基地址，该目录共有 4×(64bit/8)=32B。其他位功能如前所述。

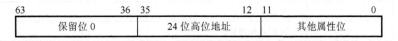

图 4-27　控制寄存器 CR$_3$ 的格式(CR$_4$ 的 PAE=1)

PDPT 中的 4 条记录值指向 4 个两级目录，即页目录的基地址，系统启动后将其自动装载到 CPU 内部的高速缓冲寄存器组中，不必在每次实施地址转换时都从内存加载。PDPT 记录项的格式见图 4-28 与表 4-9。在这里考虑了 64 位地址总线的扩容能力，并暂时保留 bit36 以上的地址信息全为零。表中有 24 位的高位地址，A$_{11}$～A$_0$ 则全部补零，以此构成页目录表的基地址。

63	36 35	12 11	0
保留位 0	24 位高位地址	其他属性位	

图 4-28　PDPT 记录格式

表 4-9　PDPT 记录的格式说明

bit	命名	功能描述
63～36	—	保留为 0
35～12	—	24 位高位地址，$2^{24}×4KB=64GB$
11～9	AVAIL	可用性，供操作系统使用
8～5	—	保留为 0
4	PCD	页 Cache 禁止，为 0 时表示允许页 Cache；为 1 时表示禁止页 Cache
3	PWT	页写贯穿，为 0 时表示使用回写策略；为 1 时表示使用写贯穿策略
2、1	—	保留为 0
0	P	页存在，为 0 时表示该页已被替换而不在内存中；为 1 时表示该页驻留在内存中

表 4-10 则描述了页目录记录的格式。其中有 24 位的高位地址，A11～A0 则全部补零，以此构成页表的基地址。

表 4-10　页目录记录的格式说明

bit	命名	功能描述
63～36	—	保留为 0
35～12	—	24 位高位地址

续表

bit	命名	功能描述
11~9	AVAIL	可用性,供操作系统使用
8	G	全局页面,为 1 时表示使用全局页面,为 0 时表示不使用
7	PS	保持为 0
6	D	陈旧性,为 0 时表示本页还没有被写过;为 1 时表示已经被写过
5	A	访问度,为 0 时表示本页还没有被访问过;为 1 时表示已经被访问过
4	PCD	页 Cache 禁止,为 0 时表示允许页 Cache;为 1 时表示禁止页 Cache
3	PWT	页写贯穿,为 0 时表示使用回写策略;为 1 时表示使用写贯穿策略
2	U/S	用户/管理员页访问特权级,为 0 时表示管理员级,CPL=0~2;为 1 时表示用户级,CPL=3
1	R/W	读/写或写保护,为 0 时表示本页只能读出;为 1 时表示本页可以写入
0	P	页存在,为 0 时表示该页已被替换而不在内存中;为 1 时表示该页驻留在内存中

表 4-11 则描述了页表记录的结构。其中有 24 位的高位地址,A11~A0 则全部补零,以此构成页帧的基地址,即该页中物理存储器的首地址。

以上 3 种记录中都保留了 bit63~bit36 的位置。只是暂时全部保留为 0,这就为今后开发 64 位地址总线的处理器创造了条件。

表 4-11 页表记录的结构说明

bit	命名	功能描述
63~36	—	保留为 0
35~12	—	24 位高位地址
11~9	AVAIL	可用性,供操作系统使用
8	G	全局页面,为 1 时表示使用全局页面,为 0 时表示不使用
7	PS	保持为 0
6	D	陈旧性,为 0 时表示本页还没有被写过;为 1 时表示已经被写过
5	A	访问度,为 0 时表示本页还没有被访问过;为 1 时表示已经被访问过
4	PCD	页 Cache 禁止,为 0 时表示允许页 Cache;为 1 时表示禁止页 Cache
3	PWT	页写贯穿,为 0 时表示使用回写策略;为 1 时表示使用写贯穿策略
2	U/S	用户/管理员页访问特权级,为 0 时表示管理员级,CPL=0~2;为 1 时表示用户级,CPL=3
1	R/W	读/写或写保护,为 0 时表示本页只能读出;为 1 时表示本页可以写入
0	P	页存在,为 0 时表示该页已被替换而不在内存中;为 1 时表示该页驻留在内存中

综上所述,我们可以用图 4-29 来形象地描述高能 Pentium/Pentium Ⅱ/Pentium Ⅲ/Pentium 4 启用物理地址扩展特性且采用 4KB 页面时的分页机制。

4.5.5 物理地址扩展与页面尺寸扩展

在 4.5.3 节中,假设 CR4 的 PAE=1,而 PSE=0,如果这两位都为 1,则既启用物理地址扩展特件,又启用页面尺寸扩展特性,那么页面尺寸自然不再是 4KB,但这里也不是 4MB,而是 2MB。这种情况下取消了页表这个管理层,由 4.5.3 节介绍的 3 层目录减少到只有 2 层目录,如图 4-30 所示。

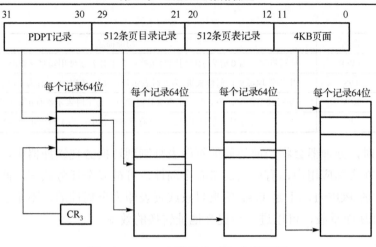

图 4-29 PAE 启用时的 4KB 分页机制

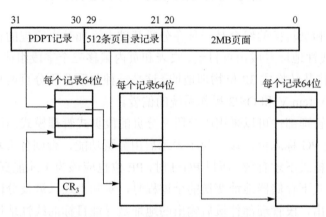

图 4-30 PAE 启用时的 2MB 分页机制

此时 PDPT 中最多有 4 个页目录表的基地址，而每一个页目录表中最多有 512 个页帧基地址，因此一共定义了 4×512=2048 个 2MB 的页面，涉及的存储空间仍为 4GB。页目录的每个记录项都为 64 位宽，其中有 A_{35}～A_{21} 共 15 位高位地址信息，这就意味着页面可以置于 64GB 物理空间的任何位置，如表 4-12 所示。

表 4-12 2MB 页面的页目录记录结构说明

bit	命名	功能描述
63～36	—	保留为 0
35～21	—	15 位高位地址，$2^{15} \times 2MB = 64GB$
20～12	—	保留为 0
11～9	AVAIL	可用性，供操作系统使用
8	G	全局页面，为 1 时表示使用全局页面，为 0 时表示不使用
7	PS	保持为 1
6	D	陈旧性，为 0 时表示本页还没有被改写过；为 1 时表示已经被改写过
5	A	访问度，为 0 时表示本页还没有被访问过；为 1 时表示已经被访问过
4	PCD	页 Cache 禁止，为 0 时表示允许页 Cache；为 1 时表示禁止页 Cache

bit	命名	功能描述
3	PWT	页写贯穿，为 0 时表示使用回写策略；为 1 时表示使用写贯穿策略
2	U/S	用户/管理员页访问特权级，为 0 时表示管理员级，CPL=0～2；为 1 时表示用户级，CPL=3
1	R/W	读/写或写保护，为 0 时表示本页只能读出；为 1 时表示本页可以写入
0	P	页存在，为 0 时表示该页已被替换而不在内存中；为 1 时表示该页驻留在内存中

正常操作时，处理器会将当前访问的页面表复制到转换旁视缓冲器中，以提高地址转换的效率。而在实际应用中，有些页面带有全局性，可被多个任务共享，此时可以设控制寄存器 CR$_4$ 中的 PGE=1，于是 G=1 的页目录或页表即为全局性的，不至于在任务切换时总是要清空 TLB 而重载，可以进一步提高地址转换的效率。

4.6 保护模式的段和页转换的组合

保护模式的段和页转换的组合是一种在分段基础上添加分页管理的模式。即将分段部件转换后的 32 位线性地址看成由页目录、页表和页内偏移三个字段组成，由分页部件完成两级页表的查找，将其转换成 32 位物理地址。这是一种兼顾分段分页两种优点的虚拟地址模式，受到 Unix System V 和 OS/2 操作系统的偏爱。

实际的存储器管理部件可以采用既分段又分页的段页式管理模式。在 CPU 的控制寄存器 CR$_0$ 中，bit31 是 PG 标志位，该位为 1 表示启用分页功能，否则分页功能无效。由于分页功能必须在保护模式下才有效，所以 PG=1 时，PE 位也应该为 1 才能真正启动分页功能。在前面介绍保护模式下存储器地址变换的全过程时，实际上还只涉及分段管理，所以在变换过程的最后曾指出，段管理部件最后输出的地址是寻址目标的线性地址，当未使用分页功能时，该线性地址就是存储器的物理地址。图 4-31 可以进一步理解这个问题，图中用标注分页的虚线框表示分页管理部件，用虚线表示禁止该功能而直接使用线性地址寻址，分页虚线框的左边部分则是前面已经详细介绍过的分段管理部件地址变换原理。

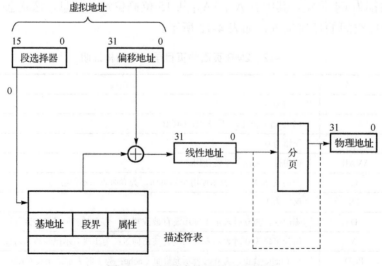

图 4-31 段页式管理的原理框图

图 4-32 描述了段页式管理时地址变换的全过程, 首先由段管理部件将指令中给定的虚拟地址变换成线性地址; 接着再由页管理部件将线性地址变换成物理地址。下面列举一个具体的实例来说明页管理部件的变换过程。

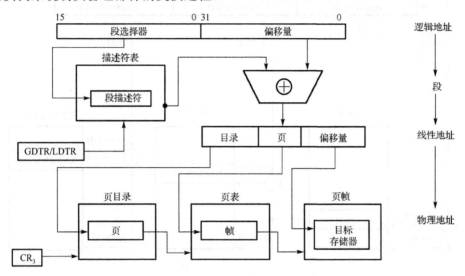

图 4-32　段页式管理的两次地址变换

例 4-3　假设段管理部件已获得 32 位线性地址 04834056H, 控制寄存器 CR_3 中保存的页目录基地址的高 20 位为 00005, 试分析将线性地址转换为物理地址的寻址全过程。

(1)将线性地址 04834056H 书写成 32 位二进制数, 并按如图 4-19 所示的 10-10-12 结构分割成目录-页表-偏移量 3 段。

(2)将目录基地址的低 12 位补 0, 从而获得页目录基地址为 00005000H。线性地址 bit31~bit22 是目录索引值, 现为 12H, 将其乘以 4 得 48H, 再与目录基地址相加得到 00005048H, 即在页目录中找到当前的页表记录, 从该记录中获得当前页表的首地址为 0000B000H。

(3)线性地址 bit21~bit12 是页表索引值, 现为 34H, 将其乘以 4 得 0D0H, 再与页表基地址相加得到 0000B0D0H, 即在页表中找到当前的页帧记录, 从该记录中获得当前页帧的基地址为 03000000H。

(4)线性地址 bit11~bit0 是偏移量, 现为 56H, 将其与页帧首地址相加得 03000056H, 即当前寻址的目标存储器的物理地址。

可见, 出于存储器中的页目录以及调入其中的页表或者页帧其大小均为 4KB, 故首地址总是 4096 的整数倍, 如 0000H、1000H、2000H 等, 如图 4-33 所示。

分页和分段系统有许多相似之处, 但在概念上两者完全不同, 主要表现在如下方面。

(1)页是信息的物理单位, 分页是为了实现离散分配方式, 以消减内存的外零头, 提高内存的利用率; 或者说, 分页仅仅是由于系统管理的需要, 而不是用户的需要。段是信息的逻辑单位, 它含有一组其意义相对完整的信息。分段的目的是能更好地满足用户的需要。

(2)页的大小固定且由系统确定, 把逻辑地址划分为页号和页内地址两部分, 是由机器硬件实现的, 因而一个系统只能有一种大小的页面。段的长度却不固定, 决定于用户所编写的程序, 通常由编译程序在对源程序进行编译时, 根据信息的性质来划分。

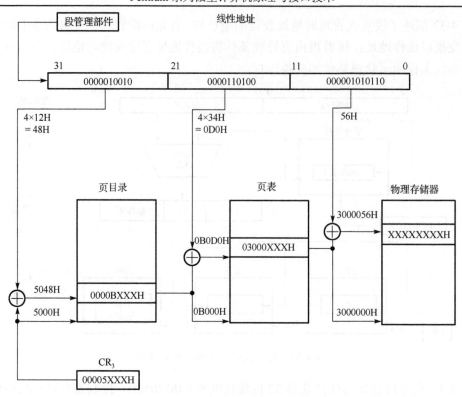

图 4-33   页管理部件地址变换的一个实例

（3）分页的作业地址空间是一维的，即单一的线性空间，程序员只需利用一个记忆符，即可表示一个地址。分段的作业地址空间是二维的，程序员在标识一个地址时，既需给出段名，又需给出段内地址。

习 题 4

4-1   什么是逻辑地址、线性地址与物理地址？

4-2   简述什么是存储管理。

4-3   简述段选择符的组成及各字段代表的含义。

4-4   简述 Pentium 微处理器的分段部件的作用。

4-5   Pentium 微处理器如何形成最大虚拟地址空间 64TB？

4-6   Pentium 的页目录结构与页表结构有哪些相同点与不同点？

4-7   Pentium 微处理器页式管理的优点是什么？它为内存提供了哪两种保护？

4-8   各控制寄存器对分页操作有哪些控制作用？

4-9   4KB/4MB 页面管理时各有哪些主要的属性？

4-10   GDTR 和 LDTR 分别代表什么含义？其内分别装什么信息？

4-11   举一个具体的实例，结合图形详细描述将虚拟地址转换为线性地址，又将该线性地址转换为物理地址的段页式管理寻址全过程。

第 5 章　高速缓冲存储器

虽然 CPU 主频的提升会带动系统性能的改善，但系统性能的提高不仅取决于 CPU，还与系统架构、指令结构、信息在各个部件之间的传送速度及存储部件的存取速度等因素有关，特别是与 CPU 和内存之间的存取速度有关。若 CPU 工作速度较高，但内存存取速度较低，则造成 CPU 等待，降低处理速度，浪费 CPU 的能力，如 500MHz 的 PⅢ，一次指令执行时间为 2ns，与其相配的内存(DRAM)存取时间为 10ns，比前者慢 5 倍，CPU 和 PC 的性能如何发挥出来？

如何减少 CPU 与内存之间的速度差异？有 4 种方法：第一种方法是在基本总线周期中插入等待，这样会浪费 CPU 的能力；第二种方法是采用存取时间较快的 SRAM 作存储器，这样虽然解决了 CPU 与存储器间速度不匹配的问题，但却大幅提升了系统成本；第三种方法是在慢速的 DRAM 和快速 CPU 之间插入一个速度较快、容量较小的 SRAM，起到缓冲作用，使 CPU 既可以较快速度存取 SRAM 中的数据，又不使系统成本上升过高，这就是 Cache 法；第四种方法是采用新型存储器。目前，一般采用第三种方法。它是 PC 系统在不大增加成本的前提下，使性能提升的一个非常有效的技术。

高速缓冲存储器(Cache)是位于 CPU 和主存储器(DRAM)之间，规模较小，但速度很高的存储器，如图 5-1 所示，通常由 SRAM 组成。它根据程序访问的局部性(Locality of Reference)原理，把正在执行的指令地址附近的一部分指令或者数据从主存调入这个存储器，供 CPU 在一段时间内使用，这对提高程序的运行速度有很大的影响。它的工作速度数倍于主存的工作速度，全部功能由硬件实现，并且对程序员是透明的。

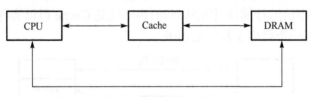

图 5-1　在 CPU 与主存之间设置 Cache

5.1　高速缓冲存储器的工作原理

以 CPU 的中转站的"身份"出现的 Cache，它是如何履行它中转站的职责的呢？换句话说，Cache 的工作原理是怎样的？

在计算机中，CPU 与 Cache 之间交换数据是以字为单位的，而 Cache 与内存之间交换数据是以块为单位的，并且在 Cache 中，是以若干字组成的块为基本单位的。一般情况下，CPU 需要某个数据时，它会把所需数据的地址通过地址总线发出，一份发到内存中，另一份发到与 Cache 匹配的相联存储器(CAM)中。CAM 通过分析对比该地址来确定所要的数据是否在 Cache 中，如果在，则以字为单位把 CPU 所需要的数据传送给 CPU；如果不在，则 CPU 在内存中寻找该数据，然后通过数据总线将其传送给 CPU，并且把该数据所在的块传送到 Cache 中，图 5-2 是 Cache 工作原理示意图。从此原理可以知道，Cache 的作用就是在 CPU 与内存中做个中转站，尽可能地让 CPU 访问自己，而不访问内存，从而降低延迟，提高效率。大家都知道，CPU 的处理能力越来越强，处理数据的频率也越来越快，怎样在有限的容量中，尽可能地提高其命中率呢？这就利用到 CPU 的程序访问的局部性。

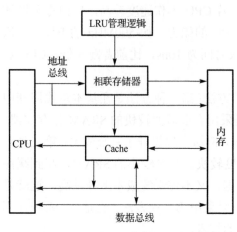

图 5-2　Cache 工作原理示意图

任何程序或数据要为 CPU 所使用，必须先放到主存中，即 CPU 只与主存交换数据，所以主存的速度在很大程度上决定了系统的运行速度。对大量典型程序运行情况的分析结果表明，在一个较短的时间间隔内，由程序产生的地址往往集中在存储器逻辑地址空间的很小的范围内。指令地址的分布本来就是连续的，再加上循环程序段和子程序段要重复执行多次，因此，对这些地址的访问就自然地具有时间上集中分布的倾向。数据分布的这种集中倾向不如指令的明显，但对数组的存储和访问以及工作单元的选择都可以使存储器地址相对集中。这种对局部范围的

存储器地址频繁访问，而对此范围以外的地址则访问甚少的现象，就称为程序访问的局部性。由此性质可知，在这个局部范围内被访问的信息集合随时间的变化是很缓慢的，如果把在一段时间内一定地址范围被频繁访问的信息集合成批地从主存中读到一个能高速存取的小容量存储器中存放起来，供程序在这段时间内随时采用而减少或不再访问速度较慢的主存，就可以加快程序的运行速度。程序访问的局部性是 Cache 得以实现的原理基础。图 5-3 中展示了 Cache 缓存一个循环子程序的例子。

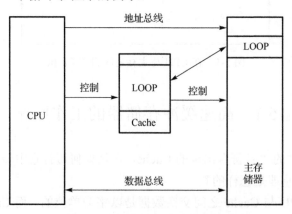

图 5-3　缓存一个循环子程序

系统正是依据此原理，不断地将与当前指令集相关联的一个不太大的后继指令集从内存读到 Cache，然后与 CPU 高速传送，从而实现速度匹配。CPU 对存储器进行数据请求时，

通常先访问 Cache。同理，构造磁盘高速缓冲存储器(简称磁盘 Cache)，也将提高系统的整体运行速度。目前 CPU 一般设有一级高速缓存和二级高速缓存。一级高速缓存是由 CPU 制造商直接做在 CPU 内部的，其速度极快，但容量较小。Pentium II 以前的 PC 一般都将二级高速缓存做在主板上，并且可以人为升级，其容量从 256KB ～1MB 不等，而 Pentium II CPU 则采用了全新的封装方式，把 CPU 内核与二级高速缓存一起封装在一只金属盒内，并且不可以升级。二级高速缓存一般比一级高速缓存大一个数量级以上。另外，在目前的 CPU 中，已经出现了带有三级高速缓存的情况。

　　由于局部性原理不能保证所请求的数据百分之百地在 Cache 中，这里便存在一个命中率，即 CPU 在任一时刻从 Cache 中可靠地获取数据的概率。命中率越高，正确获取数据的可靠性就越大。一般来说，Cache 的存储容量比主存的存储容量小得多，但不能太小，太小会使命中率太低；也没有必要过大，过大不仅会增加成本，而且当容量超过一定值后，命中率随容量的增加将不会有明显的增长。只要 Cache 的空间与主存空间在一定范围内保持适当比例的映射关系，Cache 的命中率还是相当高的。一般规定 Cache 与内存的空间比为 4：1000，即 128KB Cache 可映射 32MB 内存；256KB Cache 可映射 64MB 内存。在这种情况下，命中率都在90%以上。至于没有命中的数据，CPU 只好直接从内存获取。获取的同时，也把它复制进 Cache，以备下次访问。

5.2　高速缓冲存储器的基本结构

　　Cache 由小容量的 SRAM 和高速缓存控制器组成，通过高速缓存控制器来协调CPU、Cache、内存之间的信息传输。如图 5-4 所示，CPU 不仅与 Cache 连接，也与内存保持通路，把 CPU 使用最频繁或将要用到的指令和数据提前由 DRAM 复制到 SRAM 中，而由SRAM 向 CPU 直接提供所需的大多数数据，使 CPU 存取数据实现零等待状态。

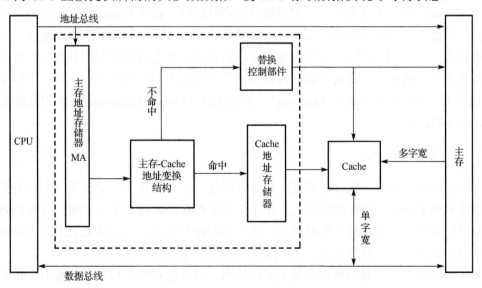

图 5-4　高速缓冲存储器结构框图

Cache 与主存都分成块,每块由多个字节组成,大小相等。Cache 的单元块也称为行组,行组的内容就是数据或程序。每个行组由若干行组成,结构如图 5-5 所示,其中,行中存放的是 16 字节或 32 字节的数据或程序;标记中存放的是行中所存数据或程序所对应的物理地址的高位地址,例如高 21 位;V 为有效位,1 代表有效,0 代表无效。

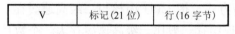

| V | 标记(21 位) | 行(16 字节) |

图 5-5　Cache 单元块内部结构

Cache 通常由相联存储器实现。相联存储器的每一个存储块都具有额外的存储信息,称为标记(Tag)。当访问相联存储器时,将地址和每一个标记同时进行比较,从而对标记相同的存储块进行访问。在一个时间段内,Cache 的某块中放着主存的某块的全部信息,即 Cache 的某块是主存的某块的副本(或称为映射),如图 5-6 所示。

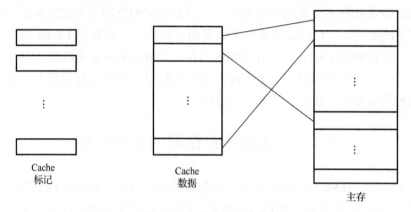

图 5-6　Cache 与主存块

采用 Cache 后,进行访问存储器操作时,不是先访问主存,而是先访问 Cache。所以存在访问 Cache 时对主存地址的理解问题(指物理地址)。由于 Cache 数据块和主存块的大小相同,因此主存地址的低地址部分(块内地址)可作为 Cache 数据块的块内地址。对主存地址的高地址部分(主存块号)的理解与主存块和 Cache 块之间的映射关系有关,而这种映射关系由布局规则决定。目前在微处理机领域里可供使用的布局规则有 3 种,它们分别是全相联映射(Full Associative Mapping)、直接映射(Direct Mapping)和组相联映射(Set Associative Mapping)。

5.2.1　全相联 Cache

采用全相联映射时,Cache 的某一块可以和任一主存块建立映射关系,主存中某一块也可以映射到 Cache 中任一块位置上,图 5-7 是全相联的映射关系示意图。因为 Cache 的某一块可以和任一主存块建立映射关系,所以 Cache 的标记部分必须记录主存块块地址的全部信息。例如,主存分为 2^n 块,块的地址为 n 位,标记也应为 n 位。

图 5-8 示出了目录表的格式及地址变换规则。目录表存放在相联存储器中,其中包括三部分:数据块在主存的块地址、存入高速缓存后的块地址有效位。由于是全相联方式,因此,目录表的容量应当与高速缓存的块数相同。

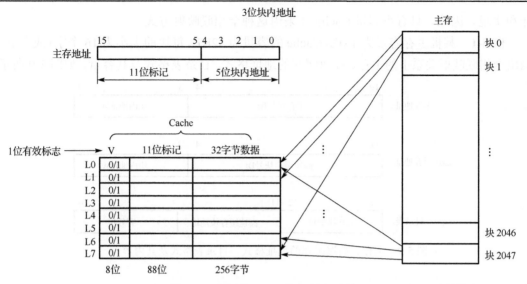

图 5-7　全相联 Cache 的组织与映射

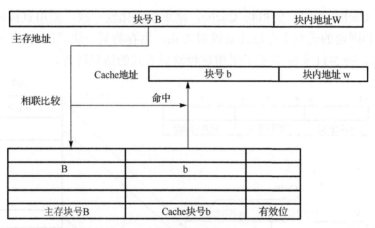

图 5-8　全相联地址转换

在全相联 Cache 中，存储的块与块之间，以及存储顺序或保存的存储器地址之间没有直接的关系。程序可以访问很多的子程序、堆栈和段，而它们位于主存的不同部位上。因此，Cache 保存着很多互不相关的数据块，Cache 必须对每个块和块自身的地址加以存储。采用全相联映射方式时，主存地址被理解为由两部分组成：标记(主存块号)和块内地址。当请求数据时，Cache 控制器要把请求地址同所有地址加以比较，进行确认。CPU 在访问存储器时，为了判断是否命中，主存地址的标记部分需要和 Cache 的所有块的标记进行比较。为了缩短比较的时间，将主存地址的标记部分和 Cache 的所有块的标记同时进行比较。如果命中，则按块内地址访问 Cache 中的命中块；如果未命中，则访问主存。这种 Cache 结构的主要优点是，它能够在给定的时间内存储主存中的不同的块，命中率高。缺点有两个：一是由于需要记录主存块块地址的全部信息，因此标记位数增加，使得 Cache 的电路规模变大，成本变高；二是通常采用按内容寻址的方式设计全相联存储器，比较器难于设计和实现。因此，只有小容量 Cache 才采用这种全相联映射方式。

例 5-1　某机主存容量为 1MB，Cache 的容量为 32KB，每块的大小为 16 个字（或字节）。画出全相联映射关系下的主存、高速缓存的地址格式，目录表格式及其容量，如图 5-9 所示。

图 5-9　主存、高速缓存的地址格式，目录表格式及其内容（一）

5.2.2　直接映射 Cache

直接映射 Cache 不同于全相联 Cache，地址仅需比较一次。采用直接映射时，Cache 的某一块只能和固定的一些主存块建立映射关系，主存的某一块只能对应一个 Cache 块，如图 5-10 所示。图 5-11 实际表示了采用这种映射方式的访问过程。

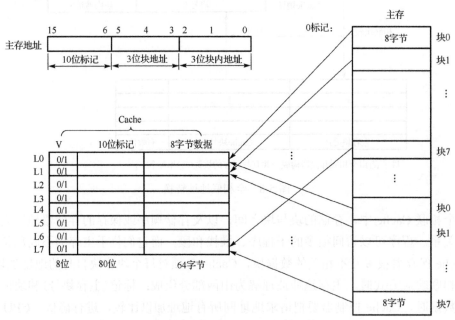

图 5-10　直接映射 Cache 的组织与映射

在直接映射 Cache 中，由于每个主存储器的块在 Cache 中仅存在一个位置，因而把地址的比较次数减少为一次。其做法是，为 Cache 中的每个块位置分配一个索引字段，用 Tag 字段区分存放在 Cache 位置上的不同的块。单路直接映射把主存储器分成若干页，主存的每一页与 Cache 的大小相同，匹配的主存储器的偏移量可以直接映射为 Cache 的偏移量。Cache 的 Tag 存储器（偏移量）保存着主存储器的页地址（页号）。

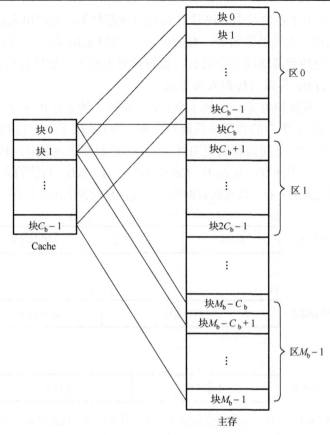

图 5-11　直接映射方式

图 5-12 展示了主存地址、Cache 地址、目录表的格式及地址变换规则。主存、Cache 块号及块内地址两个字段完全相同。目录表存放在高速小容量存储器中，其中包括两部分：数据块在主存的区号和有效位。目录表的容量与 Cache 的块数相同。

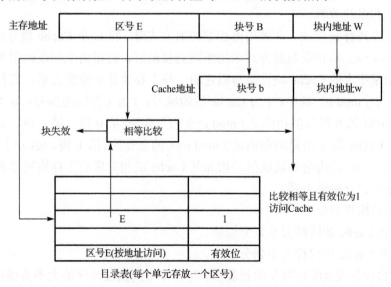

图 5-12　直接相连地址转换

地址变换过程：用主存地址中的块号 B 访问目录存储器，把读出来的区号与主存地址中的区号 E 进行比较，比较结果相等，有效位为 1，则 Cache 命中，可以直接用块号及块内地址组成的缓冲地址到高速缓存中取数；比较结果不相等，如果有效位为 1，可以进行替换，如果有效位为 0，可以直接调入所需块。

综上可以看出，直接映射 Cache 优于全相联 Cache，能进行快速查找，硬件简单、成本低；缺点是不够灵活，主存的若干块只能对应唯一的 Cache 块，即使 Cache 中还有空位，也不能利用，当主存的组之间做频繁调用时，Cache 控制器必须做多次转换。

例 5-2　例 5-1 中，主存容量为 1MB，Cache 的容量为 32KB，每块的大小为 16 个字(或字节)。画出直接映射关系下主存、高速缓存的地址格式，目录表格式及其容量，如图 5-13 所示。

图 5-13　主存、高速缓存的地址格式，目录表格式及其容量(二)

5.2.3　组相联 Cache

组相联 Cache 是介于全相联 Cache 和直接映射 Cache 之间的一种结构。这种类型的 Cache 使用了几组直接映射的块。对于某一个给定的索引号，允许有几个块位置，因而可以增加命中率和系统效率。

设 Cache 中共有 m 个块，在采用组相联映射方式时，将 m 个 Cache 块分成 u 组，每组 k 个块，即 $m=u \cdot k$。组相联映射方式采用组间直接映射，而组内全相联映射的方式。组间直接映射是指某组中的 Cache 块只能与固定的一些主存块建立映射关系。这种映射关系可用下式表示：$i=j \bmod u$。其中，i 为 Cache 组的编号；j 为主存块的编号；u 为 Cache 的组数。例如，Cache 第 0 组只能和满足 $j \bmod u=0$ 的主存块(第 0 块、第 u 块、第 $2u$ 块…)建立映射关系；Cache 第 1 组只能和满足 $j \bmod u=1$ 的主存块(第 1 块、第 $u+1$ 块、第 $2u+1$ 块…)建立映射关系。组内全相联映射是指和某 Cache 组相对应的主存块可以和该组内的任意一个 Cache 块建立映射关系。

组相联的映像规则如下。

(1)主存和 Cache 按同样大小划分成块。

(2)主存和 Cache 按同样大小划分成组。

(3)主存容量是高速缓存容量的整数倍，将主存空间按缓冲区的大小分成区，主存中每一区的组数与高速缓存的组数相同。

（4）当主存的数据调入高速缓存时，主存与高速缓存的组号应相等，也就是各区中的某一块只能存入高速缓存的同组号的空间内，但组内各块地址之间则可以任意存放，即从主存的组到 Cache 的组之间采用直接映射方式；在两个对应的组内部采用全相联映射方式。

组相联的映射关系如图 5-14 所示，图中高速缓存共分 C_g 个组，每组包含有 C_b 块；主存是高速缓存的 M_ee 倍，所以共分有 M_e 个区，每个区有 C_g 组，每组有 C_b 块。那么，主存地址格式中应包含 4 个字段：区号、区内组号、组内块号和块内地址。而高速缓存中包含 3 个字段：组号、组内块号、块内地址。主存地址与高速缓存地址的转换有两部分，组地址采用直接映像方式，按地址进行访问；而块地址采用全相联方式，按内容访问。

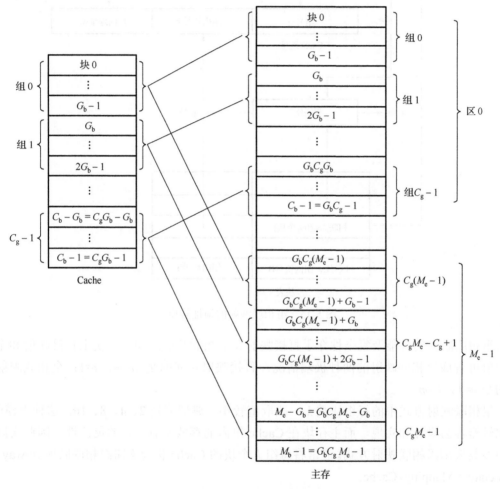

图 5-14　组相联映射关系

组相联映射的地址转换如图 5-15 所示，组相联映射的地址转换部件也是采用相联存储器实现的。相联存储器中每个单元包含主存地址中的区号 E 与组内块号 B，两者结合在一起，其对应的字段是高速缓存块地址 b。相联存储器的容量应与高速缓存的块数相同。当进行数据访问时，先根据组号在目录表中找到该组所包含的各块的目录，然后将被访数据的主存区号与组内块号与本组内各块的目录同时进行比较。如果比较结果相等，而且有效位为 1，则命中。

　　可将其对应的高速缓存块地址 b 送到高速缓存地址寄存器的块地址字段,与组号及块内地址组装即形成高速缓存地址。如果比较结果不相等,说明没命中,所访问的数据块尚未进入高速缓存,则进行组内替换;如果有效位为 0,则说明高速缓存的该块尚未利用,或是原来数据作废,可重新调入新块。

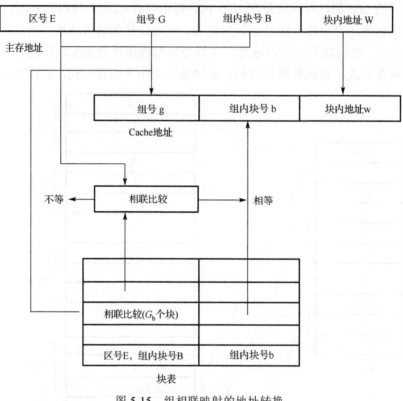

图 5-15　组相联映射的地址转换

　　组相联映射的性能及复杂性介于直接映射和全相联映射之间。事实上直接映射和全相联映射可看成组相联映射的两种极端情况:直接映射对应的是 $u=m$, $k=1$;全相联映射对应的是 $u=1$, $k=m$。

　　组相联映射方式中的每组块数 k 一般取值较小,典型值是 2、4、8、16。这种规模的 k 路比较器容易设计和实现,而主存块在 Cache 组内的存放又有一定的灵活性。因此实际应用中多数采用组相联映射方式。通常将每组 k 个块的 Cache 称为 k 路组相联映射(k-way Set Associative Mapping)Cache。

5.3　高速缓冲存储器的性能分析

1. Cache 系统的加速比

　　存储系统采用 Cache 技术的主要目的是提高存储器的访问速度,加速比(Speedup)是其重要的性能参数。Cache 存储系统的加速比 S_P 为

$$S_P = \frac{T_m}{T} = \frac{T_m}{H \cdot T_c + (1-H) \cdot T_m} = \frac{1}{H \cdot \dfrac{T_c}{T_m} + (1-H)} = f\left(H, \frac{T_m}{T_c}\right)$$

其中，T_m 为主存的访问周期；T_c 为 Cache 的访问周期；T 为 Cache 存储系统的等效访问周期；H 为命中率。

可以看出，加速比的大小与两个因素有关：命中率 H 及 Cache 与主存访问周期的比值 T_m/T_c，命中率越高，加速比越大。图 5-16 给出了加速比与命中率的关系。

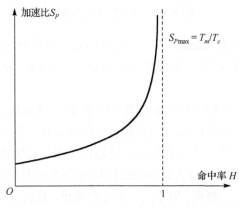

图 5-16　加速比 S_P 与命中率 H 的关系

2. Cache 的命中率

这里考虑一种最简单的情况——直接映射，例如，将主存空间分成 4096 块，块编号应是地址码的高 12 位，写成十六进制为 000H～0FFFH。按同样大小，将 Cache 分成 16 块，块编号为 0H～0FH。映射关系约定见表 5-1，即块编号十六进制的第三位相同的主存块（共 256 块）只能和该位数码所指定的 Cache 块建立映射关系。根据这种约定，某一主存块和 Cache 块建立映射关系时，该 Cache 块的标记部分只需记住主存块的高 2 位十六进制数。例如，第 010H 号主存块当前和 Cache 第 0 块建立映射关系，则 Cache 第 0 块的标记部分只需记住 01H。由此可见，当用主存地址访问 Cache 时，主存的块号可分解成 Cache 标记和 Cache 块号两部分。因此，主存地址被理解成如图 5-17 所示的形式。

表 5-1　主存块和 Cache 块映射关系的约定

主存块	Cache 块
XX0H	0H
XX1H	1H
XX2H	2H
⋮	⋮
XXFH	0FH

注：X 表示任一十六进制数码。

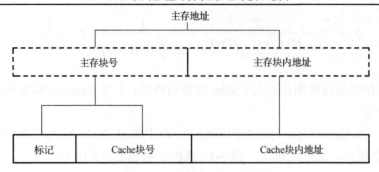

图 5-17　对主存地址的理解

设当前 010H 号主存块在 Cache 中，即它和 Cache 的第 0 块建立映射关系。现要对两个主存地址单元进行读操作，第一个地址的高 3 位(十六进制)为 010H，第二个地址的高 3 位(十六进制)为 020H。

CPU 进行读操作时，首先用主存地址的中间部分——Cache 块号找到 Cache 中的一块(对此例，为第 0 块)，读出此块的标记(对此例，现在为 01H)，然后拿它与主存地址的高位部分——标记进行比较。对于第一个主存地址，比较的结果是相等的。这表明主存地址规定的块在 Cache 中(有副本)，这种情况称为命中。此时用主存地址的低位部分——块内地址从 Cache 块号所选择的块中读取所需的数据。对于第二个主存地址，比较的结果不相等。这表明主存地址所规定的块不在 Cache 中，称为未命中，这时需要访问主存，并且将含有该地址单元的主存块的信息全部装入 Cache 的第 0 块，并修改第 0 块 Cache 标记，使其值为 02H。

通过上面的例子，可以这样来描述 Cache 最基本的工作原理：在存储系统中设置了 Cache 的情况下，CPU 进行存储器访问时，首先访问 Cache 标记，判断是否命中。如果命中，就访问 Cache 的数据部分，否则访问主存。

将数据在 Cache 中的访问次数与总的访问次数之比称为命中率。影响 Cache 命中率的因素很多，如 Cache 的容量、块的大小、映射方式、替换策略以及程序执行中地址流的分布情况等。一般地，Cache 容量越大，则命中率越高，当容量达到一定程度后，容量的增加对命中率改善的影响并不大；Cache 块容量加大，命中率也明显增加，但增加到一定值之后反而出现命中率下降的现象；直接映射方式命中率比较低，全相联映射方式命中率比较高，在组相联映射方式中，组数分得越多，则命中率越低。目前，Cache 的容量一般为 256 KB 或 512 KB，命中率可达 98%左右。

下面还是通过例子来说明引入 Cache 块的好处。已知 64KB 的 Cache 可以缓冲 4MB 的主存，且命中率都在 90%以上。以主频为 100MHz 的 CPU、20ns 的 Cache、70ns 的 DRAM 命中率为 90%，即 100 次访问存储器的操作有 90 次在 Cache 中，只有 10 次需要访问主存，则这 100 次访问存储器操作的平均存取周期是多少？

现把 C_s 定义成 Cache 系统的访问时间与主存储器的访问时间之和。C_s 虽然是一个无量纲的数，但却是测试 Cache 性能时不可缺少的一个非常有意义的数，计算公式如下：

$$C_s = H \cdot T_c + (1 - H) \cdot T_m$$

其中，C_s 为把 Cache 系统的读周期时间和写周期时间都包括在内的 Cache 系统的平均周期；T_c 为 Cache 周期时间；T_m 为主存储器周期时间。

本例中 CPU 访问主存的平均周期如下。

有 Cache 时，C_s =20×0.9+70×0.1 =25ns；无 Cache 时，70×1=70ns。

由此可见，由于引入了 Cache，CPU 访问存储器的平均周期由不采用 Cache 时的 70ns 降到了 25ns。也就是说，以较小的硬件代价使 Cache/主存储器系统的平均访问周期显著缩短，从而显著提高了整个微机系统的性能。

但有一点需注意，加 Cache 只是加快了 CPU 访问主存的速度，而 CPU 访问主存只是计算机整个操作的一部分，所以增加 Cache 对系统整体速度只能提高 10%～20%。Cache 的功能全部由硬件实现，涉及 Cache 的所有操作对程序员都是透明的。

5.4　高速缓冲存储器的操作方式

CPU 进行存储器读操作时，根据主存地址可分成命中和未命中两种情况。对于前者，从 Cache 中可直接读到所需的数据；对于后者，需访问主存，并将访问单元所在的整个块从内存中全部调入 Cache，接着要修改 Cache 标记。若 Cache 已满，需按一定的替换算法，替换一个旧块。

CPU 进行存储器写操作时，也可分成两种情况：一是所要写入的存储单元根本不在 Cache 中，这时写操作直接对主存进行操作（与 Cache 无关）；二是所要写入的存储单元在 Cache 中。对于第二种情况需做一些讨论。Cache 中的块是主存相应块的副本，程序执行过程中如果遇到对某块的存储单元进行写操作时，显然应保证相应的 Cache 块与主存块的一致。

5.4.1　替换策略

由于 Cache 容量有限，为了让 CPU 能及时在高速缓存中读取到需要的数据，就不得不让内存中的数据替换 Cache 中的一些数据。但要怎样替换才能确保高速缓存的命中率呢？这就涉及替换策略的问题了。

在三种主存块和 Cache 块之间的映射关系中，直接映射的替换最简单，因为每个内存块对应的高速缓存位置都是固定的，只要直接把原来的换出即可。但对于全相联映射和组相联映射来说，就比较复杂了，因为内存块在高速缓存中组织比较自由，没有固定的位置，要替换的时候必须考虑 CPU 可能还会用到哪些块，而不会用到哪些。当然，最轻松的就是随机取出一块 CPU 当时不用的块来进行替换，这种方法在硬件上很好实现，而且速度也很快，但缺点也是显而易见的，就是降低了命中率，因为随机选出的很可能是 CPU 马上就需要的数据。根据程序访问的局部性原理可知：程序在运行中，总是频繁地使用最近被使用过的指令和数据。这就提供了替换策略的理论依据。综合命中率、实现的难易及速度的快慢各种因素，替换策略有随机（Random Method，RAND）法、先进先出（First In First Out，FIFO）法、最近最少使用（Least Recently Used，LRU）法等。

1. 随机法

随机法随机地确定替换的存储块。设置一个随机数产生器，依据所产生的随机数来确定替换块。这种方法简单、易于实现，但命中率比较低。

2. 先进先出法

先进先出法选择最先调入的块进行替换。最先调入并被多次命中的块很可能被优先替换，因而不符合局部性原理。在早期的 CPU 高速缓存里，这种算法使用次数比较多，那时 Cache 的容量还很小，每块内存块在高速缓存中的时间都不会太久，经常是 CPU 一用完就不得不被替换，以保证 CPU 所需要的下块内存块能在高速缓存中找到。但这样命中率也会降低，因为这种算法所依据的条件是内存块在高速缓存中的时间，而不能反映其在高速缓存中的使用情况，最先进入的也许在接下来还会被 CPU 访问。先进先出法易于实现，例如，Solar-16/65 机 Cache 采用组相联映射方式，每组 4 块，每块都设定一个两位的计数器，当某块被装入或替换时该块的计数器清 0，而同组的其他各块的计数器均加 1，当需要替换时就选择计数值最大的块进行替换。

3. 最近最少使用法

最近最少使用法依据各块的使用情况，总是选择最近最少使用的块被替换。这种方法比较好地反映了程序的局部性原理。它的原理是在每个块中设置一个计数器，哪块被 CPU 访问，则哪块清 0，其他块的计数器加 1，在一段时间内，如此循环，待到要替换时，把计数值最大的替换出去。这种方法更加充分地利用了时间局部性，既替换了新的内容，又保证了其命中率。有一点要说明的是，有时候块被替换，并不代表它一定用不到了，而是高速缓存容量不够了，为了给需要进去的内存块腾出空间，以满足 CPU 的需要。最近最少使用法相对较为优秀，大部分的 Cache 的替换策略都采用这种方法。

5.4.2　Cache 与主存的一致性问题

以上替换操作属于读取，相比于写入操作来说，读取操作是最主要的，并且复杂得多，而写入操作则要简单得多，当 CPU 更改了 Cache 的数据，就必须把新的数据放回内存，使系统其他设备能用到最新的数据，这就涉及写入策略。目前的写入策略有三种方法。

1. 写回法

当 CPU 写 Cache 命中时，暂时只向 Cache 写入，并用标志注明，直到这个块被从 Cache

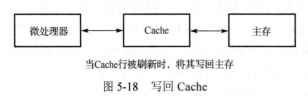

当Cache行被刷新时，将其写回主存

图 5-18　写回 Cache

中替换出来时，才一次性写入主存，这种写入策略定义为写回（Write Back），如图 5-18 所示。这种方法减少了访问内存的次数，占用总线时间少，写速度快，也提高了内存带宽利用率。但在保持 Cache 内容与内存内容的一致性上存在隐患，如果此期间发生 DMA 操作，则可能出错，并且使用写回法，必须为每个高速缓存块设置一个修改位来反映此块是否被 CPU 修改过。

2. 写贯穿法

当写 Cache 命中时，立即在所有的等级存储介质里更新，即同时写进 Cache 与内存，而当 Cache 未命中时，直接向内存写入，而 Cache 不用设置修改位或相应的判断器，这种写入策略定义为写贯穿（Writ Through），如图 5-19 所示。这种方法的好处是，当 Cache 命中时，由于高速缓存和内存是同时写入的，所以可以很好地保持高速缓存和内存内容的一致性。但缺点也很明显，由于每次写入操作都要更新所有的等级存储介质，如果一次有大量的数据要更新，就要占用大量的内存带宽，占用总线时间长，总线冲突较多。现在 PC 系统中，内存带宽本来就不宽裕，而写操作占用太多带宽，那主要的读操作就会受比较大的影响。

3. 记入式写法

记入式写法是一种基于上面两种方法的写入策略，这种写入策略实际上是一种带缓冲的写贯穿，是把欲写到 Cache 中的数据先复制到一个缓冲存储器中，这种写入策略定义为记入式写（Posted Write），如图 5-20 所示。然后把这个副本写回主存。其实这就是一种对高速缓存一致性的妥协，使得在高速缓存一致性和延迟中取得一个较好的平衡。

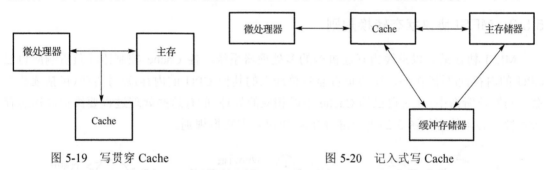

图 5-19　写贯穿 Cache　　　　　　　　　　图 5-20　记入式写 Cache

其实，在整个 CPU 中，写操作的次数远远比读操作的少，再加上 CPU 速度越来越快，现在写入方面已经不是什么大问题了。

5.5　MESI 一致性协议

由于数据 Cache 有写入操作，且有多种写入方案，为了提高计算机处理速度，在每次写入时，并不同时修改 L_1 Cache、L_2 Cache 和主存的内容，造成了数据的不一致，这就要解决的 Cache 一致性问题。为了保证高速缓存和主存中数据的一致性，采用了高速缓存一致性协议。这保证了无论在单处理器还是多处理器系统中高速缓存与主存的一致性，同时也确保了这种一致性不受修改代码的影响。

5.5.1　MESI 一致性协议概述

MESI 一致性协议是修改（Modified）、专有（Exclusive）、共享（Shared）、无效（Invalid）四个功能的简称，每个高速缓存模块必须按照 MESI 协议完成这 4 个独立的功能。Cache 与主存一致性要求是指，若 Cache 中某个字被修改，那么在主存以及更高层次上，该字的副本必须立即或最后加以修改，并确保它所引用主存上该字内容的正确性。MESI Cache 模型提供了一种跟踪存储器数据变化的方法,这种方法保证了一个 Cache 行数据更新以后，能够和所有与它的地址有关联的存储单元保持数据的一致性。这四种状态的定义如下。

（1）修改态 M：修改状态，表示本 Cache 行已被修改过（"脏"行），内容已不同于主存并且为此 Cache 专有。

（2）专有态 E：排它状态，表示本 Cache 的这一行与主存中的内容相同，但不存在于其他 Cache 中。

（3）共享态 S：共享状态，表示本 Cache 的这一行与主存中的内容相同，也可能出现在其他 Cache 中。

（4）无效态 I：无效状态，表示本行的数据无效（空行）。

数据高速缓存需要 M、E、S、I 4 个位来表示 4 种数据状态。由于数据高速缓存可以工作在写回法下，因此数据高速缓存的内容可以修改，这就需要两个另外的标志来标明它们的状态。

指令高速缓存中的每一行与一个 MESI 相关，由于指令是不允许修改的，因此指令状态只能够是两种状态中的一种：无效态说明指令不在该高速缓存中；共享态说明该高速缓存与内存的内容都是有效的。

5.5.2　MESI 协议状态转换规则

MESI 协议适合以总线为互连机构的多处理器系统。各 Cache 控制器除负责响应自己 CPU 的内存读/写操作外，还要负责监听总线上的其他 CPU 的内存读/写活动（包括读监听命中与写监听命中）并对自己的 Cache 予以相应的处理。所有这些处理过程要维护高速缓存一致性，必须符合如图 5-21 所示的 MESI 协议状态转换规则。

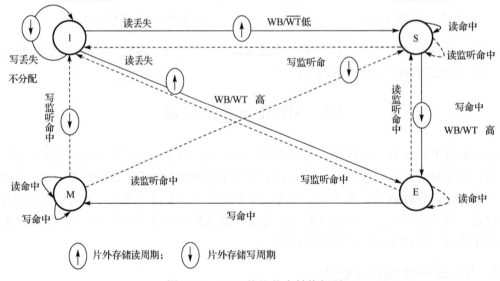

图 5-21　MESI 协议状态转换规则

5.6　Pentium Ⅱ 处理器的 Cache 技术

80x86 CPU 采用了高速缓冲存储器技术。在 80386 系统中，Cache 处于 CPU 外部的主机板上，在 80486 芯片内采用了 8KB 的 Cache 来存放指令和数据。同时，80486 也可以使用处理器外部的二级 Cache，用以改善系统性能并降低 80486 要求的总线带宽。80486 内部 Cache 是一个 4 路组相联 Cache，在主存中给定单元的数据能够存储在 Cache 内 4 个单元中的任何一个。这种 4 路相联方式是高命中率的全相联 Cache 和快速的直接映射 Cache 的一种折中方式，因而能进行快速查找并获得较高的命中率。

　　Pentium 系统在 80486 上共用的内部 Cache 基础上，将其分成两个彼此独立的 8KB 代码 Cache 和 8KB 数据 Cache，这两个 Cache 可以同时被访问。这种双路高速缓存结构减少了争用 Cache 所造成的冲突，提高了处理器效率。Pentium 的 Cache 还采用了写回写入策略，这同 486 的写贯穿写入策略相比，可以增加 Cache 的命中率。此外，还采用了高速缓存一致性协议，为确保多处理器环境下的数据一致性提供了保证。

　　Pentium 系统中，存储器系统的层次关系如图 5-22 所示。

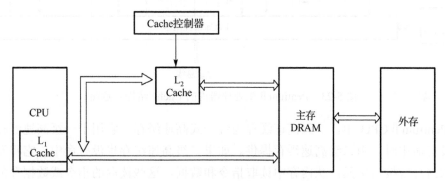

图 5-22　Pentium 存储器系统的层次关系

　　Pentium Ⅱ 同样有两级 Cache，L_1 Cache 为 32KB（指令和数据 Cache 各 16KB），L_2 Cache 为 512KB。Pentium Ⅱ 的 L_2 Cache 采用双独立总线连接。双独立总线就是 L_2 Cache 总线和处理器至主存的系统总线。Pentium Ⅱ 处理器可以同时使用这两条总线，与单总线结构的处理器相比，该处理器可以进出两倍多的数据，可允许 Pentium Ⅱ 微处理器的 L_2 Cache 比 Pentium 微处理器的 L_2 Cache 快 1 倍。随着 Pentium Ⅱ 微处理器主频的提高，L_2 Cache 的速度也将加快。最后，流水线型系统总线可允许并行传输，而不是单个顺序型传输。改进型的双重独立总线结构可以产生超过单总线结构三倍带宽的性能。另外，在 Pentium Ⅱ 中，采用了 ECC 技术，此技术应用到二级高速缓存中，显著提高了数据的完整性和可靠性。为开发低端市场，曾在 Pentium Ⅱ 的基板上除去 L_2 Cache，牺牲一些性能，制造廉价 CPU。这就是最初的 Celeron 处理器。之后的 Celeron 仍有较小的片上 L_2 Cache，其大小为 128KB。图 5-23 为 Pentium Ⅱ 微处理器内的 Cache 结构示意图。L_1 Cache、L_2 Cache 结构：每块均为 32B；均采用 4 路组相联；写策略均采用写回法；均为非阻塞 Cache。

　　在 Pentium Ⅱ CPU 中，一级指令高速缓存用于指令预取单元（IFU）产生的指令请求。指令预取单元也是唯一可以访问指令高速缓存的单元。指令预取单元只能在指令高速缓存中读取指令，不能改写指令，因此指令高速缓存是只读的。一级数据高速缓存用于 CPU 执行单元（EXU），执行内存数据的读/写请求。执行单元可以在数据高速缓存中读取指令，或者改写指令，因此数据高速缓存是可读的。

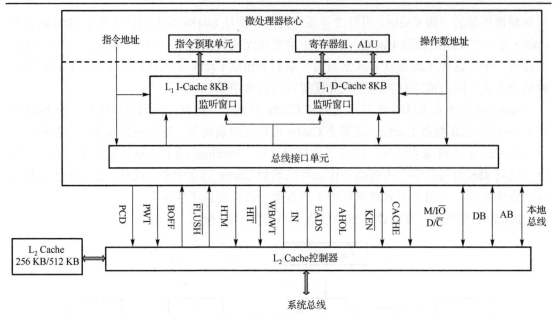

图 5-23　Pentium Ⅱ 微处理器内的 Cache 结构示意图

在 Pentium Ⅱ CPU 中，二级高速缓存为统一式高速缓存。它用于一级高速缓存中指令或数据没有命中时，由二级高速缓存提供。如果二级高速缓存也没有命中，它将发出一个事务请求给总线接口单元，从内存中读取指令和数据。这些读取的指令或数据存放于二级高速缓存中，同时也被送到一级高速缓存中。

Pentium Ⅲ 具有 32KB 非锁定 L_1 Cache 和 512KB 非锁定 L_2 Cache。L_2 Cache 可扩充到 1～2MB，具有更合理的内存管理，可以有效地对大于 L_2 Cache 的数据块进行处理，使 CPU、Cache 和主存存取更合理，提高了系统整体性能。PC 中部分已实现的 Cache 技术如表 5-2 所示。

表 5-2　PC 中部分已实现的 Cache 技术

系统	L_0	L_1 Cache	L_2 Cache	L_3 Cache	Cache	主存
8088	无	无	无	无	无	DRAM
80286	无	无	无	无	无	DRAM
80386DX	无	外部 SRAM	无	无	SRAM	DRAM
80486DX	无	内部 8KB	外部 SRAM	无	SRAM	DRAM
Pentium	无	内部 8KB + 8KB	外部 SRAM	无	SRAM	DRAM
PPRO	无	内部 8KB + 8KB	内部封装 256KB 或 512KB	无	SRAM	DRAM
MMX	无	内部 16KB + 16KB	外部 SRAM	无	SRAM	DRAM
Pentium Ⅱ / Pentium Ⅲ	无	内部 16KB + 16KB	卡上封装 512KB～1MB	无	SRAM	DRAM
K6-Ⅲ		内部 16KB + 16KB	芯片背上封装 256KB	外部 1 MB	SRAM	DRAM

PC 中的 Cache 主要是为了解决高速 CPU 和低速 DRAM 内存间速度匹配的问题，提高系统性能、降低系统成本而采用的一项技术。随着 CPU 和 PC 的发展，Cache 已成为 CPU 和 PC 不可缺少的组成部分，是广大用户衡量系统性能优劣的一项重要指标。

习 题 5

5-1 简述什么是高速缓冲存储器及其在微处理机中的位置。

5-2 简述 Cache 的直接映射、组相联与全相联结构。

5-3 什么是 Cache 命中与不命中？

5-4 简述 Cache 的读策略。

5-5 什么是 Cache 行的写贯穿法、写回法、记入式写法？

5-6 简述 Cache 的 MESI 协议。

5-7 Cache 行的数据宽度为什么要适中？过小或过大各有何优缺点？

5-8 考虑一个 2 路组相联结构的 16KB Cache 设计方案。

5-9 什么是存储器的数据对齐方式？

5-10 简述当 Pentium 微处理器访问数据 Cache 出现冲突时，U 和 V 指令流水线是怎样工作的。

第6章 超标量流水线

6.1 概 述

流水线技术是一种使多条指令重叠操作的技术，是目前广泛应用于微处理器芯片中的一项关键技术。Intel 公司是这项技术在微处理器中应用的首先实现者。流水线是 Intel 首次在 486 芯片中开始使用的，其工作方式就像工业生产上的装配流水线。在 CPU 中由 5～6 个不同功能的电路单元组成一条指令处理流水线，然后将一条 x86 指令分成 5～6 步后，由这些电路单元分别执行，这样就能实现在一个 CPU 时钟周期内完成一条指令，提高 CPU 的运算速度。

通常流水线在 CPU 中把一条指令分解成多个可单独处理的操作，使每个操作在一个专门的硬件站上执行，这样一条指令需要顺序地经过流水线中多个站的处理才能完成。但是前后相连的几条指令可以依次流入流水线中，在多个站间重叠执行，因此可以实现指令的并行处理。这样，每个时钟周期都可以启动一条指令，M 级的流水线上就有 M 条指令在同时执行，最后一级在每个时钟内都会送出一条指令的执行结果。可以想象，如果进行合理分级，除了启动流水线和终止流水线这两个短暂时期外，只要使得流水线上的各级在其他任何时候都不会闲置而满载操作，那么流水线的性能就比非流水线的几乎提高 M 倍。由于486 CPU 只有一条流水线，通过流水线中取指令、译码、产生地址、执行指令和数据写回五个电路单元分别同时执行那些已经分成五步的指令，因此达到了 486 CPU 设计人员预期的目的：在每个时钟周期中完成一条指令。

到了 Pentium 时代，在 Intel 的 Pentium 系列 CPU 产品中实现了超标量流水线技术。超标量是通过内置多条流水线来同时执行多个指令，其实质是以空间换取时间。Pentium 的超标量是建筑在两个通用的整型流水线和一个可流水作业的浮点部件上的，这使处理器能够同时执行两条整型指令。一个对软件透明的动态分支(Branch Prediction)预测机制能够使分支的流水线阻塞达到最小化。Pentium 微处理器可以在一个时钟周期内完成两条指令，一个流水线完成一条指令。第一条流水线称为 U 流水线，第二条流水线称为 V 流水线。在任何一条给定指令的译码期间，它安排的后面两条指令将被检查。如果有可能，第一条指令被安排到 U 流水线执行，第二条指令被安排到 V 流水线执行。如果不能，则第一条指令被安排到 U 流水线执行，V 流水线中不安排指令执行。指令在这两个流水线中执行与它们顺序执行所产生的效果是完全一样的。当发生流水线阻塞时，后继的指令无法通过被阻塞的指令所在的任一流水线中。

发展到高能 Pentium 后，又采用了动态执行技术这一新的设计思路，可以无序地执行指令。超标量结构和动态执行技术在 PentiumⅡ、pentiumⅢ、Pentium 4 中继续采用，并不断得到完善和增强。

流水线技术是对 CPU 内部的各条指令的执行方式的一种形容，要了解它，就必须先了解指令及其执行过程，本章主要结合 Intel 公司的 Pentium 系列微处理器芯片对流水线技术的原理及实现技术进行阐述。

6.2　整型流水线

超标量流水线设计是 Pentium 微处理器技术的核心，结构如图 6-1 所示，它由 U 与 V 两条流水线构成。每条流水线都拥有自己的 ALU、地址生成电路和数据 Cache 接口。这种流水线结构允许 Pentium 在单个时钟周期内执行两条整型指令，比相同频率的 80486 CPU 性能提高了一倍。与 80486 流水线相类似，Pentium 的每一条流水线操作也分为 5 个步骤：预取指令(PF)、指令译码(D1)、地址生成(D2)、指令执行(EX)和结果写回(WB)。指令序列 i1,i2,…,i8 在 Pentium 的超标量流水线上执行过程如图 6-2 所示。当一条指令完成预取操作，流水线就可以开始对另一条指令进行操作。主流水线 U 可以执行 80x86 的全部指令，包括微代码形式的复杂指令，而 V 流水线则只能执行简单的整型指令与浮点部件指令(FXCHG)，这个过程称为指令并行。在这种情况下，为了使两条流水线中同时执行的两条指令能够同步协调操作，这两条指令必须配对，也就是说两条流水线同时操作是有条件的，指令的配对必须符合一定的规则。要求指令必须是简单指令，且 V 流水线总是接收 U 流水线的下一条指令。但如果两条指令同时操作产生的结果发生冲突，则要求 Pentium 必须借助于适用的编译工具产生尽量不冲突的指令序列，以保证其有效使用。

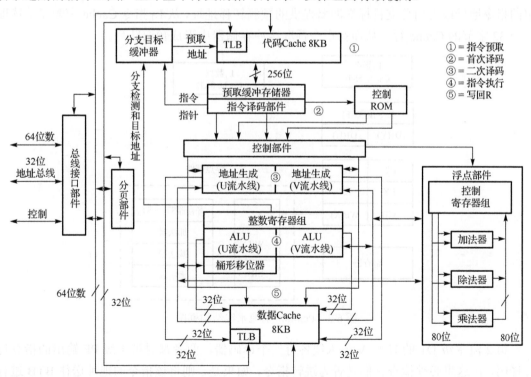

图 6-1　Pentium 微处理器核心

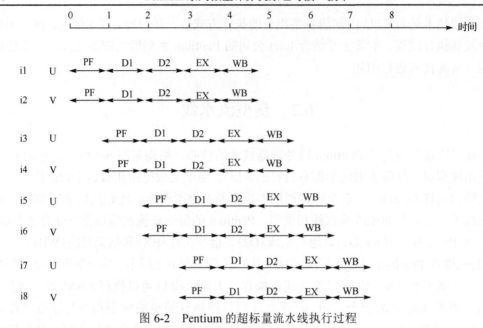

图 6-2　Pentium 的超标量流水线执行过程

6.2.1　Pentium 的流水线

如图 6-3 所示,Pentium 的 U 与 V 两条流水线的第 1 级 PF 共用一个取指通道。实际上,U 与 V 各有一个指令预取缓冲存储器,但两者不能同时操作,只能轮流切换。它们按照原定的指令地址或者由分支目标缓冲器提供的预测转移地址,从 L_1 指令 Cache 中顺序地读取一个 32 字节的 Cache 行,从而在指令预取缓冲存储器中形成预取队列。

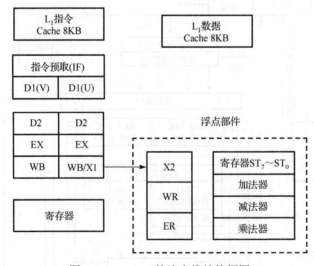

图 6-3　Pentium 的流水线结构框图

第 2 流水级 D1 的 U 与 V 流水线各有一个译码器,两者都对第 1 级 PF 输出的指令进行译码,在这里必须检查它们是否为跳转指令,如果是,则将该指令的地址送往 BTB 进行记录与预测处理。在此级还要确定指令 k 与 $k+1$ 是否配对,若配对,则第 l 条指令 k 装入

U 流水线，第 2 条指令 $k+1$ 装入 V 流水线；如果两条指令不配对，则只有 k 指令装入 U 流水线，V 流水线暂时空闲。待下一个时钟周期内指令预取缓冲存储器提供指令 $k+2$，然后判断 $k+1$ 指令是否与 $k+2$ 指令配对。

流水线的第 3 级 D2 的译码器则主要用于生成存储器操作数的地址，提供给 L_1 数据 Cache 以便下一流水级能够访问它。不使用存储器操作数的指令也必须经过第 3 级 D2。

流水线的第 4 级 EX 为执行级，以各自的累加器为中心来完成指令确定的算术逻辑运算。如果有存储器操作数，则在本级的前期从 L_1 数据 Cache 或者 L_2 Cache(L_1 Cache 未命中)甚至主存(L_2 Cache 未命中)中读取数据。

值得特别指出的是，直到第 4 级 EX 才能确定分支跳转指令的预测是否正确。若预测正确，表示一切正常；若预测出错，则该流水线上的指令及指令预取缓冲器的队列必须全部作废而从另一地址处重新装载，并且还要通知 BTB 做相应的记录及修正。

流水线的第 5 级 WB 将执行的结果写回寄存器 L_1 Cache，例如，指令中的目标寄存器或者 L_1 Cache，包括对 Eflags 标志寄存器相关标志位的修改等。至此，一条指令才算完整地被处理器执行。

图 6-4 比较形象地描述了两条流水线的理想操作流程。在此，假设程序设计优化到奇数条指令与偶数条指令的每前后两条都是配对的，因而在每一个时钟内都能输出两条指令的执行结果。

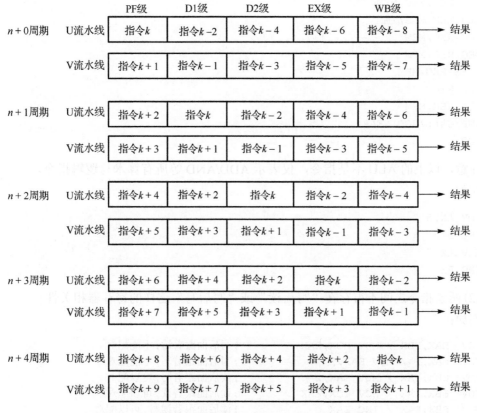

图 6-4　指令满足配对规则是两条指令流水线的满载操作

6.2.2　指令配对

U 流水线结构复杂，具有桶状移位器等 V 流水线中没有的功能部件。因此，U 流水线比 V 流水线有更多的"特权"，有些指令只能在 U 流水线中执行而不能在 V 流水线中执行，这些指令只有排在第一条的位置时才能配对。例如，两条指令之一有前缀，带有前缀的指令只能在 U 流水线中执行。也就是说，在对两条流水线分配指令过程中，只有当带有前缀的指令排在第一条时才会分配给 U 流水线，才能和第二条指令配对。对于那些不能配对的指令，全部在 U 流水线中顺序执行。对于配对成功的两条指令，执行时间上也会有差异，原则上 U 流水线发生延迟，V 流水线必须等待 U 流水线，而 V 流水线延迟 U 流水线可以继续做某些操作，如结果写回等，也体现了 U 流水线的特殊地位。如果不符合配对规则，这两条指令便都在 U 流水线中执行。U、V 两条流水线并行执行要满足一些前提条件，Pentium 数据手册定义了如下配对规则。

(1)配对的两条指令必须是简单指令。Pentium 的简单指令是全硬件化的，ROM 形式的微代码指令则不然。也就是说，配对指令通常都是能够在单个时钟周内执行完的指令。

简单指令：完全由硬件执行而无须任何微代码控制，在一个时钟周期内执行的指令。

```
MOV REG,REG/MEM/IMM
MOV MEM,REG/IMM
ALU REG,REG/MEM/IMM
ALU MEM,REG/IMM
INC REG/MEM
DEC REG/MEM
PUSH REG/MEM
POP REG
LEA REG,MEM
JMP/CALL/JCC NEAR
NOP
```

注意，以上的 ALU 不是指令，仅表示 ADD/AND 等所有算术与逻辑指令。

例如：

```
MOV AX,5
INC BX
MOV AX,5
INC AX
```

(2)两条指令之间不得存在"写后读"或"写后写"这样的寄存器相关性。

例如：

```
MOV  EAX,EBX / MOV ECX,EAX        ;写后面跟着读,不能配对
MOV  EAX,1 / MOV EAX,2            ;写后面跟着写,不能配对
MOV  EBX,EAX / MOV EAX,2          ;读后面跟着写,可以配对
MOV  EBX,EAX / MOV ECX,EAX        ;读后面跟着读,可以配对
MOV  EBX,EAX / INC EAX            ;读后面跟着读写,可以配对
```

(3)一条指令不能同时既包含位移量又包含立即数。

```
MOV DWORD PTR DS：[1000],0          ;不能配对，或者只能在 U 流水线中配对
CMP BYTE PTR [EBX+8],1             ;不能配对，或者只能在 U 流水线中配对
CMP BYTE PTR [EBX],1               ;可以配对
CMP BYTE PTR [EBX+8],AL            ;可以配对
```

（4）带前缀（JCC 指令的 OF 除外）的指令只能出现在 U 流水线中。

例如：

①用段前缀对非缺省段寻址的指令。

②在 32 位代码中使用 16 位的数据，或在 16 位的代码中使用 32 位数据的带操作数尺寸前缀的指令。

③16 位模式中，使用 32 位的基地址寄存器或变址寄存器的带地址尺寸前缀的指令。

④带重复前缀的字符串操作指令。

⑤带 LOCK 前缀的锁定指令。

⑥很多在 8086 处理器中没有实现的，有两个字节的操作码且其中第 1 字节是 0F 的指令，最常见的带 0F 前缀的指令有 MOVZX、MOVSX、PUSH FS、POP FS、PUSH GS、POP GS、LFS、LGS、LSS、SETCC、BT、BTC、BTR、BTS、BSF、BSR、SHLD、SHRD，还有带两个操作数且没有立即数的 IMUL。

此外，条件分支跳转指令和非条件分支跳转指令，只有当它们作为配对中的第二条指令出现时才可以配对。

表 6-1 中列出了 Pentium 微处理器中可以配对的整型指令，表中标注 U+V 时表示该指令在 U 流水线或 V 流水线中都可执行；标注 U 的指令只能在 U 流水线中执行，该指令可同标注 U+V 的指令或者标注 V 的指令配对，且配对指令中标注 V 的指令只能在 V 流水线中执行；类似地，标注 V 的指令只能在 V 流水线中执行，该指令可同标注 U+V 的指令或者标注 U 的指令配对，且配对指令中标注 U 的指令只能在 U 流水线中执行。值得提醒的是，这张表并没有包括 Pentium 指令集中所有可以配对的指令。

表 6-1　Pentium 的配对指令

指令	配对	指令	配对
ADD	U+V	POP（仅寄存器）	U+V
AND	U+V	PUSH（仅寄存器）	U+V
CALL（仅指立即数）	V	RCL（仅 1 位或者立即数）	U
CMP	U+V	RCR（仅 1 位或者立即数）	U
DEC	U+V	ROL（仅 1 位或者立即数）	U
INC	U+V	ROR（仅 1 位或者立即数）	U
JCC	V	SAR（仅 1 位或者立即数）	U
JMP（仅指立即数）	V	SHL（仅 1 位或者立即数）	U
LEA	U+V	SHR（仅 I 位或者立即数）	U
MOV（仅通用寄存器与存储器操作数）	U+V	SUB	U+V
NOP	U+V	TEST（仅寄存器-寄存器、存储器-寄存器与立即数-EAX）	U+V
OR	U+V	XOR	U+V

下面是一个配对程序的例子。

例 6-1　程序段如下。

```
MOV AX,5
INC BX
ADD AX,BX
XOR CX,CX
MOV DX,8
INC DX
```

其中，第一、二条指令可以用 U、V 流水线并行执行；第三、四条指令也可以用 U、V 流水线并行执行。显然，执行这四条指令的时间大约是执行单条流水线时的一半。但是，请注意第五、六条指令，因为它们都对同一个寄存器 DX 进行操作，执行第六条指令依赖于第五条指令的执行结果，所以它们不能同时送到 U、V 流水线中去执行。为此，Pentium 微处理器还需借用编译工具以产生尽量不冲突的指令序列。这一缺陷后来在 Pentium Pro 开始的第六代微处理器中得到解决。在第六代微处理器中运用寄存器更名映射技术，使通用寄存器与微处理器内部的程序员看不到的 40 个寄存器建立映射关系。例如，将上面第五条指令的 DX 和内部寄存器 r5 建立映射关系，将第六条指令的 DX 和内部寄存器 r6 建立映射关系。这样，第五、六条指令就可以用 U、V 流水线并行执行。

需要指出，指令流水线之间是存在一定联系的，如上例 U 流水线执行第五条指令的结果（DX 的内容）最终还要反映到 V 流水线执行第六条指令上。

例 6-2　用 100 个双字数据 0FFFFFFFFH 来初始化一个数组，程序段如下。

```
            MOV EDX,0FFFFFFFFH      ;装初值到 EDX
            LEA EAX,ARRAY           ;将数组的起始地址装入 EAX 寄存器
            MOV ECX,EAX+396         ;最后一个元素的地址装入 ECX 寄存器
INIT_LOOP:  MOV [EAX],EDX           ;循环装入初值
            ADD EAX,04H             ;指向下一个元素
            CMP EAX,ECX             ;判断是否装到了最后一个地址
            JBE INIT_LOOP           ;还未装完,转装下一个
```

在 80386/80486 CPU 中，指令是顺序执行的。就循环子程序的 4 条指令而言，80486 需要 6 个时钟周期，80386 则需要 13 个时钟周期。而在 Pentium 中就截然不同，由于 4 条指令符合配对规则，执行顺序如下：

```
    U 流水线              V 流水线
MOV [EAX],EDX        ADD EAX,04H
CMP EAX,ECX          JBE INIT_LOOP
```

第 1 对配对指令花了 1 个时钟周期，第 2 对配对指令在循环体内也只需 1 个时钟周期，因而比 80486 快了 3 倍。

然而，在一个程序中要保障指令总是能够前后配对几乎是不可能的。在很多情况下都是主流水线 U 满负荷操作，而 V 流水线空闲（Empty），如图 6-5 所示。

		IF级	D1级	D2级	EX级	WB级	
$n+0$周期	U流水线	指令k	指令$k-1$	指令$k-2$	指令$k-4$	指令$k-5$	结果
	V流水线	指令$k+1$	空	空	指令$k-3$	空	
$n+1$周期	U流水线	指令$k+2$	指令k	指令$k-1$	指令$k-2$	指令$k-4$	结果
	V流水线	指令$k+3$	指令$k+1$	空	空	指令$k-3$	结果
$n+2$周期	U流水线	指令$k+4$	指令$k+2$	指令k	指令$k-1$	指令$k-2$	结果
	V流水线	指令$k+5$	指令$k+3$	指令$k+1$	空	空	
$n+3$周期	U流水线	指令$k+6$	指令$k+4$	指令$k+2$	指令k	指令$k-1$	结果
	V流水线	指令$k+7$	空	指令$k+3$	指令$k+1$	空	
$n+4$周期	U流水线	指令$k+8$	指令$k+5$	指令$k+4$	指令$k+2$	指令k	结果
	V流水线	指令$k+9$	指令$k+6$	空	指令$k+3$	指令$k+1$	结果

图 6-5　流水线出现空闲级

6.3　浮点流水线

Pentium 的浮点单元在 80486 的基础上进行了彻底的改进，每个时钟周期能完成一个或两个浮点运算。Pentium 浮点流水线分成 8 阶段：预取指令(PF)、指令译码(D1)、地址生成(D2)、指令执行(EX)、浮点执行步骤 1(X1)、浮点执行步骤 2(X2)、写浮点数(WF)、出错报告(ER)。前五个步骤与整数流水线中的五个步骤是同步执行的，只是多出三个步骤。如前所述，在 U 流水线的第 1 级，即 PF 级预取指令预取队列，将其送入第 1 级译码检查是否有分支转移；第 2 级译码则产生存储器操作数地址；在执行级 EX 中，读取数据 Cache 或寄存器操作数，或者像 NOP 空操作整型指令一样处于等待状态，并不执行其他操作。

U 流水线的最后一级，即 WB 级为写寄存器，包括写状态寄存器，更新它们的内容。对于浮点流水线，该级也有类似的功能，它作为第一个浮点执行级 X1，将从数据 Cache 或存储器中读取的数据转换成暂存的实型格式，并且写入寄存器堆栈的某一个寄存器中；由该级出来后进入浮点执行级 X2，这是浮点指令的实际执行级；然后又进入浮点寄存器写入级 WF，将结果写回 80 位的浮点寄存器堆栈；最后一级就是出错级 ER，用于浮点处理中可能出现的错误。

Pentium 微处理器对浮点流水线的执行操作规定如下。

(1)浮点指令与整型指令不能成对执行，但两条浮点指令却可以有限制地配对执行操作。

(2)当成对浮点指令进入浮点部件时，其中的第二条浮点指令只能是寄存器交换指令(FXCH)，而第一条浮点指令必须是浮点指令集中的一条浮点指令。它们可以是装实型数指令(FLD)、各种形式的算术运算指令(FADD、FSUB、FMUL、FDIV)、实数比较指令(FCOM)、存实型数并上托出栈指令(FIST)、绝对值指令(FABS)、变符号指令(FCHS)等浮点指令。

(3)除寄存器交换指令之外的浮点指令，以及属于浮点指令集中的浮点指令(第二条定义的规则)，其余指令总是单个地发送给浮点部件。

(4) 只要不是紧跟在浮点交换指令之后的浮点指令，都可以单独地发送给浮点部件。

由上述规定可知，浮点指令不能与整型指令配对，U 流水线的最后一级 WB 作为浮点流水线的第一个执行级，可以实现对 FP(7)~FP(0) 8 个寄存器的写操作。由于 Pentium 微处理器堆栈结构要求进行堆栈操作的所有指令在堆栈栈顶要有一个源操作数，同时绝大多数指令总是希望用堆栈栈顶作为它们的目的操作数。所以大多数指令看到的堆栈栈顶仿佛是一个"栈顶瓶颈"，在向栈顶发送一条算术运算指令之前，必须先把源操作数传送至堆栈栈顶。在这种情况下，就额外用到了交换指令。它允许程序设计人员把一个有效操作数送至堆栈栈顶。Pentium 微处理器的浮点部件使用堆栈指针去访问它的各寄存器，这样就能非常迅速地执行交换操作，而且是以并行方式与其他浮点指令一起执行交换操作，与另一些浮点指令成对出现的浮点交换指令的执行时间为 0 个时钟。因为这样的交换指令在 Pentium 微处理器上是以并行方式执行的，所以不再需要花费额外时间。因此当需要去避免出现"栈顶瓶颈"时，不妨使用此法。

需要说明一点，当浮点交换指令与其他浮点指令一起成对出现时，其后是不能直接紧跟任何整型指令的。如果已经把成对出现的浮点指令说明为安全的，此时 Pentium 微处理器将对这种情况下的整型指令拖延 1 个时钟周期。如果成对出现的浮点指令是不安全的，则 Pentium 微处理器会对这种情况下的整型指令拖延 4 个时钟周期。

另外，当浮点指令成对出现时，浮点交换指令必须紧跟在一条浮点指令之后。当成对浮点指令检验机制不允许以并行方式发送成对浮点指令时，将浮点交换指令作为第一条指令发送给浮点部件。如果浮点交换指令不是成对出现的，则在执行浮点交换指令时只需一个时钟周期即可。可以和交换指令(FXCH)配对的浮点指令包括以下几个。

装载指令：FLD/FLD ST。

加法指令：FADD/FADDP。

减法指令：FSUB/FSUBP/FSUBR/FSUBRP。

乘法指令：FMUL/FMULP。

除法指令：FDIV/FDIVP/FDIVR/FDIVRP。

比较指令：FCOM/FCOMP/FCOMPP。

无序比较指令：FUCOM/FUCOMP/FUCOMPP。

零测试指令：FTST。

绝对值指令：FABS。

修改符号指令：FCHS。

也就是说，仅当 FXCH 在 V 流水线上执行时，两条流水线才会出现并行操作的情形，每个时钟周期内都可装载与执行一条浮点指令，这是浮点数处理中最理想的一种状况，但显然出现的机会极少。图 6-6 描述了 8 级浮点流水线处理的一般情况。浮点部件对一些常用指令如 ADD、MUL 等不采用微程序，而是由硬件实现的，使浮点运算速度更快。

尽管 Pentium 的整型和浮点流水线具有每个时钟周期同时执行两条指令的能力，但它是顺序执行的，而且两条流水线不可能总满载操作。为了进一步提高微处理器的整体性能，发展到高能 Pentium 后，又采用了一项全新的技术——动态执行技术。

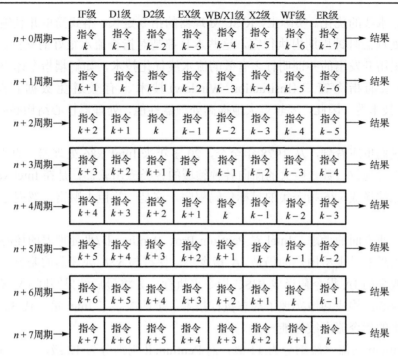

图 6-6 8 级浮点流水线

6.4 动态执行技术

动态执行技术是目前 CPU 主要采用的先进技术之一。在 Pentium 的后续微处理器,即 Pentium II /Pentium III /Pentium 4 中采用了动态执行技术。动态执行技术也称为推测执行 (Speculative Execution)技术,是指通过预测程序流来调整指令的执行,并分析程序的数据流来选择指令执行的最佳顺序。

它的基本思想是:在取指阶段,在局部范围内先判断下一条待取指令最有可能的位置,即取指部件就具有部分执行功能,以便取指的分支预测,保证取指部件所取的指令是按照指令代码的执行顺序取的,而不是完全按照程序指令在存储器中的存放顺序取的。相对于 Pentium 及先前 80x86 系列微处理器的顺序执行指令而言,动态执行指令就是无序执行 (Out-of-order Execution)指令或乱序执行指令。采用分支预测技术和动态执行技术的主要目的是提高 CPU 的运算速度。实现动态执行技术的关键是取消传统的取指和执行两阶段之间指令需要线性排列的限制,而使用一个指令缓冲池以开辟一个较长的指令窗口,以便允许执行单元能在一个较大的范围内调遣和执行已译码过的程序指令流。推测执行技术是依托于分支预测技术的,在分支预测程序预测是否执行分支指令后所进行的后续指令执行处理就是推测执行。

6.4.1 Pentium II 的流水线结构

我们知道,RISC 处理器的基本概念是一个有限的简单指令集,配备大量的通用寄存器,强调对指令流水线的优化。实际上，RISC 处理器的指令定长、格式简单并且绝大多数指令都能在一个处理器时钟周期内执行完，这些本身都是对指令流水很好的支持。而且 RISC 处理器已经采用开发出的并证明行之有效的流水线优化技术，如解耦指令译码段与执行段之间紧密联系的指令窗口（Instruction Window）技术、有效避免数据冒险的记分牌（Scoreboard）技术等。因此，要想更大地提高处理器性能，处理器核心结构必须向 RISC 技术方向推进。

另外，我们也应看到，从 1978 年至今，20 多年来 Intel x86 处理器一直占据着 PC 处理器市场的主导地位。数量巨大的面向各种领域的各类应用软件，是在 Intel x86 处理器上编写的，并已编译成 x86 指令集的目标代码程序。这是一笔巨大财富，忽视它就是拒广大用户于门外。

基于上述两方面的考虑，Intel 对 Pentium Pro、Pentium Ⅱ/Ⅲ 处理器的核心结构进行了全新设计。处理器呈现给用户的仍是 IA 指令集，保持与 x86 处理器的兼容；处理器内部将由存储器取来的 IA 指令翻译成 RISC 指令来执行，并将最后结果写回 IA 寄存器。这种全新设计的核心结构成功地实现了动态执行技术，全面改善了 Intel 第三代 32 位处理器的超标量超流水的指令流水线性能。

高能 Pentium 的流水线细分为 11 级，而 Pentium Ⅱ 则细分为 12 级，如图 6-7 所示。两者的前 9 个级是完全相同的。

IFU1	IFU2	IFU3	DEC1	DEC2	RAT	ROB	DIS	EX	RET1	RET2

高能 Pentium 的 11 级指令流水线

IFU1	IFU2	IFU3	DEC1	DEC2	RAT	ROB	DIS	EX	WB	RR	RET

Pentium Ⅱ 的 12 级指令流水线

图 6-7　动态执行的典型流程

6.4.2　动态执行过程

图 6-8 描述了 Pentium Ⅱ 内核的逻辑框图。下面将比较详细地介绍各流水级的操作功能。

IFU1（Instruction Fetch Unit Stage 1）为取指单元级 1：从一级指令缓存中载入一行指令共 32 字节，256 位，把它保存到指令流缓冲存储器中。

IFU2（Instruction Fetch Unit Stage 2）为取指单元级 2：因为 x86 处理器对于载入的 16 字节指令并没有一个从哪里开始和结束的固定长度，这一步是在 16 字节之内划清指令界限。如果在这 16 字节内有分支指令，它的地址会保存到分支目标缓冲存储器中，这样 CPU 以后可以用来做分支指令预测。

IFU3（Instruction Fetch Unit Stage 3）为取指单元级 3：标记每个指令应该发送到哪个指令解码单元中，总共有三种不同的指令解码单元。

DEC1（Decode Stage1）为译码级 1：译码 x86 指令为一个 RISC 微指令（微操作码），因为 CPU 有三种不同的指令译码单元，所以可以最多同时译码三个指令。译码器 0 是复杂译码器，用于将一条复杂指令翻译成 4 个微操作；译码器 1 和译码器 2 都是简单译码器，用于将简单指令生成 1 个微操作。这样,如果 3 个译码器都在运行,每个时钟就可以生成 6 个微操作,每个微操作的固定长度为 118 位。如果某些更复杂的 IA 指令(通常是超过 7 字节长的指令)翻译后将生成 4 个以上的微操作,则要将该指令送入微指令序列器(Micro Instruction Sequencer,MIS)进行特殊的翻译处理。

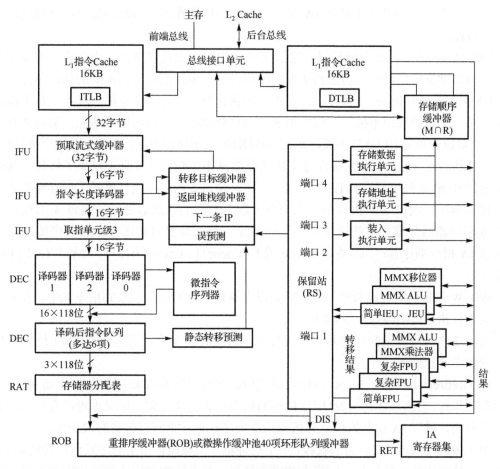

图 6-8 Pentium II 内核的逻辑框图

DEC2(Decode Stage 2)为译码级 2:把上一步译码的微操作码发送到已译码指令序列(Decoded Instruction Queue)中,同时若在该序列中发现分支跳转型微操作,则将其送入静态转移预测器中进行处理,形成了第 2 级分支转移预测。这个序列最高可以存储 6 个微操作码,如果多于 6 个微操作码,这一步必须重复操作。

RAT(Register Alias Table and Allocator Stage)为寄存器别名表和分配器级:因为 Pentium II 支持无序执行,给出的一个寄存器的值有可能会被程序序列中一个执行过的指令改变位置,从而破坏其他指令需要的数据。为了解决这一冲突,在这一道工序中,指令使用的原始寄存器被改变成 Pentium II 的 40 个内置寄存器之一。

ROB(Reorder Buffer Stage)为重新排序缓冲级:这一步载入三个微操作码到重排序缓冲器(Reorder Buffer),这里是一个多达 40 个寄存器的环形队列缓冲器,又称指令池(Pool),它含有缓冲器首指针(Start of Buffer Pointer)与缓冲器尾指针(End of Buffer Pointer)两个指针，后者存放指针，前者回收指针。初始化时环形队列缓冲器为空，首、尾指针的值相同，每存放一个尾指针即加 1，而其首指针则指向最早存入的微操作，等待执行完毕后回收。ROB 中的每个微操作都有状态位，记录了该操作码的当前位置、被执行的进度、执行结果是否有错以及结果如何处理等。

前面的 7 个阶段基本上是按 IA 指令的原始顺序操作的。与此相反，以下将进入乱序的流水级操作。

DIS（Dispatch Stage）为派遣级：它的保留站（RS）可以乱序地派送指令池中的多个微操作码，如果微操作码没有成功送到队列预留位，这一步就把它送到正确的执行单元。

EX（Execution Stage）为执行级：在正确的执行单元执行微操作码，基本上每个微操作码都需要一个时钟周期来执行。这里由 5 个端口分别进入不同的执行单元。端口 0 有浮点单元、整数执行单元（IEU）与多媒体扩展（MMX）的 5 个执行单元；端口 1 有 3 个执行单元，其中转移执行单元（JEU）专门处理分支跳转型微操作，判断是否真正发生了转移，其结果除了返回 ROB 之外还要返回 BTB 并记录下来；端口 2 的装入执行单元生成存储器读数据的存储器地址；端口 3 的执行单元生成存储器写数据的存储器地址；端口 4 的执行单元则生成存储器写数据。这些操作所产生的地址与数据都要同时送往存储顺序缓冲器，然后再按 IA 指令顺序读/写 L_1 数据 Cache 或 L_2 Cache（L_1 Cache 未命中）乃至主存（L_2 Cache 未命中）。

WB（Writeback Stage）为回写级：它将以上执行单元的结果回收到指令池中，并对读入的数据进行错误检测与修正（ECC）。

以上 3 个流水级的操作都是乱序进行的，后面的 2 个阶段则又应该重新回到 IA 指令原有的顺序进行操作。

RR（Retirement Ready Stage）为回收就绪级：判断回收的结果中较早的（上游）跳转指令是否都已执行，且后来的（下游）应该执行的指令是否也执行完。如果再也没有什么问题与该指令有关，就以 IA 指令为单位并按原指令顺序标记一个回收就绪的微操作。

RET（Retirement Stage）为回收级：每个时钟将 3 个微操作结果顺序发送给传统的 IA 寄存器组，恢复了按传统执行 IA 指令的操作结果。指令池中则应该删除相应的微操作码，将缓冲器的首指针加 3，让出空间以备后用。

这就是动态执行技术的简单机理。简而言之，处理器内核的流水线是开始有序、中间无序、结束有序的。这种动态执行技术使高能 Pentium 与 Pentium Ⅱ 每个时钟可执行 3 条指令，相当于有 3 条完整的流水线并行操作，从而达到了超标量为 3 的高性能。

下面就通过一个简单的实例来进一步理解动态执行技术的机理。

例 6-3　现有以下简单的加法程序段。

```
MOV EAX,17          ;17 送 EAX
ADD MEM,EAX         ;将 EAX 与当前存储器中的内容相加
MOV EAX,3           ;3 送 EAX
ADD EAX,EBX         ;将 EAX 与 EBX 中的内容相加
```

在传统的 80x86 处理器中，这些指令必须一条条地按顺序执行，如果不执行完第 1 条和第 2 条指令，就没办法执行第 3 条指令。

而在动态执行的处理器中，EAX 中不必载入 17，只要将 17 加到当前缓冲器单元即可；同样，3 也不必载入 EAX，直接加到 EBX 再将结果存放到 EAX 即可。这样，指令 1 和指令 3 就可以同时执行，将数值 17 和 3 存放在指令池的缓冲器中。同样的道理，从指令池中获取 17 与 3，指令 2 与指令 4 也能进行并行处理。

6.5　分　支　预　测

分支预测(Branch Prediction)和推测执行(Speculation Execution)是 CPU 动态执行技术中的主要内容。分支预测是当遇到 JMP 跳转指令、CALL 调用指令、RET 返回指令及 INT n 中断等跳转指令时，指令预取单元能够较准确地判定是否转移取指。在程序中一般都包含有分支跳转指令。据统计，平均每七条指令中就有一条是分支跳转指令，在指令流水线结构中按照分支跳转指令正确执行是非常重要的，因此指令流水线结构对于分支跳转指令相当敏感。

条件分支指令是流水线处理器的最大"敌人"。因为使用条件分支指令，只有该处理器硬件对条件进行判断后，才能知道分支输出，即确定下一个指令的位置。流水线记述处理器在每一个周期开始执行单个新指令，对于超标量体系结构的处理器在每个周期就开始执行多个指令，因此，这个问题就变成：紧随条件分支之后，应该执行哪一条指令？处理器应该猜测不会发生分支指令跳转，因而选择执行指令流中跟着分支指令后面的指令；或处理器应该猜测分支指令会被执行，因而开始执行分支指令中跳转地址所指向的指令。

分支预测有静态预测与动态预测之分。静态预测只依据跳转指令的类型来预测出处。分支指令一开始执行，CPU 不知道分支指令是否能够执行。这种情况下，它使用静态预测，表示向前的跳转分支指令不被执行，向后的跳转分支指令被执行。例如，对某一类条件跳转指令总是做转移发生的预测处理，因而转到转移地址处去预取代码；对另一类条件跳转指令总是做转移不发生的预测处理，从而继续往下预取代码；对向前转移的条件跳转指令总是做转移发生的预测处理；对向后转移的条件跳转指令总是做转移不发生的预测处理等。这种方法简单易行，但准确率不高，只能作为其他分支预测方法的一种辅助手段。一个无条件跳转不需要预测，它总是被执行。一个向后的跳转常常是循环中的一部分，大部分循环都将运行多次，这种方式对于静态预测向后跳转比较有意义。

动态预测则是依据一条跳转指令过去的行为来预测此指令将来的去向，如果算法得当，可以获得很高的准确率。动态分支预测累计某种跳转是否执行，然后尽可能地正确预测它。显然，动态预测的实现远比静态预测要复杂，除了传统的地址比较判断之外，还必须记载先前发生的历史状态，配合行之有效的硬件算法。

处理器对于分支跳转的猜测可能判断正确，也可能判断错误。当处理器判断正确时，流水线满负荷工作，不再有时间损失。然而，当处理器判断出错时，流水线必须清空指令，即执行刷新流水线，重新从正确的分支路径取出指令，然后使用新指令再重新启动流水线。刷新和重启将花费一段较长的时间，而且因为分支指令在大多数的程序中非常常见，这些操作将显著降低处理器的整体性能。我们把这种因判断出错而产生的性能损失称为分支预测错误损失。它的时间定义从分配一个分支指令开始，到分配分支指令获得正确的目标为止。

　　为了帮助处理器更正确地判断是否执行了分支指令，大部分 RISC 处理器都使用某种形式的硬件分支预测。Pentium 微处理器通过一个较为简单的机制来实现动态跳转预测，它的核心部件是分支目标缓冲器。BTB 实际是一个能存若干(通常为 256 或 512)条目标地址存储部件。当一条分支指令导致程序分支时，BTB 就记下这条指令的目标地址，并用这条信息预测这一指令再次引起分支时的路径，预先从该处预取。在 Pentium 微处理器中，它是由一个高速的旁视缓冲存储器，以跳转的 32 位目标地址、两位历史状态及一位有效状态等作为一个 Cache 存储的内容，而将跳转指令地址分割为两段，低 6 位为组索引，高 26 位为目标段。

　　分支目标缓冲器是在处理器芯片上实现的一张专用表格，主要用于跟踪在指令流中刚刚遇到的分支指令。另外，表格页跟踪记录了最新遇到的分支指令所跳转的目标地址。被预取的指令送入 U 与 V 两条流水线，同时将指令所在的 EIP 地址送入 BTB 进行查找比较。如果在 BTB 中没有这个地址，就不做预测；倘若在 BTB 中找到该地址(命中)，那么处理器就将根据 BTB 中对应记录的历史位状态来确定是否发生跳转。当跳转执行时，其跳转目标地址将用于更新 BTB 中相应的地址记录。倘若发现预测不正确，处理器将为分支预测的错误付出代价，则预取队列中的当前指令与流水线的内容自然也要作废，流水线必须刷新重启。在这种情况下，表格中的分支目标跳转地址必须改变，以反映新的分支目标跳转地址。当然，当处理器第一次遇到分支指令时，在分支目标缓冲器中必须创建新的入口点。

　　下面看一下 BTB 在循环程序中的应用。循环程序在程序设计中的使用十分普遍。在指令级目标程序中构成循环程序需要用到跳转指令(条件跳转指令或无条件跳转指令)。

　　例 6-4　循环程序事例。

```
        MOV  CX,100
LOOP:
        ...
        DEC CX
        JNZ LOOP
        ...
```

　　在第一次执行到 JNZ 指令时，预测的转移地址是存在 BTB 中的前一条 JNZ 指令的目标地址，不是 LOOP，这一次预测是错误的。但执行后目标地址 LOOP 便存入 BTB 中。等到下一次执行到 JNZ 指令，就按 BTB 中的内容来预测，转移到 LOOP，这是正确的。如此，一直到 CX 的值变为 0 之前，也都是对的。当再循环一次 CX 的值变为 0 时，JNZ 指令因条件不成立而不实行转移，而预测仍是 LOOP，预取仍按该预测进行，这是第二次预取错误。可见，该例中 100 次循环，有 98 次预测正确，确切地说，有 98 次预测指导下的预取是正确的。同理，对于 1000 次循环，就会有 998 次的预取是正确的。即循环次数越多，BTB 带来的效益就越高。

　　图 6-9 是 Pentium 微处理器的分支预测机制示意图。指令预取器从位于 CPU 内部的 L_1 指令 Cache 中预取指令，指令预取队列中的指令按照流水线方式(先进先出)依次进入指令译码器，当译码时发现它是一条分支指令，则检查 BTB 中有无该分支指令的记录，若有，则立即按照所记录的目标地址进行预取(目标地址对应的指令及其后面的指令)，替代原先

已进入指令预取队列的指令。在这条指令执行完毕前，将该指令的实际目标地址再添入 BTB 中(当然，在预测正确时，目标地址不会变)，以使 BTB 中总有最近遇到的分支指令及其目标地址。

在以上推测执行时，分支预测的准确性至关重要。现在的 Pentium 和 Pentium II 系列 CPU 内部采用了更加复杂的 BTB 与先进的自适应算法，分支预测的正确率分别达到了 80%和 90%，这样虽然可能会有 20%和 10%分支预测错误，但平均以后的结果仍然可以提高 CPU 的运算速度。

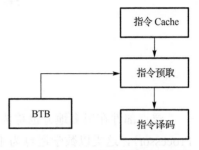

图 6-9　Pentium 的分支预测示意图

从以上的讨论可以看出，为了优化程序的设计，仅从程序执行的效率而言，应当尽量减少地址发生跳转这一类指令的使用，或者最好不用这类指令。但是这在实际应用的程序设计中往往是不可能的。在许多情况下并不将程序执行的速度放在首位，而是更多地考虑编程的效率，尽量使其简洁易读，因此调用与跳转通常用得较多。高能 Pentium 及其后来推出的 Pentium II/Pentium III/Pentium 4 还采取了增强指令的办法来解决这类问题。此处是就指令本身的设计而言的，例如，条件跳转指令 CMOV 通过条件测试来避免传统的条件分支跳转，即仅当条件测试为真时才实施指定的转移操作。类似地，浮点条件跳转指令 FCMOV 也通过这种办法来避免传统的条件分支跳转。

习　题　6

6-1　Pentium 的整型流水线是如何操作的?

6-2　Pentium 微处理器 U 流水线和 V 流水线是怎样工作的?

6-3　Pentium 微处理器的配对规则是什么?

6-4　Pentium 的浮点流水线是如何操作的?

6-5　Pentium 的整型流水线与浮点流水线各有哪些特点?

6-6　什么是顺序执行和乱序执行?

6-7　什么是动态预测和静态预测?

6-8　Pentium II 微处理器流水线操作分成几个操作步骤?各操作步骤名称是什么?

6-9　分支转移预测功能在 Pentium 微处理器上的实现为 Pentium 微处理器解决了什么问题?

第 7 章 浮点部件

7.1 概　述

浮点部件在很多地方也称为数学协处理器(Math Coprocessors)或数字处理器(Numeric Processor)，这类以数学运算为主的器件统一归入协处理器(Co-processors)中，它的主要功能是用来进行浮点运算以及高精度的科学运算。

浮点部件是数学处理的重要部件，特别是对于 3D 图像的运算，系统速度特别依赖浮点部件的优劣。浮点部件负责运算非常大和非常小的数据。当浮点部件进行这些数据的运算时，ALU 同时可以做其他事情，这显著提高了 CPU 的性能。

Intel 体系结构的 CPU 是 80x86 系列，而 80x87 是浮点数值运算协处理器。早期的 80x86 与 80x87 是分开封装的，从 486 开始，80x87 与 80x86 封装在一起，80x87 成为 80x86 中的浮点部件。CPU 和浮点部件具有各自专门的功能部件和寄存器组。CPU 控制整个程序的执行，而浮点部件作为协处理器识别和执行浮点数操作。在 486 之前，Intel 专门推出浮点部件的数学协处理器，如 i8087、i80287、i80387 和 i80487，分别与 i8088、i80286、i80386 和 i80486SX 处理器搭配使用，用于对数、指数和三角函数等数学运算。而在 i80486DX 处理器以后，所有的 CPU 中均内置数学协处理器。

从基于 80x86 的 CPU 技术发展来看，在 486 时代以前的时代，多数用户被 Intel 或相关厂商认为是"普通用户"，使用协处理器的概率不高，那时一般只有 CAD/CAM 领域的浮点部件才是必须要用到的。Intel 认为，如果将浮点部件集成到 CPU 中，不仅技术上的实现成本较高，而且这部分不常用的功能将造成"资源浪费"。所以，自 8086 开始，浮点部件一直作为单独的封装产品对外发布，成为可选件。浮点部件由主要的几个 CPU 制造商(Intel、Cyrix 等)制造，同时也吸引到一些专门的 IC 制造公司加入这个行列中，如 IIT/ULSI 等，Cyrix 公司抓住了这一特定的历史发展机遇，通过浮点部件的制造逐渐掌握了 CPU 的制造技术，并过渡到主流的 CPU 供应商的行列中。

随着技术的进步以及 CPU 应用领域的拓展，特别是多媒体以及 3D 应用要求使用到大量的浮点部件。为了提升 CPU 的整体性能，独立的浮点部件逐渐被整合到单一的 CPU 内部，所以 Pentium 及其之后就完全看不到独立的浮点部件了。因为它是特定时代的产物，所以浮点部件类芯片在处理器收藏中具有独特的地位。

为了强化浮点运算能力，Pentium 微处理器中的浮点运算部件在 486 的基础上重设计，其执行过程分为 8 级流水线和部分指令固化的硬件执行浮点运算技术，保证每个时钟周期至少能完成一个浮点操作，显著提高了浮点运算速度。Pentium CPU 内部的浮点部件支持 IEEE754 标准的单、双精度格式的浮点数，另外还使用一种称为临时实数的 80 位浮点数。其中有浮点专用加法器、乘法器和除法器，有 8 个 80 位寄存器组成的寄存器堆栈，内部的数据总线为 80 位宽的。对于浮点数的常用指令如 LOAD,ADD,MUL 等采用了新的算法,用硬件来实现,其执行速度至少是 80486 的 3 倍多。

对程序设计人员来说,可以把 Pentium 微处理器芯片内的浮点部件看成一组辅助寄存器,是数据类型的扩展。还可以把浮点部件的指令系统看成 Pentium 微处理器指令系统的一个子集。本章要说明的是 Pentium 微处理器片内的浮点部件的数值寄存器和数据类型等。

协处理器发展到今天,已呈现多样化趋势,虽然浮点部件大多数已被并入到 CPU 中,但一些特定用途的协处理器,如 IP 协处理器、指纹协处理器,以及各类嵌入式平台的协处理器方兴未艾。

7.2 浮点部件体系结构

Pentium 微处理器 32 位的体系结构以及它的片内浮点部件的体系结构的设计目标是:程序编写得比较容易,而计算结果精确,使一般计算机用户享有高精度数值计算的强大功能。浮点部件所提供的不仅仅是能使计算密集型任务的计算速度大幅度提高,更重要的是使广大微型计算机用户能使用高精度数值计算的强大功能。而且浮点部件的这些功能,还能被大部分程序设计语言使用。

例如,当两个单精度的浮点数相乘,而且乘积又要被第 3 个数来除时,对大多数微型计算机来说就有可能出现溢出,即使最终结果是一个有效的 32 位的数也会出现溢出。但 Pentium 微处理器的浮点部件经正确舍入处理后都能够给出正确的结果。

在大多数微型计算机上,直接算法不能提供一致的正确结果,也不能说明何时这些结果是正确的。为了在这种微型计算机上获取各种条件下的正确结果,通常还要用超过经典程序设计技术的更加复杂的数值处理技术。而 Pentium 微处理器浮点部件的体系结构则允许人们采用直接算法就能编写出可靠的应用程序,这样就显著降低了在开发以精确计算为目的的软件上的投资。

7.2.1 数值寄存器

Pentium 微处理器浮点部件逻辑框图如图 7-1 所示,数值寄存器由 8 个 80 位的数值寄存器、3 个 16 位的寄存器以及 5 个错误指针寄存器构成。

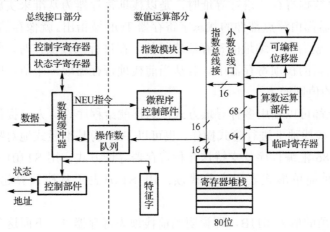

图 7-1 Pentium 微处理器浮点部件的逻辑框图

其中,这 8 个 80 位能各自独立进行寻址的数值寄存器,又可用来构成一个寄存器堆栈;3 个 16 位的寄存器分别称为浮点部件的状态字寄存器、控制字寄存器和标记字(TW)寄存器;5 个错误指针寄存器中的两个是 16 位寄存器,其内保存着最后一条指令及操作数的选择符;另外两个是 32 位的寄存器,其内保存着最后一条指令和操作数的偏移量。最后一个错误指针是一个 11 位的寄存器,用来保存最后一条非控制的浮点部件指令的操作码。

7.2.2　FPU 寄存器堆栈

Pentium 微处理器所有数值处理以浮点寄存器堆栈为中心。浮点寄存器堆栈由 8 个 80 位的各自寻址的数值寄存器构成,而且每一个寄存器还可以进一步分为几个字段,以便与浮点部件中的扩展精度数据形式相对应,如图 7-2 所示。所有的计算结果都保存在寄存器堆栈中,其中数据全部是 80 位的扩展精度格式,即使是 BCD、整型、单精度和双精度等的格式在装入寄存器的时候都要被 FPU 自动转化为 80 位的扩展精度格式,注意栈顶通常表示为 ST(0),然后是 ST(1)…ST(i),ST(i) 是相对于栈顶而言的。

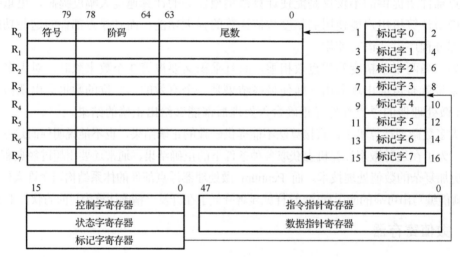

图 7-2　Pentium 的浮点寄存器组

数值指令在对数据寄存器进行寻址时,是以栈顶寄存器为基准来实施操作的。任何时刻,这个栈顶寄存器都由浮点部件的状态字寄存器 TOP 域指出。就像存储器中的堆栈一样,FPU 的寄存器栈是朝着向下编址的寄存器增长的。在进行入栈操作时,栈顶 TOP 值减 1,同时将一个值装到新的栈顶寄存器中。若从当前栈顶寄存器取一个值,即将一个数上弹出堆栈,栈顶 TOP 的值则增 1。

许多数值指令都可以使用多种寻址方式,这样就给程序设计人员提供了一个施展才华的良机,既可在堆栈栈顶上进行隐式操作,也可以 TOP 为基准显式地对特定寄存器进行操作,如 ASM386/486 汇编程序就支持这几种寄存器寻址方式,用 ST(0) 来表示当前栈顶,或直接用 ST 这种简单形式表示当前栈顶;用 ST(i) 表示从栈顶算起的第 i 个寄存器($0 \leqslant i \leqslant 7$)。

例 7-1　若栈顶的值为 011B,即说明当前栈顶为寄存器 3。下面这条指令是说堆栈中两个寄存器的内容相加,即寄存器 3 和寄存器 5 中内容相加。

FADD ST,ST(2)

由于采用栈的组织方式以及相对于栈顶对数值寄存器进行寻址的寻址方式，允许程序在寄存器堆栈内传送参数，从而简化了子程序的设计过程。又由于在调用子程序时是通过寄存器堆栈传送参数的，而不是采用专用寄存器传递参数的，因此在调用子程序时表现了非常高的灵活性。只要这个堆栈不满，每个程序都可以在调用一个特定子程序之前，把参数装到该堆栈内就可以实现设计好的计算。子程序就以 ST(0)、ST(1) 等表达式访问它的各个参数，对参数进行寻址操作。即使这次调用子程序时栈顶是寄存器 3，而另一次调用时栈顶又变成了寄存器 5，那也无关紧要，子程序照样可以正确无误地得到所需要的多个参数。

程序设计人员可以像使用常规堆栈那样来使用这几个数值寄存器，或者在 Pentium 微处理器的流水线操作过程中将其与 FXCH 指令结合在一起使用，以缓解堆栈的瓶颈现象，有助于形成随机寄存器。

7.2.3 状态字寄存器

图 7-3 中展示了浮点部件的状态字寄存器结构，此状态字中各字段所标记的内容反映了浮点部件的整体状态。这个状态字可通过使用 FSTSW/FNSTSW、FSTENV/FNSTENV 和 FSAVE/FNSSAVE 指令存入存储器，也可以用 FSTSW AX / FNSTSW AX 指令传送到 AX，使整数部件可观察 FPU 的状态。

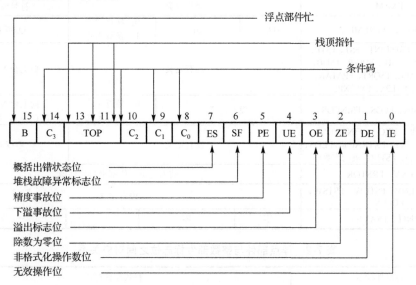

图 7-3 浮点部件的状态字寄存器

下面就来逐一介绍浮点部件状态字各字段意义。

bit15(B)：仅为 8087 兼容性而设，表示浮点部件目前正在执行指令还是处于空闲状态，反映的是 bit7 的内容。

bit13～bit11(TOP)：表示由 8 个寄存器组成的堆栈中的哪一个寄存器是当前栈顶。

TOP 值 = 000：表示寄存器 0 为当前栈顶。

TOP 值 = 001：表示寄存器 1 为当前栈顶。

TOP 值 = 010：表示寄存器 2 为当前栈顶。

⋮　　　　　　　　　⋮

TOP 值 = 111：表示寄存器 7 为当前栈顶。

bit14、bit10~bit8（C_3、C_2、C_1、C_0）：4 位数值条件码，与 Pentium 微处理器的标志寄存器 Eflags 中的标志类似。用这 4 位得到有关当前栈顶的辅助信息，根据这些信息产生某些条件转移。

状态字中的 C_3 ~ C_0 这 4 位条件码位与 Pentium 微处理器 CPU 中的标志寄存器内表示的内容类似。表 7-1 中列出了浮点指令对条件码各位所产生的影响。这些条件码位基本上是用来控制条件转移的，如使用 FSTSW AX 指令就可以将浮点部件的状态字直接存到 AX 寄存器上，借助于 Pentium 微处理器的指令就可以有效地对条件码各位进行检查。例如，用指令 SAHF 将 AH 寄存器内容存入标志寄存器，就能将条件码 C_3 ~ C_0 各位直接复制到 Pentium 微处理器标志寄存器的各位上，以简化条件转移操作过程。表 7-2 中列出了状态字条件码 C_3 ~ C_0 各位与 Pentium 微处理器标志寄存器各位对应关系。

表 7-1　条件码解释

指令	C_0	C_1	C_2	C_3
FCOM、FCOMP、FCOMPP、FTST、FUCOMPP、FICOM、FICOMP	比较结果		操作数不可比	零或 O/$\overline{U}$
FXAM	操作数类			符号或 O/$\overline{U}$
FPREM、FPREMI	Q_2	Q_1	0: 换算完毕 1: 换算未完	Q_0 或 O/$\overline{U}$
FIST、FBSTP、FRINDINT、FST、FSTP、FADD、FMUL、FDIV、FDIVP、FSUB、FSUBR、FSCALE、FSQRT、FPATAN、F2XM1、FYL2X、FYL2XP1	没有定义			向上含入或 O/$\overline{U}$
FPTA、FSIN、FCOS、FSINCOS	没有定义		0: 换算完毕 1: 换算未完	向上含入或 O/$\overline{U}$ 若 C_2 = 1，则没有定义
FCHS、FABS、FXCH、FINCSTP、FDECSTP（装常数）、FXTRACT、FLDS、FILD、FBLD、FSTP（扩展的实数）	没有定义			零或 O/$\overline{U}$
FLDENV、FRSTOR	装入的每一位都来自存储器			
FLDCW、FSTENV、FSTCW、FSTSW、FCLEX	没有定义			
FINIT、FSAVE	零	零	零	零

表 7-2　浮点部件与整数部件标志位之间对应关系

浮点部件标志	整数部件标志
C_0	CF
C_1	无
C_2	PF
C_3	ZF

bit7（ES）：概括出错状态位。当任何一个非屏蔽的异常状态位，即本状态字中的 bit5~bit0 置 1，就把 bit7 也置 1；否则，就将其清 0。而每当将出错状态位置 1 时，就随之发出 FERR（浮点出错）信号。

bit6(SF)：堆栈标志位。用它与 bit9(C₁) 区别是由于堆栈上溢而出现的无效操作，还是由于堆栈下溢而出现的无效操作。当 SF 置 1，bit9(C₁)=1 表示上溢；bit9(C₁)=0 表示下溢。

bit5(PE)：精度异常位。如果计算结果必须圆整，则将 bit5 置 1，这样可用浮点数格式表示它们的精确值；否则清 0。

bit4(UE)：下溢事故标志位。当计算结果按指定的浮点数格式存储，由于其数值太小而不能给以正确表示时，就将 bit4 置 1；否则清 0。

bit3(OE)：溢出事故标志位，每当计算结果按指定的浮点数格式存储时，由于其数值太大而不能给以正确表示时，就将 bit3 置 1；否则清 0。

bit2(ZE)：除数为 0 的事故标志。它表示除数是否为 0 和被除数是否是一个非 0 值。如果除数为 0，则该位置 1；否则清 0。

bit1(DE)：非规格化操作数事故标志位。它表示指令是否企图对非规格化数进行操作，或操作时是否至少出现了一个非规格化的操作数。如果操作时出现了非规格化的操作数，则该位置 1；否则清 0。

bit0(IE)：无效操作事故标志位。表示是否为若干种非法操作中的一种，如在 NaN 上操作负数开平方等。若为非法操作，则该位置 1；否则清 0。

由上述可知，根据其作用，状态字又可以进一步细分成 2 个字段。一个是异常标志字段，状态字中的 bit5～bit0 是异常标志字段。若任何一位置 1，则说明浮点部件在执行指令时遇到了异常，表明浮点部件检测到 6 个可能的异常条件中的某一个，因为这些状态位最后均会清 0 或复位。这些位都是"黏性"位，只能由 FINIT、FCLEX、FLDENV、FSAVE 以及 FRSTOR 等指令将其清 0。浮点部件可利用其拥有控制字中的屏蔽位对状态字中 bit5～bit0 这 6 种异常标志进行屏蔽。另一个则是状态位字段，状态字中的 bit15～bit6 为状态位字段。状态字中的 bit7 是 6 个异常的总汇状态位。若这 6 位未被屏蔽的异常位中任何一位置 1，则均把 bit7 置 1；否则就清 0。当借助于 FLDENV 指令(装环境)或 FRSTOR 指令(恢复状态)向状态字装新值时，bit7 以及 bit15 的值并非来自存储器，而由状态字的异常标志位以及控制字中与其对应的屏蔽位来决定。

表 7-3 中列出了 bit5～bit0 这 6 种异常标志位，以及异常标志位被屏蔽时的相应动作。

表 7-3 浮点部件异常

位	异常	出现情况	被屏蔽时出现的动作
bit5(PE)	精度异常	若计算结果不能用规定的浮点数格式给以精确的表示，必须进行必要的圆整处理	按正常操作步骤继续下一步处理
bit4(UE)	下溢异常	计算结果为非 0 值，但按指定格式存储时，由于值太小，不能精确给以表示，若下溢异常屏蔽，则会引起精度损失	结果为非规格化的数或零
bit3(OE)	溢出异常	计算结果太大，按指定的浮点数格式没法表示时，出现溢出异常	结果为最大极限值或无穷大
bit2(ZE)	除数为零异常	出现除数为零，被除数为一非零值	结果为无穷大
bit1(DE)	非规格化操作数异常	企图对非规格化数进行操作，或操作时出现一个非规格化数	继续进行规格化处理

续表

位	异常	出现情况	被屏蔽时出现的动作
bit0(IE)	无效操作异常	出现非法操作中的一种,像在一个 NaN(不是一个数)上操作,负数开平方或堆栈上下溢时执行的操作	结果是 NaN 整数不定数或二-十进制不定数

若控制字没有屏蔽某一异常状态,在发生 6 种异常之一时,则必须执行如下 3 种操作。其一是将状态字中所对应的异常标志位置 1;其二是将出错状态位置 1;其三是发出浮点出错信号。

7.2.4 控制字寄存器

Pentium 微处理器的片内浮点部件能提供几种处理选择,这些选项通过把存储器中的一个字装入控制字来选择。图 7-4 展示了控制字格式以及各字段的意义。控制字内包括事故屏蔽位、允许中断屏蔽位以及若干控制位。

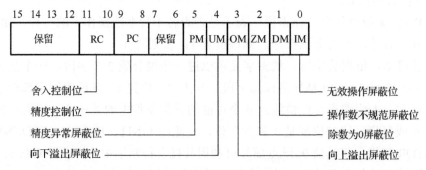

图 7-4   FPU 的控制字寄存器

bit11~bit10:舍入控制位,两位的圆整控制字段,影响算术运算指令及某些非算术指令,如 FLD 常数和 FST(P)mem 指令。可使用的 4 种圆整方式如下。

00 = 无偏差的向最近的值或偶数值圆整;

01 = 朝负无穷大方向舍入;

10 = 朝正无穷大方向舍入;

11 = 朝 0 方向截断。

bit9~bit8:精度控制位,两位的精度控制字段,用于设置 FPU 的内部操作精度,缺省精度 64 位有效数。这些控制位用于提供与早期算术处理器的兼容性。精度控制位只影响 ADD、SUB(R)、MUL、DIV(R)和 SQRT 五种算术运算指令的结果,其他操作不受精度控制位的影响。可使用的 3 种精度表示如下。

00 = 单精度(24 位短实数);

01 = 保留;

10 = 双精度(53 位长实数);

11 = 扩展精度(64 位暂时实数)。

bit5~bit0:屏蔽状态寄存器低 5 位 PM ~IM 指示的错误。相应位置 1 表示屏蔽相应的数值异常。Pentium 微处理器识别的 6 个浮点异常中的每一个都能独立进行屏蔽。控制字中的异常屏蔽表明：浮点部件应该处理哪一个异常以及哪一个异常能使浮点部件产生中断信号。

7.2.5　标记字寄存器

标记字指示堆栈每一个寄存器的内容，以辨别数值寄存器存储单元空还是不空，图 7-5 展示了标记字各字段。它优化了浮点部件的性能，利用它还允许异常处理程序检验堆栈存储单元的内容，但不必对实际数据执行复杂的译码操作。16 位宽的标记字寄存器分成 8 个两位宽的寄存器，分别对应 8 个数值寄存器，各个标记值对应于物理寄存器 0～7，如图 7-5 所示。标记字寄存器的 bit1、bit0 对应 R_0 数据寄存器，bit3、bit2 对应 R_1 数据寄存器，显然 bit15、bit14 对应数据寄存器 R_7，用两位二进制数作为标记，以便 CPU 只需通过检查标记位，就可以知道数值寄存器是否为空等。程序员需用存储在 FPU 状态字中的当前栈顶指针（TOP），使这些标记值与相对栈寄存器 ST(0)～ST(7) 联系起来。

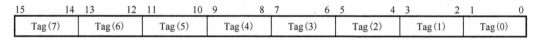

图 7-5　FPU 的标记字寄存器

Tag 值：

00=有效；

01=零；

10=特殊情况，无效(不是一个数，不被支持)、无穷大或非规格数；

11=空。

各个标记的确切值在执行指令 FSTENV 和 FSAVE 期间，根据非空堆栈位置上的实际内容而生成。而在执行其他指令时，处理机只是通过修改标记字的办法来说明一个堆栈单元是空的还是非空的。因此，浮点部件标记字有可能与以前保存的 FPU 状态、修改标记字以及重装浮点部件状态时的内容不一样。在这种情况下可以用一段程序来修改浮点部件标记字给以证明。

例 7-2　假定 FPU 寄存器 0 为空，Tag(0)=01(零)，请编程实现的以下步骤。

(1) FSAVE/FSTENV 把 FPU 状态存入存储器 M。M[Tag(0)]=01(零)。

(2) 修改存储器，使 M[Tag(0)]=10(特殊、无穷大或非规格数)。

(3) FLDENV 从存储器 M 把状态装入 FPU。

(4) FSAVE/FSTENV 再次把 FPU 状态存入 M，M[Tag(0)]的值将为 01。

修改标记字程序如下：

```
NAME TAGWORD
DATA SEGMENT RW USE16
FPSTATE DW 7 DUP(?)
FPSTATE2 DW 7 DUP(?)
DATA ENDS
```

```
CODE SEGMENT ER PUBLIC USE16
    ASSUME DS: DATA, SS: STACK
START:
      MOV  AX,DATA
      MOV  DS,AX                  ;置段寄存器
      FINIT                       ;初始化 FPU
      FLDZ                        ;装入零
      MOV  BX,OFFSET FPSTATE
      FSAVE [BX]                  ;保存 FPU 状态
      MOV  AX,[BX+4]              ;标记字,AX 应为 0FFFDH
                                  ;FPU 栈项的值为零,其余寄存器均为空
      MOV  WORD PTR[BX+4],0FFFEH  ;把零标记(01)改成无效标记(10)
      FLDENV [BX]
      MOV  BX,OFFSET FPSTATE2
      FSAVE [BX]                  ;保存 FPU 状态
CODE ENDS
END START
```

7.2.6　最后的指令操作码字段

如图 7-6 所示的操作码字段说明了执行的最后一条非控制浮点部件指令的 11 位格式。从图中可以看出，第一个指令字节和第二个指令字节组合起来形成了操作码字段。因为所有的浮点指令共享第一个指令字节中的高 5 位，所以决不能将这 5 位也放到操作码字段内。从图中还可以看出，操作码字段中的低序字节实际上是第二个指令字节内容。

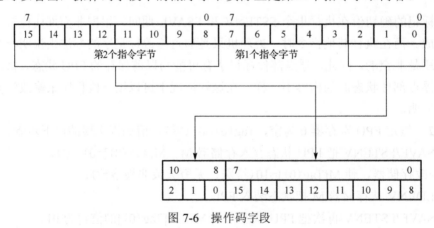

图 7-6　操作码字段

7.2.7　数值指令和数据指针

数值指令和数据指针为编程的异常处理程序提供支持。由于有了数值指令和数据指针的大力支持，才可编写出各式各样的异常处理程序。Pentium 微处理器的算术及逻辑运算部件与片内的浮点部件执行的是并行操作。因此，每当浮点部件在执行浮点指令时，不论检测到何种错误，都可以在执行完出错的浮点指令后报告出来。为能把

有错的数值运算的浮点指令标识出来，Pentium 微处理器片内浮点部件还配备了两个指针寄存器，一个称为指令指针寄存器，另一个称为数据指针寄存器，分别用来保存出错的指令地址和存放操作数的存储器地址。这样就为用户自己编写错误处理程序提供了很大方便。

用户可以用浮点部件的 FSTENV、FLDENV、FSAVE 及 FRSTOR 等 ESC 指令访问这些寄存器。FINIT 和 FSAVE 指令在把这些寄存器写入存储器后就清除它们。每当处理器译码出除 FNNIT、FCLEX、FLDCW、FSTCW、FSTSW、FSTSWAX、FSTENV、FLDENV、FSAVE、FRSTOR 和 FWAIT 之外的一条 ESC 指令时，它就把指令地址、操作码及操作数地址保存在一些寄存器中，然后就可由用户对其进行访问。在执行上述任何一种控制指令时，这些寄存器中的内容保持不变。若前面一条 ESC 指令无存储器操作数，则操作数地址寄存器的内容无定义。

由于 Pentium 微处理器既可以在保护模式下操作，也可以在实地址模式下运行，为与其相适应，当数值指令和数据指针存储在存储器中时，它们以四种格式中的一种出现，所表现出的格式取决于处理器的操作方式和起作用的操作数尺寸属性（32 位操作数或 16 位操作数）。在虚拟 8086 模式下，用实地址模式的格式。图 7-7 ~ 图 7-10 展示了执行 FSTENV 指令后被存储起来的这些指针。FSTENV 和 FSAVE 指令把这个数据存储到存储器中，使异常处理程序能确定任何可能遇到的数值异常的精确性质。

与 80387 和 80287 数值协同处理器一样，Pentium 微处理器的浮点部件的指令地址也是指示指令前的指令前缀。与 8087 数值协同处理器的不同点是，8087 指令地址仅指向 ESC 类指令操作码。

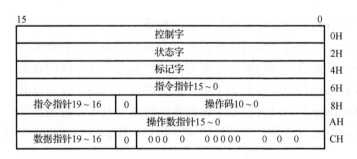

15			0	
控制字				0H
状态字				2H
标记字				4H
指令指针 15 ~ 0				6H
指令指针 19 ~ 16	0	操作码 10 ~ 0		8H
操作数指针 15 ~ 0				AH
数据指针 19 ~ 16	0	000 0 00000 0 0 0		CH

图 7-7 实地址模式下数值指令和数据指针（16 位）

31	24 23	16	15	8 7	0	
保留			控制字			0H
保留			状态字			4H
保留			标记字			8H
保留			指令指针 15 ~ 0			CH
指令指针 31 ~ 16			0	操作码 10 ~ 0		10H
保留			操作数指针 15 ~ 0			14H
操作数指针 31 ~ 16			0000 00000000			18H

图 7-8 实地址模式下浮点部件数值指令和数据指针（32 位）

15	0	
控制字		0H
状态字		2H
标记字		4H
指令指针偏移量		6H
代码段 选择符		8H
操作数 偏移量		AH
操作数 选择符		CH

图 7-9　保护模式下浮点部件数值指令和数据指针（16 位）

31	24 23	16 15	8 7	0	
保留			控制字		0H
保留			状态字		4H
保留			标记字		8H
指令指针			偏移量		CH
0000操作码10～0			代码段选择符		10H
数据操作数			偏移量		14H
保留			操作数选择符		18H

图 7-10　保护模式下浮点部件数值指令和数据指针（32 位）

习　题　7

7-1　简述 Pentium 浮点部件寄存器堆栈的构成。

7-2　简述 Pentium 浮点部件有哪些数据寄存器及其各字段的意义。

7-3　简述 Pentium 浮点部件状态字寄存器的组成及其各字段的意义。

7-4　简述 Pentium 浮点部件标记字寄存器的组成及其各字段的意义。

7-5　简述 Pentium 浮点部件控制字寄存器的组成及其各字段的意义。

7-6　简述 Pentium 浮点部件实地址模式下和保护模式下的数值指令和数据指针。

第8章 中　　断

中断是控制输入/输出的一项关键技术，可以应用于许多场合。从 80x86 到 Pentium 系列，各代 Intel 微处理器的中断功能是向下兼容的，也就是说 80x86 系列的中断功能被后续的系列包括 Pentium 系列支持。Intel 系列微处理器具有 256 类中断，包括由软件触发的中断和由硬件触发的中断。到 PentiumⅡ为止，前 18 类中断已定义为专用中断，也就是不能由用户自己定义的中断。

8.1　概　　述

8.1.1　中断的概念

中断作为微型计算机的核心部分和外围设备通信的一个重要的接口，意思就是无论核心部分在做什么，都要停下来对其进行处理，转而执行一段专为这个外围设备编写的程序，执行完以后，才恢复刚才所做的工作。举个例子来说，我们每按一下键盘，就产生一个键盘中断，CPU 就要停下当前的工作来对其进行处理，记录哪个键被按下了。如果按下这个键要对应某一个操作，就赶快先做这个操作，做完之后，才恢复刚才的工作。对于接在串口上的 MODEM 也是一样的，当从电话线上传来数据，这个串口就会产生一个中断，CPU 就要停下来，先将数据收下，放到一个安全的地方。例如，能够一边写文章，一边从网上下载数据，就全靠中断的正常工作。

那么什么是中断？中断是指 CPU 在正常运行程序时，由于内部/外部事件或由程序预先安排的事件，引起 CPU 暂时停止正在运行的程序，转到为该内部/外部事件或预先安排的事件服务的程序中，服务完毕，再返回继续运行被暂时中断的程序，这个过程称为中断。引起中断的事件称为中断源。中断源向 CPU 提出处理的请求称为中断请求。发生中断时被打断程序的暂停点称为断点。CPU 暂停现行程序而转为响应中断请求的过程称为中断响应。处理中断源的程序称为中断处理程序。原来正常运行的程序称为主程序。CPU 执行有关的中断处理程序称为中断处理。而返回断点的过程称为中断返回。中断的实现由软件和硬件综合完成，硬件部分称为硬件装置；软件部分称为软件处理程序。程序中断类似于子程序调用，但有很大的区别，子程序的调用是由程序员预先安排好在程序运行到某一步进行的，通过调用命令实现；而中断往往是突发的、无法预知何时发生的事件。

8.1.2　中断源分类

在明确了中断的概念后，我们再来介绍中断的类型。现代微型计算机都根据实际需要配置不同类型的中断机构，因此，按照不同的分类方法就有不同的中断类型。目前很多小型机系统都采用按中断事件来源进行划分的方式进行分类。根据中断源的不同，可以把中断分为硬件中断和软件中断两大类，而硬件中断又可以分为外部中断和内部中断两类。

外部中断一般是指由计算机外设发出的中断请求，如键盘中断、打印机中断、定时器中断等。外部中断是可以屏蔽的中断，也就是说，利用中断控制器可以屏蔽这些外部设备的中断请求。内部中断是指由硬件出错(如突然掉电、奇偶校验错等)或运算出错(如除数为零、运算溢出、单步中断等)所引起的中断。内部中断是不可屏蔽的中断。硬件中断有如下两个来源。

(1)可屏蔽的中断。即在 CPU 的 INTR 输入引脚上接收的中断请求。除非中断使能标志位 IF 置 1，否则不会发生可屏蔽中断(INTR)。

(2)不可屏蔽的中断。它是在处理器的 NMI 输入脚上接收到的。处理器不提供防止非屏蔽中断(NMI)的机制。

软件中断其实并不是真正的中断，它们只是可被调用执行的一般程序。例如，ROMBIOS 中的各种外部设备管理中断服务程序(键盘管理中断、显示器管理中断、打印机管理中断等)，以及 DOS 的系统功能调用(INT 21H)等都是软件中断。

软件中断又可分为异常中断与 INT n 指令中断两类，前者多数是由处理器内部非正常的操作引发的。异常则是在引起异常的指令被执行时发生的，处理在执行指令的过程中由处理器检测到的情况，如除数为零。通常，中断和异常的服务是以对应用程序透明的方式执行的。异常有如下两个来源。

(1)处理器检测的异常。被进一步分类为故障(Fault)、自陷(Trap)和中止(Abort)。

(2)被编程的异常。INT 0、INT 3、INT n 和 BOUND 指令可以触发异常。这些指令常被称为软件中断，但处理器像处理异常一样处理它们。

8.2　硬件中断与软件中断

中断是 CPU 处理外部突发事件的一个重要技术。它能使 CPU 在运行过程中对外部事件发出的中断请求及时地进行处理，处理完成后又立即返回断点，继续进行 CPU 原来的工作。Pentium 的中断如同 80x86 系列一样，分为硬件中断与软件中断两大类。硬件中断是由处理器的外部事件引起的，一般在处理器的有关引脚上输入信号以请求这种中断。软件中断是由 CPU 内部执行程序指令触发的，它自然与指令的执行同步发生。图 8-1 概括地描述了 Pentium 系列的全部中断系统的功能。

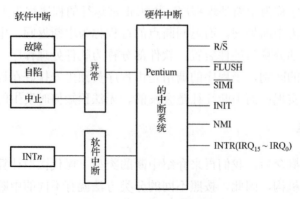

图 8-1　Pentium 的中断系统

8.2.1　硬件中断

传统的硬件中断由非屏蔽中断请求输入引脚与可屏蔽中断请求输入引脚(INTR)产生，Pentium 则增加了 R/$\overline{\text{S}}$、$\overline{\text{FLUSH}}$、$\overline{\text{SMI}}$ 与 INIT 4 个中断输入引脚。

R/$\overline{\text{S}}$：恢复/停止引脚。当该引脚上出现低电平时即停止当前指令的执行，上升到高电平后又重新启动指令的执行。

$\overline{\text{FLUSH}}$：刷新引脚。如果该引脚上出现低电平，则要将 Cache 的内容写回主存中。在刷新完成后，Pentium 将发出一个刷新应答周期。

$\overline{\text{SMI}}$：系统管理中断引脚。当该引脚上出现至少 2 个 CLK 的低电平时，Pentium 执行完当前指令就会激活 $\overline{\text{SMIACT}}$ 输出低电平，向外界发出即将进入系统管理模式的提示信号。此后，等待外界输入的 $\overline{\text{EWBE}}$ 信号有效，通知 Pentium 现在可以将寄存器内容暂时写入系统管理 RAM(SMRAM)中保存，直至整个写周期结束后立即进入系统管理模式，执行相应的中断处理程序，实现必要的功能。在系统管理模式中执行重新启动的 RSM(Resume from Management Mode)指令后，又可将 SMRAM 保存的内容重新载入 Pentium 寄存器，使系统恢复运行被中断的程序。

INIT：初始化引脚。在此引脚上输入至少两个 CLK 的高电平就会迫使系统进入初始化，其内部操作类似系统复位；所不同的是内部 Cache、写缓冲器、方式寄存器与浮点寄存器等均不复位而保留原值，仅复位控制寄存器 CR_0 的 PE 位，使系统进入实模式。

Pentium 这 6 个中断输入引脚的优先级从高到低排列如下：

$$\text{R/}\overline{\text{S}}、\overline{\text{FLUSH}}、\overline{\text{SMI}}、\text{INIT}、\text{NMI}、\text{INTR}$$

Pentium 的非屏蔽中断通常是由严重的硬件错误引发的，如存储器奇偶校验出错或总线错误等。当 NMI 引脚上接收高电平时就会立即停止当前操作，转而执行 2 号中断向量做相应的应急处理。

Pentium 的可屏蔽中断可通过复位标志寄存器 Eflags 中的中断允许标志 IE 实施封锁，在实模式下使用 CLI 指令即可达到此目的，这时处理器不会理睬 INTR 引脚上的信号变化。另一条指令 STI 则是设置中断允许标志。

8.2.2　异常中断

与处理器外部引发的硬件中断截然相反，异常中断与软件中断由处理器内部产生。异常中断是指令执行过程中引起的内部异常操作处理，它不受中断允许标志 IE 的控制。

异常被分为故障、自陷和中止，取决于它们被报告的方式和是否支持重新启动引起异常的指令。

1. 故障

故障指在已被检测到异常的指令之前的指令边界上报告的异常。首先将产生这种异常操作的指令的地址保存到堆栈中；然后进入中断服务做排除故障的相应处理，最后返回执行曾经产生异常操作的指令，如果不再出现异常则指令可以正常地继续执行下去。

2. 自陷

自陷指在已被检测到异常的指令之后紧接着的指令边界上报告的异常。如同硬件中断一样，CPU 执行到当前的异常指令后将下一条指令的地址保存到堆栈中，然后进入相应的中断服务子程序处理异常事件，处理完毕后再返回原处执行主程序。

3. 中止

中止指并不总是报告引起异常的指令位置，并且不允许引起异常的程序重新启动。与前两者不同，中止不保存中断地址，这是系统本身无法处理的错误。因此一旦出现中止，系统将无法恢复原操作。这类破坏性异常往往由某部分硬件失效或者非法的系统调用，如中断向量表出错所致。中止被用来报告几种错误，如硬件错误和在系统表中有不一致的或非法的值。

8.2.3　INT *n* 指令中断

软件中断是由 INT *n* 指令引起的，这里的 *n* 是中断向量类型号。软件中断又分成 BIOS 中断与 DOS 中断。BIOS 中断的中断入口地址在 PC 的 BIOS 中，它是用户程序与机器硬件之间的一个重要接口。DOS 中断则只有待操作系统载入并启动后才可调用，可以说，多数 DOS 软件中断实际上是功能子程序的调用。在 MS-DOS 操作系统中设计了大量的功能子程序，一个中断向量类型号通常可以调用许多不同功能的中断服务子程序，例如 INT 21H 就是一个功能最强大的中断调用，有近 100 个可供调用的子程序。

最常用的子程序调用方法是：先将子程序的编号(也称调用值)装入寄存器 AH；然后请求中断，如等待从键盘输入一个字符，同时在屏幕上显示出来并将字符码存入寄存器 AL 后返回的调用语句如下：

```
MOV  AH,01H
INT  21H
```

8.2.4　异常和中断向量

早期的微机系统中将由硬件产生的中断标识码称为中断向量。中断标识码是中断源的识别标志，可用来形成相应的中断服务程序的入口地址或存放中断服务程序的首地址。在 Pentium 中，中断向量是指中断服务程序的入口地址。将中断向量存放在预先设置好的一块内存区域，称这一片内存区为中断向量表。8086～Pentium 系统的中断向量表中的中断向量不尽相同。前 5 个中断向量在 8086～Pentium4 的所有 Intel 系列微处理器中都是相同的，其他专用中断向量仅仅用在 80286 及向上兼容的 80386、80486 和 Pentium 中，与 8086 或 8088 不兼容。Intel 保留了前 32 个中断向量作为微处理器系列专用向量，后面的 224 个向量由用户定义。前 32 个专用中断向量的功能见表 8-1。

表 8-1 Intel 微处理器专用的异常和中断向量

中断类型	功能	备注
类型 0	除法错中断，发生在除法结果溢出或除数为零时	
类型 1	单步或陷阱中断，如果陷阱标志位(TF)置 1，则在每条指令执行后发生中断	
类型 2	非屏蔽硬件中断，是微处理器的 NMI 引脚置为逻辑 1 引起的中断，该中断是非屏蔽的，不能被禁止	
类型 3	1 字节中断或断点中断，是一个特殊的单字节指令(INT3)。使用该向量访问断点中断服务程序。INT3 指令常用于调试程序，设置断点	
类型 4	溢出中断，INT0 指令专用的向量，如果有溢出标志(Overflow Flag，OF)出现，则 INT0 指令中断正在执行程序使之转向溢出处理	执行 INT0 指令的条件中断
类型 5	边界中断，将寄存器与存储器中的边界值相比较的指令。如果寄存器的内容大于或等于存储器中的第 1 个字，且小于或等于存储器中第 2 个字，则不发生中断，因为寄存器的内容在边界之内。如果寄存器的内容超出边界，则发生类型 5 中断	执行 BOUND 指令的条件中断
类型 6	无效操作码中断，在程序中遇到未定义的操作码时发生中断	
类型 7	协处理器不存在中断，当在一个系统中未找到协处理器时发生此中断，机器状态字(Machine Status Word，MSW)的协处理器控制位同时指示该状态。如果执行了 ESC 或 WAIT 指令且未找到协处理器，则发生类型 7 异常或中断	
类型 8	双错误中断，在同一指令期间发生 2 个独立的中断时激活此类中断	
类型 9	协处理器段超限中断，如果 ESC 指令(协处理器操作码)的存储器操作数扩展超出偏移地址 0FFFFH，则发生该中断	
类型 10	无效任务状态段中断，因 TSS 无效而发生中断，大多数情况下是由 TSS 未被初始化而引起的	
类型 11	段不存在中断，当描述符中的 P 位 (P=0)指示段不存在或无效时发生该中断	
类型 12	堆栈超限中断，堆栈段不存在或堆栈段超限	
类型 13	一般性保护中断，在 80286～Pentium Ⅱ 的保护模式系统中，如果违反了大多数保护模式，则发生此中断(这些错误在 Windows 中表现为一般性保护错)	
类型 14	页面错误中断，在 80386、80486 和 Pentium～Pentium Ⅱ 微处理中，访问页面错误的存储器或代码时发生此中断	
类型 15	未分配	
类型 16	协处理器错误中断，对于 80386、80486 和 Pentium～Pentium Ⅱ 微处理器的 ESC 或 WAIT 指令，发生协处理器错误(ERROR= 0#)时发生中断	
类型 17	对齐检查中断，指示字和双数据存储在奇地址存储单元(或一个双字存储在不正确的存储单元)。该中断只在 80486 和 Pentium～Pentium Ⅱ 微处理器中有效	
类型 18	机器检查中断，在 Pentium～Pentium Ⅱ 微处理器中激活一个系统存储器管理模式中断	
类型 19～31	保留，未使用	
类型 32～255	可屏蔽中断	

　　NMI 中断和异常被分配在中断向量号为 0 ～31 的范围内。这些向量现在还没有全被微处理器使用，此范围中未被分配的向量保留，供将来扩展应用类型的中断使用。目前，不要使用未分配的向量。

　　可屏蔽中断用的向量由硬件决定。外部的中断控制器(如 Intel 的 82C59A 可编程中断控制器)在它的中断响应周期内把向量输出到处理器的总线上。32 ～255 中的任一向量都能使用。

8.2.5　指令的重新启动

对于大多数异常和中断，在当前指令结束前不会发生执行的转移。这使 EIP 寄存器仍指向异常或中断发生时正被执行的指令之后的指令。如果该指令有重复前缀，则转移发生在当前次重复的末尾，且寄存器被置为执行下一次重复。但如果异常是故障，则处理器的寄存器被恢复到指令执行开始前所保持的状态。这允许实现指令的重新启动。

指令重新启动用来处理拦阻操作数访问的异常。例如，应用程序可以引用不存在于存储器中的段内数据。当这个异常发生时，异常处理程序必须装入该段（很可能要从硬磁盘装入），并且从引起异常的指令开始重新执行。在异常发生时，指令可能已经更新了某些处理器寄存器的内容。如果该指令从堆栈读操作数，则必须恢复指向它的先前值的堆栈指针。这些所有的恢复操作都由处理器以对应用程序完全透明的方式执行。

当故障发生时，EIP 寄存器被恢复为指向接收到异常的指令。当异常处理程序返回时，从这条指令开始恢复执行。

8.3　中断描述符表和中断描述符

8.3.1　中断描述符表

中断描述符表把每个异常或中断的向量与一个描述符联系在一起，该描述符用于为相应事件服务的过程或任务。同 GDT 和 LDT 一样，IDT 是许多 8 字节描述符的区域。同 GDT 不一样的是，IDT 的第一项可以含有一个描述符。处理器将异常或中断的向量值乘以 8，即该描述符中的字节数，以形成进入 IDT 的变址值。因为只存在 256 个向量，所以 IDT 不需要含有多于 256 个的描述符。它可以含有少于 256 个的描述符，只需要用于可能出现的中断向量的描述符。

IDT 可驻留在物理存储器的任何位置。如图 8-2 所示，处理器用 IDTR 寄存器定位 IDT。这个寄存器保存 IDT 的 32 位基地址和 16 位段限。LIDT 和 SIDT 指令装入和存储 IDTR 寄存器的内容。两条指令都有一个操作数，它是存储器中 6 字节的地址。

如果一个向量超过段限引用一个描述符，则处理器进入停工模式。在这种方式中，处理器停止执行检查，直到接收到 NMI 中断或请求复位初始化为止。处理器产生特别的总线周期以表示它已进入停工模式。软件设计者可能需要知道硬件对接收这个信号的响应。例如，硬件可以接通前面板上的指示灯，产生 NMI 中断以记录诊断信息，或请求复位初始化。

LIDT 装入 IDT 寄存器指令是用保存在存储器操作数中的基地址和段限装入 IDTR 寄存器。这条指令只能在 CPL 为 0 时被执行。它通常在建立 IDT 时由操作系统的初始化代码使用。操作系统还可以用它从一个 IDT 变到另一个。

SIDT 存储 IDT 寄存器指令是把存放在 IDTR 中的基地址和段限值复制到存储器。这条指令可以在任一特权级上执行。

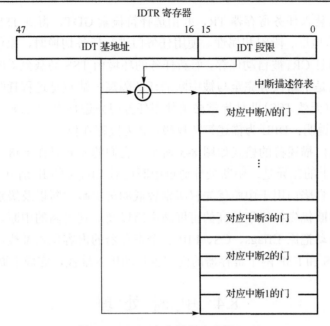

图 8-2 IDTR 在存储器中定位 IDT

8.3.2 中断描述符

中断描述符表中可含有 3 种类型的描述符：任务门、中断门和自陷门。图 8-3 展示了这 3 种类型描述符的格式。

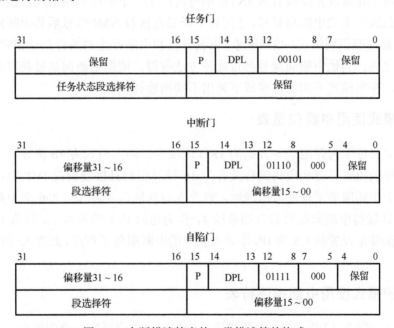

图 8-3 中断描述符表的 3 类描述符的格式

从图 8-3 可以看出，中断描述符表中的任务门与全局描述符表和局部描述符表中的任务门是一样的。任务门是 8 字节的，用于任务切换，它给出的是任务状态段 TSS 的选择符。

此描述符被读出后装入任务寄存器 TR,并由选择符检索 GDT,得到 TSS 描述符。由此描述符得到 TSS 的基地址、段限和属性。使用任务门进行任务切换时,原任务的环境包括全部基本结构寄存器且 CR₃ 被自动保存,而新任务的环境由 TSS 装载到 CPU。使用任务门进行中断处理的优点是中断任务完全与被中断的任务隔离;缺点是过程耗时较长,中断向量 8(双重故障)和 10(无效 TSS)两种异常必须使用任务门来进行中断处理。

图 8-3 中符号说明:DPL 为描述符特权级;P 为段存在位。

中断门和自陷门描述符的格式如图 8-3 所示。它们的差异只在 bit8 上,中断门为 0,自陷门为 1。功能上的差异是:中断处理通过中断门时 Eflags 的 IF 清 0,而自陷门不改变 IF 的状态。因此,自陷门用于中断优先权级别较低的可屏蔽中断以及级别更低的中断和异常;中断门用于中断优先权级别较高的可屏蔽中断以及级别更高的中断。使用中断门或自陷门时,处理器自动把原 Eflags、CS、EIP 三个寄存器的内容压入堆栈,若特权级发生变动,原特权级的 SS 和 ESP 两个寄存器的内容也自动压入堆栈,完成中断现场的保护。

8.4　中　断　处　理

中断处理过程类似于 CALL 指令的执行过程,只是中断处理子程序的入口地址信息存于一个表内,实模式为中断向量表(IVT),保护模式为中断描述符表。要以中断向量号检索表才能得到中断服务子程序入口地址,CPU 识别中断类型取得中断号的途径有三种:第一种是指令给出的,如软件中断指令 INT n 中的 n 即为中断向量号,第二种是外部提供的,如可屏蔽中断是在处理器接收有效 INTR 信号时产生一个中断识别周期,接收外部中断控制器由数据总线送来的中断向量号,非屏蔽中断是在接收 NMI 信号后其中断向量号固定为 2,第三种是处理器识别错误、故障现象,根据异常和中断产生的条件自动指定中断向量号,除上述两种之外,其他中断向量号都按此种方法取得。依据中断向量号获取中断服务子程序入口地址,在实模式下和保护模式下采用不同的途径。

8.4.1　实模式使用中断向量表

中断向量表位于内存地址 0 开始的 1KB 区域中。因实模式为 16 位寻址,中断服务子程序入口地址的段寄存器和段内偏移量各为 16 位,它们直接登记在 IVT 中,每个中断向量号对应一个中断服务子程序入口地址,每个入口地址占 4 字节。256 个中断向量号共占用 1KB。CPU 取得中断向量号后自动乘以 4,作为访问 IVT 的偏移量,读取 IVT 相应表项把段地址和偏移量设置到 CS 和 IP,即进入相应的中断服务子程序,此进入过程如图 8-4(a) 所示。

8.4.2　保护模式使用中断描述符表

保护模式一般为 32 位寻址,中断描述符表每一个表项对应一个中断向量号,表项称为中断门、自陷门及任务门描述符。这些门描述符长为 8 字节,对应 256 个中断向量号,IDT 表长为 2KB。IDT 的内存位置由中断描述符表寄存器 IDTR 指向。

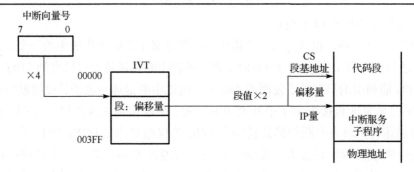

(a) 实模式下使用中断向量表

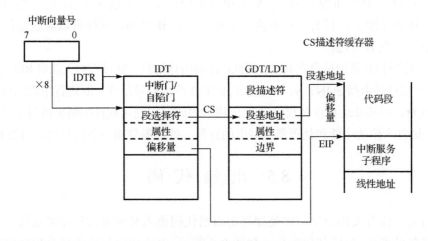

(b) 保护模式下使用中断描述符表

图 8-4 中断服务子程序的进入过程

以中断向量号乘以 8 作为访问 IDT 的偏移量,读取相应的中断门、自陷门描述符表项。门描述符给出中断服务子程序入口地址,其中 32 位偏移量装入 EIP,16 位的段值被装入 CS 寄存器。但此段值是段选择符,还必须访问 GDT 或 LDT 才得到段的基地址。保护模式下进入中断服务子程序的过程如图 8-4(b)所示。

在说明中断向量号的获取方式和实模式、保护模式下进入中断服务子程序途径这两个问题之后,现在把通常的中断处理过程总结如下。

(1)若中断处理的 CPU 控制权转换涉及特权级改变,则当前的 SS 和 ESP 这两个寄存器的内容要压入堆栈予以保存。

(2)标志寄存器 Eflags 的内容也压入此堆栈。

(3)TF 和 IF 标志被清除(有些情况 IF 不清除)。

(4)当前的代码段寄存器 CS 和指令指针 EIP 的内容也被压入此堆栈。

(5)如果中断发生伴随有错误码,则错误码也被压入此堆栈。

(6)完成上述中断断点保护后,将由以中断向量号获取的中断服务子程序入口地址分别装入 CS 及 EIP,开始执行中断服务子程序。

中断服务子程序最后的 IRET 指令使中断返回。被保存在堆栈中的中断现场信息被恢复,并由中断点继续执行原程序。

保护模式使用中断有以下要点。

(1)IDT 中的每一项，也就是每一个描述符，都定义了 256 个中断中的一个。在保护模式下，中断描述符表代替了实模式的中断向量表。虽说中断描述符表可以容纳 8192 个中断描述符，可是 CPU 能利用的只有处于前面的 256 个。所以中断描述符表的长度限制应该是 7FFh。

(2)中断门形象地直接表示了中断调用的过程：中断调用就像经过一扇门一样，这个门就是中断门描述符，因为中断门描述符中有 DPL 等权限盘查的标志，所以要想通过这扇门调用相应的中断服务程序是需要一定的资格的。与通过调用门调用一个常规过程的特权级保护类似，处理器不允许切换到比当前特权级 CPL 更低的代码段中的异常和中断过程。

(3)自陷门和中断门非常相似，一般来说自陷门用来捕获系统异常，而中断门用来响应中断。在具体的实现上，只有一点不同：中断门会将 IF 清 0，这样可以屏蔽硬件中断；但是自陷门不会改变 IF 的值。

(4)由于中断和异常向量没有 RPL，因此，在调用异常和中断过程时无法对 RPL 进行检查。

(5)处理器只对由指令 INT n、INT 3 或 INT 0 产生的异常或中断进行中断门或自陷门的 DPL 进行检查，以防止运行在特权级 3 的应用程序或过程使用软件中断来访问如页面故障等异常。对于硬件产生的中断和处理器检测出的异常，处理器忽略中断门和自陷门的 DPL。

8.5 出 错 代 码

对于与某一段有关的异常，微处理器将出错代码推入异常处理程序的堆栈，无论它是过程还是任务的堆栈。出错代码的格式如图 8-5 所示。出错代码与段选择符相似但取代 RPL 字段的是出错代码的两个 1 位的字段。

(1)如果程序的外部事件引起异常，则处理器置位 E 位，否则该位清 0。

(2)如果出错代码的变址值部分引用 IDT 中的门描述符，则处理器置位 I 位，否则该位清 0。

(3)如果 1 位清 0，则由 T 位指明出错代码的选择符引用的是 GDT(T=0)，还是 LDT(T=1)。

(4)剩下的 13 位对应于该段的选择符的高位。在某些情况下，出错代码为空(在低位字中所有位都被清 0)。

出错代码作为一个双字或字被推入堆栈。这保证了堆栈在 4 的倍数的地址上，双字的高半部分被保留。

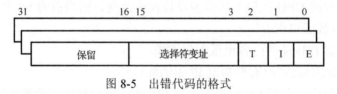

图 8-5　出错代码的格式

8.6 异 常 条 件

下面描述产生异常的条件。故障、自陷和中止为系统程序员了解重新启动发生异常的过程提供了所需要的信息。

故障——保存的 CS 和 EIP 寄存器的内容指向产生故障的指令。

自陷——保存在自陷发生时存储的 CS 和 EIP 寄存器的内容，指向产生自陷的指令之后将被执行的指令。如果在转移执行的指令期间检测到自陷，则被保存的 CS 和 EIP 的内容反映该转移。例如，若在 JMP 指令期间检测到自陷，则被保存的 CS 和 EIP 寄存器的内容指向 JMP 指令的目标，而不是指向 JMP 指令的下一地址处的指令。

中止——既不知道引起异常的指令的精确位置，又不允许重新启动引起异常的程序的那种异常。

1. 中断 0——除法错误

在 DIV 或 IDIV 指令期间，当除数为零时发生除法错误故障。

发生此类故障，被保存的 CS 和 EIP 寄存器的内容指向产生故障的指令字节。如果调试程序允许重新开始执行，则它用断点位置上的原操作码替换 INT 0 指令，并且在返回之前保留原先的 EIP 寄存器的内容。

2. 中断 1——调试异常

在某些条件下，处理器产生调试异常，该异常是故障还是自陷取决于条件，如下所示：

指令地址断点　故障
数据地址断点　自陷
一般检测　　　故障
单步　　　　　自陷
任务切换点　　自陷

对于这些异常，处理器不将出错代码推入堆栈。异常处理程序可以检查调试寄存器，以确定是什么条件引起异常。

3. 中断 3——断点

INT 3 指令产生断点自陷。INT 3 指令长为 1 字节，这使它很容易用断点操作码代替 RAM 中代码段内的操作码。操作系统或调试工具能够使用被映射到与代码段相同的物理存储器空间的数据段，以在适当位置上放置 INT 3 指令，在那里可调用调试程序。调试程序使用断点作为暂停程序执行的手段，以便检查寄存器、变量等。

发生此类自陷时，被保存的 CS 和 EIP 寄存器的内容指向紧随在断点之后的指令字节。如果调试程序允许被暂停的程序重新开始执行，则它用断点位置上的原操作码替换 INT 3 指令，并且在返回之前把被保存的 EIP 寄存器的内容减 1。

4. 中断 4——溢出

当处理器执行 INT 0 指令且 OF 置 1 时，发生溢出自陷。因为带符号和不带符号的算术运算都使用若干条相同的指令，所以处理器不能确定溢出实际发生的时间。替代的办法是当结果(如果作为带符号的数解释)将超出范围时，它就置位 OF 标志位。当对带符号的操作数执行算术运算时，OF 标志位能被直接测试，或者可使用 INT 0 指令。

5. 中断 5——界限检查

界限检查故障是在处理器执行 BOUND 指令期间发现操作数超出指令的范围时发生的。程序可使用 BOUND 指令，用在存储器块中定义的带符号的界限来校验带符号的数组索引。

6. 中断 6——无效操作码

当执行部件检测到无效操作码时就发生无效操作码异常。该异常能够在同一任务内被处理。

这个异常也发生在该操作数类型对于给定的操作码无效时。例如，使用寄存器操作数的段间 JMP 指令，或带有寄存器源操作数的 LES 指令。

产生这种异常的第三种情况是不能被锁定的指令使用了 LOCK 前缀。只有某些指令可以在使用时带有总线锁定，并且只能使用这些指令中对存储器中的目标执行写操作的指令格式。所有对 LOCK 前缀的其他用法都将产生无效操作码异常。

7. 中断 7——设备不可用

设备不可用由下列两种情况产生。

(1) 处理器执行 ESC 指令，并且 CR_0 寄存器的 EM 被置位。

(2) 处理器执行 WAIT 指令(同时 MP=1)或 ESC 指令，并且 CR_0 寄存器的 TS 置位。

因此，当编程者希望由软件处理(EM 置位)ESC 指令，或当遇到 WAIT 或 ESC 指令而浮点部件的上下文不同于当前任务的上下文时，发生中断 7。

在 Intel 286 和 Intel 386 处理器上，CR_0 的 MP 位与 TS 位一起使用，以决定 ESC 指令是否将产生异常。对于在 Pentium、Intel 486 DX 处理器和 Intel 487 SX 协处理器上运行的程序，MP 应该始终被置位。对于在 Intel 486 SX 处理器上运行的程序，MP 应该被清 0。

8. 中断 8——双重故障

通常，当处理器试着调用处理程序来处理前面的异常时又检测到一个异常，两个异常能够依次处理。但如果处理器不能串行地处理它们，则报告双重故障。为了确定什么时候两个故障被报告为双重故障，处理器把异常分为三类：良性的异常、起作用的异常和页故障。表 8-2 给出了这个分类。处理器比较第一次和第二次异常的类别，然后在由表 8-3 指出的情况下，报告双重故障。

在预取指令期间遇到的最初的段或页故障不属于表 8-3 的范围。在处理器正试图转移控制到相应的故障处理程序时，产生的任何后继故障仍可能导致双重故障。

处理器总是把出错代码推入双重故障处理程序的堆栈；然而，该出错代码总是 0。故障指令不能被重新启动。如果在试图调用双重故障处理程序时发生任何其他异常，则处理器进入停工模式。这个模式与执行 HLT 指令后的状态类似。在接收到 NMI 中断和 RESET 信号之前不执行任何指令。如果停工发生在处理器正执行 NMI 中断处理程序时，则只有 RESET 能够重新启动处理器。处理器产生一个特殊的总线周期以表示它已进入停工模式。

表 8-2　中断和异常的级别

类别	向量值	说明
良性的异常或中断	1	调试异常
	2	NMI 中断
	3	断点
	4	溢出
	5	界限检查
	6	无效操作码
	7	设备不可用
	16	浮点错
起作用的异常	0	除法错
	10	无效 TSS
	11	段不存在
	12	堆栈故障
	13	一般保护
页故障	14	页故障

表 8-3　双重故障条件

第一次异常	第二次异常		
	良性的	起作用的	页故障
良性的	OK	OK	OK
起作用的	OK	双重故障	OK
页故障	OK	双重故障	双重故障

9. 中断 9——协处理器段超限中止(Intel 保留)

中断 9 是在带有 Intel 387 数值协处理器的以 Intel 386 CPU 为基础的系统中,当 Intel 386 CPU 在传送 Intel 387 数值协处理器操作数的中间部分时检测到页或段的违规时产生的。这个中断既不会由 Pentium 微处理器产生,也不会由 Intel 486 处理器产生,而是触发中断 13 来完成保护功能代之以发生中断 13。

10. 中断 10——无效 TSS

如果企图切换任务到带有无效 TSS 的段,则将产生无效 TSS 故障。TSS 在如表 8-4 所示的情况下无效。出错代码被推入异常处理程序的堆栈,以帮助识别故障的原因。EXT 位指明该异常是否由超出程序控制的条件引起(如使用任务门的外部中断是否试图切换任务到无效 TSS)。

表 8-4　无效 TSS 的条件

出错代码变量值	说明	出错代码变量值	说明
TSS 段	TSS 段小于 67H	代码段	代码段选择符超出描述符表现
LDT 段	无效的 LDT 或 LDT 不存在		代码段不可执行
堆栈段	堆栈段选择符超出描述符表限		非依从代码段的 DPL 不等于 CPL
	堆栈段不可写		依从代码段的 DPL 大于 CPL
	堆栈段的 DPL 与 CPL 不相容	数据段	数据段选择符超出描述符表限
	堆栈段选择符的 RPL 与 CPL 不相容		数据段不可读

这个故障可能发生在原任务的上下文中，也可能发生在新任务的上下文中。在处理器完全证实新的 TSS 存在之前，异常发生在原任务的上下文中。一旦新 TSS 的存在被证实，就认为任务切换完成了；即 TR 寄存器被用于新 TSS 的段选择符装入。如果该切换是由于 CALL 或中断引起的，则新 TSS 的链路字段引用原 TSS 字段。由段处理器发现的错误在新任务的上下文中被处理。

为保证 TSS 可用于处理异常，对于无效 TSS 异常的处理程序必须是使用任务门调用的任务。

11. 中断 11——段不存在

当处理器检测到描述符的存在位清 0 时，发生段不存在异常。在下列任一种情况下，处理器都会产生这个异常。

(1)在试图装入 CS、DS、ES、FS 或 GS 寄存器期间装入 SS 寄存器引起堆栈异常。

(2)在试图用 LIDT 指令装入 IDT 寄存器期间或者在任务切换操作期间，装入 IDT 寄存器引起无效 TSS 异常。

(3)当试图使用被标记为段不存在的门描述符时。

这个故障是可重新启动的。如果异常处理程序装入了段并且返回，则被中断的程序恢复执行。

如果段不存在异常发生在任务切换期间，则并非所有的任务切换步骤都被完成。在任务切换期间，处理器首先装入所有的段寄存器，然后检查它们的内容是否有效。如果发现段不存在异常，则剩下的段寄存器不再被检查，并且因此而不能被用于引用存储器。段不存在异常的处理程序不应该依赖于使用 CS、SS、DS、ES、FS 和 GS 寄存器中找到的段选择符，否则会引起另一个异常。异常处理程序应该在试着恢复新任务之前检查所有的段寄存器；否则在以后可能发生一般保护故障，使诊断变得更困难。

有三种方式处理这种情况。

(1)用任务处理段不存在异常。返回被中断任务的任务切换使处理器在从 TSS 装入段寄存器时检查它们。

(2)对所有的段寄存器使用 PUSH 和 POP 指令。每一 POP 指令都使处理器检查段寄存器的新内容。

(3)检查保存在 SS 中的每个段寄存器的内容，模拟处理器在它装入段寄存器时进行的测试。

这个异常把出错代码推入堆栈。如果程序的外部事件引起中断，而它接着引用一个不存在的段，则出错代码的 E 置 1。如果出错代码引用 I 项(INT 指令引用一个不存在的门)，则 I 置 1。

操作系统通常使用段不存在异常来实现段级上的虚拟存储器。然而，门描述符中的不存在标志通常不表示段不存在。段不存在的门可以检查操作系统用来触发对操作系统有特定含义的异常。

12. 中断 12——堆栈异常

在两种情况下产生堆栈异常。

(1)任何涉及 SS 寄存器的操作中存在段限违规的结果。这包括面向堆栈的指令，如POP、PUSH、ENTER 和 LEAVE，以及其他隐式地或显式地使用 SS 寄存器的存储器引用(如MOV AX, [BP+6] 或 MOV AX, SS：[EAX+6])。当分配给局部变量的空间太小时，ENTER指令也产生这个异常。

(2)当试图用一个被标记为段不存在但其他方面有效的描述符装入 SS 寄存器时。这可能发生在任务切换、不同的特权级的 CALL 指令返回不同的特权级、LSS 指令或对 SS 寄存器进行数据传送的 MOV 或 POP 指令中。

当处理器检测到堆栈异常时，它把出错代码推入异常处理程序的堆栈。如果该异常是由不存在的堆栈段或在级间 CALL 期间新堆栈的溢出引起的，则出错代码包含引起异常的那个段的段选择符；否则，出错代码为空。

在所有情况下，产生这种异常的指令都是可重新启动的。被推入异常处理程序的堆栈中的返回地址指向需要重新启动的指令。这条指令通常就是引起异常的那一条。然而，在任务切换期间由装入不存在的堆栈段描述符而引起堆栈异常的情况下，其所指的指令是新任务的第一条指令。

当在任务切换期间发生堆栈异常时，段寄存器不能被用于存储器寻址。在任务切换期间，段选择符的值在检查描述符之前被装入。如果发生了堆栈异常，则剩下的段寄存器就不再被检查，并且如果使用它们就可能引起异常。堆栈异常处理程序不应该期望使用 CS、SS、DS、ES、FS 和 GS 寄存器中找到的段选择符，否则会引起另一个异常。异常处理程序应该在恢复新的任务之前检查所有的段寄存器；否则，可能在以后发生一般保护故障，使诊断更困难。

13. 中断 13——一般保护

所有违反规则而不引起另一个异常的中断都触发一般保护异常。这包括(但不局限于)以下几种。

(1)在使用 CS、DS、ES、FS 或 GS 段时超越段限。

(2)在引用描述符表时超越段限。

(3)把执行转移到不可执行的段。

(4)对只读数据段或代码段进行写操作。

(5)从只执行的代码段读。

(6)用只读段的段选择符装入 SS 寄存器(除非该选择将来自任务切换期间的 TSS，这种情况下发生无效 TSS 异常)。

(7)用对应于系统段的段选择符装入 SS、DS、ES、FS 或 GS 寄存器。

(8)用对应于只执行代码段的段选择符装入 DS、ES、FS 或 GS 寄存器。

(9)用可执行段的段选择符装入 SS 寄存器。

(10)在 DS、ES、FS 或 GS 寄存器含有一个空选择符时，用它们访问存储器。

(11)切换到忙的任务。

(12)违反特权规则。

(13)超越指令的 15 字节的长度界限(这只会发生在冗余前缀被放置在指令前面时)。

(14)试图在非 0 特权级上把 PG 置 1(分页使能)和 PE 清 0(保护禁止)装入 CR$_0$ 寄存器。

(15) 通过中断门或自陷门的中断和异常，从虚拟 8086 模式转到在非 0 特权级上的异常处理程序。

(16) 试图将 1 写入 CR_4 的保留位。

一般保护异常是故障。在响应一般保护异常时，处理器把错误代码推入异常处理程序的堆栈。如果装入描述符引起该异常，则出错代码含有该描述符的选择符；否则，出错代码为空。在出错代码中的选择符的源可能是下列之一。

(1) 指令的操作数。

(2) 来自作为指令操作数的门的选择符。

(3) 来自任务切换中涉及的 TSS 的选择符。

14．中断 14——页故障

页故障发生在分页被使能(CR_0 中的 PG 置 1)时，而处理器在将线性地址转换成物理地址期间检测到下列情况之一时产生页故障。

(1) 用于地址转换的页目录或页表项有清 0 的存在位，它表示含有操作数的页表或页在物理存储器中不存在。

(2) 过程没有足够的特权访问指定的页。

(3) 如果页故障是由违反页级保护规则引起的，则当发生页故障时，页目录中的访问位置 1。页表中的访问位仅当无页级保护规则违反时才置 1。

处理器为页故障处理程序提供两项信息，它们帮助诊断异常和从异常恢复。

(1) 堆栈上的出错代码。用于页故障的出错代码的格式与其他异常用的格式不同(图 8-6)。该出错代码告诉异常处理程序三件事。

① 该异常是由不存在的页，还是违反了访问权，或使用了保留位而引起的。

② 在异常发生时，处理器正在用户级还是管理程序级上执行。

③ 引起异常的存储器访问是读操作还是写操作。

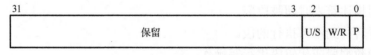

图 8-6　页故障错误代码

(2) 控制寄存器 CR_2 的内容。处理器将产生异常的 32 位线性地址装入 CR_2 寄存器。故障处理程序能使用这个地址定位相应的页目录或页表项。如果在执行页故障处理程序期间发生了另一个页故障，则异常处理程序把 CR_2 寄存器的内容推入堆栈。

图 8-6 中符号说明如下。

P=0，由一不存在的页引起的页故障；P=1，由一违背页级保护引起的页故障。

W/R=0，引起页故障的访问是一次读操作；W/R=1，引起页故障的访问是一次写操作。

U/S=0，当处理机在管理方式下执行时，由访问而引起的页故障；U/S=1，当处理机在用户方式下执行时，由访问而引起的页故障。

1) 任务转换期间的页故障

以下操作在任务转换期间将引起对存储器的访问。

(1)将原始任务的状态写入其任务状态段中。

(2)读取 GDT,以便对新任务的 TSS 描述符进行定位。

(3)读取新任务的 TSS,以检查该 TSS 的段描述符的类型。

(4)为对存储在新 TSS 中的段寄存器进行检查,可以读取新任务的 LDT。

以上任何操作都可引发页故障。而在后两种情况下,会在新任务的前后关系中出现异常。指令指针指向的是新任务的下一条指令,而不是引起任务转换的指令(或在中断情况下,指向刚被执行的最后一条指令)。如果把操作系统设计成允许页故障在任务转换期间发生,则应该通过一个任务门来调用页故障处理程序。

2)带有不一致堆栈指针的页故障

在保证一个页故障不会引起处理机使用一个无效的堆栈指针(SS:ESP)方面应特别加以注意。为 16 位微处理机编写的软件在实现向一个新堆栈变换时经常使用一对指令,例如:

```
MOV  SS,AX
MOV  SP,STACKTOP
```

由于现在使用的是 32 位的 Pentium 微处理器,又由于以上两条指令中的第二条指令将访问存储器。因此,在 SS 寄存器中的选择符改变后,以及 SP 寄存器已收到这种改变前,可能会产生页故障。在此情形下,堆栈指针(SS:SP)的两个部分是不一致的。新堆栈段正在使用的是旧的堆栈指针。

如果由页故障的处理而引起的是一个向已严格定义的堆栈的转换(处理程序是一项任务或具有较高特权的过程),Pentium 微处理器是不会使用这个不一致的堆栈指针的。然而,如果页故障在与页面处理程序有相同的特权级,并且是在与页故障处理程序相同的任务中发生,在这种情况下,Pentium 微处理器将试图使用由不一致的堆栈指针指明的堆栈。

在使用分页的系统中,系统在有故障的任务内处理页故障(借助于自陷或中断门)。当页故障处理程序通过使用指令 LSS,而不是前面提到的那一对指令来对新堆栈进行初始化处理,软件在与页故障处理程序在相同的特权级上运行。

当页故障处理程序运行在特权级 0 上时(此时为标准情形),把问题局限在特权级 0 上运行的程序上,比较典型的特权级 0 是操作系统的内核。

15. 中断 15——保留

16. 中断 16——浮点错

浮点错故障是浮点算术运算指令产生的一种错误信号,只有当控制寄存器 CR_0 中的 NE(数值异常)置 1 时,才可能出现中断 16。

如果控制寄存器 CR_0 中的 NE 置 1,在下一条非控制的浮点指令或 WAIT 指令执行前,未被屏蔽的浮点异常将导致一次中断 16。中断 16 是一种调用异常处理程序的操作系统调用。

如果 NE 清 0,且忽略 $\overline{IGNNE}$(数值异常输入信号)为非现役的,在下一条非控制浮点指令或处理机等待指令执行前,一个未被屏蔽的浮点错使 Pentium 立即被冻结。此时,被冻结的 Pentium 微处理器等待外部中断,而且这种外部中断还必须由外部硬件提供,以便响应 Pentium 的信号 $\overline{FERR}$(浮点错)。不论 NE 位的值如何,未被屏蔽的异常都会触发 Pentium 的信号 $\overline{FERR}$。在这种情况下,外部中断就会调用异常处理程序予以处理。若 NE

清 0，但信号 $\overline{\text{IGNNE}}$ 为现役的，Pentium 此时会忽略该异常且继续它的正常操作。经过外部中断来报告错误的出现，完全是为了和 DOS 兼容。

在处理数值错误时，Pentium 拥有如下两个责任问题。

(1)一旦检测到数值错误，它不能把数值上下对应关系弄乱。

(2)它必须有能力清除这个错误，并且能从错误中恢复正常状态。

对程序设计人员来说，处理这两个责任问题的方法会因实现的方式不同而不同。但对大多数数值异常处理程序来说，基本操作步骤不外如下几步。

(1)在出现异常时，如果浮点部件的环境存在就把浮点部件的环境(其中包括控制字、状态字、标记字、操作数以及指令指针等)保存起来。

(2)将状态字中的异常位清 0。

(3)如果是由于 INTR、NMI 或者 SMI 异常而被禁止的中断，则重新设置为允许中断。

(4)通过检查保存起来的环境中的状态字和控制字来识别异常类型。

(5)利用某些依赖于系统的操作去纠正异常。

(6)返回被中断的程序并且重新开始正常的执行。

1)数值异常的处理

可以采用多种形式恢复由于数值异常而被中断的程序。基于这种情况，就有可能会改变 FPU 的算术运算规则和程序设计规则。正是由于这些变化很可能需重新定义为解决出现的错误而安排的缺省值，改变程序设计人员面对的 FPU 的外部特性或者在 FPU 上已定义的算术运算规则。

对数值异常响应的改变很可能执行的是从存储器装入的非规格化数的非规格化的算术运算规则。外部特性上的改变很可能是要把寄存器堆栈扩展到存储器，为提供一个"无限"大的数值寄存器找到一个好去处。浮点部件的算术运算规则可改成自动地扩展运算精度和变量的数值范围。以上所说的这些功能都可以在 Pentium 微处理器上经由数值异常和相应的恢复程序，且以对应用程序设计人员来说为透明的方式来实现。

另外，某些与应用程序相关的操作可能如下。

(1)为以后的显示和打印增加一个异常计数器。

(2)打印或显示诊断信息，如浮点部件的环境和寄存器信息等。

(3)中止进一步向下执行。

(4)在计算结果内存储诊断后的值(不是一个数 NaN)并继续进行计算。

一个异常是否能够构成一个错误取决于应用程序。一旦异常处理程序改正了引起数值异常的条件，还可以重新启动引起异常的浮点指令，就连中断返回指令 RET 也没有这种功能。因为自陷出现在紧跟违规的 ESC 指令后的 ESC 或者 WAIT 指令上，所以异常处理程序必须获得违规指令在它的任务中的地址，并且复制该地址将其做成一个副本，在违规任务中的上下文中执行这个副本，然后由 IRET 指令返回当前指令流中。

为了能正确地改正引起数值异常故障的条件，在调用异常处理程序时，异常处理程序必须能正确识别浮点部件的精确状态，并且必须有能力重新构造 FPU 最初出现数值异常时的状态。为能重新构造浮点部件的状态，要求程序设计人员必须清楚不同类异常的特征以及对不同类异常识别的不同时间(如在数值指令执行之前还是之后)做出准确的判断识别。

无效操作、除数为 0 以及非规格化操作数等异常均是在一次操作之前被检测出来的。而上溢、下溢以及精度异常等，在最后的精确结果未计算出来之前是不会出现的，只能在计算完成之后才可能出现。当一次异常在执行一次操作之前被检测出来，此时浮点部件的寄存器堆栈以及存储器内容都还没有被更改，而且那些违规的指令也没有被执行。

如果在那些指令执行之后又检测出来异常，此时寄存器堆栈内容以及存储器内容均已表现出指令已经操作完的状况。也就是说，其内容已被修改了。但是在对一次存储操作或存储与上托出栈操作未被屏蔽的上溢/下溢的处理上与异常在执行之前被检测出来很相似，存储器内容未被修改，而且堆栈也没有执行上托出栈操作。

2) 对同时发生异常的响应

在多个异常同时出现的情况下，浮点部件会根据下面所列出的优先顺序报告一个异常，如一个 SNaN 被除就会导致一次无效操作异常，而不是除数为 0 的异常，被屏蔽的结果是 QNaN 实型不定数，而不是无穷大。然而，一次非规格化操作数或不精确异常，就有可能会伴随着出现数值上溢或下溢异常。

各种数值异常的优先次序如下。

(1) 无效操作异常，又可进一步细分成堆栈下溢、堆栈上溢、不被支持的操作数格式、SNaN 操作数。

(2) QNaN 操作数，虽然它算不上一种异常，但若一个操作数是 QNaN，在处理这种操作数时，它的优先级别要高于较低优先级异常。例如，若用 0 来除 QNaN 就会导致一次 QNaN，但不是一次被 0 除异常。

(3) 除以上提到的或被 0 除异常之外的任何一种无效操作异常。

(4) 非规格化操作数，若已被屏蔽，则指令继续执行，于是较低优先级别的异常也会随之出现。

(5) 数值上溢和数值下溢，精度不够同时也会被标记出来。

(6) 不精确 (精度不够) 结果异常。

17. 中断 17——对准检查

对准检查故障是在对非对准的操作数进行访问时产生的。例如，一个存储在奇数字节地址上的字以及一个存储在非 4 的整数倍的地址上的双字等就是非对准的数。表 8-5 中列出了不同数据类型所要求的对准方式。为使对准检查得以进行，需满足以下条件。

表 8-5　由数据类型提出的对准要求

数据类型	地址必须能被下列数整除	数据类型	地址必须能被下列数整除
字	2	32 位段指针	2
双字	4	48 位伪描述符	4
短实数	4	存环境 FSTENV/装环境 FLDENV	4 或 2
长实数	8	指令保护区	取决于操作数的大小
暂时实数	8	存状态 FSAVE/恢复状态 FRSTOR	4 或 2
选择符	2	指令保护区	取决于操作数的大小
48 位段指针	4	位串	4
32 位平面指针	4		

(1) 控制寄存器 CR_0 上的 AM(对准屏蔽位) 为 1。

(2) 标志寄存器上的 AC(对准校验位) 为 1。

(3) 当前特权级 CPL 为 3(用户方式)。

对于那些使用指针的低 2 位来识别所访问的数据结构类型的程序,对准检查非常有用。例如,数学子程序库中的一个子程序可能需要接收指向数值型数据结构的指针。如果把该类型的指针的最低 2 位内的二进制代码 10 赋予了这个类型的结构,则数学子程序可以通过加入一个 10B(二进制数)位移来对类型码进行修正。如果子程序总是收到错误的指针类型,则说明有一个非对准访问,它就会引起一个异常。

对准检查故障只能在用户方式(特权级为 3)下产生。对特权级 0 来说,存储器的访问特权级为缺省,如对段描述符的安装等操作,即使在用户方式下的一次存储器访问,也不会产生对准检查故障。

在用户方式下,对一个 48 位伪描述符的存储可能会产生一个对准检查故障。虽然处于用户方式下的程序一般不会存储伪描述符,但是可以通过把伪描述符与一个奇数的字地址对准来避免对准检查故障。

浮点部件中的 FSAVE 存状态指令和 FRSTOR 恢复状态指令可产生引起对准检查故障的非对准访问。这两条指令在应用程序中极少使用。

习　题　8

8-1　Pentium 系列的硬件中断与软件中断各有哪些特点?

8-2　简述在 Pentium 微处理器内部有几类中断源。

8-3　Pentium 系列的故障、自陷与中止 3 类异常各有哪些特点?

8-4　简述中断向量和中断向量表及中断描述符和中断描述符表。

8-5　中断向量表与硬件中断和软件中断之间的关系如何?

8-6　在中断过程中堆栈扮演一种什么角色?

8-7　中断服务程序中为什么要保护现场?

8-8　中断返回指令 IRED 的作用是什么? 是否可用普通子程序返回指令 RET 代替?

8-9　中断系统应具备哪些功能?

8-10　简述实地址模式和保护模式下中断服务程序入口地址的形成方法。

第9章 总 线

微型计算机系统中的总线提供了信息传输及扩展特别功能的通道。总线结构在系统设计、生产、使用和维护上有很多优越性，使得总线技术能够得到迅速发展。总线结构的优越性概括起来有以下几点。

(1)便于采用模块结构，简化系统设计。

(2)总线标准可以得到厂商的广泛支持，便于生产与之兼容的硬件板卡和软件。

(3)模块结构方式便于系统的扩充和升级。

(4)便于故障诊断和维修。

(5)多个厂商的竞争和标准化带来的大规模生产降低了制造成本。

9.1 概 述

9.1.1 总线的概念

总线(Bus)一般指通过分时复用的方式，将信息从一个或多个源部件传送到一个或多个目的部件的一组传输线，是传输数据的公共通道。在微型计算机中，大部分信号由微处理器发出与接收，因此与微处理器相连的总线就像某种"区域"性的总线，称为局部总线，又称为微处理器总线(Micro Processor Bus)。而主板上大部分电子元件与芯片是通过系统总线相连的。传统的扩展总线形式都是系统总线的形式，但由于系统总线通过总线控制器与总线相连，因此随着速度要求越来越高，系统总线已不能满足要求，因此采用与微处理器总线直接连接的局部总线。如 VESA(VL-Bus)总线和 PCI(Peripheral Component Interconnect)总线，Pentium II 以后的微型计算机中还出现了 AGP 总线接口等。外部总线是连接微型计算机系统与其外部设备的总线，主要有串行通信总线 RS-232C、USB 等。

9.1.2 总线的工作原理

当总线空闲时，所有与总线相连的其他器件都以高阻态形式连接在总线上，如果这时一个器件要与目的器件通信，则发起通信的器件驱动总线，发出地址和数据。其他以高阻态形式连接在总线上的器件如果收到(或能够收到)与自己相符的地址信息后，即接收总线上的数据。发送器件完成通信，将总线让出，即输出变为高阻态。

9.1.3 总线的分类

在微型计算机中，总线可以从不同角度分成不同类型。

1. 按功能或信号类型划分

按照功能或信号类型划分，总线分为地址总线、数据总线和控制总线。几乎所有的总线都要传输三类信息：数据、地址和控制/状态信号，相应地，每一种总线都可认为是由数据总线、地址总线和控制总线构成的。数据总线用于在各个部件/设备之间传输数据信息。地址总线用于在 CPU（或 DMA 控制器）与存储器、I/O 接口之间传输地址信息。控制总线用于在 CPU（或 DMA 控制器）与存储器、I/O 接口之间传输控制和状态信息。例如，ISA 总线共有 98 条信号线，其中 16 条数据线构成数据总线；24 条地址总线构成地址总线；其余的为控制信号线，它们构成控制总线。

2. 按相对于 CPU 的位置划分

按照相对于 CPU 的位置划分，总线可分为片内总线和片外总线。片内总线是 CPU 内部的寄存器、算术逻辑部件、控制部件以及总线接口部件之间的公共信息通路。例如，CPU 芯片中的片内总线是 ALU 寄存器和控制器之间的信息通路。这种总线是由微处理机芯片生产厂家设计的，对系统的设计者和用户来说关系不大。但是随着微电子学的发展，出现了 ASIC（专用集成电路）技术，用户可以按自己的要求借助 CAD 技术设计自己的专用芯片。在这种情况下，用户就必须掌握片内总线技术。而片外总线则泛指 CPU 与外部器件之间的公共信息通道。

3. 按传输数据的方式划分

按照传输数据的方式划分，总线可以分为串行总线和并行总线。串行总线中，二进制数据逐位通过一根数据线发送到目的器件；并行总线的数据线通常超过两根。常见的串行总线有 SPI、I^2C、USB 及 RS232 等。

4. 按照时钟信号是否独立划分

按照时钟信号是否独立划分，总线可以分为同步总线和异步总线。同步总线的时钟信号独立于数据，而异步总线的时钟信号是从数据中提取出来的。SPI、I^2C 是同步串行总线，RS232 是异步串行总线。

5. 按总线的层次结构划分

按照总线的层次结构可把总线分为 CPU 总线、系统总线和外部总线。
CPU 总线是从 CPU 引脚上引出的连接线，用来实现 CPU 与外围控制芯片和功能部件之间的连接。
系统总线又称 I/O 通道总线，用来与存储器和扩充插槽上的各扩充板卡相连接。通常所说的总线大都是指系统总线。系统总线有多种标准接口，从 16 位的 ISA 到 32/64 位的 PCI 和 AGP。系统总线是通过专用的逻辑电路对 CPU 总线的信号在空间与时间上进行逻辑重组转换而来的。
外部总线又称为通信总线，用于连接外部设备，是微处理机系统与系统之间、微处理机系统与外部设备(如打印机、磁盘设备)之间以及微处理机系统和仪器仪表之间的通信通道。这种总线数据的传送方式可以是并行传送(如打印机)或串行传送,数据传送速率比片内总线的低。不同的应用场合有不同的总线标准。目前在微型计算机上流行的接口标准有 IDE(EIDE/ATA,SATA)、SCSI、USB 和 IEEE 1394 四种。前两种主要用于连接硬盘、光驱等外部存储设备,后面两种可以用来连接多种外部设备。这种总线标准并非微处理机专有的,一般是利用工业领域已有的标准。

9.1.4 总线操作

我们把 CPU 通过总线与内存或 I/O 端口之间进行 1 字节数据交换所进行的操作称为一次总线操作,相应于某个总线操作的时间即为总线周期。虽然每条指令的功能不同,所需要进行的操作也不同,指令周期的长度也必不相同,但是我们可以对不同指令所需进行的操作进行分解。它们都是由一些基本的操作组合而成的,如存储器的读/写操作、I/O 端口的读/写操作、中断响应等。这些基本的操作都要通过系统总线实现对内存或 I/O 端口的访问。不同的指令所要完成的操作是由一系列的总线操作组合而成的,而总线操作的数量及排列顺序因指令的不同而不同。当有多个模块都要使用总线进行信息传送时,只能采用分时方式,一个接一个地轮换交替使用总线,即将总线时间分成很多段,每段时间可以完成模块之间一次完整的信息变换。一个总线操作周期的完成一般要分成 4 个阶段。

(1)总线请求和仲裁(Bus Request and Arbitration)阶段。由需要使用总线的主控设备向总线仲裁机构提出使用总线的请求,经总线仲裁机构仲裁确定,把下一个传送周期的总线使用权分配给该请求源。

(2)寻址(Addressing)阶段。该阶段取得总线使用权的主控设备,通过地址总线发出本次要访问的从属设备的存储器地址、I/O 端口地址及有关命令;通过译码使参与本次传送操作的从属设备被选中,并开始启动。

(3)数据传送(Data Transferring)阶段。主控设备和从属设备进行数据交换,数据由源模块发出,经数据总线传送到目的模块。在进行读传送操作时,源模块就是存储器或输入/输出接口,而目的模块则是总线主控设备,如 CPU。在进行写传送操作时,源模块就是总线主控设备,如 CPU,而目的模块则是存储器或输入/输出接口。

(4)结束(Ending)阶段。主控设备和从属设备的有关信息均从系统总线上撤除,让出总线,以便其他模块能继续使用。

为了确保这 4 个阶段正确进行,必须施加总线操作控制。当然,对于只有一个主控设备的单处理机系统,实际上不存在总线请求、分配和撤除问题,总线始终归它所有,所以数据的传送周期只需要寻址和数据传送两个阶段。Pentium 微处理器的总线操作就是 Pentium 的 CPU 利用总线与内存及 I/O 端口进行信息交换的过程。

9.1.5 总线结构

从微机体系结构来看,有两种总线结构,即单总线结构和多总线结构。在多总线结构中,又以双总线结构为主。

1. 单总线结构

单总线结构如图 9-1 所示，这是一种典型的微型计算机硬件结构。系统的各个部件均挂在一组单总线上，构成微型计算机的硬件系统，所以又称为面向系统的单总线结构。在单总线结构中，CPU 与主存之间、CPU 与 I/O 设备之间、I/O 设备与主存之间、各种设备之间都通过系统总线交换信息。因此，这就可以将各 I/O 设备的寄存器与主存储器单元统一编址，统称为总线地址。于是，CPU 就能通过统一的传送指令如同访问主存储器单元一样访问 I/O 设备的寄存器。单总线结构的优点是控制简单方便、扩充方便。但由于所有设备部件均挂在单一总线上，这种结构只能分时工作，即同一时刻只能在两个设备之间传送数据，这就使系统总体数据传输的效率和速度受到限制，这是单总线结构的主要缺点。

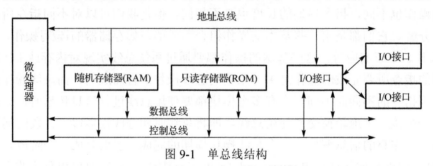

图 9-1 单总线结构

2. 双总线结构

双总线结构又分为面向 CPU 的双总线结构和面向主存储器的双总线结构。

面向 CPU 的双总线结构如图 9-2 所示。双总线结构的微型计算机系统中有两组总线。其中一组总线是 CPU 与主存储器之间进行信息交换的公共信息通路，称为存储总线。CPU 利用存储总线从主存储器取出指令后进行分析、执行，从主存储器读取数据进行加工处理，再将结果送回主存储器。另一组是 CPU 与 I/O 设备之间进行信息交换的公共信息通路，称为输入/输出总线(I/O 总线)。外部设备通过连接在 I/O 总线上的接口电路与 CPU 交换信息。

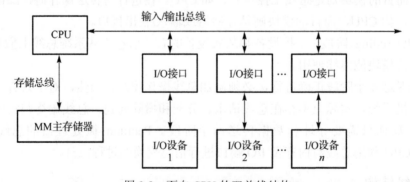

图 9-2 面向 CPU 的双总线结构

由于在 CPU 与主存储器之间、CPU 与 I/O 设备之间分别设置了总线，从而提高了微机系统信息传送的速率和效率。但是由于外围设备与主存储器之间没有直接的通路，要通过 CPU 才能进行信息交换。当输入设备向主存储器输入信息时，必须先将其送到 CPU 的寄存器中，然后送入主存；当输出运算结果时，必须先将其从主存储器送入 CPU 的寄存器中，然后送到某一指定的输出设备。这势必增加 CPU 的负担，CPU 必须花大量的时间进行信息的输入/输出处理，从而降低了 CPU 的工作效率。这是面向 CPU 的双总线结构的主要缺点。

　　面向主存储器的双总线结构如图 9-3 所示，面向主存储器的双总线结构保留了单总线结构的优点，即所有设备和部件均可通过总线交换信息，与单总线结构不同的是在 CPU 与主存储器之间又专门设置了一组高速存储总线，使 CPU 可以通过它直接与主存储器交换信息。这样处理后，不仅提高了信息传送效率，而且减轻了总线的负担，这是面向主存储器的双总线结构的优点。但 CPU 与 I/O 接口都要访问主存储器时，仍会产生冲突。该总线结构硬件造价稍高，所以通常高档微机中采用这种面向主存储器的双总线结构。

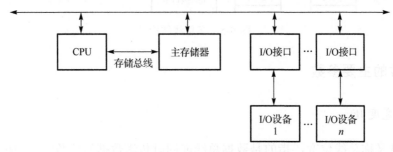

图 9-3　面向主存储器的双总线结构

　　另外一种双重总线结构如图 9-4 所示。CPU 与高速的局部存储器和局部 I/O 接口通过高传输速率的局部总线连接，速率较慢的全局存储器和全局 I/O 接口与较慢的全局总线连接，从而兼顾了高速设备和慢速设备，使它们之间不互相牵扯。

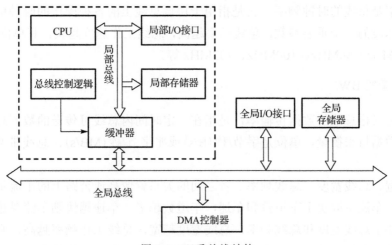

图 9-4　双重总线结构

3. 多总线结构

　　随着对微机性能的要求越来越高，现代微机的体系结构已不再采用单总线或双总线的结构，而是采用更复杂的多总线结构，如图 9-5 所示。

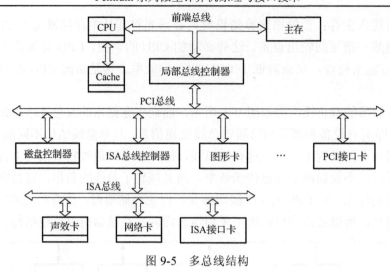

图 9-5 多总线结构

9.1.6 总线的主要参数

1. 总线宽度 W

总线宽度又称总线位宽，指的是数据总线能同时传送数据的位数，如 16 位总线、32 位总线指的就是总线具有 16 位数据和 32 位数据传输能力。在总线工作频率固定的条件下，总线的带宽与总线的宽度成正比。

2. 总线频率 f

总线频率是总线的时钟频率。它是指用于协调总线上的各种操作的时钟信号的频率，是总线工作速度的一个重要参数，总线频率越高，总线工作速度越快。其单位通常用 MHz 表示，如 33MHz、66MHz、100MHz、133MHz 等。

3. 总线带宽 BW

总线带宽又称总线的数据传输率，是指在一定时间内总线可传送的数据总量，用每秒的最大传送数据量来衡量，单位是字节/秒（B/s）或兆字节/秒（MB/s）。总线带宽越宽，传输率越高。

总线带宽、总线宽度、总线频率三者之间的关系就像高速公路上的车流量、车道数和车速的关系。车流量取决于车道数和车速，车道数越多，车速越快则车流量越大。同样，总线带宽取决于总线宽度和总线频率，总线宽度越宽，总线工作频率越高，则总线带宽越大。当然，单方面提高总线的宽度或总线频率都只能部分提高总线的带宽，并容易达到各自的极限，只有两者配合才能使总线的带宽得到更大的提升。

总线带宽的计算公式如下：

$$BW = (W/8) \times f / 每个存取周期的时钟数$$

总线带宽的单位为 MB/s，几种类型系统总线的主要参数如表 9-1 所示。如总线频率为

33MHz 的 64 位总线，若每两个时钟周期完成一次总线存取操作，则总线带宽 BW
=64/8×33/2=132MB/s。

表 9-1 几种类型系统总线的主要参数

主要参数	总线类型		
	ISA 总线	PCI 总线	AGP 接口
字长/位	16	32/64	64
最大带宽/位	16	64	64
最高时钟频率/MHz	8	33	66
最大稳态数据传输速率/(MB/s)	16	133	266 最低
带负载能力/台	>12	10	1
多任务能力	Yes	Yes	No
是否独立于微处理器	Yes	No	

9.2 总线系统的层次、信号类型及总线周期

9.2.1 总线系统的层次

在微型计算机系统中，总线系统通常以多种总线形式共存。例如，386 系统板上常有
ISA 总线和 EISA 总线；486 主板上常有 ISA 总线和 VESA 总线；Pentium 主板上多有 ISA
总线和 PCI 总线；而 Pentium Ⅱ 及 Pentium Ⅲ 主板主要有 ISA 总线、PCI 总线以及 AGP 等
等，Pentium Ⅱ 及 Pentium Ⅲ 典型微型计算机系统的总线层次如图 9-6 所示。

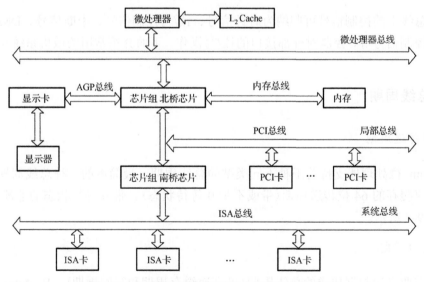

图 9-6 典型微型计算机系统中的总线层次结构

9.2.2 总线系统的信号类型

不同类型的总线系统都有不同的电信号或电气规格，通过形形色色的信号，便可控制

总线上的数据传输。因此，各类总线都被设计成既简洁又高效的控制系统与电信号。由于总线插槽上的引脚信号有严格定义，因此，外部插卡插入任意一个同类型的总线插槽中都能正常工作。系统总线上的各种信号连接到总线插槽上，当外部插卡插入总线插槽后，各种信号就接入插卡。就整体而言，总线上的信号大体上可分成以下四大类。

1. 电源线和接地线

由于总线与接口卡相连，因此总线为接口卡以及部分外围设备提供所需的电源。通常需±5V 电压，但对于硬盘上的步进电机(马达)，则需要±12V 的电压。局部总线如 PCI 提供+3.3V 的电源，接地线一方面供电源使用，另一方面也可用于消除或降低干扰。

2. 地址总线

输入/输出地址需通过扩展总线连到总线插槽上，外部插卡插入总线插槽后，地址信号经该插卡上的译码电路进行解码，选择插卡上的具体端口。不同类型的扩展总线提供的地址总线宽度不同，如 ISA 为 24 位、PCI 为 32 位等。

3. 数据总线

数据的传输是总线最重要的使命。所有往来外围部件与主板的数据信息、状态信息及控制命令等都要经过数据总线传送。不同总线类型，其数据总线的位数不同，如 ISA 为 16 位的、VESA 为 32 位的、PCI 为 32 位的并可扩展为 64 位的等。

4. 控制总线

扩展总线上的控制信号可归纳为时钟信号、读/写控制信号、中断信号、DMA 控制信号与电源控制信号等，控制对外部接口的读/写操作。下面介绍常用的微机系统总线及接口标准。

9.2.3 总线周期

1. 单传送周期

Pentium 微处理器支持若干种不同类型的总线周期。最简单的一种总线周期是单次传送不可高速缓存的 64 位传送周期(带或不带 0 等待状态)。带 0 等待状态的非流水线读/写周期如图 9-7 所示。

2. 成组周期

对于需要多次数据传送的总线周期(可高速缓存周期和写回周期)，Pentium 微处理器使用成组数据传送。在成组数据传送中，Pentium 微处理器在连续的时钟内可采样或驱动新的数据项。此外，成组周期中数据项的地址都落在同一个 32 字节对齐的区域中(相应于一个内部的 Pentium 微处理器高速缓存行组)。

成组周期是通过 $\overline{\text{BRDY}}$ 引脚实现的。当运行多次数据传送的总线周期时，Pentium 微处理器要求存储器系统执行成组数据传送并遵循成组的次序。在进行成组数据传送时，Pentium 微处理器按表 9-2 的顺序执行传送数据操作。在给出成组数据传送的第一个地址以后，每一次传送不再重新驱动地址，由于地址 Pentium 微处理器的地址和字节使能信号只为第一次传送而发出，因此后续传送的地址必须由外部硬件来计算。

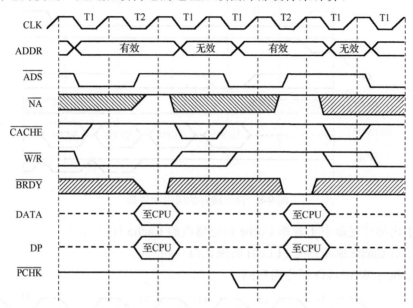

图 9-7 带 0 等待状态的非流水线读/写周期

表 9-2 Pentium 微处理器成组数据传送次序

第一个地址	第二个地址	第三个地址	第四个地址
0	8	10	18
8	0	18	10
10	18	0	8
18	10	8	0

1）成组读周期（Burst Read Cycles）

当启动任何一次读操作时，Pentium 将为所需的数据项提供地址信号和字节允许信号。当该周期被转换成一次 Cache 行填充操作时，就把第一个数据项送回与 Pentium 发出的地址相对应的 Cache 单元内，但字节允许信号被忽略，同时要求有效数据必须送回全部 64 条数据线上。除此之外，成组数据传送中后续传送地址要由外部硬件计算出来，地址以及字节允许信号是不能重复驱动的。高速缓存的成组读周期如图 9-8 所示。

2）成组写周期（Burst Write Cycles）

图 9-9 为基本的成组写周期的时序图。$\overline{\text{KEN}}$ 在成组写周期中被忽略。如果 $\overline{\text{CACHE}}$ 引脚在写周期期间为有效，则指明该周期将是一个成组写周期。成组写周期始终写回数据高速缓存中被修改过的行。成组写周期又分以下几种情况。

（1）由于数据 Cache 内已修改的 Cache 行被替换而写回。

（2）由于询问周期命中了数据 Cache 内已修改的 Cache 行而写回。

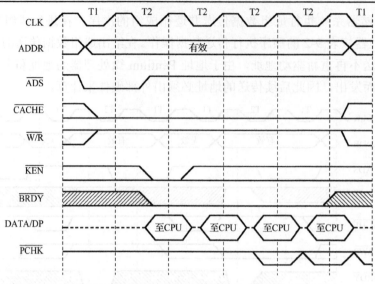

图 9-8 高速缓存的成组读周期

(3) 由于内部监视命中了数据 Cache 内已修改的 Cache 行而写回。

(4) 由于对 Cache 刷新信号 $\overline{\text{FLUSH}}$ 的确认而写回。

(5) 由于执行 WBINVD 指令而写回。

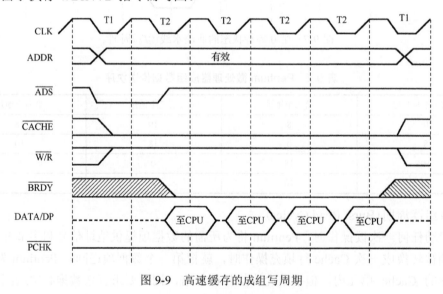

图 9-9 高速缓存的成组写周期

9.3 ISA 总线

工业标准体系结构(Industry Standard Architecture, ISA)是 IBM 公司 1984 年为推出 PC/AT 而建立的 16 位系统总线标准,所以称为 AT 总线,是现存最老的通用微机总线类型。但现在的主板已经逐步取消对 ISA 总线的支持,如 810、815EP 的主板一般就不带 ISA 插槽。在 Pentium II 微处理器系统中,ISA 总线由南桥控制。

1. ISA 总线的特性

8 位总线的 PC/XT 主板上的时钟基频为 14.3128MHz,而微处理器所用的时钟基频为该基频的 1/3(4.77MHz),扩展总线由于是慢速的外围设备与逻辑接口相连,因此其时钟基频只有该基频的 1/12,即仅为 1.193MHz。因此,XT 总线的最大数据传输率为 1.193MB/s。

ISA 是 8 位和 8/16 位兼容的总线。因此,扩展 I/O 插槽有两种类型,即 8 位和 8/16 位。8 位扩展 I/O 插槽由 62 个引脚组成,其中包括 20 条地址总线和 8 条数据线,用于 8 位数据传输。8/16 位的扩展 I/O 插槽除了具有一个 8 位 62 线的连接器外,还有一个附加的 36 线连接器,这种扩展 I/O 插槽既可支持 8 位的插接板,也可支持 16 位插接板,即地址总线 24 条,数据线 16 条。

ISA 总线的主要性能指标有 24 位地址总线可直接寻址的内存容量为 16MB、8/16 位数据线、最大带宽 16 位、最高时钟频率 8MHz、最大传输率(总线带宽)(16/8)×8=16MB/s、12 个外部中断请求输入端(15 个中断源中保留 3 个)以及 7 个 DMA 通道。

2. ISA 总线的引线定义

图 9-10 是 ISA 总线的引线示意图,从图中的信号可以看出,ISA 的信号与 PC(PC/XT、PC/AT)所使用的外围芯片以及 CPU 类型有着十分密切的关系,如 8 位 ISA 的地址与数据线本身就是 8088 的地址与数据线宽度,16 位 ISA 的 24 位地址总线、16 位数据线与 80286 的地址总线、数据线宽度是一致的。8 位 ISA 的 IRQ 与 DRQ 是 1 片 8259 和 1 片 8237 的信号,16 位 ISA 的 IRQ 与 DRQ 则是两片 8259 和两片 8237 级联等。可以说 ISA 总线是 Intel CPU 及外围芯片信号的延伸。

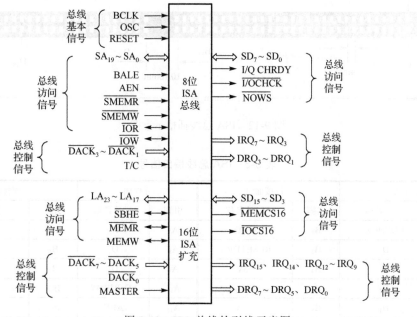

图 9-10　ISA 总线的引线示意图

3. ISA 总线的体系结构

在利用 ISA 总线构成的微机系统中，当内存速度较快时，通常采用将内存移出 ISA 总线，并转移到自己的专用总线——内存总线上的体系结构，如图 9-11 所示。

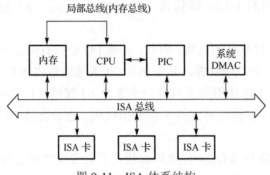

图 9-11　ISA 体系结构

4. ISA 总线的插槽

ISA 总线是在 PC/XT 微型机 8 位总线扩展槽的基础上开发的，该 62 芯插槽用双列插板连接，分 A 面(元件面)和 B 面(焊接面)，每面 31 条引脚。这 62 条信号线分为 5 类：8 位数据线、20 位地址总线、控制线、时钟与复位线以及电源地线。为保证 16 位的 ISA 总线与 PC 总线的兼容，ISA 总线的插槽结构中在原 PC 总线 62 芯插槽的基础上又增加了一个 36 线插座，即同一轴线上的总线插槽分为 62 线和 36 线两段，共 98 线，如图 9-12 所示，接口信号的定义如表 9-3 所示。

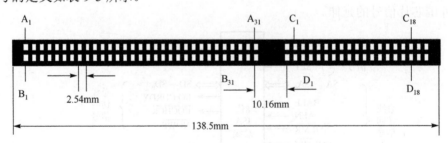

图 9-12　ISA 总线插槽示意图

表 9-3　ISA 总线接口信号

元件面		焊接面		元件面		焊接面	
引脚	信号名称	引脚	信号名称	引脚	信号名称	引脚	信号名称
A_1	I/OCHCK	B_1	GND	A_7	D_2	B_7	$-12V$
A_2	D_7	B_2	RESETDRV	A_8	D_1	B_8	$\overline{OWS}$
A_3	D_6	B_3	$+5V$	A_9	D_0	B_9	$+12V$
A_4	D_5	B_4	IRQ_2	A_{10}	I/OCHRDY	B_{10}	$\overline{GND}$
A_5	D_4	B_5	$-15V$	A_{11}	AEN	B_{11}	$\overline{MEMW}$
A_6	D_3	B_6	DRQ_2	A_{12}	A_{19}	B_{12}	MEMW

续表

元件面		焊接面		元件面		焊接面	
引脚	信号名称	引脚	信号名称	引脚	信号名称	引脚	信号名称
A_{13}	A_{18}	B_{13}	IOW	C_1	SBHE	D_1	MEM16
A_{14}	A_{17}	B_{14}	IOR	C_2	A_{23}	D_2	IO16
A_{15}	A_{16}	B_{15}	$\overline{DACK_3}$	C_3	A_{22}	D_3	IRQ_{10}
A_{16}	A_{15}	B_{16}	DRQ_3	C_4	A_{21}	D_4	IRQ_{11}
A_{17}	A_{14}	B_{17}	$\overline{DACK_1}$	C_5	A_{20}	D_5	$\overline{RIQ_{12}}$
A_{18}	A_{13}	B_{18}	DRQ_1	C_6	A_{19}	D_6	$\overline{RIQ_{13}}$
A_{19}	A_{12}	B_{19}	REFRESH	C_7	A_{18}	D_7	IRQ_{14}
A_{20}	A_{11}	B_{20}	CLK	C_8	A_{17}	D_8	$\overline{DACK_0}$
A_{21}	A_{10}	B_{21}	IRQ_7	C_9	MEMW	D_9	$\overline{DRQ_0}$
A_{22}	A_9	B_{22}	IRQ_6	C_{10}	MEMR	D_{10}	$DACK_5$
A_{23}	A_8	B_{23}	IRQ_5	C_{11}	D_8	D_{11}	DRQ_5
A_{24}	A_7	B_{24}	IRQ_4	C_{12}	D_9	D_{12}	$DACK_6$
A_{25}	A_6	B_{25}	IRQ_3	C_{13}	D_{10}	D_{13}	Q_6
A_{26}	A_5	B_{26}	$\overline{DACK_2}$	C_{14}	D_{11}	D_{14}	$\overline{DACK_7}$
A_{27}	A_4	B_{27}	T/C	C_{15}	D_{12}	D_{15}	$\overline{DRQ_7}$
A_{28}	A_3	B_{28}	BALE	C_{16}	D_{13}	D_{16}	+5V
A_{29}	A_2	B_{29}	+5V	C_{17}	D_{14}	D_{17}	MASTER16
A_{30}	A_1	B_{30}	OSC	C_{18}	D_{15}	D_{18}	GND
A_{31}	A_0	B_{31}	GND				

ISA 插槽是基于 ISA 总线的总线插槽，其颜色一般为黑色，如图 9-12 所示，比 PCI 接口插槽要长些，位于主板的最下端。其总线频率为 8MHz 左右，为 16 位插槽，最大传输率为 16MB/s，可插接显卡、声卡、网卡以及多功能接口卡等扩展插卡。其缺点是 CPU 资源占用太高、数据传输带宽太小，是已经被淘汰的插槽。目前还能在许多老主板上看到 ISA 插槽，现在新出品的主板上已经几乎看不到 ISA 插槽的身影了，但也有例外，某些品牌的 845E 主板甚至 875P 主板上都还有 ISA 插槽，Pentium Ⅱ 系统板也配备了 ISA 总线，是为了满足某些特殊用户的需求。

9.4 EISA 总线

EISA(Extended Industry Standard Architecture)总线是一种扩展的工业标准总线，是由 COMPAQ、HP、AST 等多家计算机公司推出的 32 位标准总线，数据传输率为 33MB/s，适用于 32 位微处理器。它吸收了 IBM 微通道 MCA 总线的精华，并且兼容 ISA 总线。EISA 总线支持多总线主控设备。这样就使得适配卡上连接的外部微处理器也完全可以使用系统总线。在 EISA 方式下进行 DMA 数据传送时，使用的数据总线是 32 位的，地址总线是 32 位的。EISA 能够提供 15 个硬件中断，每个中断不管是电平触发器还是边缘触发器都可以用程序控制。

由于要求 EISA 插槽既要与 ISA 插接板兼容，又与 EISA 插接板兼容，因此 EISA 插槽设计为双层引脚插槽。两层引脚之间由定位键限位。上层引脚与 ISA 插接板上的"金手指"对应，引脚为 $A_1 \sim A_{31}$、$B_1 \sim B_{31}$、$C_1 \sim C_{18}$、$D_1 \sim D_{18}$，这是 ISA 总线引脚。由于定位键的限位作用，ISA 插接板不会与下层引脚相碰。下层引脚是为 EISA 板设计的，与 EISA 插接板上的"金手指"对应。引脚为 $E_1 \sim E_{31}$、$F_1 \sim F_{31}$、$G_1 \sim G_{19}$、$H_1 \sim H_{19}$。EISA 板插入时，板上的标准凹口会避开定位键，可插入插槽底，使 EISA 板上的"金手指"分别与插槽中各组引脚连接。EISA 插槽示意如图 9-13 所示。EISA 总线主要应用于 80386 系统以及服务器上。

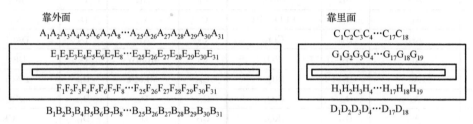

图 9-13　EISA 插槽示意图

9.5　VESA 总线

虽然 EISA 将数据总线的宽度从 ISA 的 16 位扩展到 32 位，地址总线的宽度扩展到 32 位，但仍然存在 I/O 总线操作速度相对较低的问题。EISA 总线的时钟频率为 8.33MHz，这对于要传输几兆字节才可以更新一幅图画的视频卡来说速度太低。为此应运而生了两个标准的局部总线 VESA（视频电子标准协会）和 PCI（外设部件互联）。

在 1992 年 VESA 公布了一个新的局部总线标准，即 VLB 总线标准，VLB 总线简称 VL 总线。VL 总线的时钟频率为 16 ～66MHz，数据总线宽度为 64 位，地址总线宽度为 32 位，数据传送速率可高达 267MB/s。VESA 总线可以支持现行的总线结构，如果机器中配有 3 个 VESA 总线，当使用三个插槽时其系统总线频率为 40MHz；而当使用两个插槽时，其系统总线频率提高到 50MHz。

VESA 总线的数据传送方式采用的是一种称为 2-1-1-1 的成组传送周期方式。这与 80486 采用的是一样的成组传送周期方式。2-1-1-1 成组传送周期方式，即对第一个数据传送需用两个时钟，而对随后的每次数据传送只需一个时钟即可。

例 9-1　若在 5 个时钟周期内写了 16B 数据，这种情况下的数据传输率（在 50MHz 时钟频率下）计算公式为

$$\frac{16B}{5 个时钟 \times 20ns} = 160MB/s$$

成组传送周期方式下的读操作采用 3-1-1-1 的数据传送方式。这是因为在读操作时需要添加一个等待状态。3-1-1-1 成组传送周期方式，即在读操作的首次数据传送时需用 3 个时钟周期，而随后的每次数据传送只需 1 个时钟即可。

如果还按例 9-1 计算数据传输速率，即传送 16B 数据传送速率不变，则计算公式为

$$\frac{16B}{6个时钟 \times 20ns} = 133MB/s$$

VESA 总线不支持低速的 DMA 传送，也不提供中断输入接口，它把这些工作留给了标准插槽。

VESA 总线解决了当时高速设备数据传输的瓶颈问题，但是 VL 总线只是一种暂时的、短期的解决方案，具有很多的局限。主要表现为 VL 总线制约 CPU 的速度，使得基于 VL 总线的周边设备卡不能完全与每个 VL 总线的系统兼容，设备卡的工作频率必须和处理器的工作频率相同，50MHz 的处理器需要终端设备也要工作在 50MHz 上，这样随着处理器频率的提升，周边设备就变得非常稀少并且价格也非常昂贵，而且只是 32 位的总线不能扩展到 64 位总线，它只能适合 486 的机器。不论 MCA、EISA 总线技术，还是 VESA 总线技术，都是伴随着当时的计算机技术发展和处理器的现状而产生的。

VL 总线是专门为 80486 系统设计的。VL 总线的设计将扩展总线分成两个部分，前段（靠里边）VL 总线插槽以 33MHz 的高频率运行，因此最大数据传输率为 132MB/s，该部分密度比 ISA 总线插槽的密度大，共有 116 个引脚；而后端（靠外边）的插槽则仍保持 ISA 的所有特性（62+36=98 个引脚）。因此，较低效率的数据传输可由 ISA 总线插槽完成。整个 VESA 总线具有 116+98=214 个引脚。图 9-14 为 VL 总线插槽。

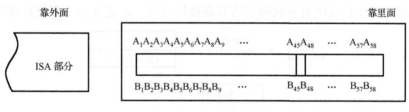

图 9-14　VL 总线插槽

9.6　PCI 总线

局部总线是 PC 体系结构的重大发展，它打破了数据输入/输出的瓶颈，可以避免使用较慢的 ISA 数据通道，为高速外设提供了更宽、更快的"高速公路"。20 世纪 90 年代后，随着图形处理技术和多媒体技术的广泛应用，在以 Windows 为代表的图形用户界面（GUI）进入 PC 之后，要求 PC 具有高速的图形及 I/O 运算处理能力，这对总线的速度提出了挑战。原有的 ISA、EISA 总线已远远不能适应要求，这成为整个系统的主要瓶颈。1991 年下半年，Intel 公司首先提出了 PCI 的概念，并联合 IBM、Compaq、AST、HP 等 100 多家公司成立了 PCI 集团。PCI 是一种先进的局部总线，其标准已成为局部总线的新标准，是目前应用较广泛的总线。

9.6.1　PCI 总线的特点及接口信号

1. PCI 总线的特点

为了充分利用 Pentium 微处理器的全部资源，Pentium 微处理器需要配备高性能的高总线带宽的总线 PCI。PCI 总线设计的主要目的就是能够提供一种高性能、低成本、兼容性好、周期性长的新一代总线标准，PCI 总线吸取了当时的微处理器技术和个人计算机技术，为系统提供了一个整体的优化解决方案，一个主要特性就是它能够与当时存在的 ISA、EISA 和 MCA 总线完全兼容。

PCI 总线具有如下特点：高性能、猝发传输、延迟小、采用总线主控和同步操作、不受处理器的限制、适合各种机型(台式机、便携式电脑、服务器以及工控机)、兼容性强、成本低、预留了发展空间。由于 PCI 总线其先进而稳定的总线传输方式，在 33MHz 总线频率、32 位数据通路下，数据传输的带宽峰值可达到 132MB/s；在数据总线为 64 位时，带宽可达到 264MB/s。在主频为 33MHz 时，32 位数据总线和 64 位数据总线带宽的峰值可分别达到 264MB/s 或 528MB/s。因此，可以和其他高性能外设(如电话)完成视频传输和处理的可靠通信。

PCI 总线是一种不依附于某个具体处理器的局部总线，从结构上看，PCI 是在 CPU 和原来的系统总线之间插入的一级总线，需要时具体由一个桥接电路实现对这一层的智能设备取得总线控制权，以加速数据传输管理，如图 9-15 所示。桥接电路的概念使主板的设计产生了重大的变革。PCI 总线不依附于处理器和存储系统，实现了完全并行操作。它使得周边设备能够直接与内存、CPU 子系统相连，这样就提高了数据带宽，加大了数据的传输率，简单地说，PCI 总线使得不同的周边设备能够直接、迅速地与主存进行读/写。

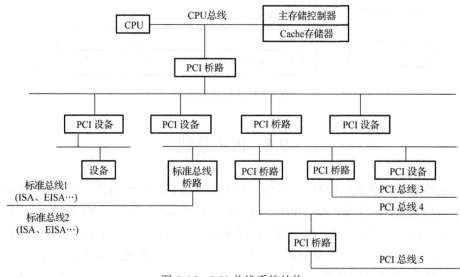

图 9-15　PCI 总线系统结构

从图 9-15 可以看出 CPU 总线和 PCI 总线是由桥接电路(北桥)相连的，在这一个桥接电路中还含有主存控制器和 Cache 控制器，来协调 CPU 与 Cache 之间和 PCI 设备与主存之间的数据交换，在 PCI 总线上挂接高速设备，如图形控制器、IDE 设备或 SCSI 设备、网络控制器等。PCI 总线与 ISA/EISA 总线之间也是通过桥接电路(南桥电路)相连的，主要挂接一些低速设备。

由于 PCI 总线在 Pentium 微处理器与其他总线间架起了一座桥梁，所以它能够支持如 ISA、EISA 以及微通道等低速设备。

2. PCI 总线的接口信号

在介绍 PCI 总线的接口信号之前，有两个名称需要解释：主设备和从设备。按照 PCI 总线协议，总线上所有引发 PCI 传输事务的实体都是主设备；凡是响应传输事务的实体都是从设备，从设备又称为目标设备。主设备应具备处理能力，能对总线进行控制，即当一个设备作为主设备时，它就是一个总线主控器。

在一个 PCI 系统中，接口信号通常分为必备的和可选的两大类，如图 9-16 所示。若只作为从设备，则至少需要 47 根信号线；若作为主设备，则需要 49 根信号线。利用这些信号线可以处理数据、地址，实现接口控制、仲裁及系统功能。PCI 总线的引脚引线在每两个信号之间都安排了一个接地线，以减少信号间的互相干扰以及音频信号的散射。

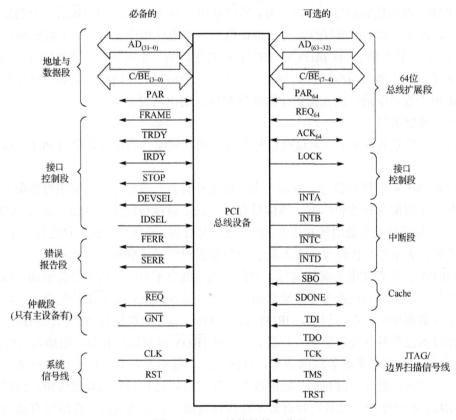

图 9-16 PCI 总线的接口信号

1）系统信号

（1）CLK：PCI 系统总线时钟信号，对于所有的 PCI 设备，该信号均为输入，其频率最高可达 33MHz，最低频率一般为 0Hz。除 $\overline{RST}$、$\overline{INTA}$、$\overline{INTB}$、$\overline{INTC}$ 及 $\overline{INTD}$ 之外，其他 PCI 信号都在 CLK 的上升沿有效(或采样)。

（2）RST：复位信号，用于复位总线上的接口逻辑，并使 PCI 专用的寄存器、序列器和有关信号复位到指定的状态。该信号低电平有效，在它的作用下，PCI 总线的所有输出信号处于高阻态，SERR 被浮空。

2) 地址与数据信号

(1) $AD_{(31\sim0)}$：地址数据多路复用信号，双向三态，为地址和数据公用。在 $\overline{FRAME}$ 有效时，表示地址相位开始，该组信号线上传送的是 32 位物理地址。对于 I/O 端口，这是 1 字节地址；对于配置空间或存储器空间，是双字地址。在数据传送相位时，该组信号线上传送数据信号，$AD_{(7\sim0)}$ 为最低字节数据，而 $AD_{(31\sim24)}$ 为最高字节数据。当 $\overline{IRDY}$ 有效时，表示写数据稳定有效，而 $\overline{TRDY}$ 有效时，则表示读数据稳定有效。在 $\overline{IRDY}$ 和 $\overline{TRDY}$ 都有效期间传送数据。

(2) $C/\overline{BE}_{(3\sim0)}$：总线命令和字节允许复用信号，双向三态。在地址相位中，这四条线上传输的是总线命令；在数据相位内，它们传输的是字节允许信号，表明整个数据相位中 $AD_{(31\sim0)}$ 上哪些字节为有效数据，$C/\overline{BE}_0 \sim C/\overline{BE}_3$ 分别对应 0～3 字节。

(3) PAR：奇偶校验信号，双向三态。该信号用于对 $AD_{(31\sim0)}$ 和 $C/\overline{BE}_{(3\sim0)}$ 上的信号进行奇偶校验，以保证数据的准确性。对于地址信号，在地址相位之后的一个时钟周期内 PAR 稳定有效；对于数据信号，在 $\overline{IRDY}$ 或 $\overline{TRDY}$ 有效之后的一个时钟周期内 PAR 稳定并有效。一旦 PAR 有效，它将保持到当前数据相位结束后一个时钟。在地址相位和写操作的数据相位，PAR 由主设备驱动；而在读操作的数据相位，则由从设备驱动。

3) 接口控制信号

接口控制信号共有 7 个，对这些信号本身及相互间配合的理解是学习 PCI 总线的一个关键。

(1) $\overline{FRAME}$：帧周期信号，双向三态，低电平有效。该信号由当前主设备驱动，用来表示一个总线周期的开始和结束。该信号有效，表示总线传输操作开始，此时 $AD_{(31\sim0)}$ 和 $C/\overline{BE}_{(3\sim0)}$ 上传送的是有效地址和命令。只要该信号有效，总线传输就一直进行。当 FRAME 变为无效时，表示总线传输事务进入最后一个数据相位或该事务已经结束。

(2) $\overline{IRDY}$：主设备准备就绪信号，双向三态，低电平有效，由主设备驱动。该信号有效表明引起本次传输的设备为当前数据相位做好了准备，但要与 $\overline{TRDY}$ 配合，它们同时有效才能完成数据传输。在写周期，$\overline{IRDY}$ 表示 $AD_{(31\sim0)}$ 上的数据有效；在读周期，该信号表示主控设备已准备好接收数据。如果 $\overline{IRDY}$ 和 $\overline{TRDY}$ 没有同时有效，则插入等待周期。

(3) $\overline{TRDY}$：从设备准备就绪信号，双向三态，低电平有效，由从设备驱动。该信号有效表示从设备已做好当前数据传输的准备工作，可以进行相应的数据传输。同样，该信号要与 $\overline{IRDY}$ 配合使用，二者同时有效才能传输数据。在写周期内，该信号有效表示从设备已做好接收数据的准备；在读周期内，该信号有效表示有效数据已提交到 $AD_{(31\sim0)}$ 上。如果 $\overline{TRDY}$ 和 $\overline{IRDY}$ 没有同时有效，则插入等待周期。

(4) $\overline{STOP}$：从设备请求主设备停止当前数据传输事务，双向三态，低电平有效，由从设备驱动，用于请求总线主设备停止当前数据传送。

(5) $\overline{LOCK}$：锁定信号，双向三态，低电平有效，由主设备驱动。PCI 利用该信号提供一种互斥访问机制。该信号有效表示驱动它的设备对桥路所进行的一个原子操作(Atomic Operation)可能需要多次传输才能完成，此期间该桥路被独占，而非互斥性传输事务可以在未加锁的桥路上进行。$\overline{LOCK}$ 有自己的协议，并和 $\overline{GNT}$ 信号合作。即使有几个不同的设备在使用总线，但对 $\overline{\text{LOCK}}$ 的控制权只属于某一个主设备。对主桥、PCI-TO-PCI 桥以及扩展总线桥的传输事务都可以加锁。

(6) $\overline{\text{IDSEL}}$：初始化设备选择信号，输入信号，高电平有效，在参数配置读/写传输期间用作芯片选择(片选)。

(7) $\overline{\text{DEVSEL}}$：设备选择信号，双向三态，低电平有效，由从设备驱动。当该信号由某个从设备驱动时(输出)，表示所译码的地址属于该设备的地址范围；当作为输入信号时，可以判断总线上是否有设备被选中。

4) 仲裁信号(主设备使用)

(1) $\overline{\text{REQ}}$：总线占用请求信号，双向三态，低电平有效，由希望成为总线主控设备的设备驱动。它是一个点对点信号，并且每一个主控设备都有自己的 $\overline{\text{REQ}}$。

(2) $\overline{\text{GNT}}$：总线占用允许信号，双向三态，低电平有效。当该信号有效时表示总线占用请求被响应。它也是点对点信号，每个总线主控设备都有自己的 $\overline{\text{GNT}}$。

5) 错误报告信号

(1) $\overline{\text{PERR}}$：数据奇偶校验错信号，双向三态，低电平有效。当该信号有效时，表示总线数据奇偶错，但该信号不报告特殊周期中的数据奇偶错。一个设备只有在响应设备选择信号 $\overline{\text{DEVSEL}}$ 和完成数据相位之后，才能报告一个 $\overline{\text{PERR}}$。对于每个数据接收设备，如果发现数据有错误，就应在数据收到后的两个时钟周期内将 $\overline{\text{PERR}}$ 激活。该信号的持续时间与数据相位的多少有关。若是一个数据相位，则最小持续时间为一个时钟周期；若是一连串的数据相位且每个数据相位都有错，则 $\overline{\text{PERR}}$ 的持续时间将多于一个时钟周期。对于数据奇偶错的报告既不能丢失也不能推迟。

(2) $\overline{\text{SERR}}$：系统错误报告信号，漏极开路信号，低电平有效。该信号用于报告地址奇偶错、数据奇偶错、命令错等可能引起灾难性后果的系统错误。$\overline{\text{SERR}}$ 信号一般接至微处理器的 NMI 引脚上，如果系统不希望产生非屏蔽中断，就应该采用其他方法来实现 $\overline{\text{SERR}}$ 的报告。由于该信号是一个漏极开路信号，因此，发现错误的设备需将它驱动一个 PCI 时钟周期。$\overline{\text{SERR}}$ 信号的发出要与时钟同步，并满足所有总线信号的建立和保持的时间需求。

6) 中断请求信号(可选)

$\overline{\text{INT}x}$：中断请求信号，漏极开路信号，电平触发，低电平有效。此类信号的建立与撤销与时钟不同步。对于单功能设备，只有一条中断请求线，而多功能设备最多可有四条中断请求线。在前一种情况下，只能使用 $\overline{\text{INTA}}$，其他三条中断请求线没有意义。多功能的设备是指将几个相互独立的功能集中在一个设备中。PCI 总线中共有四条中断请求线，分别是 $\overline{\text{INTA}}$、$\overline{\text{INTB}}$、$\overline{\text{INTC}}$ 和 $\overline{\text{INTD}}$，均为漏极开路信号，其中后三个只能用于多功能设备。

一个多功能设备上的任何功能都可对应于四条中断请求线中的任何一条，即各功能与中断请求线之间的对应关系是任意的，没有附加限制。二者的最终对应关系由中断引脚寄存器定义，因而具有很大的灵活性。如果一个设备要实现一个中断，就将其定义为 $\overline{\text{INTA}}$；要实现两个中断，则将其定义为 $\overline{\text{INTA}}$ 和 $\overline{\text{INTB}}$，其他情况以此类推。对于多功能设备，可以多个功能设备共用同一条中断请求线，或者各自占一条，或者是两种情况的组合；而单功能设备，只能使用一条中断请求线。

7) 高速缓存支持信号

为了使具有缓存功能的 PCI 存储器能够和写贯穿式或写回式的 Cache 操作相配合,PCI 总线设置了两个高速缓存支持信号。

(1) $\overline{\text{SBO}}$:窥视返回信号,双向,低电平有效。当该信号有效时,表示命中了一个修改行。

(2) $\overline{\text{SDONE}}$:查询完成信号,双向,低电平有效。当它有效时,表示查询已经完成;反之,查询仍在进行中。

说明:这两个信号对应的引脚在 PCI 总线规范 V2.2 中被作为保留使用。

8) 64 位扩展信号

(1) $\overline{\text{REQ}}_{64}$:64 位传输请求信号,双向三态,低电平有效。该信号用于 64 位数据传输,由主设备驱动,时序与 FRAME 相同。

(2) $\overline{\text{ACK}}_{64}$:64 位传输响应信号,双向三态,低电平有效,由从设备驱动。该信号有效表明从设备将启用 64 位通道传输数据,其时序与 $\overline{\text{DEVSEL}}$ 相同。

(3) $\text{AD}_{(63\sim32)}$:扩展的 32 位地址和数据复用线。

(4) $\text{C}/\overline{\text{BE}}_{(4\sim7)}$:高 32 位总线命令和字节允许信号。

(5) $\overline{\text{PAR}}_{64}$:高 32 位奇偶校验信号,是 $\text{AD}_{(63\sim32)}$ 和 $\text{C}/\overline{\text{BE}}_{(7\sim4)}$ 的校验位。

9) JTAG/边界扫描引脚(可选)

IEEE 1149.1 标准接口,即测试访问端口和边界扫描体系结构,是可选的 PCI 设备接口。该标准规定了设计 1149.1 兼容集成电路的规则和性能参数。设备测试访问端口(Test Access Port,TAP)使用五个信号,其中一个为可选信号。

(1) TCK in:测试时钟信号。在 TAP 操作期间,该信号用来测试时钟状态信息和设备的输入/输出信息。

(2) TDI in:测试数据输入信号。在 TAP 操作期间,该信号用来把测试数据和测试命令串行输入设备。

(3) TDO out:测试数据输出信号。在 TAP 操作期间,该信号用来串行输出设备中的测试数据和测试命令。

(4) TMS in:测试模式选择信号。该信号用来控制在设备中的 TAP 控制器的状态。

(5) TRST in:测试复位信号。该信号可用来对 TAP 控制器进行异步复位,为可选信号。

PCI 总线使用 124 线总线插槽,用于连接总线板卡,总线板卡的总线连接头上每边各有 62 个引线。扩充到 64 位时,总线插槽需增加 64 线,变成 188 线。相应地,总线板卡的总线连接头上每边变成 94 线。

有以下几点需注意。

(1) 5V 系统环境下的 PCI 总线插槽和 PCI 总线板卡与 3.3V 系统环境下的 PCI 总线插槽和板卡在物理结构上是有区别的。5V 系统的插槽利用第 50 和第 51 引脚位置安排了一个凸起部分,板卡的第 50 和第 51 引脚位置安排了一个缺口(Key Way);而 3.3V 系统的插槽的凸起部分以及板卡的缺口安排在第 12 和第 13 引脚位置。这样,5V 板卡与 3.3V 板卡不会互相插错。至于在两种电源环境下都能使用的通用板卡,这两处的凸起和缺口都有。两种(5V 与 3.3V)支持 64 位扩展的总线插槽都在第 62 脚与第 63 脚之间安排了一个凸起,与此相对应，三种(5V、3.3V 及通用)支持 64 位扩展的板卡在该位置开了一个缺口。

(2)在所有的 PCI 总线插槽和 PCI 总线板卡上都包含了两个与接插件相关的引脚，即 $\overline{\text{Prsnt}_1}$ 和 $\overline{\text{Prsnt}_2}$，用来表示板卡是否物理存在于插槽上以及提供板卡电源总需求信息。

将图 9-16 PCI 的引脚信号与图 2-4 8086 的引脚信号相比较，可以看出，很少有几个 PCI 信号与 80x86 微处理机的信号相匹配。这是因为 PCI 总线是一种位于微处理机与外部总线之间的夹层总线。这就意味着 PCI 总线的控制器位于 CPU 和外部总线之间。也就是说，任何一种 CPU 都可以使用 PCI 总线。对总线连线进行标准化处理，可以使 CPU 总线免受各种约束。就 VESA 总线来说，VESA 总线信号引线直接与 80486 引脚相连，且名称都一样。由于 Pentium 微处理器较 80486 又增加了不少新信号，VESA 总线信号不得不随之更改。而 PCI 总线已经成功地解决了由于总线独立于微处理机而带来的一系列技术问题。

PCI 总线支持 5V 和 3.3V 两种扩充插件卡。相应的 PCI 适配器支持 5V 和 3.3V。考虑到工业上的数字信号向 3.3V 靠近这一事实，PCI 总线也规定了 3 种不同种类的 PCI 板：第一种是 3.3V；第二种是 5V；第三种是通用的。而且明确规定 3.3V PCI 不能插到 5V 插槽内，反之亦然，通用 PCI 板在两种类型的插槽上都能工作。

9.6.2　采用北桥/南桥体系结构的芯片组

谈及北桥/南桥(North Bridge/South Bridge)芯片组，需从 Intel 公司生产芯片组说起。Intel 公司最早推出的 PC 主板芯片组是 82350 芯片组，用于 386DX 与 486 处理器。这个芯片组不是很成功，主要是由于 EISA 总线不是十分流行，再就是当时的芯片组生产厂商比较多。随着 PCI 总线的出现，Intel 放弃了对 EISA 总线的支持，先后推出了支持 PCI 总线的 486 芯片组，即 420TX、420EX 和 420ZX。该芯片组获得了很大的成功。1993 年 3 月随着 Pentium 微处理器的出现，Intel 还推出了其第一批 Pentium 芯片组，称为第 5 代芯片组，即 430LX 芯片组。到 1994 年，Intel 就开始牢牢地控制芯片组市场。当然，还有一些其他芯片组生产厂商分享芯片组市场，如 AMD、VIA 和 SIS 等。

Intel 从 486 芯片组开始，就采用称为北桥/南桥的层次体系。虽然后来推出的采用这种体系结构的芯片组在功能上进行了调整和增强，使微型计算机的系统结构更加合理，整体性能更强，但是它们有一个共同的特点，即南桥与北桥之间都是通过 PCI 总线相连的。如图 9-17 所示，在逻辑图中北桥位于 PCI 总线的上方，南桥位于 PCI 总线的下方。如果把逻辑图看成一张部件之间连接的"地图"，那么，位于上方为北，而位于下方为南。北桥、南桥的命名可能源于此，而英文词 Bridge 本身有桥、桥接或接通的意思，在这里表示实现不同部件之间的互连。

北桥离处理器最近，通过处理器总线与处理器直接相连，负责管理处理器与某些模块之间的数据交换。这些模块具有较高的数据传输率，主要包括可能具有的高速缓存、系统主存储器、图形控制器、PCI 总线接口模块等。这些模块构成了微机系统的核心，因此北桥又称为核心逻辑，或称为主桥(Host Bridge)。作为例子，这里给出 Intel 440BX 芯片组的北桥芯片 82443BX 的结构简图，如图 9-18 所示。

图 9-18 略去了控制、缓冲等桥电路应具备的内部逻辑，主要体现出对外的接口模块。其中，Host 接口是该芯片与处理器之间的接口，即通过相应的外围引线直接连接 1~2 个

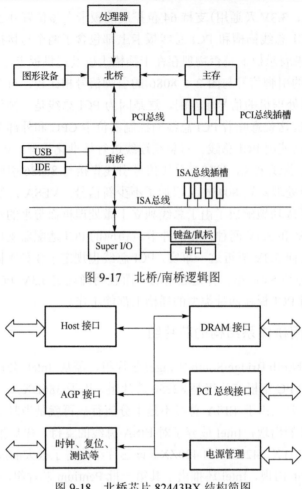

图 9-17　北桥/南桥逻辑图

图 9-18　北桥芯片 82443BX 结构简图

Pentium Ⅱ 处理器，这之间的连线就是处理器总线。DRAM 接口实际是 DRAM 控制器。从 PCI 总线接口引出的就是 PCI 总线，借助于 PCI 到 PCI 桥等电路，一个微机系统中最多可拥有 256 条 PCI 总线。该 PCI 接口支持 PCI V2.1 接口标准。AGP 接口用来接 AGP 图形设备，该接口支持 2X AGP。从图 9-18 可以看出，北桥实际上是实现处理器与 DRAM、PCI 总线、AGP 总线等的连接，包括对 DRAM 的控制。

　　南桥的主要作用是将 PCI 总线标准转换成其他的总线标准或接口标准，如 ISA 总线标准、USB 总线标准、IDE 接口标准等。同时，还负责微型计算机中一些系统控制与管理功能，如管理中断请求、控制 DMA 传输、负责系统的定时与计数等。图 9-19 是 440BX 芯片组的南桥芯片 82371AB 的结构简图。

　　同样，图 9-19 略去了内部逻辑，而突出对外的接口模块。图中的 PCI 总线接口用于与 PCI 总线，即与北桥的连接。82371AB 内部集成 PCI 到 ISA 桥，从 ISA 总线接口引出的就是 ISA 总线，其工作频率是 PCI 总线的 1/4（7.5～8.25MHz）。该芯片的 USB 接口可引出两个 USB 1.0 端口。两个 IDE 接口可连接 4 个 IDE 设备（支持 Ultra DMA33）。该芯片内部集成两片 82C37 组成的 DMA 控制器、两片 82C59 组成的中断控制器以及基于 82C54 的定时器/计数器。该芯片还有一些重要模块，如电源管理模块、实时时钟模块（RTC）等。

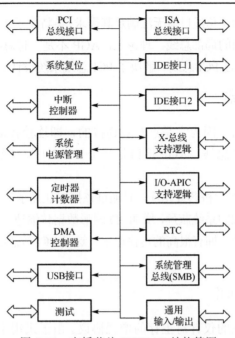

图 9-19 南桥芯片 82371AB 结构简图

需要指出，在芯片组体系结构中，南桥在某种程度上是可以互换的，也就是说不同的芯片组经常设计为使用相同的南桥芯片。这种芯片组模块化设计使得主板生产成本降低，并提高了主板生产的灵活性。

在北桥/南桥体系结构的微型计算机系统中有时还需要一个独立的芯片，它通常不属于芯片组。该芯片被称为 Super I/O 的芯片，附加到 ISA 总线上。实际上，它属于芯片组体系结构的第三个层次。Super I/O 芯片将通常使用的外围设备，如并行接口、串行接口、软盘驱动器以及键盘/鼠标接口等，都合并到一块芯片里。

9.6.3 PCI 总线的应用

应该指出，使用 PCI 总线不像 ISA 总线，在 ISA 总线系统中。I/O 与主机的数据传送可用 IN 和 OUT 指令，只要指明地址即可。而要设计一个 PCI 接口板，必须使用 PCI 总线 BIOS 中的程序以及 PCI 控制器，因为总线接口信号没有像 ISA 一样直接提供存储器以及 I/O 读/写控制信号，而是在 PCI BIOS 中为用户提供了访问 PCI 总线的总线函数，利用它可以读取 PCI 配置内存中的内容，但要实现接口卡与主机的数据传输又必须使用 PCI 控制器，对 PCI 控制器进行适当编程才能实现处理器与 I/O 接口之间的数据通信。应用 PCI 总线时不必关心 PCI 接口信号与处理器怎么连接，只要弄清怎样调用即可。

通过 INT 1AH 指令的 AH=0B1H 功能来得到 PCI 总线函数，其中包括 PCI 总线的总线和单元等信息，再据此对 PCI 控制器编程来实现数据传送功能。

9.7 AGP 接口

AGP（Accelerate Graphical Port）是微型计算机系统中专门为 3D 显示而设置的加速图形接

口。随着显示芯片的发展，PCI 总线日益无法满足其需求。英特尔于 1996 年 7 月正式推出了 AGP
接口，它是一种显示卡专用的局部总线。理论上，AGP 不是一种总线，它是点对点连接的一种
接口，允许 3D 图形数据越过 PCI 总线。解决了 PCI 总线系统设计对于超高速系统的瓶颈问题。

9.7.1　AGP 的主要特点

　　AGP 与 PCI 总线不同，因为它是点对点连接的，即连接控制芯片和 AGP 显示卡，但
在习惯上依然称其为 AGP 总线。AGP 接口是基于 PCI 2.1 版规范并进行扩充修改而成的，
工作频率为 66MHz。

　　AGP 接口直接与主板的北桥芯片相连，且通过该接口让显示芯片与系统主存直接相连，避
免了窄带宽的 PCI 总线形成的系统瓶颈，增加 3D 图形数据传输速度，同时在显存不足的情况下
还可以调用系统主存。所以它拥有很高的传输速率，这是 PCI 等总线无法与其相比拟的。

　　AGP 的主要特点如下。

　　1. 数据读/写流水线操作

　　流水线化是 AGP 提供的仅针对主存的增强协议。由于采用了流水线操作，从而减少了
内存等待时间，提高了数据传输速度。

　　2. 数据传输率大大提高

　　AGP 标准在使用 32 位总线时，有 66MHz 和 133MHz 两种工作频率，最高数据传输率
为 266Mbit/s 和 533Mbit/s，而 PCI 总线理论上的最大传输率仅为 133Mbit/s。目前最高规格
的 AGP 8X 模式下，数据传输速度达到了 2.1GB/s。

　　3. 直接内存执行

　　AGP 允许 3D 纹理数据（数据量极大）不存入拥挤的帧缓冲区（图形控制器内存），而将
其放入系统内存，从而释放帧缓冲区和带宽供其他功能使用。这种允许显示卡直接操作内
存的技术称为直接内存执行（Direct Memory Execute，DIME）。

　　4. 地址信号与数据信号分离

　　地址信号与数据信号分离可提高随机内存访问的速度，并通过使用边带总线来提高内
存访问速度。

　　5. 并行操作

　　APG 允许在微处理器访问内存的同时，显示卡访问 AGP 内存，显示带宽也不与其他
设备共享，从而进一步提高了系统性能。

9.7.2　AGP 的工作模式

　　AGP 有三种工作模式：第一种是以基频即以 66MHz 频率工作；第二种是以双倍频即以
133MHz 频率工作；第三种是以四倍频工作，即以 266MHz 频率工作。

不同 AGP 接口的模式传输方式不同,如表 9-4 所示。1X 模式的 AGP,工作频率达到了 PCI 总线的两倍——66MHz,传输带宽理论上可达到 266MB/s。AGP 2X 工作频率同样为 66MHz,但是它使用了正负沿触发的工作方式,在这种触发方式中,在一个时钟周期的上升沿和下降沿各传送一次数据,从而使得一个工作周期先后被触发两次,使传输带宽达到了加倍的目的,而这种触发信号的工作频率为 133MHz,这样 AGP 2X 的传输带宽就达到了 266MB/s×2(触发次数)=532MB/s。AGP 4X 仍使用了这种信号触发方式,只是利用两个触发信号在每个时钟周期的下降沿分别引起两次触发,从而达到了在一个时钟周期中触发 4 次的目的,这样在理论上它就可以达到 266MB/s×2(单信号触发次数)×2(信号个数)=1064MB/s 的带宽。在 AGP 8X 规范中,这种触发模式仍然适用,只是触发信号的工作频率变成 266MHz,两个信号触发点也变成了每个时钟周期的上升沿,单信号触发次数为 4 次,这样它在一个时钟周期所能传输的数据就从 AGP4X 的 4 倍变成了 8 倍,理论传输带宽将可达 266MB/s×4(单信号触发次数)×2(信号个数)=2128MB/s。

表 9-4 不同 AGP 接口模式的工作参数

参数	AGP10		AGP2.0 (AGP 4X)	AGP3.0 (AGP 8X)
	AGP 1X	AGP 2X		
工作频率/MHz	66	66	66	66
传输带宽/(MB/s)	266	532	1064	2128
工作电压/V	3.3	3.3	1.5	1.5
单信号触发次数/次	1	2	4	4
数据传输位宽/bit	32	32	32	32
触发信号频率/MHz	66	66	133	266

目前常用的 AGP 接口为 AGP4X、AGP PRO、AGP 通用及 AGP8X 接口。需要说明的是由于 AGP3.0 显卡的额定电压为 0.8~1.5V,因此不能把 AGP8X 的显卡插接到 AGP1.0 规格的插槽中。这就是说 AGP8X 规格与旧有的 AGP1X/2X 模式不兼容。而对于 AGP4X 系统,AGP8X 显卡仍旧在其上工作,但仅会以 AGP4X 模式工作,无法发挥 AGP8X 的优势。

习 题 9

9-1 简述总线的概念。

9-2 微处理机内常用的总线有几类?各自有哪些特征?

9-3 简述 ISA、EISA、VESA 和 PCI 总线的特点及 AGP 的含义。

9-4 什么是局部总线?它有什么特点?

9-5 典型微机有哪三大总线?它们传送的是什么信息?

9-6 PCI 总线与 ISA 总线的数据传输速率各为多少?它们是如何计算出来的?

9-7 PCI 总线处于 32 位操作时有哪些主要的总线信号?

9-8 PCI 有哪几个物理地址空间?各自的功能是什么?

9-9 PCI 总线的南桥和北桥各有什么应用?

第 10 章　I/O 接口与可编程芯片

由第 9 章可知，440BX 芯片组的南桥芯片 82371AB 的内部集成由两片 CHMOS 高性能可编程 DMA 控制器接口芯片 82C37A-5 组成的 DMA 控制器、两片 CHMOS 中断控制器芯片 82C59A 组成的中断控制器以及基于 CHMOS 可编程时间间隔定时器芯片 82C54 的定时器/计数器、CHMOS 可编程外围接口芯片 82C55A 和一些重要模块，如电源管理模块、实时时钟模块(RTC)等。微型计算机系统通过这一系列的外围芯片辅助 CPU 完成工作。

10.1　高性能可编程 DMA 控制器接口芯片 82C37A-5

存储器直接访问(Direct Memory Access，DMA)是指一种高速的数据传输操作，允许在外部设备和存储器之间直接读/写数据，既不通过 CPU，也不需要 CPU 干预。整个数据传输操作是在一个称为 DMA 控制器的控制下进行的。CPU 除了在数据传输开始和结束时做一点处理外，在传输过程中，CPU 还可以进行其他的工作。这样，在大部分时间里，CPU 和输入/输出都处于并行操作。因此，使整个微型计算机系统的效率显著提高。

10.1.1　82C37A-5 的内部结构

82C37A-5 DMA 控制器有四个独立的 DMA 通道，可分别独立编程，完成存储器对存储器或存储器对 I/O 设备的数据交换。每个通道有 64KB 数据块传送能力。时钟频率为 5MHz时，最高传送速率可达 1.6MB/s。不过 82C37A-5 DMA 控制器缺少 DMA 完成后的中断功能。因此，若不采用自动预置装入的方式，则需另外产生中断请求信号，以便在一次 DMA操作完成后立即将数据块搬走，并启动新的 DMA 操作。

82C37A-5 芯片拥有以下几个特点。

(1)引脚引线与 NMOS 8237A-5 兼容。

(2)允许/禁止单独 DMA 请求控制。

(3)频率为 0~5MHz 的全静态设计。

(4)低电位操作。

(5)4 个各自独立的 DMA 通道。

(6)所有通道都各自独立地进行初始化处理。

(7)存储器到存储器之间传送。

(8)存储器模块初始化处理。

(9)地址可增量或减量。

(10)高性能：在 5MHz 时钟频率下其传送速率可高达 1.6MB/s。

(11)可直接扩展成任意数量的通道。

(12)终止传送的过程输入结束。

（13）软件 DMA 请求。

（14）独立信号 DREQ 和信号 DACK 的极性控制。

图 10-1 为 82C37A-5 内部结构框图，82C37A-5 的内部逻辑包括定时和控制逻辑、命令控制逻辑、优先级控制逻辑以及寄存器组等部分。

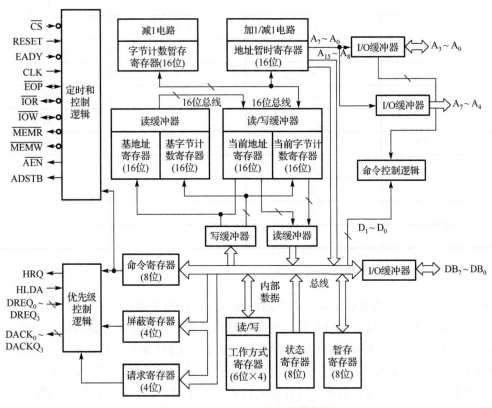

图 10-1　82C37A-5 内部结构框图

82C37A-5 的定时及控制部件产生外部总线接口所需要的控制信号。例如，它接收 READY 及 $\overline{\text{CS}}$ 这样的输入信号，产生 ADSTB 及 AEN 这样的信号。这些信号与输入 82C37A-5 的时钟信号进行的是同步操作。

当 82C37A-5 接收多个 DMA 服务请求信号时，可以按多个 DMA 服务请求信号的优先级的高低来处理 DMA 服务请求信号。

82C37A-5 的控制命令电路对通过微处理机接口送给它的寄存器命令进行译码。由此来确定这次访问的是哪一个寄存器，以及将要形成那种类型的操作。另外，在 DMA 操作期间，它通常还要对该电路由程序所决定的操作方式进行译码。

10.1.2　82C37A-5 的内部寄存器

82C37A-5 内部有 12 个不同类型的寄存器，如表 10-1 所示。其内部有四个独立通道，每个通道都有五个寄存器——工作方式寄存器、基地址寄存器、当前地址寄存器、基字节计数寄存器、当前字节计数寄存器，另外还有四个通道公用的命令寄存器和状态寄存器，以及对 DREQ 信号的屏蔽寄存器和 DMA 服务请求寄存器等。

表 10-1　82C37A-5 的寄存器

名称	位数	数量	CPU 访问方式
基地址寄存器	16	4	只写
基字节计数寄存器	16	4	只写
当前地址寄存器	16	4	可读可写
当前字节计数寄存器	16	4	可读可写
地址暂存寄存器	16	1	不能访问
字节计数暂存寄存器	16	1	不能访问
命令寄存器	8	1	只写
工作方式寄存器	6	4	只写
请求寄存器	4	1	只写
屏蔽寄存器	4	1	只写
状态寄存器	8	1	只读
暂存寄存器	8	1	只读

1. 基地址寄存器和当前地址寄存器

82C37A-5 的每个通道都配备这 2 个地址寄存器，这两个寄存器的长度都是 16 位。基地址寄存器用来存放本通道 DMA 传输时的地址初值，当前地址寄存器内保存着将要被访问的下一个存储单元的地址。基地址寄存器的初值是在 CPU 编程时写入的，向基地址寄存器装入 16 位地址，要分两次写入该 16 位地址。要先写入 1 字节，再写入另 1 字节。用先/后触发寄存器标识目前写入基地址寄存器的内容是高字节数据，还是低字节数据。如果先/后触发寄存器的开始状态为 0，向基地址寄存器先写入的是地址的低字节；如果为 1，则先写入的是高字节。

编程时，写入基地址寄存器的初值也同时被写入当前地址寄存器。当前地址寄存器的值在每次 DMA 传输后自动加1或减1。CPU 可以用输入指令分两次读出当前地址寄存器中的值，每次读 8 位。但基地址寄存器中的值不能被读出。当一个通道被进行自动预置时，一旦计数到达 0，当前地址寄存器会根据基地址寄存器的内容自动回到初值。

例 10-1　要把 1234H 写入 DMA 控制通道 0 的基地址和当前地址寄存器，且该 DMA 控制器定位在基本 I/O 地址 DMA（这里 DMA≤0F0H 并且由 82C37A-5 的 $\overline{\text{CS}}$ 信号如何产生来决定），那么可以通过执行下列指令来实现。

```
MOV   AL,34H          ;写低字节
OUT   DMA+0,AL
MOV   AL,12H          ;写高字节
OUT   DMA+0,AL
```

上述程序段假定先/后触发器已初始化为 0。可以向 82C37A-5 输出一条命令来清除此内部寄存器。

2. 基字节计数寄存器和当前字节计数寄存器

82C37A-5 的每个通道都配备 2 个计数寄存器，这两个寄存器的长度都为 16 位。基字节计数寄存器用来存放 DMA 传输时字节数的初值，初值比实际传输的字节数少 1，这是因为 DMA 传送的结束是通过检测当前字计数值从 0000H～0FFFFH 的变化来实现的。当前字节计数寄存器用来存放在当前 DMA 操作周期中还剩多少个字节尚未传送。

基字节计数寄存器的初值是在编程时由 CPU 写入的，而且初值也被同时写入当前字节计数寄存器。在 DMA 传输时，每传输 1 字节，当前字节计数寄存器的值自动减 1。当由 0 减到 FFFF 时，产生计数结束信号（EOP）。当前字节计数寄存器的值也可以由 CPU 通过两条输入指令读出，每次读 8 位。

例 10-2　把计数值 0FFFH 写入一个 DMA 控制器（基地址为 DMA，且 DMA≤0F0H）。通道 1 的基字节计数和当前字节计数寄存器，可通过执行下列指令来实现。

```
MOV    AL,0FFH              ;写低字节
OUT    DMA+3,AL
MOV    AL,0FH               ;写高字节
OUT    DMA+3,AL
```

3. 地址暂存寄存器和字节计数暂存寄存器

这两个 16 位的寄存器和 CPU 不直接发生关系，我们也不必对其进行读/写操作，因而对如何使用 82C37A-5 没有影响。这里就不介绍了。

4. 命令寄存器

这个寄存器的长度为 8 位，该寄存器的各位用来控制 DMA 控制器所有通道的操作方式。图 10-2 给出了命令寄存器格式。

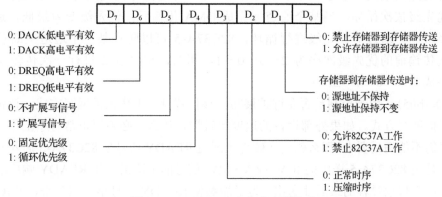

图 10-2　82C37A-5 命令寄存器格式

每个控制位的功能如下。

（1）D_0（bit0）：用于控制是否允许存储器到存储器的数据传输。该位置 1，允许存储器到存储器的传送；该位清 0，则禁止存储器到存储器的传送，允许 I/O 端口到内存之间的数据传送。

多数情况下，82C37A-5 进行的是外设的 I/O 端口和内存之间的传输，除此以外，82C37A-5 还可以实现内存到内存的传输。为了实现这种传输，就要把源区域的数据先送到 82C37A-5 的暂存寄存器，然后送到目的区域。这就是说，每次内存到内存的传输要用到两个总线周期。

进行内存到内存的传输时，固定用通道 0 的地址寄存器存放源地址，而用通道 1 的地址暂存寄存器和字节计数寄存器存放目的地址和计数值。在传输时，目的地址寄存器的值像通常一样进行加 1 或减 1 操作。但是，源地址寄存器的值可以通过对命令寄存器的 D_1 设置而保持恒定。这样，就可以使同一个数据传输到整个内存目的区域。为了进行内存到内存的传输，命令寄存器的 D_0 必须置 1。此时，如果命令寄存器的 D_1 为 1，则在传输时源地址保持不变。

(2) D_1(bit1)：用于控制存储器到存储器传送的情况下，决定源地址是否保持不变。该位置 1，源地址保持不变；该位清 0，源地址改变。

(3) D_2(bit2)：用于控制是否允许 82C37A 工作。该位置 1，禁止 82C37A 工作；该位清 0，允许 82C37A 工作。

(4) D_3(bit3)：用于控制芯片工作在正常时序还是压缩时序。该位置 1，工作在压缩时序；该位清 0，工作在正常时序。82C37A-5 可以用两种时序之一工作，一种称为正常时序，另一种称为压缩时序。如果用正常时序工作，每进行一次 DMA 传输，一般用 3 个时钟周期，它们对应于状态 S_2、S_3、S_4。用压缩时序工作时，则可以在大多数情况下用 2 个时钟周期完成一次 DMA 传输，这 2 个时钟周期对应于 S_2 状态和 S_4 状态。

如果系统各部分的速度比较高，便可以用压缩时序工作。这样，可以提高 DMA 传输时的数据吞吐量。

(5) D_4(bit4)：用于选择优先级工作方式。该位置 1，循环优先级；该位清 0，固定优先级。82C37A-5 有两种优先级管理方式。一种是固定优先级方式，在这种方式下，通道 0 的优先级最高，通道 3 的优先级最低；另一种是循环优先级方式，在这种方式下，通道的优先级依次循环，当某个通道 n 完成 DMA 传输后，优先级变为最低，通道 $n+1$ 的优先级最高。通过对优先级进行循环，82C37A-5 可以防止某一个通道垄断总线。例如，某次传输前的优先级次序为 2－3－0－1，那么，在通道 2 进行一次传输以后，优先级次序成为 3－0－1－2。

(6) D_5(bit5)：用于控制是否允许扩展写。该位置 1，工作在扩展写方式；该位清 0，工作在不扩展写方式。如果外部设备的速度比较慢，那么，必须用正常时序工作。如果用正常时序仍不能满足要求，那么就要在硬件上通过 READY 信号使 82C37A-5 插入 S_W 状态。有些设备是用 82C37A-5 送出的 IOW 或 MEMW 信号的下降沿产生 READY 响应的，而这两个信号都在传输过程的最后才送出。为了能够使 READY 信号早一些到来，将 IOW 信号和 MEMW 信号的负脉冲加宽，并使它们提前到来，这就是扩展写信号方法。通过使用扩展写信号方法，可以提高传输速度和系统吞吐能力。当 D_5 为 1 时，IOW 和 MEMW 信号被扩展到两个时钟周期。

(7) D_6(bit6)：DREQ 信号极性选择。该位清 0，选择高电平；该位置 1，选择低电平。

(8) D_7(bit7)：DACK 信号极性选择。该位置 1，选择高电平；该位清 0，选择低电平。

对这两位到底如何设置,取决于外部设备接口对 DREQ 信号和 DACK 信号的极性要求。

5. 工作方式寄存器

每个通道有一个长度为 6 位的工作方式寄存器,但是它们占用同一个端口地址存放方式命令字。依靠方式命令字本身的特征位区分写入不同的通道,用来规定通道的工作方式。各位的定义如图 10-3 所示。

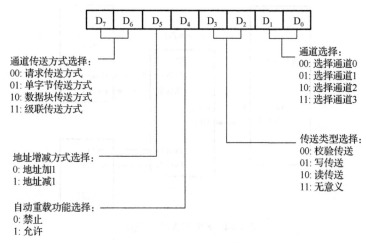

图 10-3　82C37A 工作方式寄存器格式

(1) D_7、D_6 (bit7、bit6):设置通道的工作模式。当 $D_7D_6=00$ 时,通道工作在请求传送方式;当 $D_7D_6=01$ 时,通道工作在单字节传送方式;当 $D_7D_6=10$ 时,通道工作在数据块传送方式;当 $D_7D_6=11$ 时,通道工作在级联传送方式。

①单字节传送方式。每次 DMA 传送时仅传送 1 字节,传送 1 字节之后,当前字节计数寄存器减 1,当前地址寄存器加 1 或减 1,HRQ 变为无效,82C37A-5 释放系统总线,DMAC 就将总线控制权交回 CPU。若传送后使字节数从 0 减到 0FFFFH,则终结 DMA 传送或重新初始化。特点:一次传送 1 字节,效率略低;DMA 传送之间 CPU 有机会重新获取总线控制权。

②数据块传送方式。在这种传送方式下,DMAC 一旦获得总线控制权,便开始连续传送数据。每传送 1 字节,自动修改当前地址及当前字节计数寄存器的内容,直到字节计数寄存器从 0 减到 FFFFH,终止计数,或由外部输入 EOP 有效信号终结 DMA 传送,将总线控制权交给 CPU。一次传送的数据块的最大长度可达 64KB,数据块传送结束后可自动初始化。特点:一次请求传送一个数据块,效率高;整个 DMA 传送期间 CPU 长时间无法控制总线,无法响应其他 DMA 请求、处理中断等。

③请求传送方式。这种模式与数据块传送方式类似,只是在每传送 1 字节后,82C37A-5 都对 DREQ 端进行测试。如果检测到 DREQ 端变为无效电平,则马上暂停传送,但测试过程仍然在进行,当 DREQ 又变为有效电平时,就在原来的基础上继续传送。特点:DMA 操作可由外设利用 DREQ 信号控制传送的过程。

④级联传送方式。多个 82C37A-5 可以进行级联,构成主从式 DMA 系统,级联的方法是把从片的 HRQ 端和主片的 DREQ 端相连,将从片的 HLDA 端和主片的 DACK 端相连,

而主片的 HRQ 和 HLDA 连接系统总线，如图 10-4 所示。这样，最多可以由 5 个 82C37A-5 构成二级 DMA 系统，得到 16 个 DMA 通道。级联时，主片通过软件在工作方式寄存器中设置为级联传送方式，从片不用设置级联传送方式，但要设置所需的其他三种方式之一。

第二级芯片的优先级与所连通道的优先级相对应，第一级芯片只起优先级网络的作用，实际的操作由第二级芯片完成。

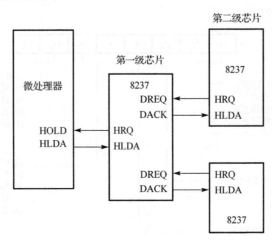

图 10-4　82C37A-5 级联框图

(2) D_5(bit5)：设置地址的增加方向。该位清 0，地址正向增加 1，设置基地址寄存器的值应为内存的首地址；该位置 1，地址反向减少 1，设置基地址寄存器的值为内存的末地址。

(3) D_4(bit4)：设置是否自动预置。该位清 0，禁止自动重载功能；该位置 1，允许自动重载功能。自动预置就是当某一通道按要求将数据传送完后，又能自动预置初始地址和传送的字节数，即当前地址寄存器和当前字节计数寄存器会从基地址寄存器和基字节计数寄存器中重新取得新值，而后重复进行前面已进行过的过程。

(4) D_3、D_2(bit3、bit2)：设置数据传输类型。当 D_3D_2=00 时，通道工作在校验传送方式；当 D_3D_2=01 时，通道工作在写传送方式；当 D_3D_2=10 时，通道工作在读传送方式；当 D_3D_2=11 时，无意义。

写传输是指由 I/O 接口往内存写入数据。读传输是指将数据从存储器读出并送到 I/O 接口。校验传送就是实际并不进行传送，只产生地址并响应 EOP 信号，不产生读/写控制信号，用以校验 82C37A-5 的功能是否正常。

(5) D_1、D_0(bit1、bit0)：说明该命令字设置哪个通道。当 D_1D_0=00 时，选择通道 0；当 D_1D_0=01 时，选择通道 1；当 D_1D_0=10 时，选择通道 2；当 D_1D_0=11 时，选择通道 3。

6. 请求寄存器

请求寄存器的长度为 3 位，每一位对应一个 DMA 通道，置 1 则启动 DMA 操作；清 0 则停止 DMA 操作。DMA 请求可以由硬件发出，也可以由软件发出。在硬件上，是通过 DREQ 引入 DMA 请求的；在软件上，则是通过对 DMA 请求标志的设置来发出 DMA 请求的。当 EOP 端为有效电平时，DMA 请求标志被清除。各位的定义见图 10-5。

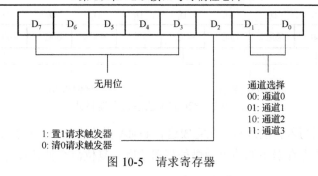

图 10-5　请求寄存器

7. 屏蔽寄存器

屏蔽寄存器的长度为 4 位，每一位对应一个 DMA 通道。当一个通道的 DMA 屏蔽标志为 1 时，这个通道就不能接收 DMA 请求了。这时，不管硬件的 DMA 请求，还是软件的 DMA 请求，都不会被受理。如果一个通道并没有设置自动预置功能。那么，EOP 信号有效时，就会自动设置 DMA 屏蔽标志。

设置屏蔽的方法有两种。第一种方法采用主屏蔽字对 4 个 DMA 通道屏蔽位同时进行设置，命令字格式如图 10-6(a)所示。第二种方法采用单通道屏蔽字，实现只对一个 DMA 通道屏蔽位进行设置，命令字格式如图 10-6(b)所示。

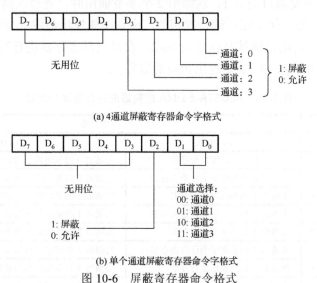

图 10-6　屏蔽寄存器命令格式

8. 状态寄存器

状态寄存器的长度为 8 位，内含 4 个 DMA 通道的操作状态信息。状态寄存器的低 4 位用来指出 4 个通道的计数结束状态，为 1 表示该通道计数到达 0；状态寄存器的高 4 位表示当前 4 个通道的 DMA 请求响应情况，为 1 表示该通道当前有 DMA 请求需要处理。状态位在复位或被读出后，均被清 0。各位的定义如图 10-7 所示。

9. 暂存寄存器

在存储器到存储器传送周期中，从源地址读出的数据被保存在暂存寄存器中。然后启动

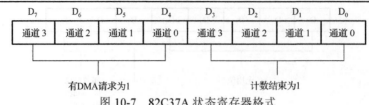

图 10-7　82C37A 状态寄存器格式

一个写周期把该数据写入目的地址。在完成这种 DMA 操作之后，在暂存寄存器中将包含被传送的最后 1 字节。该寄存器中的值可由微处理器读取。复位命令使暂存寄存器内容为零。

10. 复位命令和清除先/后触发器命令

复位命令称为综合清除命令，它的功能和 RESET 信号相同。也就是说，复位命令使命令寄存器、状态寄存器、DMA 请求寄存器、暂存寄存器以及先/后触发器都清 0，而使屏蔽寄存器置位。

先/后触发器是用来控制 DMA 通道中地址寄存器和字节计数寄存器的初值设置的。我们知道，82C37A-5 只有 8 位数据线，所以，一次只能传输 1 字节，而地址寄存器和字节计数寄存器都是 16 位的，所以，这些寄存器都要通过两次传输才能完成初值设置。如果将先/后触发器清 0，那么，CPU 往地址寄存器和字节计数寄存器输出数据时，第 1 个字节写入低 8 位；然后先/后触发器自动置 1，这样第 2 个字节输出时，就写入高 8 位，并且先/后触发器自动复位为 0。为了保证能正确设置初值，应该事先发出清除先/后触发器的命令。

以上寄存器对应的端口地址具体见表 10-2。在对内部寄存器进行写操作或读操作时，信号线 IOR、IOW 和 $A_3 \sim A_0$ 上要送出相应的信号。

表 10-2　82C37A-5 DMA 控制器的寄存器端口地址

端口	通道	I/O 地址		寄存器	
		主片	从片	读（IOR）	写(IOW)
+0*	0	00	0C0	读通道 0 的当前地址寄存器	写通道 0 的基地址与当前地址寄存器
+1	0	01	0C2	读通道 0 的当前字节计数寄存器	写通道 0 的基字节计数及当前字节计数器
+2	1	02	0C4	读通道 1 的当前地址寄存器	写通道 1 的基地址与当前地址寄存器
+3	1	03	0C6	读通道 1 的当前字节计数寄存器	写通道 1 的基字节计数及当前字节计数器
+4	2	04	0C8	读通道 2 的当前地址寄存器	写通道 2 的基地址与当前地址寄存器
+5	2	05	0CA	读通道 2 的当前字节计数寄存器	写通道 2 的基字节计数及当前字节计数器
+6	3	06	0CC	读通道 3 的当前地址寄存器	写通道 3 的基地址与当前地址寄存器
+7	3	07	0CE	读通道 3 的当前字节计数寄存器	写通道 3 的基字节计数及当前字节计数器
+8	公用	08	0D0	读状态寄存器	写命令寄存器
+9		09	0D2	—	写请求寄存器
+A		0A	0D4	—	写单个通道屏蔽寄存器
+B		0B	0D6	—	写工作方式寄存器
+C		0C	0D8	—	写清除先/后触发器命令**
+D		0D	0DA	读暂存寄存器	写总清命令**
+E		0E	0DC	—	写清四个通道屏蔽寄存器命令**
+F		0F	0DE	—	写置四个通道屏蔽寄存器

　　注：*内部端口地址是以 DMA 首地址为基地址的偏移；

　　　　**软命令是不需要通过数据总线写入控制字，直接由地址和控制信号译码实现。

10.1.3　DMA 编程和应用举例

82C37A-5 的引脚功能如图 10-8 所示，82C37A-5 DMA 控制器与微处理机之间的接口如图 10-9 所示。在微处理机系统中，82C37A-5 是作为外围控制器来工作的，它的操作必须通过软件进行初始化处理。这要通过读/写它的内部寄存器来实现。这些数据的传送要通过它的微处理机接口来进行。

初始化编程的步骤如下。

(1) 命令字写入命令寄存器。

(2) 屏蔽字写入屏蔽寄存器。

(3) 方式字写入方式寄存器。

(4) 先/后触发器清 0。

(5) 写地址寄存器和字节计数寄存器。

(6) 解除屏蔽。

(7) 写入请求寄存器。

当 82C37A-5 没有被外围设备用来进行 DMA 操作时，此时它处于空闲状态。在这种状态下，微处理器可以向这个 DMA 控制器输出命令，以及读/写它的内部寄存器。数据总线信号线 DB_7～DB_0 是进行这些数据传送的通路。被访问的寄存器由加到地址输入端 A_3～A_0 的 4 位地址来确定，这些输入是由微处理机的地址信号线 A_5～A_2 来提供的。

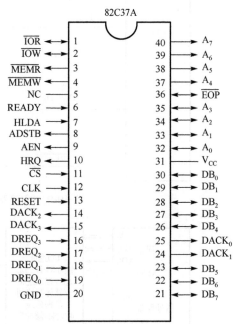

图 10-8　82C37A-5 的外部引脚图

在数据传送总线周期中，其他地址位被外部电路译码，以产生 82C37A-5 的片选输入信号。在空闲状态时，82C37A-5 不断采样这个片选输入信号，等待它变为有效。在这个输入端上的逻辑 0 将开启微处理机接口。微处理机分别用信号 IOR 和 IOW 来通知 82C37A-5 进行输入总线周期还是输出总线周期。由此可见，这实际上是把 82C37A-5 映像到了微型计算机的 I/O 地址空间。

82C37A-5 可以同时连接 4 个 I/O 设备。在空闲周期，DMA 总是不断采样 DREQ 和 $\overline{CS}$。如果 $\overline{CS}$ 有效，表示 82C37A-5 处于从属 (Slave) 状态，CPU 正在对 82C37A-5 进行初始化或者正在从 82C37A-5 读取状态寄存器数据。微处理机对 82C37A-5 的初始化完成后，82C37A-5 就可以准备接收外部设备的 DMA 请求信号，以触发 DMA 传送。那么外部设备是如何启动 DMA 电路呢？如前所述，82C37A-5 芯片内拥有 4 个独立的 DMA 通道。通常，总是把每一个通道指定给一个专门的外围设备，如图 10-10 所示。该芯片初始化以后，当某个 I/O 设备发出 DMA 传送请求，便置 DREQ 为有效电平。82C37A-5 采样到 DREQ 的有效电平以后，在下一个时钟周期发出总线请求 HRQ。之后，82C37A-5 进入总线交换周期。CPU 在每个时钟周期都要采样 HOLD 信号，一旦采样到 HOLD 为有效电平，便释放总线，驱动 HLDA 信号为有效电平。当 DMA 采样到 HLDA 信号有效时，标志着传送的开始，在下一个时钟周期进入 DMA 有效周期。

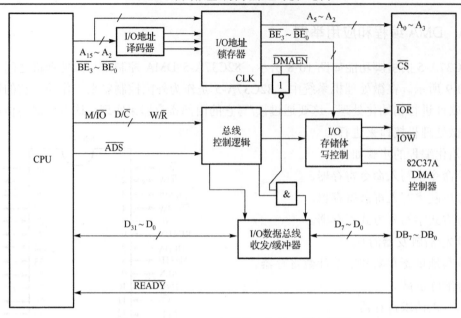

图 10-9　82C37A-5 与微处理机接口原理框图

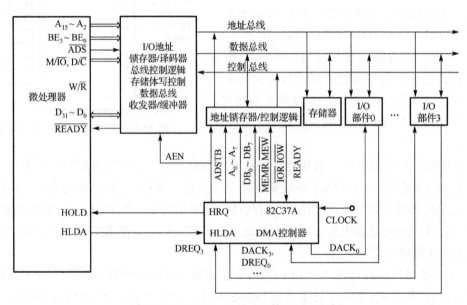

图 10-10　82C37A-5 的 I/O 接口原理框图

10.2　可编程中断控制器芯片 82C59A

中断的来源除了来自硬件自身的 NMI 中断和来自软件的 INT n 指令造成的软件中断之外，还有来自外部硬件设备的中断，这些中断是可屏蔽的。这些中断也都通过可编程中断控制器(Programmable Interrupt Controller，PIC)进行控制，并传递给 CPU。82C59A 是可编程中断控制器，是为简化微机系统中断接口而实现的 LSI 外围芯片。它是一种高性能的 CHMOS 优先权中断控制器，可以与 Intel 系列机相兼容。

10.2.1　82C59A 的内部结构

一个 82C59A 芯片最多可以接收 8 个中断源，但因为可以将 2 个或多个 82C59A 芯片级联，并且最多可以级联 9 个，所以最多可以接收 64 个中断源。目前，微机系统内设计了 2 个 82C59A，以适应更多外部设备的需要，其中一个称为主片(Master)，另一个称为从片(Slave)，从片以级联的方式连接在主片上，这样，最多可以接收 15 个中断源。

82C95A 芯片拥有以下几个特点。

(1)它的引脚引线与 NMOS 8259A-2 兼容。

(2)8 级优先级控制器。

(3)可扩充至 64 级。

(4)多种可编程的中断方式。

(5)低功耗的备用电源(10μA)。

(6)各自专用的请求屏蔽能力。

(7)与 Intel 系列机相兼容。

(8)全部采用静态设计。

(9)1 个 5V 电源供电。

图 10-11 为 82C59A 内部结构框图，82C59A 的内部逻辑由 8 个功能部件构成：数据总线缓冲器、读/写逻辑、控制逻辑、中断服务寄存器(Interrupt Service Register，ISR)、中断请求寄存器(Interrupt Request Register，IRR)、优先权比较器(PR)、中断屏蔽寄存器(Interrupt Mask Register，IMR)以及级联缓冲器/比较器。

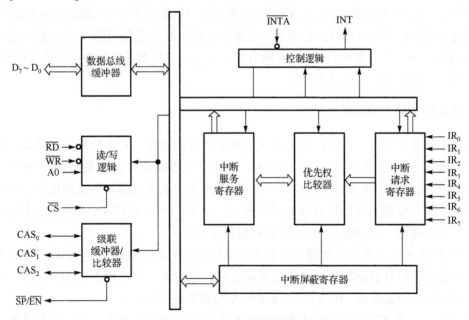

图 10-11　82C59A 内部结构框图

数据总线缓冲器是 82C59A 与系统数据总线的接口，它是 8 位的双向三态缓冲器，和处理器的数据总线相连接，用来进行数据、命令、状态等信息的传送。同时，中断类型码也由数据总线缓冲器送到处理器。

读/写逻辑。CPU 能通过它实现对 82C59A 的读出（状态信号）和写入（初始化编程）。该部件接收来自处理器的读/写命令，完成相应的操作。

一片 82C59A 有 8 条外界中断请求线 $IR_0 \sim IR_7$，每一条请求线由一个相应的触发器来保存请求信号，从而形成了中断请求寄存器。

中断服务寄存器用来存放当前正在进行处理的中断，若 CPU 响应了 IR_i 中断请求，则 ISR 中与之对应的第 i 位置 1。当中断处理完毕后，ISR 中相应位复位。

优先权比较器用于自动检查 IMR 的状态，判断有无优先级更高的中断在接受服务，如果没有，则把中断请求寄存器中优先级最高的中断请求送入中断服务寄存器，并向处理器发出中断请求信号（INT）。

中断屏蔽寄存器是一个 8 位寄存器，用来设置中断请求的屏蔽信号。当 IMR 中的某一位被屏蔽时，则禁止相应位发出中断请求信号。

级联缓冲器/比较器实现 82C59A 芯片之间的级联，使得中断源可由 8 级扩展至 64 级。当多片 82C59A 采用主从结构构成级联时，该部件用来存放和比较系统中各 82C59A 的从设备标志。

10.2.2　82C59A 的程序设计

82C59A 是可编程中断控制器，它的工作方式、操作模式是由写入的命令字确定的。命令字分两类：一类是初始化命令字 $ICW_1 \sim ICW_4$；另一类是操作命令字 $OCW_1 \sim OCW_3$。用初始化命令来装 82C59A 的内部控制寄存器，以确定它使用的基本配置或模式；操作命令字允许微处理机设置基本操作模式中的参数。一片 82C59A 有两个端口地址，由片选信号和端口选择线 A_0 共同确定，$A_0=0$ 为偶地址端口；$A_0=1$ 为奇地址端口，各命令字写入的端口也有规定。

当向 82C59A 发出命令时，必须禁止微处理器的中断请求信号输入（INTR），它可以通过执行 CLI 指令清除中断允许标志。在执行完命令之后。若要重新允许中断请求信号输入，可通过执行 STI 指令的办法实现。

1. 82C59A 的初始化命令字

初始化命令字 $ICW_1 \sim ICW_4$ 用来对 82C59A 进行初始化。初始化命令字是要写入相应的初始化命令字寄存器中的。对 82C59A 内部寄存器的操作需要通过端口进行。一片 82C59A 占用两个端口地址，用端口选择引脚 A_0 来选择偶地址端口和奇地址端口。对于一般的微机系统，A_0 接系统地址总线的最低位 A_0。这样，一片 82C59A 占用的两个地址是连续的，一个为偶地址（$A_0=0$），另一个为奇地址（$A_0=1$）。

(1) 中断请求信号触发方式的设置及芯片数量选择的初始化命令字 ICW_1。ICW_1 主要用来设定中断请求信号的触发方式是否为级联方式、初始化过程中用不用 ICW_4 等。它的格式和含义如图 10-12 所示，ICW_1 写入 82C59A 的偶地址端口。

$D_7 \sim D_5$ 位：当 82C59A 应用于 8088/8086 系统时，该 3 位无效，通常以 0 填充。

D_4 位：ICW_1 的标志位，$D_4=1$ 表明是 ICW_1 命令字。这是因为在初始化时，ICW_1 应是第一个写入的，它必须区别于其他初始化命令字，包括初始化命令字 ICW_2、ICW_3、ICW_4 的 A_0 都为 1，而 A_0 为 0 对应的操作命令字有两个：OCW_2 和 OCW_3，它们的 D_4 位都为 0。

D_3 位：选择中断请求信号的触发方式，$D_3=1$ 为电平触发；$D_3=0$ 为边沿触发。

D_2 位：对于 8086/8088 系统无效，以 0 填充。

D_1 位：$D_1=1$ 表明系统只有一片 82C59A；$D_1=0$ 表明系统使用多片 82C59A 级联。

D_0 位：$D_0=1$ 表明需要写入 ICW_4；$D_0=0$ 表明不需要写入 ICW_4。

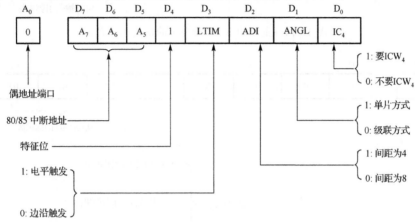

图 10-12　ICW_1 命令字的格式和含义

(2) 设置中断类型码高 5 位的初始化命令字 ICW_2。ICW_2 用来设置中断向量。82C59A 在第 2 个中断响应周期向 CPU 提供的 8 位中断类型码实际上由两部分构成。其中，高 5 位 $T_7 \sim T_3$ 是由用户通过编程确定的，这就是初始化命令字 ICW_2；该类型码的低 3 位由 82C59A 内部电路自动产生，分别对应于 8 个中断源的中断请求信号 $IR_0 \sim IR_7$ 的编号，即 IR_0 为 000, IR_1 为 001,$\cdots$,IR_7 为 111。该命令字的格式和含义如图 10-13 所示。

图 10-13　ICW_2 命令字的格式和含义

例 10-3　可屏蔽中断 $IR_0 \sim IR_7$ 与 ICW_2 的配置关系如下。

① 若 8 个可屏蔽中断 $IR_0 \sim IR_7$ 类型号为 08H～0FH，则初始化的 ICW_2 为 08H(00001000)。

② 若初始化的 ICW_2 为 38H(00111000)，则 $IR_0 \sim IR_7$ 类型号为 38H～3FH(00111000～00111111)。

(3) 标识主片/从片初始化命令字 ICW_3。只有当系统中有多片 82C59A 级联时才需要设置 ICW_3，单片 82C59A 时不用设置 ICW_3。对于主片和从片，ICW_3 的意义不同。

主片的 ICW_3 命令字的格式和含义如图 10-14 所示。8 位的意义相同，某位为 0 对应的 IR 线未接从片的中断请求信号；为 1 对应的 IR 线接从片的中断请求信号。

从片的 ICW_3 命令字的格式和含义如图 10-15 所示。高 5 位固定为 0。低 3 位是从片的标识码，等于从片所连接的主片 IR 输入端的编码。例如，一个从片的 INT 接到主片的 IR_2，则该从片的 ICW_3 应为 00000010B。

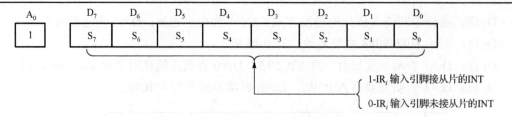

图 10-14　主片的 ICW₃ 命令字的格式和含义

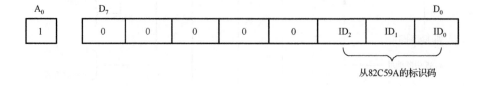

图 10-15　从片的 ICW₃ 命令字的格式和含义

从片的标识码在中断响应时要用到。当 CPU 响应来自某从片的中断请求时，连续产生两个中断响应周期。在第一个中断响应周期，主片把得到响应的 IR 编码送上级联线 $CAS_2 \sim CAS_0$，从片拿它与自己的标识码进行比较，若结果相同，则表明 CPU 正在响应本片的中断，于是准备该中断的中断向量并将其在第二个中断响应周期送上数据总线。

（4）方式控制初始化命令字 ICW_4。

ICW_4 的功能较多，用来设置是否为特殊全嵌套方式、缓冲方式、自动中断结束中断方式、8086/8088 系统等。当 ICW_1 中的 $D_0=1$，初始化 82C59A 时需要写入 ICW_4。ICW_4 写入奇地址端口，其格式和含义如图 10-16 所示。

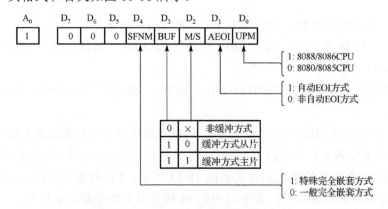

图 10-16　ICW_4 命令字的格式和含义

82C59A 进入正常工作之前，系统必须对每个 82C59A 进行初始化设置，初始化是通过编程将初始化命令字按顺序写入 82C59A 的端口实现的。也就是说，各初始化命令字的识别一方面依赖于地址信号 A_0 和初始化命令字中的特定标识位，另一方面也与其写入的先后次序有关，其顺序如图 10-17 所示。ICW_1 和 ICW_2 是必须送的，而 ICW_3 和 ICW_4 是由工作方式来选择的。初始化过程是从微处理机输出初始化命令字 ICW_1 到 82C59A 的相应地址开始的。

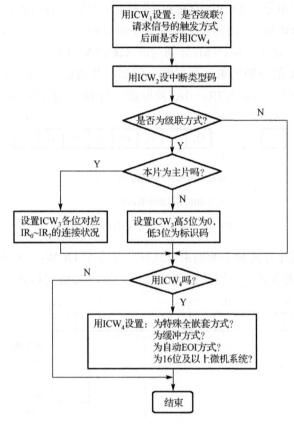

图 10-17　82C59A 初始化命令字的顺序

当将 ICW_1 写入 82C59A 的控制逻辑时，会自动产生特定的内部设置条件。首先，建立内部操作次序逻辑，82C59A 将接收 ICW_1 的剩余部分。如果 ICW_1 的最低位为 1，则初始化过程需要命令字 ICW_4。另外，如果 ICW_1 的右数第 2 位为 0，则还需要 ICW_3 命令字。

当将 ICW_1 写到 82C59A 时，会把 ISR 和 IRR 清 0，同时清 0 的还有操作命令字中其他 3 位，即 OCW_3 中的 SMM、OCW_3 中的 RR，以及 OCW_2 中的 EOI。另外，还制定了中断优先级，如 IR_0 为最高优先级，IR_7 为最低优先级。最后清除所有与 IR 输入相关的边缘敏感锁存器。如果 ICW_1 的最低位初始化成 0，则与 ICW_4 相关的命令寄存器中所有位都将清 0。

82C59A 初始化并不是总用到 4 个字。但在微机系统中总是用到字 ICW_1、ICW_2 和 ICW_4。ICW_3 可选用，只有在 82C59A 处于级联方式下才会用到。

2. 82C59A 的操作命令字

82C59A 在初始化后就进入工作状态，准备接收 IR 端的中断请求。在 82C59A 工作期间，可通过设置操作命令字来修改或控制 82C59A 的工作方式。需要说明的是，与初始化

命令字 $ICW_1 \sim ICW_4$ 需要按规定的顺序进行设置不同，操作命令字 $OCW_1 \sim OCW_3$ 的设置没有规定其先后顺序，使用时可根据需要灵活选择不同的操作命令字写入 82C59A 中。操作命令字共有 3 个，它们可单独使用。

(1)中断屏蔽操作命令字 OCW_1。OCW_1 用来实现中断屏蔽功能，要求写入 82C59A 的奇地址端口(A_0=1)。OCW_1 的内容被直接置入中断屏蔽寄存器中。OCW_1 命令字的格式和含义如图 10-18 所示，其中，$M_0 \sim M_7$ 分别对应 82C59A 的 $IR_0 \sim IR_7$。当 OCW_1 中的 M_i 位为 1 时，则相应的 IR_i 的中断请求就被屏蔽。例如，若通过 OCW_1 向中断屏蔽寄存器写入代码 11110000，将导致中断输入 $IR_7 \sim IR_4$ 被屏蔽，而 $IR_3 \sim IR_0$ 撤销屏蔽。

图 10-18　OCW_1 命令字的格式和含义

(2)中断优先级循环方式和中断结束方式操作命令字 OCW_2。OCW_2 用来设置中断优先级循环方式和中断结束方式。占用偶地址端口(A_0=0)，其格式和含义如图 10-19 所示。

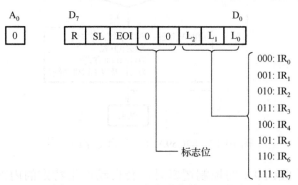

图 10-19　OCW_2 命令字的格式和含义

其中，OCW_2 的 D_4D_3 固定为 00，作为 OCW_2 的标志。因为 OCW_3 也用偶地址端口，所以用该标志区别它和 OCW_3。

D_7 位(R)表示中断优先级是否按循环方式设置。R=1 表示采用循环方式；R=0 表示采用非循环方式。

D_6 位(SL)表示 OCW_2 中的 L_2、L_1、L_0 是否有效。SL=1 表示有效；SL=0 表示无效。

D_5 位(EOI)为中断结束命令位。EOI=1 使当前 ISR 寄存器的相应位清 0。当 ICW_4 中的 AEOI 为 0 时，ISR 中的相应置 1 位就要由该命令位来清除。

$D_2 \sim D_0$ 位($L_2 \sim L_0$)在 SL=1 时配合 R、SL、EOI 的设置，用来确定一个中断优先级的编码。L_2、L_1、L_0 的 8 种编码 000～111 分别与 $IR_0 \sim IR_7$ 相对应。由 R、SL、EOI 三位可以定义多种不同的中断结束方式或中断优先级循环方式。综合起来，R、SL、EOI 的设置与意义如表 10-3 所示。

需要指出，在一般的应用系统中是将 82C59A 设置成固定优先级、一般全嵌套方式、非自动中断结束方式。所以，在表 10-3 中用得最多的组合还是第一种，连同其他的 5 位，其命令字为 00100000B=20H。每当中断服务结束和返回之前都要给 82C59A 发一个这样的 OCW_2（20H）来结束中断。

表 10-3　R、SL、EOI 的设置及意义

R	SL	EOI	功能说明
0	0	1	一般的 EOI 命令，将 ISR 中当前级别最高的置 1 的位复位
0	1	1	特殊的 EOI 命令，将 ISR 中由 $L_2 \sim L_0$ 字段指定的位复位
1	0	1	中断优先级循环的一般 EOI 命令，与一般的 EOI 命令相似，不同之处在于，在 ISR 的相应位复位后使中断优先级循环，当前复位的级别变为最低。原先比它低一级的 IR 级别变为最高，其他的 IR 级别也相应变化
1	1	1	中断优先级循环的特殊 EOI 命令，与特殊 EOI 命令相似，不同之处在于，在将 ISR 中由 $L_2 \sim L_0$ 字段指定的位复位后使中断优先级循环。例如，$L_2 \sim L_0$ 位 010，则复位 ISR_2，并使优先级次序（从高到低）改为 IR_3、IR_4、IR_5、IR_6、IR_7、IR_0、IR_1、IR_2
1	0	0	设置具有优先级循环的自动中断结束方式，中断服务结束时不需要发中断结束命令。如果要设置这种方式，则只能给 82C59A 发一次该命令
0	0	0	清除具有优先级循环的自动中断结束方式
1	1	0	设置中断优先级命令，按 $L_2 \sim L_0$ 的值确定一个级别最低的中断优先级。一旦确定了最低中断优先级，其他的中断优先级也随之而定。例如，$L_2 \sim L_0$ 为 011，则 IR_3 被指定为最低，系统中从高到低的优先级次序为 IR_4、IR_5、IR_6、IR_7、IR_0、IR_1、IR_2、IR_3。此后，系统工作在中断优先级特殊循环方式
0	1	0	无操作

（3）中断屏蔽方式和中断查询方式操作命令 OCW_3。OCW_3 用来设置中断屏蔽方式，82C59A 为查询方式和规定要读出其内容的寄存器，其格式和含义如图 10-20 所示。

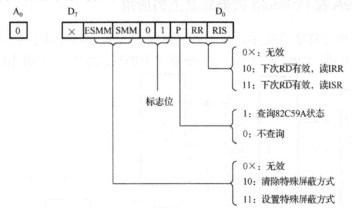

图 10-20　OCW_3 命令字的格式和含义

其中间两位（D_4D_3）固定为 01，作为 OCW_3 的标志。

SMM 位用来选择中断屏蔽方式，取 0 表示使用一般屏蔽方式；取 1 表示使用特殊屏蔽方式。ESMM 是 SMM 位的控制位，为 1 允许 SMM 位起作用；否则禁止它起作用。

OCW_3 的 D_2 位即 P 位为中断查询方式位。查询是通过程序来了解是否有中断发生的。当 P=1 时，使 82C59A 处于中断查询方式，即 CPU 向 82C59A 偶地址端口写入一个查询命令 OCW_3=0CH 后，再执行输入指令 IN，CPU 便可读入 82C59A 提供的查询字。查询字反映了当前有无中断请求，以及中断请求中优先级最高的是哪一个。当 82C59A 被设置成查

询方式后，随后送到 82C59A 的引脚的读信号被理解为中断响应信号，82C59A 将 1 字节的数据送上数据总线，82C59A 的查询字格式如图 10-21 所示。该字节数据的最高位为 0 表示没有中断发生，为 1 表示有中断请求。最低的 3 位在有中断请求的情况下给出请求中断服务的最高优先级的 IR 编码。可用程序来识别这个字节。若有中断，则转去执行相应的中断服务程序。由此可见，查询是 82C59A 响应中断的又一种方法。

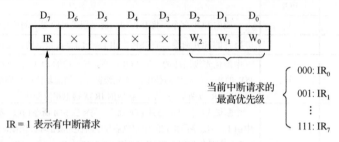

图 10-21　82C59A 的查询字格式

在微机系统运行过程中，有时需要读 82C59A 的可编程寄存器的内容。中断屏蔽寄存器的内容可以随时读出，而中断请求寄存器或中断服务寄存器的内容不能直接读出，必须先发一个 OCW₃ 命令，设置成允许读寄存器状态并且指明要读哪个寄存器。OCW_3 的最低两位就用于实现这个目的。RR 位为读寄存器允许，为 1 时允许；RIS 位为读寄存器选择，为 0 表示读 IRR，为 1 表示读 ISR。如果要读 IRR 的内容，必须先发一个 OCW_3 命令，其 RR、RIS 分别为 1、0，然后读。如果要读 ISR 的内容，必须先发一个 OCW_3 命令，其 RR、RIS 分别为 1、1，然后读。

10.2.3　82C59A 在 Pentium 微处理器上的应用

在 Pentium 微处理器系统中，扩展两片 82C59A 可编程中断控制器。通过将两片 82C59A 级联的方式，CPU 可以响应 15 个外部中断请求信号，如图 10-22 所示。主片

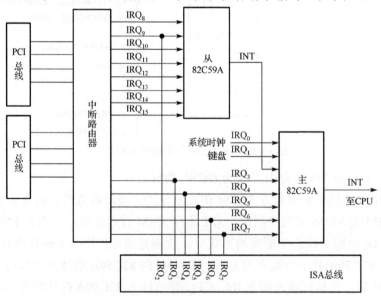

图 10-22　Pentium 微处理器中 82C59A 的连线

82C59A 既可接收来自 ISA 总线的中断请求信号,也可接收来自 PCI 总线的中断请求信号,系统将这些复用的中断请求信号编号为 $IRQ_3\sim IRQ_7$。中断请求信号 IRQ_0 分配给系统时钟,IRQ_1 分配给键盘。主 82C59A 的 IRQ_2 输入端作为与从 82C59A 的级联输入端。从 82C59A 的 8 个中断请求信号全部由 PCI 总线提供。PCI 总线通过中断路由器向从片 82C59A 提供编号为 $IRQ_8\sim IRQ_{15}$ 的中断请求信号。

10.3　CHMOS 可编程时间间隔定时器芯片 82C54

定时控制在微机系统中极为重要,定时器由数字电路中的计数电路构成,通过记录高精度晶振脉冲信号的个数,输出准确的时间间隔;当计数电路记录外设提供的具有一定随机性的脉冲信号时,它主要反映该脉冲的个数,又常称为计数器。82C54 是一种微处理机系统中实现定时和计数功能的外围电路,可通过程序设计的方法设定为实现定时功能的各种操作方式,如可将它们设置成单脉冲发生器、方波发生器等。

10.3.1　82C54 的内部结构

82C54 内部拥有 3 个独立的 16 位的计数器,每个计数器对计数初值做减 1 操作,并且每个计数器有自己的 GATE、CLK、OUT,可设置 6 种工作方式。可编程时间间隔定时器芯片 82C54 拥有以下几个特点。

(1)与所有 Intel 系列微处理机兼容。
(2)较高的操作速度;与 8MHz 的 8086、80186 一起可实现"零等待状态"操作。
(3)可以处理 0~10MHz 的输入。
(4)3 个独立的 16 位的计数器。
(5)低功耗的 CHMOS。
(6)与 TTL 完全兼容。
(7)6 种可编程的计数方式。
(8)二进制或 BCD 计数。
(9)状态读返回命令。

图 10-23 所示为 82C54 内部结构框图,82C54 内配备数据总线缓冲器、读/写控制逻辑、控制字寄存器以及 3 个计数器等部分。

数据总线缓冲器是 82C54 与 CPU 数据总线连接的 8 位双向三态缓冲器。CPU 用输入/输出指令对 82C54 进行读/写的所有信息都是通过这 8 条总线传送的。读/写控制逻辑是 82C54 内部操作的控制部分。控制字寄存器在 82C54 初始化编程时,由 CPU 写入控制字以决定计数器的工作方式,此寄存器只能写入而不能读出。计数器 0、计数器 1、计数器 2 是三个计数器/定时器,每一个都是由一个 16 位的可预置值的减法计数器构成的。这三个计数器的操作是完全独立的。

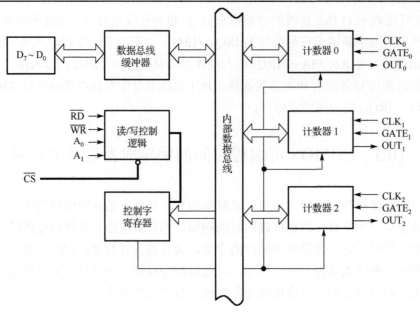

图 10-23　82C54 内部结构框图

10.3.2　82C54 的内部寄存器

1. 控制字寄存器

在 82C54 的初始化编程中，由 CPU 向 82C54 的控制字寄存器写入一个控制字，它规定了 82C54 的工作方式。其格式如图 10-24 所示。

D_7	D_6	D_5	D_4	D_3	D_2	D_1	D_0
SC_1	SC_0	RL_1	RL_0	M_2	M_1	M_0	BCD

图 10-24　82C54 控制字寄存器格式

SC_1SC_0 位 (D_7D_6)：计数器选择位，控制字的最高两位决定这个控制字是哪一个计数器的控制字。当 SC_1SC_0=00 时选择通道 0 (T_0)；当 SC_1SC_0=01 时选择通道 1 (T_1)；当 SC_1SC_0=10 时选择通道 2 (T_2)；SC_1SC_0=11 时读回命令。

RL_1RL_0 位 (D_5D_4)：数据读/写格式，CPU 向计数器写入初值和读取它们的当前状态时，有几种不同的格式。00：发锁存命令，锁存 SC_1SC_0 指定的通道，此时低 4 位无效。01：只读/写一个低字节；10：只读/写一个高字节；11：先低后高读/写两个字节。

$M_2M_1M_0$ 位 ($D_3D_2D_1$)：工作方式，82C54 的每个计数器可以有 6 种不同的工作方式 0～5，分别由 000～101 选择。

BCD 位 (D_0)：计数制选择，82C54 的每个计数器有两种计数制，此位清 0 选择二进制计数；此位置 1 选择 BCD 计数制。

2. 计数寄存器

图 10-23 中的 3 个计数器均为 16 位长的，并在减 1 计数方式下操作，即当其被有效的

门控信号允许后，每来一个时钟脉冲，均将使计数值减 1。每个计数器的 16 位计数寄存器的值必须在初始化时予以装入。保存在该计数寄存器中的值可在任何时刻通过软件读出。为了对 82C54 的计数器进行读/写操作，或对它的控制字寄存器进行装入操作，微处理机必须执行相应的读写操作命令。表 10-4 列出了读/写每个寄存器的总线操作控制信息。

表 10-4 读/写每个寄存器的总线操作控制信息

CS	RD	RW	A_1	A_0	功能
0	1	0	0	0	对计数器 0 设置计数初值
0	1	0	0	1	对计数器 1 设置计数初值
0	1	0	1	0	对计数器 2 设置计数初值
0	1	0	1	1	设置控制字
0	0	1	0	0	从计数器 0 读出计数值
0	0	1	0	1	从计数器 1 读出计数值
0	0	1	1	0	从计数器 2 读出计数值

如前所述，可随时读出 82C54 计数寄存器的内容。但如何通过软件实现这一操作？第一种方法先禁止该计数器的计数操作，然后通过一条输入指令来读取相应寄存器的内容。例如，设 82C54 的三个计数器的端口地址为 70H、71H、72H，控制寄存器端口地址 73H。为了要读出计数寄存器 0 的内容，同时为了确保读出的是计数寄存器 0 的有效计数值，必须在进行读操作之前禁止该计数器的计数操作。最有效的实现方法是，在形成读操作之前把信号 $GATE_0$ 输入转变成 0。在读取该计数值时，两个字节分开读取，先读取低序字节，再读取高序字节。读取数据程序代码如下：

```
MOV DX, 70H
IN  AL, DX        ;读低字节
MOV BL, AL
IN  AL, DX
MOV BH, AL        ;读高字节
```

第二种方法不采用先禁止计数操作的方法来读取计数寄存器的内容，而是在计数操作进行过程中读出计数值。为了实现这一操作，必须先向控制字寄存器输出一条把计数器的当前值锁存到暂存寄存器的命令，即将控制字中的 RL_1RL_0 位设置为 00。一旦将这样的控制字写入 82C54，即可读出刚被锁存到暂存寄存器的内容。例如，82C54 端口地址如上所述，要采用锁存方式读出计数器 0 的当前计数值，放在 BX 中 。读取数据程序代码如下：

```
MOV AL, 0H
OUT 73H, AL
IN  AL, 70H
MOV BL, AL
IN  AL, 70H
MOV BH, AL
```

3. 读回方式

82C54 支持一种特殊的工作方式，称为读回方式。这种工作方式允许程序员用一条命

令就可锁存 3 个计数器的当前计数值和状态信息。设置读回命令时,控制字寄存器中的 SC_1、SC_0 位均为 1。读回命令的格式如图 10-25 所示。其中,$D_5D_4=10$ 表示锁存状态信息;$D_5D_4=01$ 表示锁存计数值;$D_5D_4=00$ 表示锁存状态信息与计数值,这时读数据的顺序为先读状态再读计数值。$D_3\sim D_1$ 这 3 位分别用于选择计数通道 $2\sim 0$,相应位置 1 表示选中相应通道。

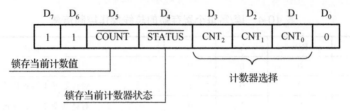

图 10-25 82C54 的读回命令格式

例 10-4 设 82C54 的端口地址为 40H~43H,采用读回方式读取 3 个计数通道的当前计数值。

```
MOV    AL,11010100B      ;T/C₁,锁存计数值
OUT    43H,AL
IN     AL,41H;
MOV    AH,AL
IN     AL,41H
XCHG   AH,AL             ;AX 为当前计数值
MOV    AL,11011010B      ;T/C₀、T/C₂ 锁存计数值
OUT    43H,AL
IN     AL,40H;
MOV    AH,AL
IN     AL,40H
XCHG   AH,AL             ;AX 为 T/C₀ 当前计数值
IN     AL,42H;
MOV    AH,AL
IN     AL,42H
XCHG   AH,AL             ;AX 为 T/C₂ 当前计数值
```

如果需要读取计数器当前状态,使用读回命令读出的状态字格式如图 10-26 所示。

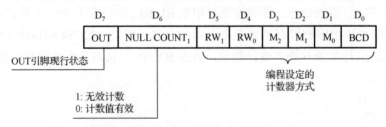

图 10-26 读出的状态字格式

例 10-5 利用读回方式读取例 10-4 中计数通道 0 和 1 的当前状态。

```
MOV    AL,11100100B      ;T/C₁,锁存状态值
OUT    43H,AL
IN     AL,41H            ;若 AL=00110101,表示 T/C₁ 为方式 2,BCD 码,先低后高
```

```
                                ;读/写,当前 OUT 为低电平
        MOV    AL,11100010B     ;T/C₀,锁存状态值
        OUT    43H,AL
        IN     AL,40H           ;若 AL=00010110,表示 T/C₀ 为方式 3,二进制码,只有低字节,
                                 当前 OUT 为低电平
```

10.3.3　82C54 编程和应用举例

在微处理机系统中,82C54 作为外围电路能以存储器映像方式存在于存储器地址空间,或以 I/O 映像方式存在于 I/O 地址空间。微处理机通过对 82C54 内部寄存器进行读/写将它设置成各种不同的操作方式。82C54 与微处理机的接口包括一个 8 位的双向数据总线 $D_7 \sim D_0$、读/写控制信号 $\overline{RD}$ 和 $\overline{WR}$、片选信号 $\overline{CS}$,以及寄存器地址选择信号 A_0 和 A_1。82C54 每个计数通道都有 3 个信号,2 个输入信号 CLK_i、$GATE_i$ 和 1 个输出信号 OUT_i。其作用分别如下。

$GATE_0 \sim GATE_2$:3 个通道的门控信号,对计数过程进行控制,具体作用视方式而定。

$CLK_0 \sim CLK_2$:3 个通道的脉冲输入,允许计数时,82C54 的计数器对 CLK_i 输入的脉冲进行减 1 计数。

$OUT_0 \sim OUT_2$:3 个通道的输出信号,计数初值减为 0,OUT_i 输出有效,输出波形视方式而定。

82C54 有 6 种工作方式,由方式控制字的 $M_2M_1M_0$ 位确定。熟悉每种工作方式的特点才能根据实际应用问题,选择正确的工作方式。

1)方式 0——计完最后一个数时中断

在方式 0 下,当控制字的位 $M_2M_1M_0=000$ 写入控制字寄存器,OUT 输出变低,此时计数器没有赋予初值,也没开始计数。

要开始计数,GATE 信号必须为高电平,并在写入计数初值后,通道开始计数,在计数过程中 OUT 线一直维持为低,直至计数到 0 时,OUT 输出变高。

2)方式 1——可编程序的单拍脉冲

在方式 1 下,当控制字的位 $M_2M_1M_0=001$ 写入控制字寄存器时,输出将保持为高。当 CPU 写完计数值后,计数器并不开始计数,直到外部门控脉冲 GATE 启动之后的下一个输入 CLK 脉冲的下降沿开始计数,OUT 输出变低。因整个计数过程中,OUT 线都维持为低,直至计数到 0 时,OUT 输出变为高,因此,输出为一个单拍脉冲。若外部门控脉冲再次触发启动,则可以再产生一个单拍脉冲。

3)方式 2——速率发生器

在方式 2 下,当控制字的位 $M_2M_1M_0=010$ 写入控制字寄存器时,输出将为高。在写入计数值后,计数器将立即自动对输入时钟(CLK)计数。在计数过程中输出始终保持为高,直至计数器减到 1 时,输出将变低,经过一个 CLK 周期,输出恢复为高,且计数器开始重新计数。

4)方式 3——方波速率发生器

方式 3 和方式 2 的输出都是周期性的,它们的主要区别是,方式 3 在计数过程中的输出有一半时间为高,另一半时间为低。

5)方式 4——软件触发选通

在方式 4 下,当控制字的位 $M_2M_1M_0=100$ 写入控制字寄存器,输出为高。当写入计数

值后立即开始计数,当计数到 0 后,输出变低,经过一个输入时钟周期,输出又变高,计数器停止计数。这种方式计数也是一次性的,只有在输入新的计数值后,才能开始新的计数。

6)方式 5——硬件触发选通

在方式 5 下,当控制字的位 $M_2M_1M_0=101$ 写入控制字寄存器时,输出为高。在设置了计数值后,计数器并不立即开始计数,而是由外部门控脉冲的上升沿触发启动。当计数到 0 时,输出变低,经过一个 CLK 脉冲,输出恢复为高,停止计数。要等到下次门控脉冲的触发才能再计数。

要使用 82C54 必须首先进行初始化编程,初始化编程的内容为:必须先写入每一个计数器的控制字,然后写入计数器的计数值。如前所述,在有些方式下,写入计数值后此计数器就开始工作了,而有的方式需要外界门控脉冲信号的触发启动。

在初始化编程时,某一个计数器的控制字和计数值是通过两个不同的端口地址写入的。任意计数器的控制字都写入控制字寄存器(地址总线低两位 $A_1A_0=11$),由控制字中的 D_7D_6 来确定它是哪一个计数器的控制字;而计数值是由各个计数器的端口地址写入的。

初始化编程的步骤如下。

(1)写入计数器控制字,规定计数器的工作方式。

(2)写入计数值。

①若规定只写低 8 位,则写入的为计数值的低 8 位,高 8 位自动清 0。

②若规定只写高 8 位,则写入的为计数值的高 8 位,低 8 位自动清 0。

③若是 16 位计数值,则分两次写入,先写入低 8 位,再写入高 8 位。

例 10-6 PC 中 82C54 的应用,设 82C54 的端口地址为 40H～43H,时钟 $f_{CLK}=1.193182MHz$,计数器 0 的功能为向系统日历时钟提供定时中断,设定为方式 3,控制字为 36H,计数器初始值为 0FFFFH,约 55ms 中断一次;计数器 1 的功能为动态 RAM 刷新,设定为方式 2,控制字为 54H,计数器初始值为 18(12H),约 15μs 进行一次请求;计数器 2 的功能为控制扬声器发声,设定为方式 3,控制字为 0B6H,计数器初始值为 1331(533H),声音频率约 896Hz。程序代码如下:

```
MOV AL,36H
OUT 43H,AL
MOV AX,0FFFFH
OUT 40H,AL
MOV AL,AH
OUT 40H,AL

MOV AL,54H
OUT 43H,AL
MOV AX,12H
OUT 41H,AL

MOV AL,0B6H
OUT 43H,AL
MOV AX,533H
OUT 42H,AL
MOV AL,AH
OUT 42H,AL
```

10.4　可编程外围接口芯片 82C55A

82C55A 是一种高性能的符合工业标准的 CHMOS 通用可编程的外围接口芯片,可通过软件来设置该芯片的工作方式,用 82C55A 连接外部设备时,通常不需要附加外部电路,可方便地应用在 Intel 系列微处理机系统中。

10.4.1　82C55A 的内部结构

82C55A 的 24 条 I/O 引脚引线提供了一个灵活的并行接口,包括 1 位、4 位、8 位输入和输出接口。接口的工作方式可设置为电平敏感输入、锁存输出、选通的输入或输出,以及选通的双向输入/输出。这些特性均由软件来控制。

82C55A 芯片拥有以下几个特点。

(1)与所有 Intel 系列微处理机兼容。

(2)工作电压:3～6V。

(3)24 条可编程的 I/O 引脚引线。

(4)低功耗的 CHMOS。

(5)与 TTL 完全兼容。

(6)拥有控制字读回能力。

(7)拥有直接置 1/清 0 的能力。

(8)在所有输出端口有 2 个 5mA DC 驱动能力。

图 10-27 为 82C55A 内部结构框图,82C55A 内部结构由以下四部分组成:数据端口 A、

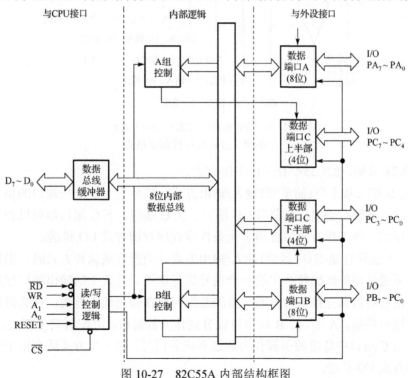

图 10-27　82C55A 内部结构框图

B、C，A 组控制和 B 组控制，读/写控制逻辑，数据总线缓冲器。82C55A 具有 2 组独立的 8 位 I/O 端口和 2 个独立的 4 位 I/O 端口，提供 TTL 兼容的并行接口。

端口 A：包括一个 8 位的数据输出锁存器/缓冲器和一个 8 位的数据输入锁存器，可作为数据输入或输出端口，并工作于三种方式中的任何一种。

端口 B：包括一个 8 位的数据输出锁存器/缓冲器和一个 8 位的数据输入缓冲器，可作为数据输入或输出端口，但不能工作于方式 2。

端口 C：包括一个 8 位的数据输出锁存器/缓冲器和一个 8 位的数据输入缓冲器，可在方式字控制下分为两个 4 位的端口(C 端口上和下)，每个 4 位端口都有 4 位的锁存器，用来配合端口 A 与端口 B 锁存输出控制信号和输入状态信号，不能工作于方式 1 或 2。

10.4.2　82C55A 的控制字和 3 种工作方式

82C55A 可通过指令在控制端口中设置控制字来决定它的工作方式。其控制字可分为两类：方式选择控制字和端口 C 按位置 1/清 0 控制字。

1.　方式选择控制字

方式选择控制字格式如图 10-28 所示，可设置 82C55A 的 3 个数据端口工作在不同的工作方式。方式选择控制字将 3 个数据端口分为两组来决定工作方式，即端口 A 和端口 C 的高 4 位为一组，端口 B 和端口 C 的低 4 位为一组。

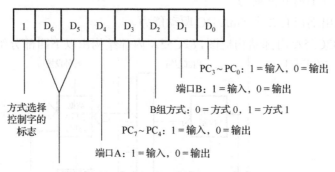

图 10-28　方式选择控制字格式

由图 10-28 可知，82C55A 有三种工作方式。

(1)方式 0 称为基本型(简单型)输入/输出方式。简单型 I/O 是指端口的信号线可工作于电平敏感输入或锁存输出。A 端口、B 端口、上 C 端口、下 C 端口都可以独立设置作为输入或输出使用。该工作方式适合用于无条件或程序查询方式 I/O 传送。

(2)方式 1 也称选通型(应答型)输入/输出方式。当配置成这种方式时，出现在输入端口的数据必须通过由外部硬件产生的一个信号进行选通。方式 1 的输出端口使用一对信息交换信号，由这对信息交换信号指明：新的数据何时在输出线上有效；什么时候外部设备已经读取了这些数据。A 端口、B 端口可以分别作为数据口，并配置其工作方式为方式 1，同时需要使用 C 端口中特定的引脚作为选通和应答信号。该工作方式适合用于中断式传送和程序查询方式 I/O 传送。

（3）方式 2 也称为双向数据传送方式，这种方式的主要特点是一个端口既可以输入也可以输出，并且为实现这两种功能提供控制信号。只有端口 A 能配置为这种操作方式。相当于是 A 端口工作在方式 1 的输入和输出的叠加。

例 10-7　某系统要求使用 82C55A 的 A 端口工作于方式 1 作为输入，B 端口工作于方式 0 作为输出，C 端口下半部输出，编写初始化程序。82C55A 端口地址为 60H～63H。

根据图 10-28 可知，控制字为 10111000B=0B8H，程序代码如下：

```
MOV  AL,0B8H
OUT  63H,AL
```

2. 端口 C 按位置 1/清 0 控制字

端口 C 按位置 1/清 0 控制字格式如图 10-29 所示，可设置端口 C 中的任何一位置 1 或清 0。

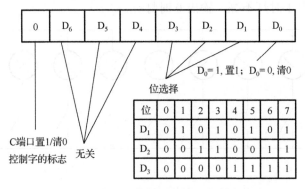

图 10-29　端口 C 按位置 1/清 0 控制字格式

这两类控制字通过控制端口的最高位即 D_7 位为 0 或 1 来区别。方式选择控制字的最高位为 1，而端口 C 按位置 1/清 0 控制字的最高位为 0。

例 10-8　如例 10-7，若 A 端口工作于方式 1 作为输入，要使用中断传送方式，则应当写 C 端口的 D_4 按位置 1 的程序。

```
MOV  AL,00001001B
OUT  63H,AL
```

10.4.3　82C55A 编程和应用举例

在微处理机系统中，82C55A 是作为外围控制器来工作的，它的操作必须通过软件进行初始化处理，这要通过读/写它的方式控制寄存器来实现。表 10-5 列出了读/写每个寄存器的总线操作控制信息。

表 10-5　总线操作控制信息

A_1	A_0	RD	WR	CS	操作	
0	0	0	1	0	A 端口内容读至数据总线	输入
0	1	0	1	0	B 端口内容读至数据总线	
1	0	0	1	0	C 端口内容读至数据总线	

续表

A₁	A₀	RD	WR	CS	操作	
0	0	1	0	0	数据总线内容读至 A 端口	输出
0	1	1	0	0	数据总线内容读至 B 端口	
1	0	1	0	0	数据总线内容读至 C 端口	
1	1	1	0	0	写控制寄存器或 C 端口按位操作命令	
×	×	×	×	1	端口输出为高阻	禁止
1	1	0	1	0	非法	

例 10-9 按下列要求设计硬件电路及相应的软件。

(1) 82C54 采用方式 2，每秒产生一个负脉冲。

(2) 82C59A 采用边沿触发，防遗漏和重复中断。

(3) 82C55A 输出 1 时灯不亮，输出 0 时灯亮。

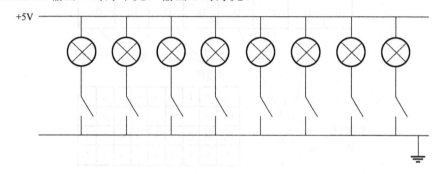

(4) 82C54 的 T/C₀ 的 GATE 由 82C55A 提供 0→1 的变化。

82C59A、82C54、82C55A 与 CPU 和外设连接电路如图 10-30 所示。初始化编程的步骤如下：

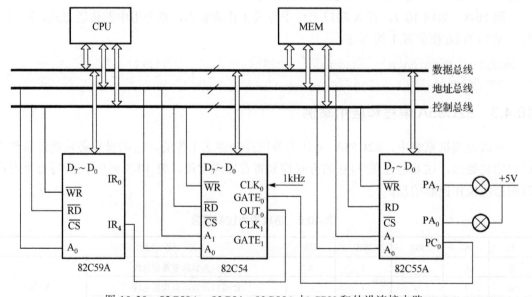

图 10-30　82C59A、82C54、82C55A 与 CPU 和外设连接电路

①设置工作方式；

②A 端口、B 端口、C 端口读/写（整字节读/写）；

③对 C 端口按位置 1/清 0（状态口部分位只可读）。

按上述步骤编写的程序代码如下：

```
DATA SEGMENT
CTRL DB 11111110B              ;用于控制 8 个灯中的一个
DATA ENDS
CODE SEGMENT
      ASSUME CS:CODE,DS:DATA
START: MOV AX,DATA
       MOV DS,AX
       MOV SI,OFFSET CTRL
       MOV AL,10000000B        ;设置 82C55A 工作于方式 0,A 组输出,C 端口输出
       OUT 33H,AL
       MOV AL,00000000B        ;置 PC0 为低电平
       OUT 33H,AL
       MOV AL,00100101B        ;82C54 的 T/C0 工作于方式 2,只写高字节,BCD 码
       OUT 23H,AL
       MOV AL,10H              ;T/C0 计数初值为 1000
       OUT 20H,AL
       MOV AL,00010010B        ;82C59A 的 ICW1:边沿触发
       OUT 10H,AL              ;不要 ICW3、ICW4
       MOV AL,00001000B        ;82C59A 的 ICW2:起始中断类型为 08H
       OUT 11H,AL
       MOV AL,11101111B        ;开放 82C59A 的 IR4 中断
       OUT 11H,AL              ;保存原来的 0CH 中断向量

       PUSH DS
       MOV AX,CODE
       MOV DS,AX
       MOV DX,OFFSET CTRLLAMP
       MOV AX,250CH            ;写入新的 0CH 中断向量
       INT 21H
       POP DS
       MOV AL,00000001B        ;设置 PC0 为 0 ～1,82C54 开始计数
       OUT 33H,AL
       …                      ;CPU 进行其他工作
EXIT:  MOV AH,0                ;退出程序
       INT 21H

       CTRLLAMP PROC           ;中断服务程序
       PUSH AX
       MOV AL,[SI]             ;取当前应打开的灯的数据
       OUT 30H,AL
       ROL AL                  ;产生下次应打开的灯的数据
       MOV [SI],AL             ;将下次应打开的灯的数据保存
```

```
      POP AX
      IRET
CTRLLAMP ENDP
CODE ENDS
END START
```

10.5　可编程串行通信接口芯片 82C51A

82C51A 是 Intel 公司生产的大规模集成电路芯片，是与 Intel 系列 CPU 兼容的可编程的串行通信接口芯片。82C51A 是一种高性能的符合工业标准的 CHMOS 通用可编程的外部接口芯片，可通过软件来设置该芯片的工作方式。虽然 82C51A 功能较强，但它需要外部时钟电路。因此采用 82C51A 接口电路时需要比较复杂的外围电路。

10.5.1　串行通信

串行通信是指数据按位进行传送。在传输过程中，每一位数据都占据一个固定的时间长度，一位一位地串行传送和接收。串行通信又分为全双工方式、半双工方式、同步通信、异步通信。

1. 全双工方式

CPU 通过串行接口和外围设备相接时，串行接口和外围设备间除公共地线外，还有两根数据传输线，串行接口可以同时输入和输出数据，计算机可同时发送和接收数据，这种串行传送方式就称为全双工方式，信息传输效率较高。

2. 半双工方式

CPU 通过串行接口和外围设备相接时，串行接口和外围设备间除公共地线外，只有一根数据传输线，某一时刻数据只能一个方向传送，这称为半双工方式，信息传输效率低些。但是对于如打印机这样单方向传输的外围设备，只用半双工方式就能满足要求了，不必采用全双工方式，可省一根传输线。

3. 同步通信方式(同步方式)

采用同步通信方式时，将许多字符组成一个信息组，通常称为信息帧。在每帧信息的开始加上同步字符，接着字符一个接一个地传输，在没有信息要传输时，要填上空字符，同步通信方式不允许有间隙。接收端在接收到规定的同步字符后，按约定的传输速率，接收对方发来的一串信息。相对于异步通信方式来说，同步通信方式的传输速度略高些。

4. 异步通信方式(异步方式)

异步通信方式在每个字符在传输时，由一个 1 跳变到 0 的起始位开始。其后是 5 ～8 个信息位，也称为字符位，信息位由低到高排列，即第一位为字符的最低位，最后一位为字符的最高位。其后是可选择的奇偶校验位，最后为 1 的停止位，停止位为 1 位、1.5 位或 2 位。如果传输完一个字符后立即传输下一个字符,那么后一个字符的起始位就紧挨着前一个字符的停止位。字符传输前,输出线为 1 状态,称为标识态,传输一开始,输出线状态由 1 状态变为 0 状态,作为起始位。传输完一个字符之后的间隔时间,输出线又进入标识态。

为适应串行通信的需要,已设计出多种串行通信接口芯片,如 Intel 系列的 82C51A 等,其是可编程的,既可以接成全双工方式又可接成半双工方式;既可实现同步通信,又可实现异步通信。

10.5.2　82C51A 的内部结构

82C51A 芯片拥有以下几个特点。

(1)与所有 Intel 系列微处理机兼容。

(2)可用于同步和异步通信。

(3)波特率,0~19.2Kbit/s(异步);0~64Kbit/s(同步)。

(4)全双工,双缓冲发送和接收。

(5)工作温度范围:−40~85℃。

82C51A 支持两种工作方式:同步方式和异步方式。在同步方式下,波特率为 0~64000bit/s;在异步方式下,波特率为 0~19200bit/s。同步方式下的数据格式为每个字符可以用 5~8 位来表示,并且内部能自动检测同步字符,从而实现同步。除此之外,82C51A 也允许同步方式下增加奇偶校验位进行校验。异步方式下的格式为每个字符也可以用 5~8 位来表示,时钟频率为传输波特率的 1 倍、16 倍或 64 倍,用 1 位作为奇偶校验位,1 个启动位,并能根据编程为每个数据增加 1 个、1.5 个或 2 个停止位,可以检查假启动位,自动检测和处理终止字符。

图 10-31 为 82C51A 内部结构框图,82C51A 内部结构由以下几部分组成:发送器、接收器、数据总线缓冲器、读/写控制逻辑电路、调制/解调控制电路。

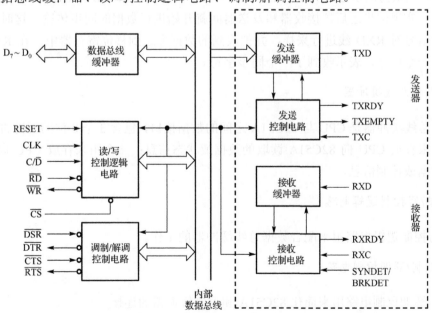

图 10-31　82C51A 内部结构框图

1. 发送器

发送器由发送缓冲器和发送控制电路两部分组成。采用异步方式则由发送控制电路在其首尾加上起始位和停止位，然后从起始位开始，经移位寄存器从数据输出线(TXD)逐位串行输出。采用同步方式则在发送数据之前，发送器将自动送出 1 个或 2 个同步字符，然后才逐位串行输出数据。

如果 CPU 与 82C51A 之间采用中断方式交换信息，那么 TXRDY 可作为向 CPU 发出的中断请求信号。当发送器中的 8 位数据串行发送完毕时，由发送控制电路向 CPU 发出 TXE 有效信号，表示发送器中移位寄存器已空。

2. 接收器

接收器由接收缓冲器和接收控制电路两部分组成。接收移位寄存器从 RXD 引脚上接收串行数据并将其转换成并行数据后存入接收缓冲器。在异步方式下，当 RXD 线上检测低电平，将检测到的低电平作为起始位，82C51A 开始进行采样，完成字符装配，并进行奇偶校验和去掉停止位，变成了并行数据后，送到数据输入寄存器，同时发出 RXRDY 信号并送入 CPU，表示已经收到一个可用的数据。同步方式下，首先搜索同步字符。82C51A 监测 RXD 线，每当 RXD 线上出现一个位数据时，将其接收并送入移位寄存器进行移位，与同步字符寄存器的内容进行比较，如果两者不相等，则接收下一位数据，并且重复上述比较过程。当两个寄存器的内容相等时，82C51A 的 SYNDET 升为高电平，表示同步字符已经找到，同步已经实现。

采用双同步方式，就要在测得输入移位寄存器的内容与第一个同步字符寄存器的内容相同后，再继续检测此后输入移位寄存器的内容是否与第二个同步字符寄存器的内容相同。如果相同，则认为同步已经实现。在外同步方式下，同步输入端 SYNDET 加一个高电平来实现同步。实现同步之后，接收器和发送器间就开始进行数据的同步传输。这时，接收器利用时钟信号对 RXD 线进行采样，并把收到的数据位送到移位寄存器中。在 RXRDY 引脚上发出一个信号，表示收到了一个同步字符。

3. 数据总线缓冲器

数据总线缓冲器是 CPU 与 82C51A 之间的数据接口，包含 3 个 8 位的缓冲寄存器：两个分别用来存放 CPU 向 82C51A 读取的数据或状态信息；一个用来存放 CPU 向 82C51A 写入的数据或控制信息。

4. 读/写控制逻辑电路

读/写控制逻辑电路用来配合数据总线缓冲器的工作。

5. 调制/解调控制电路

调制/解调控制电路用来简化 82C51A 和调制解调器的连接。

10.5.3　82C51A 的寄存器

82C51A 内部含有 3 个 8 位的寄存器，分别是方式选择寄存器、控制寄存器和状态字寄存器。方式选择寄存器用于规定 82C51A 的工作方式；控制寄存器使 82C51A 处于规定的工作状态，以准备接收或发送数据；状态字寄存器用于寄存 82C51A 的工作状态。

1. 方式选择控制字

方式选择控制字的格式如图 10-32 所示。该控制字分为四组，每组两位。首先，由 D_1D_0 确定是工作于同步方式还是异步方式。当 D_1D_2=00 时为同步方式；当 $D_1D_0 \neq 00$ 时为异步方式，且 D_1D_0 的三种组合用以选择输入时钟频率与波特率之间的系数。D_3D_2 用以确定字符的位数。D_5D_4 用以确定奇偶校验的性质。D_7D_6 在同步方式和异步方式时的意义是不同的。异步方式时其用以规定停止位的位数；同步方式时其用以确定内同步还是外同步，以及同步字符的个数。在同步方式时，紧跟在方式指令后面的是由程序输入的同步字符。它是用与方式指令类似的方法由 CPU 输出给 USART 的。

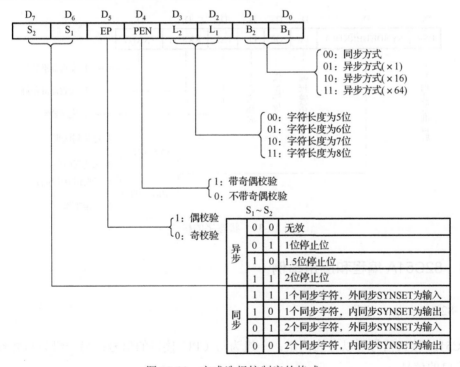

图 10-32　方式选择控制字的格式

2. 操作命令控制字

在输入同步字符后，或在异步方式时，在方式指令后应由 CPU 输给命令指令，操作命令控制字的格式如图 10-33 所示。

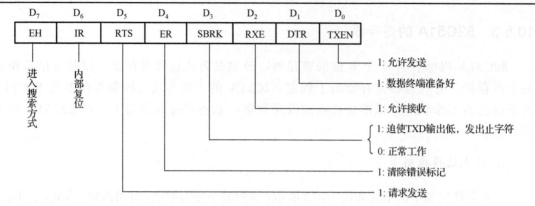

图 10-33 操作命令控制字的格式

3. 状态字

82C51A 内部设有状态字寄存器，格式如图 10-34 所示。CPU 可通过 I/O 读操作把 82C51A 的状态读入 CPU，用以控制 CPU 在 82C51A 之间的数据交换。读状态字时，$C/\overline{D}$ 端为 1。

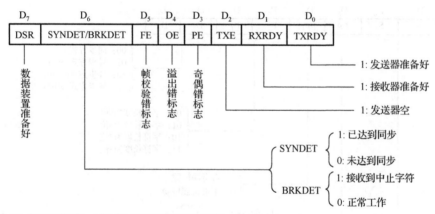

图 10-34 状态字的格式

10.5.4 82C51A 编程和应用举例

1. 82C51A 接口信号

82C51A 接口信号可以分为两组：一组为与 CPU 接口的信号；另一组为与外设(或调制器)接口的信号。

1) 与 CPU 的接口信号

$\overline{CS}$：片选信号，由 CPU 的地址信号通过译码后得到。

$D_7 \sim D_0$：8 位，三态，双向数据线，与系统的数据总线相连，传输 CPU 对 82C51A 的编程命令字和 82C51A 送往 CPU 的状态信息及数据。

$\overline{RD}$：读信号，低电平时，CPU 当前正在从 82C51A 读取数据或者状态信息。

$\overline{\text{WR}}$：写信号，低电平时，CPU 当前正在向 82C51A 写入数据或者控制信息。

C/$\overline{\text{D}}$：控制/数据信号，用来区分当前读/写的是数据还是控制信息或状态信息。该信号也可看作 82C51A 数据口/控制口的选择信号。

由此可知，$\overline{\text{RD}}$、$\overline{\text{WR}}$、C/$\overline{\text{D}}$ 这 3 个信号的组合，决定了 82C51A 的具体操作，它们的关系如表 10-6 所示。

表 10-6　82C51A 读写操作真值表

$\overline{\text{CS}}$	$\overline{\text{RD}}$	$\overline{\text{WR}}$	C/$\overline{\text{D}}$	功能
0	0	1	0	CPU 从 82C51A 读数据
0	1	0	0	CPU 向 82C51A 写数据
0	0	1	1	CPU 从 82C51A 读状态
0	1	0	1	CPU 写命令到 82C51A
1	×	×	×	82C51A 未选中，不操作

注：×代表任意值。

TXRDY：发送器准备好信号，用来通知 CPU 82C51A 已准备好发送一个字符。

TXE：发送器空信号，TXE 为高电平时有效，用来表示此时 82C51A 发送器中并行到串行转换器空，说明一个发送动作已完成。

RXRDY：接收器准备好信号，用来表示当前 82C51A 已经从外部设备或调制/解调器接收一个字符，等待 CPU 取走。因此，在中断方式时，RXRDY 可用来作为中断请求信号；在查询方式时，RXRDY 可用来作为查询信号。

SYNDET：同步检测信号，只用于同步方式。

2) 与外设接口的信号

82C51A 与外部设备之间的连接信号分为两类。

(1) 收发联络信号。

$\overline{\text{DTR}}$：数据终端准备好信号，通知外部设备，CPU 当前已经准备就绪。

$\overline{\text{DSR}}$：数据设备准备好信号，表示当前外设已经准备好。

$\overline{\text{RTS}}$：请求发送信号，表示 CPU 已经准备好发送。

$\overline{\text{CTS}}$：允许发送信号，是对 $\overline{\text{RTS}}$ 的响应，由外设送往 82C51A。

实际使用时，这 4 个信号中通常只有 $\overline{\text{CTS}}$ 必须为低电平的，其他 3 个信号可以悬空。

(2) 数据信号。

TXD：发送器数据输出信号。当 CPU 送往 82C51A 的并行数据被转变为串行数据后，通过 TXD 送往外设。

RXD：接收器数据输入信号。用来接收外设送来的串行数据，该数据进入 82C51A 后被转变为并行数据。

2. 82C51A 应用举例

1) 82C51A 的初始化

(1) 该芯片复位以后，第一次用奇地址端口写入的值作为模式字进入方式选择寄存器。

(2)如果模式字中规定了 82C51A 工作在同步方式，程序输出同步字符。

(3)由 CPU 用奇地址端口写入的值将作为控制字送到控制寄存器，而用偶地址端口写入的值将作为数据送到数据输出缓冲寄存器。

2)异步方式下的初始化程序举例

例 10-10 设 82C51A 工作在异步方式，波特率系数(因子)为 16，7 个数据位/字符，偶校验，两个停止位，发送、接收允许，设端口地址为 00E2H 和 00E4H。完成初始化程序。

根据题目要求，可以确定模式字为 11111010B，即 0FAH；控制字为 00110111B，即 37H。则初始化程序如下：

```
MOV  AL,0FAH      ;送模式字
MOV  DX,00E2H
OUT  DX,AL        ;异步方式,7 位/字符,偶校验,2 个停止位
MOV  AL,37H       ;设置控制字,使发送、接收允许,清出错标志,使 RTS、DTR 有效
OUT  DX, AL
```

3)同步方式下初始化程序举例

例 10-11 设端口地址为 52H，采用内同步方式，2 个同步字符(设同步字符为 16H)，偶校验，7 位数据位/字符。

根据题目要求，可以确定模式字为 00111000B，即 38H；而控制字为 10010111B，即 97H。它使 82C51A 对同步字符进行检索；同时使状态字寄存器中的 3 个出错标志复位；此外，使 82C51A 的发送器启动，接收器也启动；控制字还通知 82C51A，CPU 当前已经准备好进行数据传输。具体程序段如下：

```
MOV  AL,38H       ;设置模式字,同步方式,设置用 2 个同步字符
OUT  52H,AL       ;7 个数据位,偶校验
MOV  AL,16H
OUT  52H,AL       ;送同步字符 16H
OUT  52H,AL
MOV  AL, 97H      ;设置控制字,使发送器和接收器启动
OUT  52H, AL
```

习 题 10

10-1 82C55A 采用什么封装？有多少引脚？各引脚的功能是什么？

10-2 82C55A 有多少个端口？每个端口的片内地址是什么？

10-3 简述 82C55A 的工作方式。

10-4 简述 82C55A 的初始化编程步骤。

10-5 试说明 82C55A 方式 0、方式 1 和方式 2 的操作特点。

10-6 如果 82C55A 的控制寄存器的内容为 9BH，那么它的配置情况如何？

10-7 设 82C55A 端口 A 的地址是 300H，端口 A 组和 B 组均为方式 0，其中端口 A 和端口 C 为输入口，端口 B 为输出端口，编写初始化程序。

10-8 82C54 芯片是一种什么类型的芯片？试说明 82C54 芯片结构。

10-9　82C54 控制字寄存器的格式什么？

10-10　设 82C54 计数器 0 的端口地址为 500H，编写 82C54 初始化程序，使实现：

(1)将计数器 0 设为定时方式，定时时间为 510μs(设 CLK 频率为 1MHz)；

(2)利用计数器 1 产生频率为 10KHz 的脉冲(CLK 为 1MHz)。

10-11　简述可编程中断控制器芯片 82C59A 的组成及各部分作用。

10-12　82C59A 的初始化编程可分为哪两个过程？这两个过程各完成什么工作？

10-13　82C59A 采用什么封装？它的各个引脚的作用是什么？

10-14　82C59A 有几种中断结束方式？在不同方式下如何结束中断？

10-15　82C59A 有几种中断嵌套方式？各种方式是如何工作的？

10-16　825C9A 有几种中断屏蔽方式？各种方式的意义是什么？

10-17　82C59A 有几个中断结束(EOI)命令？各命令的含义是什么？

10-18　DMA 控制器 82C37A 采用什么样的封装？各引脚的作用是什么？

10-19　82C37A 的主要内部寄存器有多少种？这些寄存器的名称是什么？字长、数量各是多少？

10-20　82C37A 的基地址寄存器和当前地址寄存器的作用是什么？

10-21　82C37A 的基字节计寄存器和当前字节计数寄存器的作用是什么？

10-22　82C37A 命令寄存器的作用和各位的意义是什么？

10-23　82C37A 状态寄存器的作用和各位的意义是什么？

10-24　82C37A 模式寄存器的作用和编程格式是什么？

10-25　简述 82C37A 屏蔽寄存器的作用和编程格式。

10-26　82C37A 的先/后位触发器的作用是什么？

10-27　82C37A 有几种工作状态？它们的作用是什么？

10-28　试总结出 82C37A 的 DMA 请求/响应信号交换过程。

10-29　82C37A 中用户可访问的寄存器个数是多少？

10-30　试编写一个读取通道 0 当前地址寄存器的内容到 AX 寄存器的程序段(假定 82C37A 的基地址为 10H)。

10-31　如果 82C59A 产生的类型号在 70H～77H 之间，ICW$_2$ 的值为多少？

10-32　请按照以下条件说明 82C59A　IRR 、ISR 和 IMR 寄存器的工作情况。

(1)82C59A 的 IRR 什么情况下某位置 1，什么情况下复位？如果 IRR=0FFH，说明什么？

(2)82C59A 的 ISR 什么情况下某位置 1，什么情况下复位？如果 ISR=80H，说明什么？

(3)如果 82C59A 的 IMR=08H，会怎样？

10-33　什么是全嵌套方式和特殊全嵌套方式？

10-34　简述自动结束中断和非自动结束中断的区别。

10-35　对 82C59A 初始化有什么要求和规定？

10-36　82C51A 内部有哪些寄存器？分别举例说明它们的作用和使用方法。

10-37　已知 82C51A 发送的数据格式为 7 个数据位、偶校验、1 个停止位、波特率因子 64。设 82C51A 控制寄存器的地址码是 3FBH，发送/接收寄存器的地址码是 3F8H。试编写用查询法和中断法收发数据的通信程序。

第 11 章 模/数转换及数/模转换

11.1 概　述

随着经济的发展，数字技术的应用得到广泛的推广，利用数字电路处理模拟信号的情况越来越普遍。由于数字电路仅能够对数字信号进行处理，因此需要在模拟信号与数字信号之间进行相应的转换。

在微机过程控制和数据采集等系统中，经常要对过程参数进行测量和控制，如温度、速度、压力等都是非电量。为了能用数字技术来处理模拟信号，必须把模拟信号转换成数字信号，才能送入数字系统进行处理。同时，往往还需把处理后的数字信号转换成模拟信号，作为最后的输出。我们把前一种从模拟信号到数字信号的转换称为 A/D（Analog to Digital）转换，把后一种从数字信号到模拟信号的转换称为 D/A（Digital to Analog）转换。同时，把实现 A/D 转换的电路称为 A/D 转换器（Analog Digital Converter，ADC）；把实现 D/A 转换的电路称为 D/A 转换器（Digital Analog Converter，DAC）。典型的微机自动控制系统如图 11-1 所示。

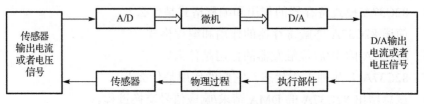

图 11-1　典型的微机自动控制系统

首先传感器输出的模拟信号经 A/D 转换得到数字信号后，送给数字计算机进行计算处理。数字计算机输出的数字信号经 D/A 转换后得到模拟信号，用以控制执行部件。由此可见，A/D 和 D/A 转换是电子数字计算机参与自动控制所必不可少的。当然，A/D、D/A 转换器不只应用于自动控制系统中，在遥测、遥控、数字通信、混合计算等系统中也是很关键的部件。

A/D、D/A 转换器是随着数字控制和数字计算机的出现而出现的，并随着数字计算机的发展而发展起来的。它经历了电子管—晶体管—小规模集成电路—中、大规模集成电路几个发展阶段。目前，有单片集成、混合集成和模块型等几种结构形式的转换器。各种转换器正在向标准化、系列化的方向发展。由于在生产中不断采用新技术、新工艺，转换器产品的性能不断提高。另外，由于其内部功能日臻完善，使用的灵活性日益增大，有不少产品能和微机直接相连，所有这些都给用户带来很大方便。

本章首先简单介绍 A/D、D/A 转换器的基本原理和主要技术指标，随后对常用及最新的 A/D、D/A 产品进行介绍，给出选择 A/D、D/A 芯片的原则和指南，并给出典型的硬件接口电路及应用调试说明或实例。

11.2 D/A 转换器

11.2.1 D/A 转换器的基本原理

D/A 转换器将输入的二进制数字信号转换成模拟信号，以电压或电流的形式输出。因此，D/A 转换器可以看作一个译码器。它的基本要求是输出电压 V_o 应该和输入数字量 D 成正比，即

$$V_o = D \times V_{REF}$$

式中，V_{REF} 为模拟参考电压；数字量 D 是一个 n 位的二进制整数，它可以表示为

$$D = d_{n-1} \times 2^{n-1} + d_{n-2} \times 2^{n-2} + \cdots + d_1 \times 2^1 + d_0 \times 2^0$$

将 D 代入 D/A 转换式中，可得

$$V_o = d_{n-1} \times 2^{n-1} \times V_{REF} + d_{n-2} \times 2^{n-2} \times V_{REF} + \cdots + d_1 \times 2^1 \times V_{REF} + d_0 \times 2^0 \times V_{REF}$$

式中，$d_i(i = 0,1,\cdots,n-2,n-1)$ 表示第 i 位二进制数的值，它可以取 0 或 1，每一位数字值都有一定的权（2^i），对应一定的模拟量（$2^i \times V_{REF}$）。为了将数字量转换成模拟量，应该将其每一位都转换成相应的模拟量，然后将所有项相加得到结果（模拟量），因为只有 d_i 为 1 的项被累加，所以得到的模拟量是与数字量成正比的。D/A 转换器一般都是基于这一原理进行设计的。

DAC 的基本电路由四部分构成：模拟参考电压、电子开关、解码网络和运算放大器（简称运放），如图 11-2 所示。

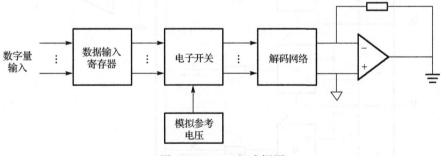

图 11-2 DAC 组成框图

模拟参考电压 V_{REF} 提供数字量并将其转换成相应的模拟量的基准电压。解码网络又称为电阻网络，是 DAC 的关键部件。电子开关受输入数字量的控制，若该位为 1，则接通开关 1，否则接通地电位，从而求和得到总的输入电流，以形成对应的模拟量。运算放大器将总的输入电流信号变成电压信号。

根据 D/A 转换器采用的解码网络的不同，D/A 转换器可分为多种型号，这里主要介绍两种典型的 D/A 转换器的工作原理。

11.2.2 权电阻解码网络 D/A 转换器

权电阻解码网络 D/A 转换器的电路结构如图 11-3 所示。从组成结构上看，这是最简单

直观的一种转换器，它由权电阻解码网络和运算放大器构成。权电阻解码网络实现按不同的权值产生模拟量，运算放大器完成累加。权电阻解码网络的每一位由一个权电阻和一个二选一模拟开关组成，随数字量位数增加，开关和电阻的数量也相应增加。图中给出的是1个4位 D/A 转换器，每个开关在左方标出该位的权，开关右方为该位的权电阻及阻值。每位的阻值和该位的权值是一一对应的，它们是按二进制规律排列的，称为权电阻解码网络。权电阻的排列顺序和权值的排列顺序相反，即权值按二进制规律递增，权电阻值按二进制规律递减，在输入电压相同的情况下，这将保证流经各位权电阻的电流也按二进制规律递增，即设 $i = V_{REF} / R$ 且当二选一模拟开关接向 V_{REF} 端时，则有

$$I_0 = V_{REF} / R_0 = 1i$$
$$I_1 = V_{REF} / R_1 = 2i$$
$$I_2 = V_{REF} / R_2 = 4i$$
$$I_3 = V_{REF} / R_3 = 8i$$

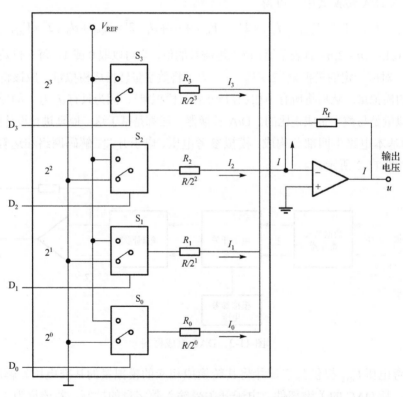

图 11-3　权电阻解码网络 D/A 转换器

电路中的各二选一模拟开关 S_i 由对应位的二进制数字代码控制，数字代码为 1 时，开关 S_i 向上闭合，相应的权电阻支路接在模拟参考电压 V_{REF} 和运算放大器的虚地之间，该支路产生的电流 $2^i \times V_{REF} / R$ 流向运算放大器虚地点及反馈电阻；数字代码为 0 时，开关 S_i 向下闭合，相应的权电阻支路接地，因运算放大器的虚地点与接地点同电位，所以该支路电流为零。运算放大器和权电阻解码网络接成比例求和运算电路，所有数字代码为 1 的支路所生成的加权电流流向运算放大器的虚地点并累加，然后流过反馈电阻 R_f，从而在运算放

大器的输出端形成电压 v_0。权电阻解码网络电路实现了将 1 个二进制数字 D 转化为与其相应的模拟输出电压 v_0，完成了 D/A 转换。权电阻解码网络 D/A 转换器除上述几个基本部分外，还包括数据输入寄存器、参考电压等外围辅助电路。

权电阻解码网络 DAC 电路的优点是电路结构简单，使用电阻数量少；各位数字代码同时进行转换，速度较快。缺点是该电阻网络中电阻取值相差较大，随着输入信号位数的增多，该电阻网络中电阻取值差距增大，在相当大的范围内要保证电阻取值的精度较困难，对电路的集成不利。

为克服权电阻网络 DAC 中电阻值相差太大的缺点，又研制出 T 形电阻网络 DAC，其电阻网络中仅有阻值为 R 和 $2R$ 的两种电阻，从而克服了电阻取值分散的缺点。

11.2.3　T 形电阻解码网络 D/A 转换器

T 形电阻解码网络 D/A 转换器的电路结构如图 11-4 所示。在组成结构上，它由 R–$2R$ 电阻解码网络和运算放大器构成。从 R–$2R$ 电阻解码网络的 a、b、c、d 各点向右看，都是 $2R$ 和 $2R$ 的并联结构，它实现了按不同的权值产生模拟量，再由运算放大器完成累加。

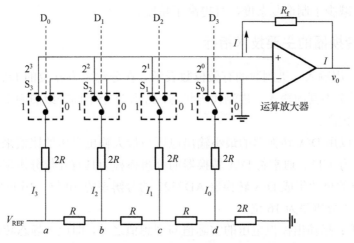

图 11-4　T 形电阻解码网络 D/A 转换器

该解码网络的每一位还包括 1 个二选一模拟开关，随数字位数增加，模拟开关和电阻的数量也相应地增加。图 11-4 中给出 1 个 4 位 D/A 转换器，每个模拟开关的上方标出该位的权。每位上的电流 I_i 和该位的权值是一一对应的，它们按二进制规律排列。

每个模拟开关的 2 个活动触点分别接向运算放大器的 2 个输入端，运算放大器的一个输入端接地，另一个输入端接虚地，因此无论模拟开关合向哪一点，每一个模拟开关的公共点电位为零。这样若假设图 11-4 中由 d 点到地向右流经电阻 $2R$ 的电流为 i，则由 d 点到模拟开关 S_0 的公共点向上流经 $2R$ 的电流为 i，即 $I_0 = i$；依据电流结点定理，流出结点 d 的电流为 $2i$，则流入 d 的电流应为 $2i$，即由 c 点流向 d 点的电流为 $2i$；结点 d 通过 2 个 $2R$ 电阻接地(或虚地)，这 2 个电阻是并联的关系，则 d 点对地的等效电阻为 R，这个等效电阻与 c 点右侧的电阻 R 串联，使 c 点右侧支路对地的等效电阻为 $2R$，依前述 c 点右侧支路的电流是 $2i$，这个电流是在等效电阻 $2R$ 上产生的，则由 c 点到模拟开关 S_1 的公共点向上流

经电阻 $2R$ 的电流为 $2i$，即 $I_1 = 2i$；同理则由 b 点右侧支路对地的等效电阻为 $2R$，而 b 点右侧支路的电流应是 $4i$，则由 b 点到模拟开关 S_2 的公共点向上流经电阻 $2R$ 的电流为 $4i$，即 $I_1 = 4i$；进一步可推出由 a 点到模拟开关 S_2 的公共点向上流经电阻 $2R$ 的电流为 $8i$，即 $I_1 = 8i$。

与权电阻解码网络 D/A 转换器相同，T 形电阻解码网络 D/A 转换器电路中的二选一模拟开关 S_i 也由对应该位的二进制数字代码控制，数字代码为 1 时，开关 S_i 向左闭合，相应的电阻支路接运算放大器的虚地，则该支路产生的电流 I_i 流向运算放大器的虚地及反馈电阻进行累加；数字代码为 0 时，开关 S_i 向右闭合，相应的电阻支路接地，该支路未流经反馈电阻不被累加。所有数字代码为 1 的支路所生成的加权电流流向运算放大器的虚地并被累加，然后流过反馈电阻 R_f，从而在运算放大器的输出端形成电压 v_0。

权电阻解码网络与 T 形电阻解码网络的不同：T 形电阻解码网络中只使用了两种不同阻值的 R、$2R$，而权电阻解码网络中，各位电阻阻值是按二进制规律递变的，最高位电阻阻值和最低位电阻阻值相差悬殊，例如，当转换位数为 12 位时它们相差 2^{12-1} 倍。另外，由于阻值分散和差异悬殊，给制造工艺带来很大困难，很难保证精度，特别是在集成 D/A 转换器中尤为突出。因此，在集成 D/A 转换器中，一般采用 T 形电阻解码网络，这种 T 形电阻解码网络不仅减少了制造复杂度，且提高了精度。

11.2.4　D/A 转换器的主要技术指标

（1）分辨率：用输入二进制数的有效位数表示。在分辨率为 n 位的 D/A 转换器中，输出电压能区分 2^n 个不同的输入二进制代码状态，给出 2^n 个不同等级的输出模拟电压。分辨率越高，灵敏度越高。

分辨率也可以用 D/A 转换器的最小输出电压与最大输出电压的比值来表示。4 位 D/A 转换器的分辨率为 1/15。通常将 D/A 转换器的分辨率称为具有几位分辨率。

例如，10 位的单片集成 D/A 转换器 AD7522 的分辨率为 10 位，16 位的单片集成 D/A 转换器 AD1147 的分辨率为 16 位。

（2）转换精度：指输出模拟电压的实际值与理想值之差，即最大静态转换误差。这个转换误差应该包含非线性误差、比例系数误差以及漂移误差等综合误差，也可以分别给出，而不是给出综合误差。

应该注意，转换精度和分辨率是两个不同的概念，转换精度是指转换后所得的实际值对于理想值的接近程度；而分辨率是指能够对转换结果发生影响的最小输入量，分辨率很高的 D/A 转换器并不一定具有很高的转换精度。

（3）线性度：一般取偏差的最大值表示。使用最小数字输入量的分数来给出最大偏差的数值，如 ±1/2LSB。

（4）输出建立时间：从输入数字信号起，到输出电压或电流到达稳定值时所需要的时间。

11.3　A/D 转换器

A/D 转换器将模拟信号转换为数字信号，转换过程通过采样、保持、量化和编码四个步骤完成。

11.3.1　采样/保持器

在介绍 A/D 转换器的工作原理之前，首先介绍一下采样/保持器(S/H)。采样/保持器辅助 A/D 转换器更好地完成模/数转换工作。特别是工作频率较高的模拟信号进行转换时，必须在 A/D 转换器前加入采样/保持器，以解决 A/D 转换中的孔径误差问题。

A/D 转换器要把变化的模拟信号在某一时刻的瞬时值转换为数字量，但该转换器将一个模拟量转换为数字量时要花费相对较长的转换时间，如果在这段时间内模拟量发生了变化，将影响转换结果的精度，由此带来的偏差称为孔径误差。

最大可能的孔径误差发生在模拟信号变化率最大的地方，如图 11-5 所示。

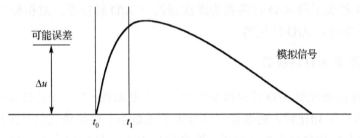

图 11-5　孔径误差

如果在 t_0 时刻进行模/数转换，本来希望得到的值应该为 0，但实际上，由于存在转换时间，即在 t_0 时刻开始 A/D 转换，而在 t_1 时刻 A/D 转换才结束，在 $t_0 \sim t_1$ 内模拟信号的变化可能导致 Δu 的误差，使转换结果数字量非零。

采样/保持器的工作原理如图 11-6 所示，它由模拟开关、存能元件和缓冲放大器组成。当施加控制信号后，t_0 时刻 S 闭合，C_H 迅速充电，电路处于采样阶段。由于两个放大器的增益都为 1，因此这一阶段 u_o 跟随 u_i 变化，即 $u_o = u_i$。t_1 时刻采样阶段结束，S 断开，电路处于保持阶段。若 A_2 的输入阻抗为无穷大，S 为理想开关，则 C_H 没有放电回路，两端保持充电时的最终电压值不变，从而保证电路输出端的电压 u_o 维持不变。

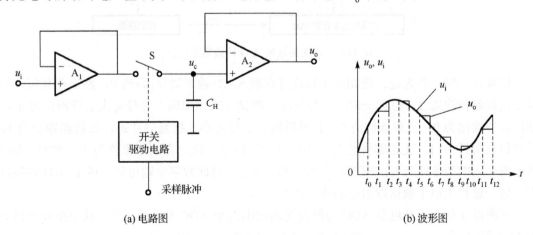

(a) 电路图　　　　　　　　　　　　　　　　(b) 波形图

图 11-6　采样/保持器的工作原理图

采样/保持器的主要参数包括获得时间、孔径时间和电压衰减率。

（1）获得时间：指给出采样指令后，保持器跟踪模拟输入信号到满量程并稳定在误差限内所花费的时间。

（2）孔径时间：指模拟开关从闭合到断开所花费的时间。

（3）电压衰减率：指保持阶段由各种泄漏电压引起的放电速度。

11.3.2 A/D 转换器的基本原理

实现 A/D 转换的方法很多，基本上可分为两大类：一类是直接型 A/D 转换，输入的模拟电压被直接转换成数字代码，不经中间任何变量；另一类为间接型 A/D 转换，即首先将模拟量转换成某种中间变量（时间、频率、脉宽等），然后把中间变量转换成数字信号。目前应用较广的 3 种类型的 A/D 转换器为逐次逼近型 A/D 转换器、双积分型 A/D 转换器和 V/F（电压/频率）变换式 A/D 转换器。

1. 逐次逼近型 A/D 转换器

图 11-7 是逐次逼近型 A/D 转换器原理图。其主要原理：将一个待转换的模拟输入信号 u_i 与一个推测信号 u_x 相比较，根据推测信号大于还是小于模拟输入信号来决定增加还是减少该信号，以使其向模拟输入信号逼近。推测信号由 A/D 转换器中内置的一个 D/A 转换器的输出获得，当推测信号最接近于模拟输入信号时，向 D/A 转换器输入的数字就是对应模拟输入信号的数字量。这里最接近的意义是指由任何其他数字生成的推测信号都与模拟输入信号 u_i 相差更大。

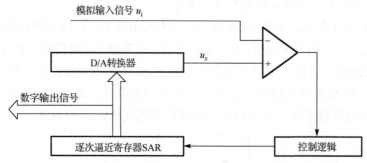

图 11-7 逐次逼近型 A/D 转换器原理图

转换开始时，首先使二进制逐次逼近寄存器 SAR（输出锁存器）清 0，然后使其每一位从最高位起依次置 1，每置一位时，都要进行测试。若模拟输入信号 u_i 大于推测信号 u_x，则比较器输出为 0，并使该位清 0；若模拟输入信号 u_i 小于推测信号 u_x，比较器输出为 1，并使该位保持为 1。无论哪种情况，均应继续比较下一位，直到最末位为止。此时，D/A 转换器输入的数字即为对应模拟输入信号的数字量。将此数字量输出就完成了 A/D 转换过程。这一过程类似于数据搜索中的折半查找过程。

下面以 3 位逐次渐近型 ADC 为例说明逐次渐近型 ADC 的工作过程，其电路原理图如图 11-8 所示。

转换开始前，先使 $Q_0 = Q_1 = Q_2 = Q_3 = 0$，$Q_4 = 1$，第一个 CP 到来后，$Q_0 = 1$，$Q_1 = Q_2 = Q_3 = Q_4 = 0$。于是 FFA 置 1，FFB 和 FFC 清 0。这时加到 D/A 转换器输入端的代

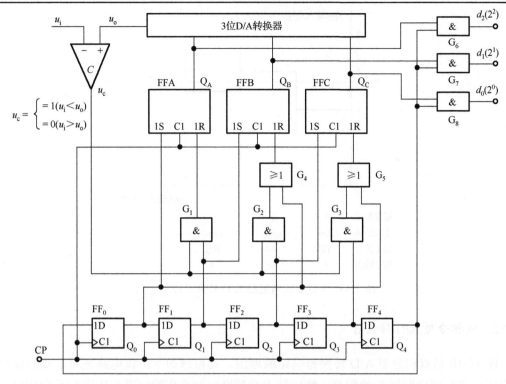

图 11-8　3 位逐次渐近型 ADC 的电路原理图

码为 100，并在 D/A 转换器的输出端得到相应的模拟输出电压 u_o。u_o 和 u_i 在比较器中比较，当 $u_o > u_i$ 时，比较器输出 $u_c = 1$；当 $u_o \leqslant u_i$ 时，$u_c = 0$。

第二个 CP 到来后，环形计数器右移一位，变成 $Q_1 = 1$，$Q_2 = Q_3 = Q_4 = Q_0 = 0$，这时门 G_1 打开，若原来 $u_c = 1$，则 FFA 清 0；若原来 $u_c = 0$，则 FFA 的 1 状态保留。与此同时，Q_2 的高电平将 FFB 置 1。

第三个 CP 到来后，环形计数器又右移一位，将 FFC 置 1，同时将门 G_2 打开，并根据比较器的输出决定 FFB 的 1 状态是否应该保留。

第四个 CP 到来后，环形计数器 $Q_3 = 1$，$Q_1 = Q_2 = Q_4 = Q_0 = 0$，门 G_3 打开，根据比较器的输出决定 FFC 的 1 状态是否应该保留。

第五个 CP 到来后，环形计数器 $Q_4 = 1$，$Q_1 = Q_2 = Q_3 = Q_0 = 0$，FFA、FFB、FFC 的状态作为转换结果，通过门 G_6、G_7、G_8 送出。

图 11-9 为 3 位逐次逼近型 A/D 转换过程示意图。每次的推测信号 u_x 如图中粗线段所示。

逐次逼近型 A/D 转换器的特点：这种转换器的转换时间固定，它取决于数字量位数和时钟周期，适用于变化过程较快的控制系统（每位转换时间为 200～500ns，12 位需 2.4～6μs）。转换精度主要取决于内置 D/A 转换器和比较器的精度。转换结果可以串行输出，也可以并行输出。这种转换器的性能适应大部分的应用场合，是应用较广泛的一种 A/D 转换器。

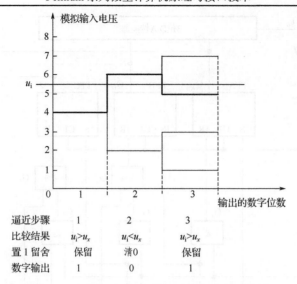

逼近步骤	1	2	3
比较结果	$u_i > u_x$	$u_i < u_x$	$u_i > u_x$
置1留舍	保留	清0	保留
数字输出	1	0	1

图 11-9 3 位逐次逼近型 A/D 转换过程示意图

2. 双积分型 A/D 转换器

图 11-10 是双积分型 A/D 转换器电路原理图。其原理如下：该电路先对未知的模拟输入电压 u_i 进行固定时间 T_0 的积分；然后转为对基准电源产生的标准电压进行反向积分，直至积分输出返回起始值。对标准电压积分的时间正比于模拟输入电压 u_i，模拟输入电压大，则反向积分时间长，用高频率标准时钟脉冲来测量反向积分时间，就可以得到相应模拟输入电压的数字量。

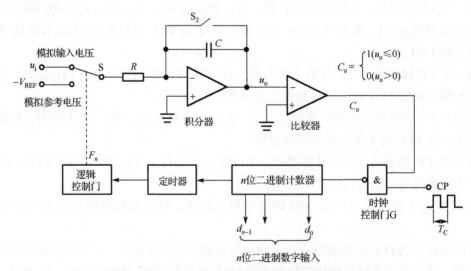

图 11-10 双积分型 A/D 转换器电路原理图

双积分型 A/D 转换器由积分器、比较器、时钟控制门 G 和 n 位二进制计数器(计数定时电路)等部分构成。积分器由运算放大器和 RC 积分网络组成，这是该转换器的核心。它的输入端接开关 S，开关 S 受触发器 F_n 的控制。当输入模拟量时，S 接模拟输入电压 u_i，积分器对模拟输入电压 u_i 正向积分；当需要确定数字量时，S 接模拟参考电压 $-V_{REF}$，积分器对参考电源 $-V_{REF}$ 反向积分。因此，积分器在一次转换过程中进行两次反向的积分。积分器输出 u_o 接零值比较器。当积分器输出 $u_o \leqslant 0$ 时，比较器输出 $C_o = 1$；当积分器输出 $u_o > 0$ 时，比较器输出 $C_o = 0$。比较器输出 C_o 作为时钟控制门 G 的门控信号。时钟控制门 G 有两个输入端，一个接标准时钟脉冲源 CP，另一个接零值比较器输出 C_o。当零值比较器输出 $C_o = 1$ 时，G 门开，标准时钟脉冲通过 G 门加到计数器；当零值比较器输出 $C_o = 0$ 时，G 门关，标准时钟脉冲不能通过 G 门加到计数器上，计数器停止计数。计数器由 n 个触发器构成，触发器 $F_{n-1}, \cdots, F_1, F_0$ 构成 n 位二进制计数器，通过触发器 F_n 实现对 S 的控制。

计数定时电路在启动脉冲的作用下，全部触发器清 0，触发器 F_n 输出 $Q_n = 0$，使开关 S 接模拟输入电压 u_i，同时 n 位二进制计数器开始计数，设电容 C 的初始值为 0，并开始正向积分，则此时 $u_o \leqslant 0$，比较器输出 $C_o = 1$，G 门开。

当计数器计入 $2n$ 个脉冲后，触发器 $F_{n-1}, \cdots, F_1, F_0$ 状态由 $11\cdots111$ 回到 $00\cdots000$，$F_{n-1}(Q_{n-1})$ 触发 F_n，使 $Q_n = 1$，发出定时控制信号，使开关转接至 $-V_{REF}$，触发器 $F_{n-1}, \cdots, F_1, F_0$ 再从 $00\cdots000$ 开始计数，并开始反向积分，u_o 逐步上升。

当积分器输出 $u_o > 0$ 时，零值比较器输出 $C_o = 0$，G 门关，计数器停止计数，完成一个转换周期，把与模拟输入电压 u_i 平均值成正比的时间间隔转换为数字量。双积分型 ADC 工作波形如图 11-11 所示。

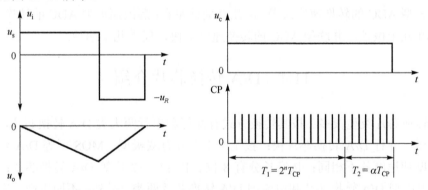

图 11-11 双积分型 ADC 工作波形

双积分型 A/D 转换器具有很多优点。首先，其转换结果与时间常数 $\tau = RC$ 无关，从而消除了由于斜波电压非线性带来的误差，允许积分电容在一个较大的范围内变化，而不影响转换结果。其次，由于模拟输入电压积分的时间较长，且是一个固定值 T_1，而 T_2 正比于模拟输入电压在 T_1 内的平均值，这对于叠加在模拟输入电压上的干扰信号有很强的抑制能力。最后，这种 ADC 不必采用高稳定度的时钟源，它只要求时钟源在一个转换周期 $(T_1 + T_2)$ 内保持稳定即可。这种 ADC 广泛应用于信号变化较慢、转换精度要求较高、现场干扰较严重、采样速率较低的场合。

3. V/F 变换式 A/D 转换器

当 A/D 转换器的分辨率达到 12 位以上时，其价格就很昂贵。因此，研究者需要寻找新的途径来解决该问题。V/F 变换器能把输入信号电压转换成相应的频率信号，即它的输出信号频率与输入信号电压成比例。V/F 变换器具有高精度、高线性度、价格低廉、外围电路简单的优点。因此，采用 V/F 变换器制成的 A/D 转换器就可以解决上述问题。用 V/F 变换器做 A/D 转换时，通常需要接入计数器和门电路等单元，由计数器计得的计数值即 A/D 转换结果。

11.3.3　A/D 转换器的主要技术指标

(1)分辨率：满刻度电压与 2^n 之比值，其中，n 为 A/D 转换器的位数，通常直接用 A/D 转换器的位数来表示分辨率。例如，12 位的 A/D 转换器 AD574 的分辨率为 12 位。

(2)转换精度：在理想特性下，模拟输入电压的所有转换点应当在一条直线上，但实际的特性不能做到模拟输入电压所有转换点在一条直线上。转换精度是指实际的转换点偏离理想特性的误差，一般用最低有效位来表示。

例如，10 位二进制数输出的 A/D 转换器 AD571，在室温(+25℃)和标准电压(+U=+5V，$-U$=−15V)的条件下，转换精度≤±1/2LSB。当使用环境发生变化时，转换误差也将发生变化，实际使用中应加以注意。

(3)转换速度：完成一次转换所需的时间，转换时间是从接到转换启动信号开始，到输出端获得稳定的数字信号所经过的时间。ADC 的转换速度主要取决于转换电路的类型，不同类型 ADC 的转换速度相差很大。

双积分型 ADC 的转换速度最慢，需几百毫秒左右；逐次逼近型 ADC 的转换速度较快，转换速度在几十微秒；并联型 ADC 的转换速度最快，仅需几十纳秒。

11.4　D/A 转换芯片介绍

D/A 转换芯片类型很多。按其转换方式有并行和串行两大类 D/A 转换芯片，串行 D/A 转换芯片慢，并行 D/A 转换芯片快；按生产工艺分有双极型、MOS 型等 D/A 转换芯片，它们的精度和速度各不相同；按字长分有 8 位、10 位、12 位等 D/A 转换芯片；按输出形式分，有电压型 D/A 转换芯片和电流型 D/A 转换芯片两类。另外，不同生产厂家的产品型号各不相同。例如，美国国家半导体公司(NS)的 D/A 转换芯片为 DAC0832 等；美国模拟器件公司(AD)的 D/A 转换芯片为 AD 系列，如 AD588、AD7522 等。下面以 10 位 D/A 转换芯片 AD7522 为例介绍单片集成 D/A 转换器的典型应用。

11.4.1　AD7522 的性能指标

AD7522 是 CMOS 工艺的数/模转换芯片。数字输入端具有双重锁存，使器件易于连接 8 位的微处理机，不仅可以锁存 10 位并行数字代码，而且可以接纳串行信息。具有一对互补的电流输出。输出增益可通过反馈电阻的不同接法进行改变。模拟地和数字地是分开的。其主要特性如下。

(1)分辨率：10 位。

(2)非线性度：±0.005%～±0.2%。

(3)建立时间：500ns。

(4) 非线性温度系数：$2\times10^{-6}/℃$。

(5) 电源温度系数：$50\times10^{-6}/℃$。

(6) 输入：TTL/CMOS。

(7) 输出：单极性/双极性。

(8) 功耗：20mW。

11.4.2　AD7522 的各功能部件与引脚功能

1. AD7522 的各功能部件

该芯片的功能部件框图如图 11-12 所示，包括输入缓冲寄存器、DAC 寄存器、控制逻辑、T 形电阻解码网络和反馈电阻等部分。输入缓冲寄存器由两部分组成，分别是 8 位串/并输入寄存器和 2 位输入寄存器，支持 10 位并行数据和串行数据输入。输入缓冲寄存器的数据在 LDAC 信号的控制作用下可以被装载到 DAC 寄存器中，启动 D/A 转换。AD7522 输出形式是电流型模拟量，因此要外接运放实现电流到电压的变换。同时，AD7522 为运放提供几种反馈电阻。

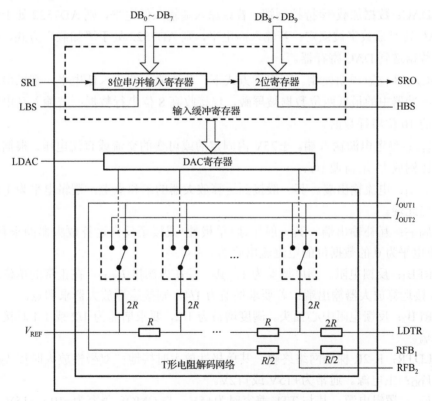

图 11-12　AD7522 功能部件框图

2. AD7522 的各引脚功能

AD7522 为 28 引脚双列直插式器件，其引脚排列如图 11-13 所示。

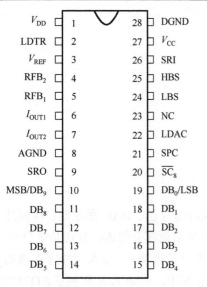

图 11-13　AD7522 芯片引脚排列

（1）DB$_9$～DB$_0$：并行数据输入线，也可将数据以串行方式从 SRI 送入 DB$_0$～DB$_9$。其中，LSB 代表串行传输数据的最低位；MSB 代表串行传输数据的最高位。

（2）SRI：串行数据输入。

（3）SRO：串行数据输出。

（4）SPC：串行/并行控制。若该输入端为低电平，且 LBS 和 HBS 有效时，并行数据 DB$_0$～DB$_9$ 被送入数据寄存器；若该端为高电平，则根据 HBS 和 LBS 的时钟将串行数据移入输入寄存器。

（5）HBS：高位字节选通。在并行方式下，该信号的上升沿把出现在 DB$_8$ 和 DB$_9$ 上的并行数据选通输入到输入寄存器；在串行方式下，该信号的上升沿将数据移到输入移位寄存器内。

（6）LBS：低位字节选通。其功能与 HBS 功能相同，在并行方式下，对 DB$_0$～DB$_7$ 起作用；在串行方式下，与 HBS 同步变化。

（7）LDAC：数据加载/保持控制端。若该输入端输入低电平，则 AD7522 处于"保持"方式，DAC 寄存器数字被锁定；若输入高电平，则 AD7522 处于"加载"方式，把输入缓冲器中的数据送到 DAC 寄存器。

（8）$\overline{\text{SC}}_8$：8 位短周期控制。在串行方式下，若该输入端输入低电平，则以串行方式输入到输入缓冲器中的最低两位数据被屏蔽，仅接收高 8 位串行数据；若输入高电平，则可接收完整的 10 位串行数据。

（9）V_{REF}：参考电源输入端。±25V 内固定的或可变的交流或直流电压，根据输入的数字值进行比例放大（增益调节）。

（10）I_{OUT1}：电流输出端。其一般接到运算放大器的求和点上。逻辑电平为 1 的数据位的电流流出此端。

（11）I_{OUT2}：互补输出端。其一般接地（单极性）或接至反向运算放大器的求和点（双极性）。逻辑电平为 0 的数据位的电流流出此端。

（12）RFB$_1$：反馈电阻。满度增益为 1，其一端在内部接 I_{OUT1}。在正常的单位增益工作时，RFB$_1$ 接运算放大器输出端；若要求增益为 1/4，则接运算放大器求和点。

（13）RFB$_2$：反馈电阻中心抽头。满度增益为 1/2，要求增益为 1/2 或 1/4 时接运算放大器的输出端。

（14）LDTR：R-2R 梯形网络终端。其单极性放大时接地；双极性放大时接 I_{OUT2}。

（15）V_{DD}：主电源。通常为+15V 或+12V。

（16）V_{CC}：逻辑电源。其与 TTL 兼容时为+5V；与 CMOS 兼容为+10～+15V。

（17）DGND：数字地。

（18）AGND：模拟地。

AD7522 的数字接口拥有 10 条数字输入线（DB$_0$～DB$_9$）、一个串行输入（SRI）、一个串行输出（SRO），分别支持并行和串行输入。D/A 转换电路的数字输入为双重缓冲，这就在极大程度上简化了这种器件与微处理机的接口。当微处理机配有串行 I/O 时，以串行方式工作使它易于在远离微机的地方使用。

3. AD7522 与微机系统的连接

AD7522 接口电路如图 11-14 所示。AD7522 能按 2 字节把 10 位输入数据输入数据缓冲器(其中，一字节由 8 位组成；另一字节由 2 位组成)，然后将 10 位输入数据送入 DAC 寄存器。因此，它与微处理器的 8 位并行数据总线接口的关键是如何在 8 位并行数据总线上传输 10 位输入数据。解决的方法是：该数据必须分两组输入数据缓冲器。首先使能 LSB 输入低 8 位数据，再使能 HSB 输入高 2 位。LSB 和 HSB 均由地址译码加写信号生成。数据从输入缓冲器到 D/A 寄存器的传输是在 LDAC 的控制下实现的，当 10 位输入数据在输入缓冲器中准备好后，使能 LDAC 即可将输入数据送至 D/A 寄存器。与向输入缓冲器输入数据由 LBS 和 HBS 的前沿触发不同，向 D/A 寄存器输入数据是由 LDAC 的有效电平控制的。因此也可将使能 HSB 和使能 LDAC 合并为一步进行。为了实现向 D/A 寄存器的输入，LDAC 信号应保持高电平至少 500ns，即要求微处理器的写信号脉冲宽度大于等于 500ns。

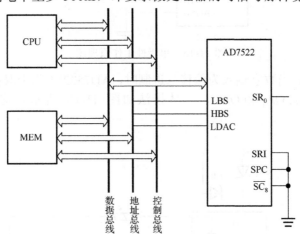

图 11-14 AD7522 接口电路连接示意图

这种芯片的非线性度、工作温度范围分为几个等级，由芯片型号的后缀来识别。这种芯片的非线性度分为 J、K、L 三个等级，后缀 J、K、L 由高到低表示非线性度。为了保证精度和单调性，对于 J 级可把 DB_1 和 DB_0 接数字地，对于 K 级只把 DB_0 接数字地。

在串行方式中，传输串行输入数据到输入缓冲器和传输输入缓冲器的内容到 D/A 寄存器，必须分为两步完成。为了传输输入缓冲器的内容至 DAC 寄存器，最后一个串行时钟信号可以同时作为输入 DAC 寄存器的信号。

在模拟量输出上，AD7522 有两个互补的电流输出端 I_{OUT1} 和 I_{OUT2}。为了得到电压输出，需要外接运算放大器。AD7522 的电压输出可以单极性工作也可以双极性工作。

(1)单极性工作。如图 11-15 所示，单极性工作时，I_{OUT1} 接运算放大器 OA 的求和点，I_{OUT2} 接模拟地，网络终端也接模拟地。这时电压输出范围在 $0 \sim V_{REF}$。R_1 和 R_2 用作满度增益校准。满度校准时，先将 R_1、R_2 均调为 0，使 D/A 寄存器的数字输入为全 1，若 u_o 大于应有值，则增加 R_1；若 u_o 小于应有值，则增加 R_2，最终使 u_o 等于应有值。CR_2、CR_3 均为肖特基二极管,用于防止反向偏置,一般选用小功率的肖特基二极管,平均整流电流很小,不能作大电流整流用。CR_1、CR_2、CR_3 均用于保护 AD7522 芯片。电容器 C 用作对运算放大器进行相应位补偿。满度增益可以选为 1、1/2、1/4,这由反馈回路的接法决定。若选 1,则 R_2 接 RFB_1;若选 1/2,则 R_2 接 RFB_2;若选 1/4,则 R_2 接 RFB_2 且 I_{OUT1} 接 RFB_1。

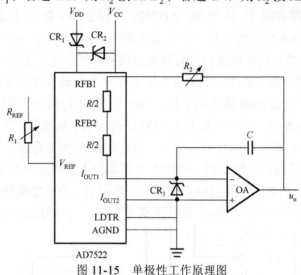

图 11-15　单极性工作原理图

(2) 双极性工作。当数字输入为偏移二进制时,AD7522 工作于双极性输出方式。双极性工作使用两个运放 OA_1 和 OA_2,具体接法如图 11-16 所示。这时电压输出范围为 $-\frac{1}{2}V_{REF} \sim +\frac{1}{2}V_{REF}$。

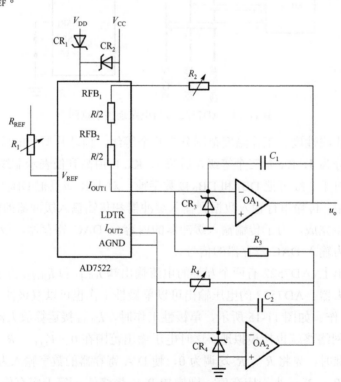

图 11-16　双极性工作原理图

其中，OA_2 用于反相，OA_1 用于求和。这时网络终端 LDTR 接 OA_2 求和点。R_1、R_2 用作满度增益校准(校准方法与单极性相同)。

11.5 A/D 转换芯片介绍

理想 A/D 转换芯片对于微处理器来说应该表现为一个简单的数字输入口，为了达到控制的目的，它也是一个数字输出口。

11.5.1 A/D 芯片基本构成

A/D 芯片是由集成单一芯片的模拟多路开关、采样/保持器、A/D 转换电路及数字接口和控制逻辑构成的。简化的功能示意图如图 11-17 所示。

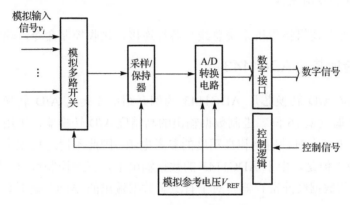

图 11-17 A/D 芯片功能示意图

1. 模拟多路开关

在实际数据处理系统或实际控制系统中，被测量或被控制量往往是几路或几十路。对这些回路的参量进行采样和 A/D 转换时，为了共用 A/D 转换器，节省硬件，也可利用模拟多路开关 MUX 轮流切换各被测量与 A/D 转换电路的通路，达到分时转换的目的。模拟量输入通道的多路开关是"多选一"的，即其输入的是多路待转换的模拟量，每次只选通一路，输出只有一个公共端接至采样/保持器与 A/D 转换器。当然，模拟多路开关也可移至 A/D 转换器前，此时每个模拟输入信号前应有一个采样/保持器，对于变化缓慢且不要求同步采样的模拟输入信号，也可省略采样/保持器。集成电路的模拟多路开关有多种类型，例如，双四选一模拟开关有美国 RCA 公司的 CD4052、AD 公司的 AD7502；八选一多路开关有 CD4051 和 AD7501 等；十六选一多路开关有 CD4067 和 AD7506 等。

2. 采样/保持器

A/D 转换过程完成一次完整的转换过程是需要时间的，因此于对变化较快的模拟输入信号，如果不采取措施将引起转换误差。为了保证 A/D 转换时的转换误差在 A/D 转换器的量化误差内，模拟输入信号的频率不能过高。特别是对于逐次比较型 A/D 转换器，因为在一次 A/D 转换中要进行多次比较,如果在此过程中输入电压的变化超过 1LSB 对应的电压,将导致转换结果的错误。采样/保持器芯片可分为以下三类:通用型芯片,如 LF198、LF398、AD582K、AD583K 等;高速芯片,如 HTS-0025、HTS-0060、HTC-0300 等;高分辨率芯片,如 SHA1144。

3. 精密参考电源

精密参考电源用来产生芯片所需要的参考电源。有些芯片的参考电源由外部提供。

4. A/D 转换电路

A/D 转换电路用于完成 A/D 转换。

5. 数字接口和控制逻辑

数字接口和控制逻辑将微机系统总线与芯片连接,接收控制命令,输出转换结果。

11.5.2　A/D 转换芯片 ADC1143

下面以 16 位 A/D 转换芯片 ADC1143 为例介绍单片集成 A/D 转换器的典型应用。ADC1143 是逐次逼近型 16 位二进制数据输出的高精度 A/D 转换器,采用单电源或双电源供电。ADC1143 内部含时钟电路和高精度的参考电源,因此不用连接太多的外部元件就可以实现 A/D 转换。但是,由于 ADC1143 的数据输出不是三态控制输出,因此硬件接口设计时就必须接外部数据缓冲寄存器。对于有三态数据输出的 ADC 就不必再接入外部数据寄存器。

ADC1143 可以与 16 位微处理器配合,也可以和 8 位微处理器接口,只需将 16 位转换结果锁存在寄存器里,然后由 8 位微处理器分两次读出。ADC1143 是单路 A/D 转换器。片内不包含模拟多路开关和采样/保持器,在需要对多路模拟输入信号进行 A/D 转换时,可外加模拟多路开关(如 MC14501)和采样/保持器(如 AD346)。

ADC1143 主要特性如下。

(1)分辨率:16 位二进制(输出偏移二进制码或串行输出)。

(2)转换时间:ADC1143J 的为 70μs;ADC1143K 的为 100μs。

(3)非线性度:ADC1143J<±0.006‰;ADC1143K<±0.003‰。

(4)无误码:ADC1143J 的为 13 位;ADC1143K 的为 14 位(0~50℃)。

(5)最大功耗:175mW(V_a=±15V);150mW(V_a=±12V)。

(6)输出形式:16 位并行非三态输出(二进制码或偏移二进制码)或串行输出。

(7)工作电源电压:V_a=±12~±15V;V_{DD}=3~18V。

(8)极限电压:V_a=±22V;V_{DD}=20V。

(9)极限模拟输入:单极性+22V;双极性±12V。

(10)封装形式:32 引脚 DIP 封装。

(11)其他:片内提供时钟发生器和低噪声参考电源以及电压旁路电解电容。

ADC1143 功能框图如图 11-18 所示，包括参考电源、D/A 转换器、逐次逼近寄存器和控制逻辑等部分。

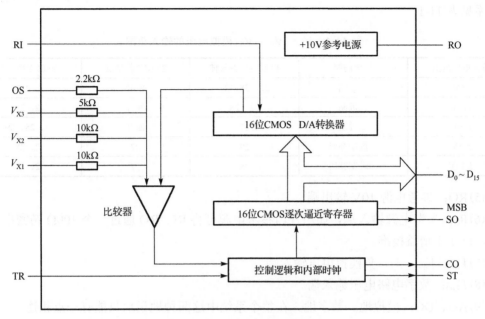

图 11-18 ADC1143 功能框图

ADC1143 引脚图如图 11-19 所示。各引脚功能如下。

(1) $D_{15} \sim D_0$：并行数字量输出端。

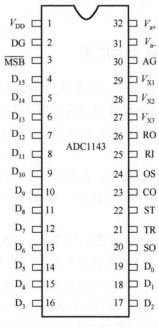

图 11-19 ADC1143 引脚图

(2) $\overline{MSB}$：二进制补码输出端，具有数据锁存功能，但无三态控制。

(3) SO：串行输出端，每位保持一个时钟周期。

(4) V_{X1}、V_{X2}、V_{X3}：均为模拟电压输入端，但模拟电压的输入范围随不同的连接而异，其关系见表 11-1。

表 11-1　V_{X1}、V_{X2}、V_{X3} 模拟电压的输入范围

输入电压范围	输出码制	模拟电压引入脚	26 脚连接情况	30 脚连接情况
+5V	二进制	27、28、29	断开	2
+10V	二进制	27、28	断开	2、29
+20V	二进制	27	断开	2、28、29
±5V	二进制补码	29	27	2、28
±10V	二进制补码	28	27	2、29

(5) RO：参考电源 10V 输出端。

(6) RI：参考电源输入端，如用片内参考电源可将 RI、RO 通过一个 100Ω 精密电位器相连，以便于增益校准。

(7) V_{a+}、V_{a-}：正、负模拟电压输入端。

(8) V_{DD}：数字电路电压输入端。

(9) AG、DG：模拟地、数字地，在整个系统中这两种地最后只能有一点相连。

(10) ST：转换状态输出端。可用于判断转换是否结束，也可用于中断请求信号。

(11) TR：启动转换输入端。要求启动脉冲宽度不小于 1μs，其下降沿复位片内所有内部逻辑，除 $\overline{MSB}$ 被置高电平外，其他位被置低电平，状态线也为低电平，启动转换。

(12) OS：偏移校正输入端，用于零输出校正。

(13) CO：内部时钟输出引脚。

11.5.3　ADC1143 在微机系统中的应用

ADC1143 与微机系统连接，如图 11-20 所示。ADC1143 具有数据输出锁存功能，但无三态控制功能，所以其 16 位输出要经过两片缓冲器 74LS244 与微机数据线连接，微处理器需分两次分别选通高位 74LS244 和低位 74LS244 读取转换结果。R_1、R_2 分别为偏移校准电位器和增益校准电位器。

AD346 是一种高速采样/保持放大器，在 2μs 内可达到 ±0.01% 的精度。该芯片的低失调、低下降率、高采样率和低孔径抖动时间的特点使得它非常适合高频率工作，最高频率为 97kHz。

MC14501 是单片 CMOS 8 通道模拟多路转换器。该电路有 8 个 CMOS 模拟开关，以及八选一译码器。模拟开关的一端作为模拟信号或数字信号的输入端，另一端将 8 路模拟开关连接在一起作为公共端。由于模拟开关具有双向传输的能力，因此当信号由转换器的公共端输出时，可首先实现由 8 线到 1 线的功能；反之，信号由转换器的公共端输入时，也可作为信号的分离，实现由 1 线到 8 线的功能。8 线模拟信号端口为 $V_1 \sim V_8$；1 线模拟信号端口为 V_0；通道选择地址输入端为 A、B、C。这里使用地址总线的高位地址总线进行通道选择，结构简单，但占用了较多的地址空间，为了节省地址空间，也可使用锁存器锁存通道地址。

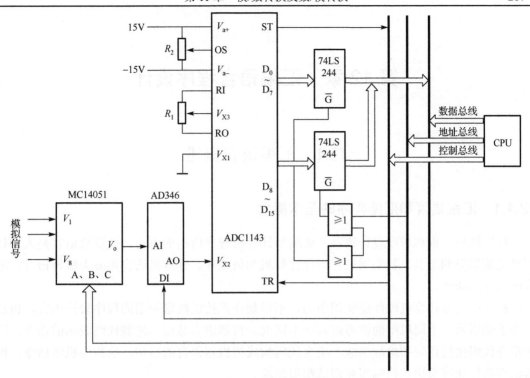

图 11-20　ADC1143 接口电路连接示意图

习　题　11

11-1　简述 D/A 转换器接口的任务。它和微处理器连接时,一般有哪几种接口形式?

11-2　写出 D/A 转换器输入数字量 D 与输出模拟量 v 间的数值关系。

11-3　简述权电阻解码网络与 T 形电阻解码网络的异同。

11-4　D/A 转换器的主要技术指标有哪些?

11-5　什么是孔径误差?它是如何产生的?

11-6　试述采样/保持器的工作原理。

11-7　试述逐次逼近型 A/D 转换器的工作原理,并画出其原理图。

11-8　设一个 4 位逐次逼近型 A/D 转换器的输入电压范围为 0~5V,画出输入电压为 2.2V 时,逐次逼近寄存器的置 1 与清 0 过程。

11-9　指出双积分型 A/D 转换器中,积分电容上分为两段的电压变化曲线的特点。

11-10　A/D 转换器的主要技术指标有哪些?

11-11　试述 D/A 转换芯片数字输入双重缓冲的作用。

11-12　试述 A/D 转换系统中模拟多路开关的作用。

第 12 章　汇编语言程序设计

12.1　汇编语言概述

12.1.1　汇编语言和汇编程序的基本概念

计算机语言也称程序设计语言，即编写计算机程序所用的语言。计算机语言是人和计算机交流信息的工具，我们通过它指挥计算机如何工作。计算机语言可分为机器语言、汇编语言和高级语言。

机器语言是计算机硬件能够识别的、不用翻译直接供机器使用的程序设计语言，也被称为手编语言。不同机型的机器语言是不同的。机器语言是用二进制代码表示的指令，这种指令代码由操作码和地址组成。指令代码构成的机器语言的语句，也称为机器指令。机器语言执行速度很快，但编写和调试都很烦琐。

汇编语言是面向机器的程序设计语言，是一种介于机器语言和高级语言之间的计算机编程语言，它既不像机器语言那样直接使用二进制代码来构成，也不像高级语言那样独立于机器之外直接面向用户。

在汇编语言中，用助记符代替操作码，用地址符号(Symbol)或标号(Label)代替地址码。这样用符号代替机器语言的二进制代码，就把机器语音变成了汇编语言。于是汇编语言也称为符号语言。用汇编语言编写的程序称为汇编语言程序，机器不能直接识别汇编语言程序，要由一种程序将汇编语言翻译成机器语言，这种起翻译作用的程序称为汇编程序，汇编程序是系统软件中的语言处理系统软件。汇编程序把汇编语言翻译成机器语言的过程称为汇编。

汇编程序实际上是一种翻译程序，与高级语言的编译程序所完成的任务相类似。它是用汇编程序去读句法上已经规范化的用汇编语言编写的源代码的文本文件，将用汇编语言编写的源代码转换成机器代码，直接由微处理机执行。

汇编程序的主要功能如下。

(1)检查源程序。

(2)检测出源程序中的语法错误，并给出出错的信息。

(3)产生源程序的目标程序，并可给出列表文件(同时列出汇编语言和机器语言的文件称为 LST 文件)。

(4)将宏指令展开。

就其实质来说，汇编语言还是一种面向机器的语言，只不过是它将机器语言符号化了，用助记符代替了机器语言指令的二进制代码；用汇编语言编写的源代码与其经过汇编程序汇编之后所产生的机器语言程序之间具有一一对应的关系。正因为这样，当用汇编语言编写程序时，允许程序设计人员直接使用存储器、寄存器、I/O 端口和 CPU 的其他许多硬件系统(中断系统、DMA 系统等)特性,可以直接对每一位、字节、字、寄存器、存储单元、I/O 端口进行处理,同时也能直接使用微处理机的指令系统及其所提供的各种寻址方式编制出高质量的程序。所以用汇编语言编写的程序要比用与它等效的高级语言生成的程序精简得多,占用的内存储器空间少,执行的速度也快。

用汇编语言编写程序,最主要的缺点是所编写的程序与所要解决的问题的数学模型之间的关系不直观,使得编写程序的难度加大,而且编写的程序可读性也差,导致出错的可能性增大,因而程序设计和调试的时间也比较长。另外,一般来说,不同系列的微处理机或 CPU 因具有不同的指令系统,所以其汇编语言也不相同,因此汇编语言程序在不同机器间的可移植性较差。

因为汇编语言的上述特性,所以它主要用于一些对内存储器容量和存取速度要求比较高的编写程序场合,如系统软件、实时控制软件、I/O 接口驱动程序等设计中,其他应用场合(数据处理等)多采用高级语言编写程序,然后利用汇编语言调用功能,将它们连为一体,完成更复杂的任务。

高级语言的语句采用自然语言,并使用与自然语言相近的语法体系,用高级语言编写的程序更易于阅读和理解。高级语言的语句是面向问题的,而不是面向机器的。对问题和其求解的表述比汇编语言更容易理解。这样更加简化了程序的编写和调试,编写程序的效率会显著提高。高级语言独立于具体的计算机,又显著增加了通用性和可移植性。目前,已有数百种高级语言,用得最普遍的有 Fortran、Pascal、C、Lisp、Prolog 和 basic 等。

12.1.2　汇编语言程序设计的基本步骤

1. 分析问题

首先必须明确求解问题的意义和任务。对题目给出的已知条件和要完成的任务进行详细的了解和分析,将一个实际的问题转化为计算机可以处理的问题。

2. 确定算法

简单地说,算法就是计算机能够实现的有限的解题步骤。我们知道,计算机只能进行最基本的算术运算和逻辑运算,要完成较为复杂的运算和控制操作,必须选择合适的算法,这是正确编程的基础。若题目涉及某种运算,则必须写出适合程序设计的正确算法;若题目要完成的功能未涉及运算,也要写出编程思想。

3. 设计流程

将提出的算法或编程思想用流程图的方式画出来。

4. 根据流程图编写程序

编写程序是采用程序设计语言来实现前面已确定的算法,此过程有些书上称为编码。本书所介绍的是采用汇编语言编写程序。采用汇编语言编写程序应注意以下几个问题。

(1)必须详细了解 CPU 的编程模型、指令系统、寻址方式及相关伪指令。

(2)必须进行存储空间和工作单元的合理分配。

(3)多次使用的程序段可采用子程序或宏指令。

(4)尽可能用标号或变量来代替绝对地址和常数。

5. 程序的检验

程序编写好以后，必须经过书面检查和上机调试，以便说明程序是否正确。检验时，应预先选择典型数据，检查是否可以得到预期结果。

6. 编写说明文件

一个完整的软件应有相应的说明文件，这不仅便于用户使用，也便于对程序的维护和扩充。说明文件主要应包括程序的功能和使用方法、程序的基本结构和所采用的主要算法以及程序必要说明和注意事项等。

12.2　汇编语言源程序结构

12.2.1　汇编语言语句格式

用汇编语言编写的程序实际上就是一个可执行的语句序列，由语句序列告诉汇编程序要完成的操作。语句是构成汇编程序的最基本的单位，汇编语言语句有三种：指令语句、伪指令语句和宏指令语句(或称宏调用语句)。

下面就来介绍汇编语言所使用的语句。每个汇编语言语句由 4 部分(又称为 4 个字段)组成。它们分别是名字字段(Name Field)、操作符字段(Operation Field)、操作数字段(Operand Field)和注释字段(Comment Field)，其格式如下：

指令语句：　[标号：]操作符　[操作数]　[；注释]

各项具体如下。

标号是指一个标号或变量。

操作符是一个操作码的助记符，可以是指令名、伪指令名或宏指令名。

操作数由一个或多个表达式组成，为执行所要求的操作提供需要的信息。

注释用来说明程序或语句的功能。"；"为识别注释项的开始。"；"也可以从一行的第一个字符开始，此时整行都是注释，常用来说明下面一段程序的功能。

上面四项中带方括号的三项是可选项。各项之间必须用空格(Space)或水平制表(Tab)符隔开。

1)标号

源程序中用下列字符来表示名字：字母 A～Z、数字 0～9、专用字符"？、·、@、−、$"。除数字外，所有字符都可以放在源语句的第一个位置。名字中如果用到"·"，则必须是第一个字符。可以用很多字符来说明名字，但只有前面的 31 个字符能被汇编程序所识别。

一般说来，名字可以是标号或变量。它们都用来表示本语句的符号地址，都是可有可无的，只有当需要用符号地址来访问该语句时它才需要出现。

标号：在代码段中定义，后面跟着冒号 ":"。它也可以用 LABEL 或 EQU 伪操作来定义。此外，它还可以作为过程名定义。

变量：在数据段或附加数据段中定义，后面不跟冒号。它也可以用 LABEL 或 EQU 伪操作来定义。变量经常在操作数字段出现。

2）操作符

操作符可以是指令、伪指令或宏指令的助记符。对于指令，汇编程序将其翻译为机器指令。对于伪指令，汇编程序将根据其所要求的功能进行处理。对于宏指令，则将根据其定义展开。

3）操作数

操作数由一个或多个表达式组成，多个操作数之间一般用逗号分开。对于指令，操作数一般给出操作数地址，它们可能有一个、两个或三个，或一个也没有。对于伪操作或宏指令，则给出它们所要求的参数。

操作数项可以是常数、寄存器、标号、变量，或由表达式组成。

4）注释

注释用来说明一段程序、一条或几条指令的功能。对于汇编语言程序来说，注释的作用是很明显的，它可以使程序容易被读懂，因此汇编语言程序必须写好注释。注释应该写出本条（或本段）指令在程序中的功能和作用，而不应该只写指令的动作。读者在有机会阅读程序例子时，应注意学习注释的写法；在编制程序时，更应学会写好注释。

汇编语言程序中表达式的值实际上是由汇编程序计算的，而程序员应该正确掌握书写表达式的方法，以降低出错的可能性。表达式是常数、寄存器、标号、变量与一些操作符组合的序列，可以有数字表达式和地址表达式两种。在汇编期间，汇编程序按照一定的优先规则对表达式进行计算后可得到一个数值或一个地址。MASM 支持的运算符如表 12-1 所示。操作符的优先级从高到低排列如表 12-2 所示。

表 12-1　MASM 支持的运算符

运算符			运算结果	示例
类型	符号	名称		
算术运算符	+	加法	和	2+6=8
	−	减法	减	8−5=3
	*	乘法	乘积	6×4=24
	/	除法	商	23/5=4
	MOD	模除	余数	14MOD3=2
	SHL	左移	左移后二进制数	0010BSHL2=1000B
	SHR	右移	右移后二进制数	1100BSHR1=0110B
逻辑运算符	NOT	非运算	逻辑非结果	NOT1010=0101B
	AND	与运算	逻辑与结果	1011BAND1100B=1000B
	OR	或运算	逻辑或结果	1011BOR1100B=1111B
	XOR	异或运算	逻辑异或结果	1010BXOR1100B=0110B

续表

运算符			运算结果	示例
类型	符号	名称		
关系 运算符	EQ	等于	结果为真，输出为全 1 结果为假，输出为全 0	6EQ11B=全 0
	NE	不等于		6NE11B=全 1
	LT	小于		5LT8=全 1
	LE	小于等于		7LE101B=全 0
	GT	大于		6GT100B=全 1
	GE	大于等于		6GE111B=全 0
分析 运算符	SEG	返回段地址	段的基地址	SEG N1=N1 所在段段基地址
	OFFSET	返回偏移地址	偏移地址	OFFSET N1=N1 的偏移地址
	LENGTH	返回变量单元数	单元数	LENGTH N2=N2 单元数
	TYPE	返回元素字节数	字节数	TYPE N2=N2 中元素字节数
	SIZE	返回变量字节总数	总字节数	SIZE N2=N2 总字节数
合成 运算符	PTR	修改类型属性	修改后类型	BYTE PTR[BX]
	THIS	指定类型/距离属性	指定后类型	ALPHA　EQU THIS BYTE
	段寄存器名	段前缀	修改段	ES:[BX]；DS:BLOCK
	HIGH	分离高字节	高字节	HIGH 2345H=23H
	LOW	分离低字节	低字节	LOW 2345H=45H
其他 运算符	SHORT	近距离转移说明		JMP SHORT LABEL
	( )	圆括号	改变运算顺序	(8−5)*4=12
	[ ]	方括号	下标或间接寻址	MOV AX,[BX]
	•	点运算符	连接结构与变量	TAB.T1
	< >	尖括号	修改变量	<8,5>
	MASK	返回字段屏蔽码	字段屏蔽码	MASK C

表 12-2　操作符的优先级

优先级		符号
高 ↓ 低	1	LENGTH，SIZE，WIDTH，MASK，()，[]，<>
	2	PTR，OFFSET，SEG，TYPE，THIS
	3	HIGH，LOW
	4	+，−(单目)
	5	*，/，MOD，SHL，SHR
	6	+，−(双目)
	7	EQ，NE，LT，LE，GT，GE
	8	NOT
	9	AND
	10	OR，XOR
	11	SHORT

12.2.2 伪操作

Pentium CPU 的地址空间是分段结构的，程序中出现的数据和代码，以及程序中用到的堆栈都必须纳入某个段中。那么，如何告诉汇编程序，源程序中的哪些内容属于数据段，哪些内容属于代码段呢？这是由汇编系统中提供的伪指令来实现的。下面我们首先介绍构成完整程序的有关伪指令。

1. 方式选择伪指令

由于 Intel 系列机的汇编语言是在 8086/8088 汇编语言的基础上逐步发展而来并向上兼容的，因此汇编程序为区分当前的源程序是针对 Intel 系列机的哪种微处理机而执行的提供了微处理机的方式选择伪指令。又因为 MASM 中对应每种微处理机的指令系统都有一个汇编执行语句集合，简称指令集，因此微处理机的方式选择伪指令的实质也就是指令集选择伪指令。表 12-3 中列出了方式选择伪指令的格式和功能。

表 12-3 方式选择伪指令

指令格式	功能
.8086	这是一种默认方式，它告诉汇编程序只接收 8086/8088 指令
.286/.286C	它告诉汇编程序只接收 8086/8088 指令及 80286 非保护方式下的指令，用.8086 可以删除该伪指令
.286P	告诉汇编程序接收 8086/8088 及 80286 的所有指令(不仅包括保护方式下的指令，而且包括非保护方式下的指令)，通常只有系统设计人员才使用该伪指令，可以使用.8086 伪指令删除
.386/.386C	告诉汇编程序接收 8086/8088 指令及 80286/80386 非保护方式下的指令。在这种方式下，将禁止所有保护方式下的指令，否则将出错
.386P	除具有.386/.386C 功能外，还允许选择保护方式下的 80286/80386 指令。通常只有系统设计人员才使用该伪指令，可用.8086 伪指令删除
.8087	选用 8087 指令集，并指定实数的二进制码为 IEEE 格式
.287	选用 80287 指令集，并指定实数的二进制码为 IEEE 格式
.387	选用 80387 指令集，并指定实数的二进制码为 IEEE 格式
.486/.486C	允许汇编非保护方式下的 80486 指令，MASM 6.0 可以使用
.486P	允许 80486 的全部指令，MASM 6.0 可以使用

2. 逻辑段定义伪指令

逻辑段定义有两种：完整的段定义和简化的段定义。在 MASM 5.0 以上的汇编语言版本中，既可使用完整的段定义伪指令，又可使用简化的段定义伪指令；在低于 MASM 5.0 的版本中，只能使用完整的段定义伪指令。

1)完整的段定义伪指令

采用完整的段定义伪指令可具体控制汇编程序(MASM)和连接程序(LINK)在内存储器中组织代码和数据的方式。

段定义语句(SEGMENT/ENDS)。

格式：

```
段名 SEGMENT [定位类型][,组合类型][,字长选择][,'类型'];
    ⋮
```

伪指令语句组成的段的实体
⋮
段名 ENDS ;段定义结束伪指令

功能: 指出段名及段的各种属性,并表示段的开始和结束位置(地址)。

说明: 段名是所定义的段的名称,其构成规则与语句的名称一样,用于指明段的基地址。在段定义时,SEGMENT 与 ENDS 必须成对出现。SEGMENT 与 ENDS 左边的段名必须一致。SEGMENT 后面有 4 个可供选择的参数,它们分别代表段的 4 种属性,现分别说明如下。

(1) 定位类型。告诉汇编程序(MASM)对该段汇编时,该段的起始边界的要求。指定该段的起始地址中的 5 种可供选择的类型(段起点的边界类型),如表 12-4 所示。

表 12-4　定位类型

定位类型	含义
BYTE(字节)	段的起始地址可以任意
WORD(字)	段的起始地址必须为偶地址,即该地址的最低二进制位应为 0
DWORD(双字)	段的起始地址必须为 4 的倍数,即该地址的最后 2 位二进制位应为 0,通常总把 DWORD 用于 80386 的 32 位段中
PARA(节)	段的起始地址必须为 16 的倍数,即该地址的最后 4 位二进制位应为 0
PAGE(页)	段的起始地址必须为 256 的倍数,即该地址的最后 8 位二进制位应为 0

这个类型可以为标号或变量赋予绝对地址,以便程序以标号或变量的形式存取这些存储器单元的内容。在实际应用中,每个段的定位类型常选 PARA 型。因为若选 PAGE 型,将会造成相邻的段间有较大空间的浪费;而选 WORD 型或 BYTE 型,又很难做到使一个段的偏移地址从 0000H 开始。

(2) 组合类型。告诉连接程序 LINK 在进行多模块目标程序连接时,该段与其他段连接的有关信息,例如,本段与其他段是否组合为同一段;组合后,本段信息与其他段信息的关系如何等等。组合类型共有 5 种可供选择的组合类型,如表 12-5 所示。若此属性缺省,则表示该段是独立的,不与其他同名段发生联系,并有自己的段起始地址。在 AT 型的段中不定义指令或数据,只是说明一个地址结构。在保护方式下,AT 型无定义。

表 12-5　组合类型

组合类型	含义
PUBLIC	连接程序 LINK 将不同模块中具有该类型且段名相同的段连接到同一个物理存储段中,使它们共用一个段地址
STACK	与 PUBLIC 的处理方式一样,只是连接后的段为堆栈段。连接程序 LINK 在连接过程中自动将新段的段地址送到堆栈段寄存器 SS,将新段的长度送到堆栈指针寄存器 SP。如果在定义堆栈时没有将其说明为 STACK 类型,在这种其情况下就需要在程序中用指令给堆栈段寄存器 SS、堆栈指针寄存器 SP 赋值,这时连接程序 LINK 会给出一个警告信息
COMMON	产生一个覆盖段。连接程序 LINK 为该类型的同名段指定相同的段地址。段的长度取决于最长的 COMMON 段的长度。段的内容为所连接的最后一个模块中 COMMON 段的内容及其没有被覆盖到的前面 COMMON 段的部分内容
MEMORY	连接程序 LINK 不单独区分 MEMORY 型,它把 MEMORY 与 PUBLIC 型同等对待。MASM 允许使用它,主要是为了与其他支持 Intel MEMORY 型的连接程序兼容
AT 表达式	连接程序 LINK 将具有 AT 型的段装在表达式值所指定的段地址边界上

（3）字长选择。用于定义段所使用的偏移地址和寄存器的字长。该选择只用于设置含有.386 和.486 语句的段。有两种字长可供选择，分别如下。

USE16——表示该段字长为 16 位，按 16 位方式寻址，最大段长为 64KB。

USE32——表示该段字长为 32 位，按 32 位方式寻址，最大段长可达 4GB。

如果字长选择缺省，则在使用.386/.486 伪指令时默认为 USE32。

（4）类别。可以是任何一个合法的名称，但必须用单引号括起来。在多模块程序设计中，连接时，将把不同模块中相同类别的各段在物理上相邻地连接在一起，其顺序与 LINK 时提供的各模块顺序一致。当类别相同的各段的段名不同时，它们连接后虽在同一物理段内，但它们仍不属于同一段，也就是它们的段基地址不相同。这样做的一个好处是便于程序的固化。在编程时，它们都是独立的代码段，各段有各自的段基地址，但连接后，它们却在同一物理段，从而可以固化在一起。在单模块程序设计中，类别可有可无。若有，它只是告知程序阅读者本段信息的含义。

例 12-1　完整段定义示例。

```
STACK    SEGMENT STACK            ;定义 STACK 堆栈段,无定位类型
    DW 30 DUP (?)                 ;长度为 30 个字
STACK    ENDS                     ;STACK 段结束
DATA1    SEGMENT BYTE             ;定义 DATA1 段,定位类型 BYTE
    STRING  DB "This is an example! "  ;长度为 19 字节
DATA1    ENDS                     ;DATA1 段结束
DATA2    SEGMENT WORD             ;定义 DATA2 段,定位类型 WORD
    BUFFER  DW 40 DUP(0)          ;长度为 40 字,即 80 字节
DATA2    ENDS                     ;DATA2 段结束
CODE     SEGMENT PAGE             ;定义 CODE 代码段,定位类型 PAGE
         ⋮
CODE     ENDS                     ;CODE 代码段结束
```

2）简化段定义伪指令

简化段有利于实现汇编语言程序模块与 Microsoft 高级语言程序模块的连接，它可以由操作系统自动安排程序，自动保证名字定义的一致性。但是命令文件（.com）的程序编制则不可使用简化段定义。

（1）段次序语句（DOSSEG）。

格式：.DOSSEG。

功能：各段在内存储器中的顺序按 DOS 段次序约定排列。

说明：各段在内存储器中的次序取决于很多因素，多数程序对段次序无明确要求，可由操作系统安排。本语句用于主模块前面，其他模块不必使用。

（2）内存模块语句（MODEL）。

格式：.MODEL 模式类型[, 高级语言]。

功能：指定数据和代码允许使用的长度。

说明：语句中的"高级语言"是可选项，可使用 C、BASIC、FORTRAN、PASCAL、SYSCALL、STDCALL 等关键字来指定与哪种高级程序设计语言接口，还可用关键字

OS-OS2 或 OS-DOS 告诉 MASM 使用的是哪种操作系统。程序中数据或代码的长度不大于 64KB 时为近程（NEAR）；否则为远程（FAR）。近程的数据通常定义在一个段中，对应于物理存储器中的一个段，只要程序一开始将其段值设置在 DS 中，以后数据的访问只改变偏移值，而不必改变其段值。

通常总是将这个语句放在用户程序中其他简化段定义语句之前。可供选择的内存模式有 5 类，如表 12-6 所示。当独立的汇编语言程序不与高级语言程序连接时，多数情况下只用小模式即可，而且小模式的效率也最高。

表 12-6　内存模式类型

内存模式	说明
SMALL	小模式，数据、代码各放入物理存储器的一个段中，为近程
MEDIUM	中模式，数据为近程，允许代码为远程
COMPACT	压缩模式，代码为近程，允许数据为远程，但任何一个数据段所占用的存储器空间不得超过 64KB
LARGE	大模式，允许数据和代码为远程，但任何一个数据段所占用的存储器空间不能大于 64KB
HUGE	巨型模式，允许数据和代码为远程，且数据语句所用存储空间可以大于 64KB

（3）语句。简化段定义的段语句如表 12-7 所示。

表 12-7　简化段语句

段语句名	格式	功能
代码段语句	.CODE[名字]	定义一个代码段，如果有多个代码段，要用名字加以区分
堆栈段语句	.STACK[长度]	定义一个堆栈段，并形成堆栈段寄存器 SS 和堆栈指针 SP 的初值，(SP)=长度，如果省略长度，则(SP)=1024
初始化近程数据段语句	.DATA	定义一个近程数据段，当用来与高级语言程序连接时，其数据空间要赋初值
非初始化近程数据段语句	.DATA?	定义一个近程数据段，当用来与高级语言程序连接时，其数据空间只能用"？"定义，表示不赋初值
常数段语句	.CONST	定义一个常数段，该段是近程的，用来与高级语言程序连接，段中数据不能改变
初始化远程数据段语句	.FRADATA[名字]	定义一个远程数据段，且其数据语句的数据应赋初值，用来与高级语言程序连接
非初始化远程数据段语句	.FRADATA?[名字]	定义一个远程数据段，但其数据空间不赋初值，只能用"？"定义数据，用来与高级语言程序连接

不同的内存模式允许的段定义语句有所不同。表 12-8 给出了标准内存模式允许的段及其隐含的内容。

表 12-8　标准内存模式允许的段及其隐含的内容

模式	段定义符	段隐含内容				
		段名	定位类型	组合类型	'类别'	组名
Small	.CODE	-TEXE	WORD	PUBLIC	'CODE'	
	.DATA	-DATA	WORD	PUBLIC	'DATA'	DGROUP
	.CONST	CONST	WORD	PUBLIC	'CONST'	DGROUP
	.DATA?	-BSS	WORD	PUBLIC	'BSS'	DGROUP
	.STACK	STACK	PARA	STACK	'STACK'	DGROUP

模式	段定义符	段隐含内容				
		段名	定位类型	组合类型	'类别'	组名
Medium	.CODE	name-TEXE	WORD	PUBLIC	'CODE'	
	.DATA	-DATA	WORD	PUBLIC	'DATA'	DGROUP
	.CONST	CONST	WORD	PUBLIC	'CONST'	DGROUP
	.DATA?	-BSS	WORD	PUBLIC	'BSS'	DGROUP
	.STACK	STACK	PARA	STACK	'STACK'	DGROUP
Compact	.CODE	-TEXE	WORD	PUBLIC	'CODE'	
	.FARDATA	FAR-DATA	PARA	独立段	'FAR-DATA'	
	.FARDATA?	FAR-BSS	PARA	独立段	'FAR-DATA'	
	.DATA	-DATA	WORD	PUBLIC	'DATA'	DGROUP
	.CONST	CONST	WORD	PUBLIC	'CONST'	DGROUP
	.DATA?	-BSS	WORD	PUBLIC	'BSS'	DGROUP
	.STACK	STACK	PARA	STACK	'STACK'	DGROUP
Large	.CODE	name-TEXE	WORD	PUBLIC	'CODE'	
	.FARDATA	FAR-DATA	PARA	独立段	'FAR-DATA'	
	.FARDATA?	FAR-BSS	PARA	独立段	'FAR-DATA'	
	.DATA	-DATA	WORD	PUBLIC	'DATA'	DGROUP
	.CONST	CONST	WORD	PUBLIC	'CONST'	DGROUP
	.DATA?	-BSS	WORD	PUBLIC	'BSS'	DGROUP
	.STACK	STACK	PARA	STACK	'STACK'	DGROUP

对于简化段定义，有两点需要说明。

(1)凡是与高级语言程序连接的数据，必须把常数与变量分开，变量中又要把赋初值的与不赋值的分开，并分别定义在.CONST、.DATA/.FAR-DATA 和.DATA?/.FAR-DATA?中。远程数据段只能在压缩模式、大模式和巨型模式中使用，其他数据段和代码段可在任何模式下使用。

(2)独立的汇编语言源程序(不与高级语言连接的源程序)只用前述的 DOSSEG、MODEL、CODE、STACK 和 DATA 5 种简化语句，并且不区分常数与变量以及赋初值与不赋初值。在.DATA 语句定义的段中，所有数据语句均可使用。

简化段的源程序结构中只有一个堆栈段、一个数据段和一个代码段。代码段长度可达 64KB，数据段与堆栈段为一个组，其总长度可达 64KB，组名为 DGROUP。组名 DGROUP 与数据段名@DATA 都代表组对应物理段的段界地址，在装入内存储器时，系统给代码段寄存器 CS 和指令指针寄存器 IP 赋初值，使其指向代码段。同时系统还给堆栈段寄存器 SS 和堆栈指针寄存器 SP 赋初值，使(SS)=DGROUP，(SP)=数据段长度+堆栈段长度，从而使堆栈段为对应的物理段。这样处理使堆栈元素也能用 DS 指向组的段界地址。

例 12-2　简化段定义伪指令。

```
        .DOSSEG
        .MODEL  SMALL
        .STACK[长度]
        .DATA
           ⋮
        数据语句
```

```
              ⋮
          .CODE
启动标号：MOV AX,DGROUP；或 MOV AX,@DATA
          MOV DS,AX
              ⋮
          执行性语句
              ⋮
          END 启动标号
```

3. ASSUME 伪指令

ASSUME 伪指令告诉汇编程序 MASM 在对源程序汇编时，源程序中的段名与哪个段寄存器建立关系。这种关系只是一种承诺关系，汇编程序对源程序汇编时，承认这种关系，但段寄存器的值并未确定，用户必须在代码段开始处用 MOV 指令对 DS、ES、SS 初始化。

格式：ASSUME 段寄存器：名称[,段寄存器:名称,…]。

其中，名称可以有以下几种情况。

(1)由 SEGMENT 伪指令定义的段名，如 ASSUME CS:CODE,DS:DATA。

(2)表达式：SEG 变量名或 SEG 标号，如变量 ADR1，可作为名称，ASSUME DS:SEG ADR1。

(3)GROUP 伪指令定义的段组名，如 GCODE 为代码段组名，ASSUME CS:GCODE 将 CS 指向该段组的组头。

4. END 伪指令

格式：END 表达式。

END 伪指令标志整个源程序的结束，它告诉汇编程序汇编到此结束。所以，每个单独汇编的源程序的结尾必须有 END 伪指令。格式中的表达式是该程序运行时的启动地址，它通常是可执行语句的标号。

5. GROUP 组定义语句

格式：组名 GROUP 段名[,段名,…]。

组名是用户自己定义的名字，是指出组的起始地址的一种符号。这个符号必须是唯一的，不能与任何标号、段名及变量名等同名。段名可以是用 SEGMENT 语句定义的或者由 SEG 运算符得到的。组定义语句不影响各段的次序，因此组内各段不一定要连续存放，但它们都必须包含在 64KB 的物理存储器段中。如果组名在 ASSUME 语句中已做了说明，且在相应段(DS、ES、FS 或 GS)初始化语句中，则系统会把所有组内各段中的变量调整，它还是相对于段起始地址的偏移值，需要相对于组名地址的偏移值时可用。

当源程序结构需要多个逻辑段时，使用本语句可节省段寄存器的存储空间。实际应用中最好让代码段为一组，堆栈段为一组，数据段为一组或两组，只要组中各段所占用的内存储器的总量不超过 64KB 即可。

本语句可使定义在源程序中不同类型的段运行时共用同一个段寄存器，但这些段仍为独立的段。这与 SEGMENT 语句中的 PUBLIC 组合类型不同，PUBLIC 组合类型是将同名段组合成为一个段。

例 12-3　有下列程序段：

```
DGROUP    GROUP ASEG,CSEG
          ASSUME DS:DGROUP,CS:TEXT
ASEG      SEGMENT    WORD, PUBLIC, 'DATA'
X         DW  ?
ASEG      ENDS
BSEG      SEGMENT    WORD, PUBLIC, 'DATA'
Y         DW  ?
BSEG      ENDS
CSEG      SEGMENT    WORD, PUBLIC, 'DATA'
Z         DW  ?
CSEG      ENDS
TEXT      SEGMENT    WORD, PUBLIC, 'CODE'
START:    MOV        AX,DGROUP
          MOV        DS,AX
          ⋮
TEXT      ENDS
          END START
```

该程序段被汇编、连接之后，装入内存储器时，在内存储器中的位置如图 12-1 所示。从图中可看出，虽然 ASEG 与 CSEG 段在内存储器中的位置是不同的，但由于它们被 GROUP 伪指令说明在同一组，因此它们使用相同的段起始地址。也就是说，变量 X 和 Z 的偏移地址都是相对于组的起始地址（ASEG 段的起始地址）的。而 BSEG 与 TEXT 不是组中的一部分，因此它们各有自己的段起始地址。变量 Y 的偏移地址是从 BSEG 段起始地址算起的。

6. ORG 伪指令

格式：ORG 表达式。

格式中的表达式的值是一个 2 字节的无符号数。ORG 伪指令的功能是指明该语句下面的指令或者变量在段内的偏移地址。

例如，ORG 0100H;该伪指令指出下面指令或变量的偏移地址为 0100H。ORG 伪指令一般常用于数据段中确定某变量的偏移地址。

7. 模块定义伪指令

格式：NAME [模块名]。

表示源程序开始并指出模块名，一般可省略。省略时，模块名取源程序中 TITLE 语句的页标题的前 6 个字符。若没有 TITLE 语句，则取该模块的源程序文件名作为模块名。一个可执行的汇编语言源程序可由多个模块组成，每个模块是一个独立的汇编单位。在操作系统中，汇编语言源程序是一个*.asm 源文件。汇编语言源程序的模块与汇编源文件是一一对应的。

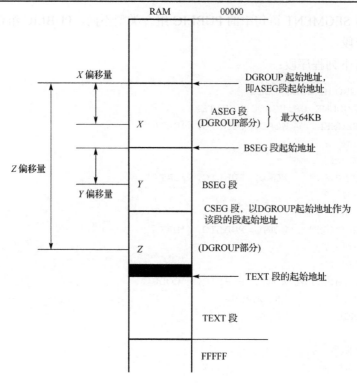

图 12-1   组内段的结构

8. 模块连接伪指令

模块连接伪指令又称为外部引用伪指令。这类伪指令多用于解决多模块的连接问题，实现多模块之间模块和过程的共享。下面介绍的是 4 种该类型的伪指令语句。

1) 全局符号说明语句(PUBLIC)

格式：PUBLIC 符号名 1[,符号名 2,…]。

将本文件中定义的符号名说明为全局符号允许程序中其他模块使用。本语句中的符号名必须是在当前源程序中定义的，其他模块不能再用它们去定义别的内容。未被说明的符号名不能被其他模块引用。

需要注意的是，PUBLIC 伪指令与 SEGMENT 伪指令中的 PUBLIC 组合类型是 2 个不同的概念。

2) 外部符号名说明语句(EXTRN)

格式：EXTRN 符号名 1:类型[,符号名 2:类型,…]。

本语句中指定的符号名是在其他模块中用 PUBLIC 伪指令语句定义过的。类型可以是NEAR、FAR、BYTE、WORD、DWORD、FWORD、QWORD、TBYTE 或 ABS(由 EQU伪指令定义的常数符)，具体类型必须与其他模块中定义的相同符号名的类型一致。

当前模块要引用其他模块中定义的符号名时，必须用 EXTRN 伪指令说明。如果当前模块没有用 EXTRN 伪指令说明，或者被引用模块没有用 PUBLIC 伪指令说明，则不能引用其他模块中定义的符号名，否则连接程序 LINK 将会产生一个错误信息。可见，EXTRN

伪指令和 PUBLIC 伪指令是互相对应的。

3）包含语句（INCLUDE）

该伪指令将指定文件的内容完整地插入本语句出现的位置。用汇编语言进行程序设计时，通常用 INCLUDE 伪指令语句将一个标准的宏定义插入程序中。使用本伪指令语句可避免重复书写多个模块都要使用的相同程序块。当 MASM 汇编某一源程序文件时，若遇到 INCLUDE 伪指令，就按文件说明打开磁盘上存在的相应文件，并将它插入当前文件的该 INCLUDE 伪指令处，然后汇编插入进来的文件中的语句。当该文件中的所有语句处理完后，MASM 继续处理当前文件中 INCLUDE 语句后面的语句。

4）公用符号说明语句（COMM）

格式： COMM[NEAR/FAR] 符号名:尺寸[:元素数],…。

公用符号说明语句将语句中的符号名说明为公用符号。公用符号既是全局的又是外部非初始化的。语句中的符号名可以是近程或远程数据段的符号名，NEAR/FAR 缺省时，在完整段和简化段的中、小模式下为 NEAR，其他模式下为 FAR；尺寸可以是 BYTE、WORD、DWORD、FWORD、QWORD、TBYTE。元素数为符号的个数，缺省值为 1。一条语句中可说明多个公用符号，多个符号间用逗号隔开。本伪指令语句经常用在 INCLUDE 文件中。如果一个变量用于多个模块中，可以在 INCLUDE 文件中将它说明为公用变量，然后在每一个模块中都用 INCLUDE 指令嵌入这个 INCLUDE 文件。

9. 符号定义伪指令语句

1）等值语句（EQU）

格式： 符号名　EQU　表达式。

等值语句用符号名代替表达式的值，供以后引用。EQU 语句不能重新定义，即在同一个汇编语言源程序中，用它定义的符号名不能再赋予不同的值。使用 EQU 语句时，必须先赋值后使用。

例 12-4　等值语句示例。

```
NUM EQU 10H              ;用符号表示常数
CONT EQU  123+34-67      ;用符号表示数值表达式
ADR EQU ES：[BX][SI]     ;用符号代表地址表达式
AREG  EQU AX             ;用符号表示寄存器
```

2）等号语句（=）

格式： 符号名=表达式。

等号语句的功能与 EQU 语句的功能相同，只是其符号名可以再定义。

例 12-5　等号语句示例。

```
CONT =10
CONT =CONT+10
```

10. 数据定义伪指令

格式： [符号名]　DB/DW/DD/DF/DQ/DT　表达式 1[, 表达式 2, ……]。

功能：为数据项分配一个或多字节/字/双字/长字/4 字/10 字节的存储空间，给它们赋初值，并用一个符号名与其建立了联系。

数据定义伪指令按照伪指令 DB、DW 和 DD 等所确定的数据大小来分配相应数量的存储单元，同时给这些存储单元预置由对应表达式确定的初值。表达式有如下几种情况。

(1)数值表达式。

(2)字符串表达式。

(3)"?"表达式。

(4)带 DUP 表达式。

例 12-6　DATA 数据段中定义了字节、字、双字变量。

```
DATA    SEGMENT
VARB1   DB  10H
VARB2   DB  10,11,12
        DB  0FFH,0
VARW    DW  1234H,5678H
VARD    DD  12345678H
DATA    ENDS
```

11. LABEL 伪指令

格式：名称 LABEL 类型。

格式中的类型有 BYTE、WORD、DWORD、结构、记录、NEAR、FAR 共 7 种。前 5 种属于变量的类型，后两种属于标号的类型。结构和记录是由伪指令定义的两种数据类型。格式中的名称就是语句的名称，为一个标识符，若后面的类型是前 5 种之一，该名称就是变量名；若类型为后两种，则该名称就是标号。

12. TITLE 伪指令

格式：TITLE 正文。

该伪指令为程序指定一个标题，在列表文件的每一页的第一行将打印这个标题，格式中的正文即指定的标题，不超过 60 个字符。

13. 结构性数据伪指令

一般数据语句只有几种固定的伪操作符，它们主要描述了几种计算型应用的数据结构的形式。事务管理(如学籍、人事管理等)方面的数据结构比计算型应用的数据结构要复杂得多。为此，汇编语言提供了自定义数据结构的伪操作符，这些功能由结构性数据伪指令语句实现。MASM 6.0 有 4 种结构性数据伪指令语句：结构、记录、联合和指针。下面就来介绍前 3 种结构性数据伪指令语句。

1)结构

(1)定义伪指令。用 STRUC 和 ENDS 可以把一系列数据定义语句括起来作为一种新的、用户定义的结构类型。其一般说明格式如下：

```
结构名      STRUC  [对齐方式]  [, NONUNIQUE]
            数据定义语句序列
结构名      ENDS
```

结构名是一个合法的标识符，且具有唯一性。结构名代表整个结构类型，前后两个结构名必须一致。结构内被定义的变量为结构字段，变量名即为字段名。

一个结构中允许含有任意多个字段，各字段的类型和所占字节数也都可任意。如果字段有字段名，则字段名必须唯一，每个字段可独立存取。

对齐方式（Alignment）：可用 1、2 或 4 来指定结构中字段的字节边界（Byte Boundary），其缺省值为 1。

NONUNIQUE：要求结构中的字段必须用全名才能访问。

例 12-7　定义伪指令示例。

```
COURSE  STRUC
        NO      DD    ?
        CNAME   DB    'Assember'
        SCORE   DW    0
COURSE  ENDS
```

结构中的字段可以有字段名，也可以没有字段名。有字段名的字段可直接用该字段名来访问它，没有字段名的字段可以用该字段在结构中的偏移量来访问它。

例 12-8　用偏移量访问字段示例。

```
PEASON  STRUC
        NO      DD    ?             ;偏移量为 0
        NAME    DB    10 dup（?）   ;偏移量为 4
                DB    1             ;偏移量为 14
PEASON  ENDS
```

在结构 PEASON 中，有两个字段有字段名，一个字段没有字段名，但不管有无字段名，我们都可用其偏移量来访问它。

（2）结构类型变量的定义。在定义某个结构类型后，程序员就可以说明该结构类型的内存变量。它的说明形式与前面介绍的简单数据类型的变量说明基本上一致。其说明格式如下：

```
[变量名]   结构名   <[字段值表]>
```

变量名即为该结构类型的变量名，它可缺省。如果缺省，则不能用符号名来访问该内存单元；字段值表给字段赋初值，中间用逗号"，"分开，其字段值的排列顺序及类型应与该结构说明时的各字段一致；如果结构类型变量中某字段用其定义时的缺省值，那么可用逗号来表示；如果所有字段都如此，则可省去字段值表，但必须保留尖括号"<"、">"。

例 12-9　结构类型变量定义示例。

```
COURSE1  COURSE   <>                    ;使用缺省的初值
         COURSE   <1,'Pascal',60>
COURSE3  COURSE   <2,,84>               ;使用缺省的课程名
PEASON1  PEASON   <1000,'张 三',34>
```

（3）结构类型字段的引用。定义了结构类型变量后，若要访问其结构类型中的某字段，则可采用如下形式：

```
结构变量名.字段名
```

该引用方式与高级语言的字段引用方式完全一致。

我们还可用偏移量来访问其中的某个字段，但此方法不直观、变动性大，所以，一般情况下，不提倡使用此方法。

例 12-10　结构类型字段的引用示例。

```
EXAM1    STRUC
    F1    DW    ?
    F2    DB    ?
    EVEN                        ;偶对齐
    F3    DW    ?
EXAM1    ENDS
E1  EXAM1  <1234H, 'A', 8765H>       ;定义 EXAM1 的一个变量 E1
```

下面两种方法都可把结构变量 E1 中字段 F3 的内容赋给寄存器 AX。

①用字段名直接引用。

```
MOV  AX,E1.F3
```

②用字段的偏移量间接引用。

```
LEA  SI,E1
MOV  AX,[SI+4]              ;其中 4 是字段 F3 的偏移量
```

2）记录

（1）记录定义伪指令。汇编语言的记录类型与高级语言的记录类型不同，它是为按二进制位存取数据提供方便的。记录类型的说明要用到另一个保留字 RECORD，其说明格式如下：

```
记录名  RECORD  字段 [, 字段, ......]
```

其中，记录名是一个合法的标识符，且具有唯一性；字段代表字段名：宽度[=初始值表达式]。

字段的属性包括字段名、宽度和初值。

字段的宽度表示该字段所占的二进制位数，它必须是一个常数，并且所有字段的宽度之和不能大于 16；如果记录的总宽度大于 8，则系统为该记录类型分配两个字节，否则，只分配 1 字节；记录的最后一个字段排在所分配空间的最低位，然后对记录中的字段依次"从右向左"分配二进制位，左边没有分完的二进制位补 0。初值表达式给出的是该字段的缺省值。如果初值超过了该字段的表示范围，那么，在汇编时将产生错误提示信息；如果某字段没有初值表达式，则其初值为 0。

例 12-11　记录定义伪指令示例。

```
COLOR    RECORD  BLINK:1,BACK:3=0,INTENSE:1=1,FORE:3
FLOAT    RECORD  DSIGN:1,DATA:8,ESIGN:1,EXP:4
```

(2) 记录类型变量的定义。在程序中，必须先说明记录类型，然后才能定义该记录类型变量。记录类型变量是把其二进制位分成一个或多个字段的字节或字变量。其定义格式与其他类型变量的定义方式类似，具体如下：

```
[变量名]  记录名  <[字段值表]>
```

变量名即为该记录类型的变量名，它可缺省。如果缺省，则不能用符号名访问该内存单元。

字段值表给字段赋初值，中间用逗号"，"分开，其字段值的排列顺序及大小应与该记录说明时的各字段一致。

如果记录类型变量的某字段用其说明的缺省值，那么可用逗号来表示；如果所有字段都如此，那么可省去字段值表，但必须保留尖括号"<"和">"。

例 12-12 记录类型变量示例。

```
COLOR1   COLOR   <>,<1,7,0,5>,<1,,0,7>
FLOAT1   FLOAT   <1,23H,0,3>,<0,89H,1,5>
```

(3) 记录的专用操作符 WIDTH。操作符 WIDTH 返回记录或其字段的二进制位数，即其宽度。其一般书写格式如下：

```
WIDTH   记录名
```

或

```
WIDTH   记录字段名
```

假设有前面定义的记录类型 COLOR，那么 WIDTH COLOR 的值为 8。

3) 联合

(1) 联合定义伪指令。联合定义伪指令是 MASM 6.0 新增的一种结构性数据伪指令，它实质上是 STRUC 定义的一个补充，它与结构定义伪指令可同时使用，还可嵌套(对 MASM 6.0)。

联合类型是一种特殊的数据类型。它可以实现以一种数据类型存储数据，以另一种数据类型读取数据。程序员可以根据不同的需求，以不同的数据类型读取联合类型中的数据。联合类型的说明格式如下：

```
[联合类型名]  UNION  [Alignment]  [, NONUNIQUE]
              数据定义语句序列
[联合类型名]  ENDS
```

联合类型中的各字段相互覆盖，即同样的存储单元被多个不同的字段对应，并且每个字段的偏移量都为 0。

联合类型所占的字节数是其所有字段所占字节数的最大值。

例 12-13 联合定义伪指令示例 1。

```
DATATYPE  UNION
          BB1   DB   ?                ;1 字节类型的字段
```

```
            WW1    DW    ?                ;1 个字类型的字段
            DD1    DD    ?                ;1 个双字类型的字段
DATATYPE  ENDS
```

在联合类型的最外层定义中，伪指令 UNION 和 ENDS 的前面一定要书写该联合类型名；而在其嵌套定义的内层，伪指令 UNION 和 ENDS 之前一定不能写联合类型名。

例 12-14　联合定义伪指令示例 2。

```
UNION1  UNION
    BB   DB   ?
    WW   DW   ?
    UNION                        ;联合类型的嵌套定义形式
        W1   DW   ?
        B1   DB   ?
    ENDS
UNION1  ENDS
```

(2)联合类型变量的定义。

联合类型变量只能用第一个字段的数据类型进行初始化。

例 12-15　联合类型变量的定义示例。

```
U1   DATATYPE   <'J'>            ;定义一个联合类型变量,并初始化其值
U2   DATATYPE   <1234H>          ;初始化错误,只能用字节数据来初始化
U3   UNION1     <1>
```

(3)联合类型字段的引用。

定义了联合类型变量后，就可根据需要，以不同的数据类型或字段名来存取该联合类型中的数据。引用其字段的具体形式如下：

```
联合类型变量名.字段名
```

例 12-16　联合变量字段的引用示例。

```
MOV  U3.WW,1234H    ;给联合类型变量赋字数据
MOV  AL,U3.BB       ;AL=34H
MOV  BX,U3.WW       ;BX=1234H
MOV  U3.BB,'A'      ;U3 的值 1241H,41H 是'A'的 ASCII 码
```

12.2.3　宏操作

对于汇编程序设计人员，宏操作是一个多功能的选择。宏操作是一种伪操作，它准许单独建立汇编程序操作，或者还包括经常调用的汇编代码。该操作或代码一旦在宏操作下建立，只需从程序体内调用宏操作名字即可使用这个代码。在程序中每当给一个宏操作命名时，汇编程序都要把实际的 MACRO 代码复制并且拼接到宏操作命名所在位置的程序上。又因为程序流未被中断，所以称宏操作是直接(Inline)执行的。宏操作可在实际程序中生成，也可从已建立的宏操作库中调用。宏操作库只不过是一个宏文件，在汇编时可从当前程序中调用它。但宏代码库或宏操作库并没有被汇编。这就是宏操作库与汇编程序库的一个不同点。汇编程序库只有在连接时才能获得。

　　宏是一段具有一定独立功能的汇编代码。给该段代码起一个宏操作名，其使用与汇编指令类似。宏操作由 3 个基本部分构成：一是首部(宏操作名 MACRO　[形式参数表])；二是宏体；三是结束(ENDM)。首部包括宏操作名、MACRO 和形式参数表。利用形式参数表，伪操作可以任选与宏操作交换传递的虚拟变量。宏体内包括欲插入调用宏操作名的程序的实际代码。宏操作的结束必须用 ENDM 语句。

　　宏定义的格式：

```
宏操作名 MACRO　[形式参数表]
    宏体
ENDM
```

　　宏操作名必须是唯一的，它代表所定义的宏体的内容，在其后面的源程序中可通过该名字来调用宏操作；形式参数表是用逗号(或空格，或制表符)分隔的一个或多个形式参数，它是可选项，选用了形式参数时，所定义的宏操作成为带参数的宏操作，当调用宏操作时，需用对应的实际参数去取代，以实现向宏操作传递信息；宏体可以是汇编语言所允许的任意指令和伪指令语句序列，它决定了宏操作的功能。在宏体中还可以定义或调用另一个宏操作(宏嵌套)；宏操作一经定义，就像为指令系统增加了新的指令一样，在程序中就可像指令一样通过宏操作名对它进行任意次地调用，故又称宏操作为宏指令或宏调用。要注意的是，宏操作必须放在第一条调用它的指令之前，一般都是将它放在程序的开头。

　　例 12-17　宏定义示例。

```
FOO MACRO P1,P2,P3
    MOV AX,P1
    P2  P3
    ENDM
```

　　对已定义宏的使用与汇编指令的使用类似。宏调用格式：

```
宏名[传给宏的参数表]
```

　　类似于过程参数取代规则：参数传送时按顺序依次传送；如果参数不够，缺的参数按空对待；如果参数过多，忽略多余的参数。

　　例 12-18　宏调用示例。

```
FOO BX, INC, AX
```

　　例 12-19　宏展开示例。宏的定义如例 12-17 所示，宏的调用如例 12-18 所示，则汇编之后，宏展开如下。

```
MOV AX,BX
INC  AX
```

　　宏操作可以是单个程序，也可以把它与其他程序一起放在宏程序库中。于是程序设计人员又研制出一组常被使用的宏操作，把它们放到宏程序库内。在使用时只要调用该库就可以了，而不必重新输入宏操作。这样就节省了大量的时间，且不再为调试而烦恼。

12.2.4　过程

过程和宏操作是进行模块化程序设计的基础，汇编语言中常用定义过程和宏操作的方法实现按模块管理程序代码。

过程是一段可由其他程序用 CALL 指令调用的程序，执行完后用 RET 指令从过程返回原调用处。前面介绍的许多程序都只有一个过程。实际上，一个程序可包含许多过程。当把前面宏程序库中的一个程序放到过程内，过程的行为举止就更像一个子程序，常用于代替完成特定任务的代码模块。过程定义语句格式：

```
过程名    PROC      属性
          过程内容
          RET       N
过程名    ENDP
```

过程名为给定义的过程取的名字，不可省略；过程的属性可以是 NEAR 或 FAR。NEAR 属性为近程，即可在段内调用。FAR 属性为远程，可跨段调用。属性缺省时为 NEAR。如果使用简化段指令，则不需要用 NEAR/FAR 指定类型，这时过程的类型是由.MODEL 伪指令决定的。RET N 为过程内部的返回指令，但不一定是过程的最后一条指令。一个过程可以有多个 RET 指令，但至少要执行一个 RET 指令。其中，N 为弹出值，可以缺省，表示从过程返回以后，堆栈中应有 N 字节的值作废。

定义一个过程后，主程序就可以用 CALL 指令调用它。过程的 NEAR 和 FAR 属性标志帮助微处理机确定在请求使用过程时产生的 CALL 指令类型。而从过程返回的指令通路也必须建立。指令通路随着 NEAR 或 FAR 属性的不同而有所不同。若过程带 NEAR 属性，则把指令指针 IP 存到堆栈上；若过程带 FAR 属性，则把代码段寄存器 CS 和指令指针寄存器 IP 内容都存到堆栈上。

例 12-20　使用 NEAR 过程的程序。

```
             ;实模式下汇编程序设计
             ;用于 80486 机
             ;本程序用来展示怎样把一个过程合并进来
             PAGE ,132                    ;设置页大小
             ;以下 3 行建立 16 位段
             .DOSSEG                      ;Microsoft 段的约定
             .MODEL   SMALL               ;设置程序模块
             .486                         ;486 伪指令
             .STACK   300H                ;设置 768 字节堆栈
             .DATA                        ;建立数据段
BACK         DB       2000   DUP(' ')
             .CODE
START:                                    ;建立代码段
MYPROC PROC          FAR                   ;主过程说明
             MOV      AX,    DGROUP        ;Group 地址在 DS 和 ES 内
             MOV      DS,    AX
             MOV      ES,    AX
```

```
                ;本程序段是通过在屏幕上写 80×25 个空格办法达到清屏目的具体说来就是
                ;把不同的值写入 BL 寄存器办法,改变整个屏幕颜色。这个子过程操作能使颜色值
                ;保持到规定时间
        MOV     CX,     08H         ;循环 8 次
        MOV     BL,     00H         ;置背景
AGAIN:  LEA     BP,     BACK        ;写一串空格
        MOV     DX,     0000        ;将光标置于左上角
        MOV     AH,     19          ;写串属性
        MOV     AL,     1           ;显示字符并移光标
        PUSH    CX                  ;保存循环计数器的值
        MOV     CX,     07D0H       ;写 2000 个空格
        INT     10H                 ;中断调用
        CALL            DELAY       ;调用近 DELAY 过程
        ADD     BL,     10H         ;变更背景色
        POP     CX                  ;恢复初始循环计数器的值
        LOOP    AGAIN               ;共运行 8 次
        MOV     AX,     4C00H       ;返回 DOS
        INT     21H
MYPROC  ENDP                        ;主过程结束
DELAY   PROC    NEAR
        PUSH    DX                  ;保存最初 DX 和 CX 值
        PUSH    CX
        MOV     DX,     10          ;将时间变量送至 DX
P1:     MOV     CX,     0FF00H      ;用 00FF00H 装 CX
P2:     DEC     CX                  ;消耗时间减 1
        JNZ     P2                  ;若不为零,则继续
        DEC     DX                  ;若 CX=0,DX 减 1
        JNZ     P1                  ;若 DX 不为零,再次装 CX
        POP     CX                  ;若 DX=0,恢复 CX 和 DX 值
        POP     DX
        RET                         ;决定返回路径
DELAY   ENDP                        ;近过程结束
        END     START               ;整个过程结束
```

当使用过程操作时,变量和参数不能传递给过程。为得到 10 个单位的延迟时间,必须把 10 直接装到 DELAY 过程中。DELAY 过程本身看起来很像一个小型程序。

就这一点来说,宏操作和 NEAR 过程间似乎没有什么差别。实际上,差别还是很大的。在使用宏操作时,在程序内的每次请求都必须扩充。例如,DELAY 这样的过程可调用许多次,只需打入 CALL DELAY 即可。不管调用过程多少次,DELAY 的实际代码仅显示一次。

12.2.5　宏操作和过程的比较

程序设计人员使用宏操作和过程可以调用和使用调试过的代码,这样就加速了程序的生成过程。这是因为在每次生成一个新程序时,程序设计人员不必再调试程序或重新构思程序。汇编程序设计人员常常存在某种倾向,对一个特定技术,有一些人事事都用宏操作,

另一些人则喜欢用过程和库。宏操作和过程可以完成许多相同的功能。它们使程序设计人员只需编写和调试程序一次，就可在其他程序内多次使用。这样就使程序设计更高效、更模块化，促进了模块程序设计风格的发展。实际上，每种方法都有它自己的优点和不足。

1. 宏操作

1) 宏操作的优点

(1) 宏操作速度最快，因为把它们直接插入到程序内执行。

(2) 宏操作能传递和接收影响宏操作的参数。

(3) 可把宏操作存储到源代码库内，且可以比较容易地编辑。

(4) 使用宏操作的程序设计内务操作比较简单，对宏操作库来说，引用一个宏操作库就像使用伪操作 INCLUDE 一样简单。

2) 宏操作的缺点

宏操作使得源代码比较长，这是因为在每次调用它们时都要被扩充。

2. 过程

1) 过程的优点

过程可使源代码较短。

2) 过程的缺点

(1) 过程使得程序执行速度较慢。这是因为随着每次调用，计算机都必须停下主程序代码的执行，转而去执行其他代码。

(2) 过程需要涉及许多内务操作。过程必须用 NEAR 或 FAR 说明，而且每一个库文件都必须用 EXTERNAL(外部)来标志。不能把参数发送到过程内来改变它的执行。

3. 宏操作和过程的主要区别

综上所述，宏操作和过程的主要区别如下。

(1) 宏操作可以直接传递和接收参数，它并不需要通过堆栈等其他媒介来进行，因此在进行汇编语言程序设计时比较容易。而过程是不能直接带有参数的，当过程之间需要传递参数时，必须通过堆栈、寄存器或存储器等媒介来进行。所以相对于宏操作而言，使用过程时的程序编写工作要复杂一些。

(2) 宏操作只能减少源程序的书写工作量，缩短源程序的长度，但并没有缩短目标程序的长度。汇编程序在处理宏操作伪指令时，把宏体插入宏调用处。所以，目标程序占用存储器空间的大小并不会因为以宏操作的形式编程而减少。而过程(子程序)调用却能缩短目标程序的长度，因为过程在源程序的目标代码中只有一段，无论主程序调用多少次，除了增加 CALL 指令的代码外，并不增加子程序段代码。

(3) 引入宏操作并不会在执行目标程序时增加额外的时间开销。相反，由于过程调用需要保护和恢复现场及断点，因而需要额外的时间开销，这样就会延长目标程序的执行时间。

鉴于此，在用汇编语言进行程序设计时，当需要的执行速度比存储器容量更为重要，或者被调用的子程序较短且调用的次数又不太频繁时，宜选用宏调用；反之则宜选用过程调用。

12.3 汇编程序设计

12.3.1 顺序结构程序设计

顺序结构的程序是完全按指令书写的先后顺序逐条执行的。这样的程序通常比较简单。这种结构的汇编程序既无分支又无循环，只会自上而下线性地、顺序地运行。

顺序结构是最简单的一种程序结构。在流程图中，一个接一个的处理框就是顺序结构的形式。在由高级语言编写的程序中，这种结构主要用一系列的赋值语句和过程语句实现；而在用汇编语言编写的程序中，顺序结构主要由数据传送类指令、算术运算和逻辑运算指令组合而成。图 12-2 展示了顺序结构的流程示意图。

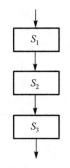

图 12-2 顺序结构示意图

在用汇编语言编写的程序中，存在大量的顺序结构的程序。程序 12-21 所展示的程序就是一个顺序结构程序的框架。

例 12-21 顺序结构程序的框架。

```
        .DOSSEG         ;连接时按 DOS 方式排列段
        .MODEL  SMALL   ;程序存储模式:小模式
        .486            ;80486 伪指令
        .STACK  300H      ;建立程序堆栈段：768B
        .DATA           ;建立程序数据段
        DB  16 DUP(?)   ;Windows 保留数据区：16B
                        ;其他程序数据
        .CODE           ;建立程序代码段
START:                  ;程序开始执行地址
        MOV AX, @DATA
        MOV DS, AX      ;设置数据段地址
                        ;插入实际程序代码

        MOV AH,  4CH
        INT 21H         ;程序结束
        END START       ;设置程序入口
```

顺序结构的程序只能完成一些简单的功能，如运算、输入/输出等。在大多数情况下，若要解决比较复杂的问题，则还需要使用其他更灵活的汇编程序结构。

下面所展示的是另一个简单的顺序结构程序设计的例子。

例 12-22 假设多项式如下：

$$f(x)=5x^3+4x^2-3x+21$$

试编制一个程序，计算自变量 $x = 6$ 时，函数 $f(x)$ 的值。

通过分析该表达式可以看出，若采用代入法直接计算多项式的值，则至少要做 6 次乘法和 3 次加减法，并且还要使用较多的寄存器用来暂时存放中间结果，这显然是不太经济的。如果采用秦九韶算法，把上式变成如下表达式：

$$f(x) = ((5x+4)x-3)x+21$$

则只需要做 3 次乘法和 3 次加减法即可，而且还相应地减少了所用寄存器的数量。因为算法比较简单，可以直接写出实现该算法的程序：

```
DSEG     SEGMENT
x        DW  6
RESULT   DW  7
DESG     ENDS
SSEG     SEGMENT  PARA  STACK  'STACK'
         DB  256  DUP(0)
SSEG     ENDS
CSEG     SEGMENT
         ASSUME   CS: CSEG, DS: DSEG, SS: SSEG
START:   PROC    FAR
         PUSH    DS                  ;保护 PSP 段地址
         MOV     AX, 0
         PUSH    AX                  ;保护 PSP 偏移地址
         MOV     AX, DSEG
         MOV     DS, AX              ;AX 设置 DS
         MOV     AX, 5
         MUL     x                   ;5*x
         ADD     AX, 4               ;5x+4
         MUL     x                   ;(5x+4)
         SUB     AX, 3               ;(5x+4)x-3
         MUL     x'                  ;((5x+4)x-3)x
         ADD     AX, 21              ;((5x+4)x-3)x+21
         MOV     RESULT, AX          ;保存结果
         RET
START:   ENDP
CSEG     ENDS
         END    START
```

该程序中，累加器 AX 和存储器操作数 X 执行无符号数乘法操作，结果在 DX 和 AX 寄存器中返回一个双字长的数。因为该表达式的运算结果不会超过 2^{16}，所以 DX 寄存器中的值为 0，程序只要处理 AX 寄存器中的内容即可。

12.3.2 分支结构程序设计

在实际问题中，往往需要对不同情况做不同的处理。解决这类问题的程序就要选用适当的指令来描述，可能出现的各种情况及相应的处理方法。这样，程序结构不再是简单的顺序结构，而是分成了若干个支路。运行时，机器根据不同情况做出判断，有选择地执行相应的处理程序。通常称这类程序为分支结构程序。

分支结构程序常用的有以下两种结构。

(1)比较/测试分支结构。

(2)跳转表多路分支结构。

这两种结构可以用如图 12-3 所示的两种形式表示。它们的结构分别相当于高级语言中的 IF-THEN-ELSE 语句和 CASE 语句，这种结构常用于根据不同的条件做出不同处理的情况。IF-THEN-ELSE 语句可以有两个分支，CASE 语句则可以有多个分支。但不论哪一种形式，它们的共同特点是：其运行方向是向前的，在确定的条件下，只能执行多个分支中的一个分支。

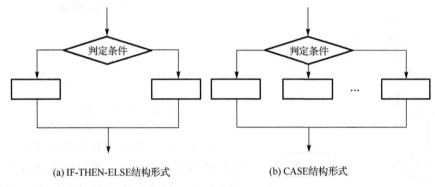

(a) IF-THEN-ELSE结构形式　　(b) CASE结构形式

图 12-3　分支结构程序的结构形式

1. 条件转移

分支结构的程序在执行时可以根据不同的情况做不同的处理。每次执行时，根据条件判断的结果，选择多个分支中的某一个执行。在汇编语言程序中，可以用条件跳转指令形成分支结构。下面列出的例 12-23 就是一个分支结构的程序示例。

例 12-23　分支结构的程序示例。

```
                ;显示两个数 X1,X2 的比较结果
                .DOSSEG
                .MODEL  SMALL                   ;程序存储模式:小模式
                .486                            ;80486 伪指令
                .STACK 300H
                .DATA
                DB      16      DUP(?)
                X1      DD      1000            ;2 个数 X1,X2
                X2      DD      2000            ;数值可任意指定
                MSG1    DB      "X1<X2", 13, 10, "$"    ;比较结果分为
                MSG2    DB      "X1>X2", 13,10, "$"     ;大于,小于,等于
                MSGE    DB      "X1=X2", 13,10, "$"     ;3 种情况
                .CODE
START:          MOV     AX,     @DATA
                MOV     DS,     AX
                MOV     EAX,    X1              ;取 X1 数值
                CMP     EAX,    X2              ;与 X2 比较
```

```
        JE      EQUAL                           ;相等?
        JG      GREAT                           ;X1>X2
        MOV     DX,     OFFSET  MSG1            ;比较结果:X1<X2
        JMP     OK
GREAT:
        MOV     DX,     OFFSET  MSG2            ;比较结果:X1>X2
        JMP     OK
EQUAL:
        MOV DX, OFFSET  MSGE                    ;比较结果:X1=X2
OK:
        MOV     AH,     09H                     ;显示比较结果
        INT     21H
        MOV     AH,     4CH
        INT     21H
        END     START
```

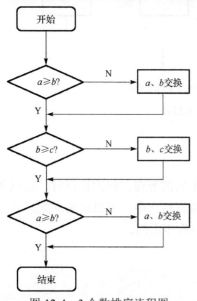

图 12-4　3 个数排序流程图

2. 比较/测试分支结构

使用这种结构进行分支程序设计，首先要对处理的问题进行比较、测试或者进行算术运算、逻辑运算，以产生有效的状态标志，然后利用条件跳转指令产生分支转移。

例如，把连续存放在内存储器内的变量名为 DAT 内的 3 个数按递减次序排列。

为了实现排序操作，可以对 3 个数进行两两比较，经比较之后把大数放在前面，从而达到 3 个数按递减次序排列的目的。图 12-4 是实现该算法的流程图，图中 a、b、c 分别代表 3 个排序的数。其程序如下。

例 12-24　3 个数按递减顺序排列的程序。

```
DESG    SEGMENT
DAT     DW 36,-58, 92
DESG    ENDS
SSEG    SEGMENT    PARA STACK 'STACK'
        DB 256  DUP(0)
SSEG    ENDS
CSEG    SEGMENT
        ASSUME  CS: CSEG, DS:DSEG, SS:SSEG
START:  PROC    FAR
        PUSH    DS                      ;保护返回 DOS 地址
        MOV     AX, 0
        PUSH    AX
        MOV     AX, DSEG                ;设置 DS
        MOV     DS, AX
```

```
             MOV    BX, OFFSET  DAT
             MOV    AX, [BX]
             CMP    AX, [BX+2]
             JGE    NEXT1    ;a≥b?
             XCHG   AX, [BX+2]                 ;交换 a,b
             MOV    [BX], AX
     NEXT1:  MOV    AX, [BX+2]
             CMP    AX, [BX+4]
             JGE    NEXT2                      ;b≥c?
             XCHG   AX, [BX+4]                 ;交换 b,c
             MOV    [BX+2], AX
     NEXT2:  CMP    [BX], AX
             JGE    NEXT3                      ;a≥b?
             XCHG   [BX],   AX                 ;交换 a,b
             MOV    [BX+2], AX
     NEXT3:  RET
             START  ENDP
             CSEG   ENDS
             END    START
```

3. 跳转表多路分支结构

为了实现多路分支，常用跳转表的多路分支结构。例如，若某程序需要 N 路分支，每路程序入口地址分别为 SUB0，SUB1，…。把这些入口地址组成一个表，称为分支表，如图 12-5(a)所示。表内每两字节存放一个入口地址的偏移量，然后根据有规律的索引值，采用寄存器间接寻址方式，执行无条件跳转指令，即可转向不同的子程序进行处理。程序设计中有时也把这种实现多路分支的方法称为散转。

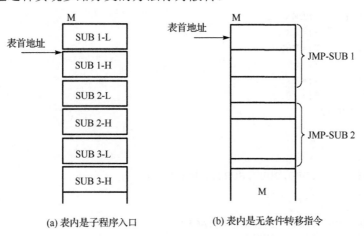

(a) 表内是子程序入口　　　　　　(b) 表内是无条件转移指令

图 12-5　分支表

例 12-25　利用汇编语言编写多路分支结构程序，完成 PASCAL 从语言中的 CASE 语句功能。假设 CASE 语句如下：

```
CASE  INDEX  OF
0:       F:=2X
```

```
1:     F:=Y-X/2
2:     F:=2Y
3:     F:=Y/2
4:     F:=100
```

该语句根据 INDEX 的值分别完成不同的计算，程序流程如图 12-6 所示。

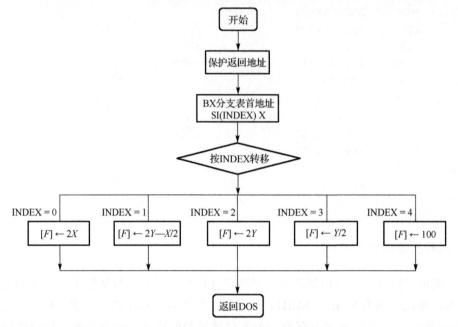

图 12-6　多路分支结构程序流程图

多路分支结构程序实现 PASCAL 语言的 CASE 语句：

```
       CASE    INDEX   OF
       0:      F:=2X
       1:      F:=Y-X/2
       2:      F:=2Y
       3:      F:=Y/2
       4:      F:=100
DSEG   SEGMENT
INDEX  DB      ?
ADRX   DB      ?
ADRY   DB      ?
TABLE  DW      SUB0,SUB1,SUB2,SUB3,SUB4
RESULT DB      ?
DSEG   ENDS
SSEG   SEGMENT PARA  STACK  'STACK'
       DB      256 DUP(0)
SSEG   ENDS
CSEG   SEGMENT
       ASSUME  CS:CSEG, DS:DSEG, SS:SSEG
START  PROC    FAR
       PUSH    DS
       MOV     AX, 0
```

```
            PUSH    AX
            MOV     AX, DSGE
            MOV     DS, AX
            MOV     BX, OFFSET  TABLE    ;取子程序入口地址
            MOV     SI, INDEX            ;取索引值
            ADD     SI, SI              ;索引值乘以2
            JMP     WORD    PTR[BX+SI]   ;间接转移到相应的子程序
    SUB0:   MOV     AL, ADRX            ;子程序 SUB0
            SHL     AL, 1               ;左移一位
            MOV     RESULT, AL
            RET
    SUB1:   MOV     AL,     ADRX        ;子程序 SUB1
            SAR     AL,     1           ;右移一位
            MOV     AH,     ADRY
            SUB     AH,     AL
            MOV     RESUTL, AH
            RET
    SUB2:   MOV     AL,     ADRY        ;子程序 SUB2
            SHL     AL,     1           ;左移一位
            MOV     RESULT, AL
            RET
    SUB3:   MOV     AL,     ADRY        ;子程序 SUB3
            SAR     AL,     1           ;右移一位
            MOV     RESULT, AL
            RET
    SUB4:   MOV     RESULT, 100         ;子程序 SUB4
            RET
    START   ENDP
    CSEG    ENDS
            END START
```

上面的程序中，IDEX 的值可以是 0、1、2、3 或 4。例如，当 IDEX 的值为 0 时，无条件跳转指令转向 SUB0 子程序执行；而当 IDEX 的值为 1 时，则无条件跳转指令转向 SUB1 子程序执行……以此类推。需要说明的是，控制转移表也可以由若干分支指令组成，如图 12-5(b) 所示。这时不是把分支表的内容作为地址取出，而是首先转移到分支表的相应指令，然后从这里转移到所需要的子程序进行处理。下面列出实现这一算法的程序段。

```
            MOV AH, 0
            MOV BL, AL
            SHL AL, 1
            ADD AL, BL          ;(AL)×3
            MOV BX, OFFSET  TABLE   ;取表首地址
            ADD BX, AX          ;求跳转指令的地址
            JMP BX
    TALBE:  JMP SUB0
            JMP SUB1
    SUB0:   :                   ;子程序 SUB0
            :
    SUB1:   :                   ;子程序 SUB1
            :
```

```
SUB2:    :                           ;子程序 SUB2
         :
```

上面的程序段中，无条件跳转指令为 3 字节指令，AL 寄存器中存放子程序编号。例如，当(AL)=0 时，无条件跳转指令转向 SUB0 子程序执行；而当(AL)=1，无条件跳转指令转向 SUB1 子程序执行，以此类推。

12.3.3　循环结构程序设计

从上面所介绍的顺序结构程序设计和分支结构程序设计可以看到，程序中的每条指令最多只能执行一次，甚至有些指令还未曾被执行过。通常把这样的程序结构称为开式结构，这种结构的特点是程序的控制流向不能再回到进入此结构的入口。

但在实际应用中，有些相同或类似的操作需要重复执行多次。对于这样的问题，如果仍采用顺序结构编程显然是不合理的，不仅工作量大，而且也会使程序变得十分冗长，为此，在汇编语言程序中又提出了一种循环结构程序。如果需要多次重复执行相同或相似的功能，就可以使用循环结构。它的特点是可以把程序的控制流向返回到进入此结构的入口。通常把这样的程序结构称为闭式结构。

采用循环结构，可以缩短程序的长度，使程序结构简化，减少使用的程序存储器空间数量。但并没有简化程序的执行过程，反而增加了循环控制环节，这样就导致程序总的执行语句和执行时间不仅没有减少反而增加。

1. 循环结构程序

循环结构程序总共包含了 3 个部分。

(1)初始化部分，设置循环执行的初始状态。

(2)循环体部分，需要多次重复执行的部分。

(3)循环控制部分，用于控制循环体的执行。循环体每次执行后，应该修改循环条件，使得循环体能够在适当的时候终止执行。

循环结构程序通常有两种基本的结构形式，如图 12-7 所示。一种是 DO-WHILE 结

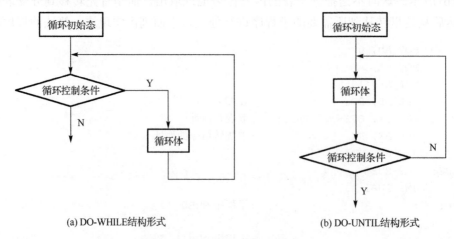

(a) DO-WHILE结构形式　　　　　　　　　(b) DO-UNTIL结构形式

图 12-7　循环程序的结构形式

构形式，另一种则是 DO-UNTIL 结构形式。DO-WHILE 结构循环的特点是：进入循环后先判断循环控制条件；若满足该条件就执行循环体；否则退出循环。DO-UNTIL 结构循环的特点是：先执行循环体，然后判断循环控制条件，若满足该条件则退出循环；否则继续执行循环操作。

2. 循环控制方法

如何控制循环是循环结构程序设计中的一个重要环节。下面所介绍的是最常见的两种循环控制方法，即计数法和条件控制法。

1）计数法

对于循环次数已知的循环结构程序，一般采用计数法来控制循环，这是最简单也是最方便的循环控制方法。在汇编语言程序设计中常采用 CX 寄存器作为循环计数器。例如，求出 N 个数中最大的那个数。

设 N 个数依次存放在变量名为 BUFFER 的存储空间中，为了找出其中最大的一个数，可以先把第一个数作为最大数的候选存入变量 MAX 中，然后用第二个数和它进行比较。若第二个数大，则将第二个数作为最大数的候选存入 MAX 中，否则 MAX 中的候选不变，仍为第一个数。类似地，再把 MAX 中的候选与第三个数相比较，如此进行下去，直至候选与第 N 个数相比较以后，就可以在 MAX 中得到 N 个数中最大的一个数。不难看出，这种操作需进行从 $N-1$ 次比较运算，程序中用 CX 作为循环计数器，其初值为 $N-1$。为了能够依次进行取数操作，程序中以 BUFFER 在数据段内的偏移量作为基地址寄存器的初值送入 DX 寄存器，在循环时修改 BX 寄存器的内容，并利用寄存器间接寻址即可达到依次取操作数的目的。其源程序如例 12-26 所示。

例 12-26 求 N 个数中最大的数。

```
DSEG     SEGMENT
BUFFER   DW        D1, D2, D3, Dn
MAX      DW        ?
DSEG     ENDS
SSEG     SEGMENT   PARA  STACK  'STACK'
         DB        256  DUP(?)
SSEG     ENDS
CSEG     SEGMENT
ASSUME CS:CSEG, DS:DSEG, SS:SSEG
START    PROC  FAR
         PUSH  DS
         MOV   AX, 0
         PUSH  AX
         MOV   AX, DSEG
         MOV   DS, AX
         MOV   BX, OFFSET  BUFFER    ;取数据缓冲区首地址
         MOV   CX, N
         DEC   CX,                   ;设置比较次数
         MOV   AX, [BX]
```

```
          MOV    MAX, AX              ;取第一个数作为最大数
GOON:     ADD    BX, 2
          MOV    AX, [BX]             ;取下一个数
          CMP    AX, MAX
          JNG    NEXT                 ;不大于第一个数,继续循环
          MOV    MAX, AX              ;否则,改变 MAX 中的内容
NEXT:     LOOP   GOON
          RET
START     ENDP
CSEG      ENDS
          END    START
```

2) 条件控制法

在实际问题中,往往遇到循环次数是未知的情况。例如,在用汇编程序对源程序进行汇编时,要建立一张源程序的标号地址对照表,源程序不同,建立的这张标号地址对照表的长度也不相同。对这种长度不定的表,在查表时就不能采用计数法控制循环,而应该根据问题提出的条件来控制循环。

假设所用表是由若干项组成的一种基本数据结构。例如,学生成绩登记表中,可以用一个学生的学号、姓名及各科成绩组成一个登记项。为了找到某登记项,常常借助标识各登记项的关键字来进行查找。也就是说,查表就是要把表中和关键字相同的登记项找到。

本例中长度未知的表存放在以变量名 TABLE 为首地址的内存中,表中每个登记项长度为 2 字节,第 1 字节为关键字,第 2 字节为登记内容。表的最后一项为全 1,作为该表的结束标志。现在假定变量名 KEY 中存有关键字 A,需要在表中找到与关键字 A 相同的登记项,并把该登记项的内容送入变量 KEY 中。如果查遍全表,仍找不到相同的关键字,则将 KEY 置成全 1,作为没有查到的标志。

通过分析可知,该表的最后一项为全 1,表示长度不定的表项到此结束。利用它来作为查表时控制循环结束的条件,如果取出表中一项为全 1,说明表已经查完,循环结束。该查表程序如例 12-27 所示。

例 12-27　长度未知的表的查表程序。

```
DSEG      SEGMENT
TABLE     DW      0186H,0275H,…,0FFFFH
KEY       DB      A
DSEG      ENDS
SSEG      SEGMENT PARA   STACK   'STACK'
          DB      256     DUP(?)
SSEG      ENDS
CSEG      SEGMENT
          ASSUME  CS: CSEG, DS: DSEG, SS: SSEG
START     PROC FAR
          PUSH DS
          MOV  AX, 0
          PUSH AX
          MOV  AX, DSEG
          MOV  DS, AX
```

```
            LEA    BX, TABLE        ;取表的首地址
            MOV    AL, KEY          ;取关键字
GO:         MOV    DX, [BX]         ;取表项至 DX 中
            CMP    DX, 0FFFFH       ;是结束标志吗?
            JE     NEXT             ;是,转到结束处理
            CMP    AL, DL           ;与关键字相同吗?
            JE     OK               ;是,保存登记项
            ADD    BX, 2            ;调整表指针
            JMP    GO
NEXT:       MOV    DL, 0FFH         ;未找到,(DL)=全 1
OK:         MOV    KEY,DL           ;找到,登记项内容送 KEY
            RET
START    ENDP
CSEG     ENDS
            END    START
```

顺序查表是最简单的一种查表方法,适合一些长度比较小的表。而对于长度较大的表,通常先将其登记项按关键字大小排序,排序后的表可以用对分查表的方法查表,它的平均查表速度比顺序查表的快得多。

在用汇编语言编写程序时,如果循环次数已知,一般使用循环指令 LOOP;否则可以使用条件跳转指令。例 12-28 就是一个循环次数已知的程序。

例 12-28 计算 1+2+3+…+1000,并输出计算结果(十进制)。

```
            .DOSSEG
            .MODEL SMALL
            .486
            .STACK 300H
            .DATA
            DB     16      DUP(?)
            N      DD      1000
            MSG    DB      10 DUP(" ")      ;用于输出十进制数
            DB     13,10,"$"
            .CODE
START:
            MOV    AX, @DATA
            MOV    DS, AX
                                            ;进行累加计算 1+2+3+…+1000
            XOR    EAX, EAX                 ;累加寄存器 EAX 清 0
            MOV    ECX, N                   ;设置计数器 ECX 初值(1000)
ADDUP:
            ADD    EAX, ECX                 ;将计数值累加到 EAX
            LOOP   ADDUP                    ;然后计数值减 1,直到计数值为 0

                                            ;将累加值转换为十进制
            MOV    ESI, OFFSET  MSG+10      ;转换从最低位开始
                                            ;存储与之顺序一致
            MOV    ECX, 10                  ;基数为 10
DESIMAL:
```

```
        XOR    EDX, EDX                    ;清 0
        DIV    ECX                         ;除 10 后,商→EAX,余数→EDX
        ADD    DL,"0"                      ;余数转换成 ASCII 码
        DEC    ESI
        MOV    [ESI], DL                   ;存储
        TEST   EAX, EAX                    ;转换是否结束?
        JNZ    DESIMAL                     ;未结束,继续转换
        MOV    DX, OFFSET  MSG             ;已结束,准备输出
        MOV    AH, 09H
        INT    21H
        MOV    AH, 4CH
        INT    21H
        END    START
```

12.3.4　子程序

1. 子程序的概念

如果某一程序段需要连续重复多次,可以采用如上所述的循环结构。但是,如果这些程序段在程序中不是连续、有规则地重复出现,采用循环结构就不方便了。例如,计算下面的表达式:

$$f(x) = \sqrt{3ax^2} + 4\sqrt{bx} + 6\sqrt{tc}$$

该式中多次出现开方运算,要用循环结构程序显然是不方便的。通过进一步分析会发现,如果把计算过程相同的部分,如开方运算,单独编制成一个独立的程序段,当需要使用时,控制指令就转向该独立的程序段,计算结束后,再返回原来的程序继续执行。这样的一段程序称为子程序或过程;而调用它的程序称为主程序或调用程序。主程序向子程序转移称为子程序调用或过程调用;从子程序返回主程序则称为返回主程序。

2. 子程序举例

在一个程序中的不同部分,往往会使用一些类似的程序段,这些程序段的结构形式和功能完全相同,只是某些变量或寄存器中的值不同。这时可以将这些程序段写成子程序的形式,在需要时调用。例如,将计算机计算的数值按十进制方式输出是一个经常用到的功能。这时,可以把输出十进制数值的一组指令作为过程放在汇编语言程序中,在需要的地方调用,例 12-29 展示的程序就是一个把一段程序作为子程序调用的例子。

例 12-29　子程序示例。

```
        ;进行加法计算后,输出计算式
        .DOSSEG
        .MODEL  SMALL
        .486
        .STACK 300H
        .DATA
        DB      16  DUP(?)
```

```
        X        DD   100000
        Y        DD   200000
        PLUS     DB   "+$"
        EQUAL    DB   "=$"
        .CODE
OUTDEC  PROC                              ;子程序：以十进制方式输出整数值
                                          ;参数 32 位整数值,调用前已送入堆栈
        ENTER    12, 0                    ;建立过程局部环境
        PUSH     DS
        PUSH     SS
        POP      DS
        LEA      SI, [BP-1]               ;指向输出内容结尾
        MOV      BYTE PTR[SI],"$"         ;填入输出结束标志
        MOV      EAX, [BP+4]              ;取出参数值
        MOV      ECX, 10
DECIMAL:
        XOR      EDX, EDX
        DIV      ECX
        ADD      DL, "0"
        DEC      SI
        MOV      [SI], DL
        TEST     EAX, EAX
        JNZ      DECIMAL
        MOV      DX,  SI                  ;转换结束,准备输出
        MOV      AH,  09H
        INT      21H
        POP      DS
        LEAVE                             ;释放过程局部环境
        RET4                              ;释放参数并返回
OUTDEC  ENDP
START:
        MOV      AX, @DATA
        MOV      DS, AX
        PUSH     X
        CALL     OUTDEC                   ;输出 X
        MOV      DX, OFFSET  PULS
        MOV      AH, 09H
        INT      21H                      ;输出加号(+)
        PUSH     Y
        CALL     OUTDEC                   ;输出 Y
        MOV      DX, OFFSET  EQUAL
        MOV      AH,09H
        INT      21H                      ;输出等号(=)
        MOV      EAX,X
        ADD      EAX,Y                    ;X 与 Y 相加,和存入 EAX
        PUSH     EAX
        CALL     OUTDEC                   ;输出和
```

```
        MOV     AH,4CH
        INT     21H
        END     START
```

下面讨论程序设计中需要解决的几个主要问题，即子程序的调用和返回、主程序和子程序之间的信息传递以及保护现场和恢复现场的问题。

3. 程序设计中的几个问题

1) 子程序的调用和返回

主程序把控制转向子程序的过程称为调用子程序，是通过调用指令 CALL 实现的。当子程序执行完毕后，通过指令 RET 实现返回，这时又把控制转向主程序，使主程序继续执行原来的操作。

在进行程序设计时，为了使程序的结构清晰，增加可读性，一般都通过过程定义语句 PROC 和 ENDP 将子程序定义为独立的程序段，并使其具有 NEAR 或 FAR 属性。

若将子程序定义为 NEAR 属性，则 RET 指令汇编为近返回指令，它不能被其他代码段使用。这样的子程序也可以不使用过程定义语句。

要使子程序既可以被本代码段使用，又可被其他代码段使用，该子程序必须用过程定义语句定义，而且必须注明为 FAR 属性，它的返回指令定义为远返回指令。

2) 主程序和子程序之间的信息传递

主程序在调用子程序之前，必须向子程序提供一些参数，而当子程序执行完之后，又要将执行得到的结果提供给主程序使用。因此，主程序和子程序之间就存在信息的传递问题。不难设想，信息传递的方式不同，子程序的编制方法也不尽相同。下面通过具体的例子说明几种常用的信息传递方式。

(1) 约定寄存器传递信息。这种信息传递方法是：主程序把子程序执行时所需要的参数放在指定的寄存器中，子程序执行时得到的结果也放在指定的寄存器中。

举例来说，欲把连续 6 次从标准输入设备输入的十六进制数相加，然后以十进制数的形式从标准输出设备输出。

从标准输入设备输入的十六进制数是以 ASCII 码形式表示的，在相加前要先将 ASCII 码转换成十六进制数。转换过程用子程序 ASHEX 来实现。传送给子程序的参数是被转换的十六进制数的 ASCII 码，存放在指定的寄存器 AL 中。子程序执行结束后，把转换好的十六进制数仍放在 AL 中返回主程序。

为了把主程序中十六进制数相加的结果以十进制数形式输出，还必须提供另一个子程序 DHOUT。传送给该子程序的参数是累加的结果，放在指定的寄存器 DH 中。因为 6 次输入十六进制数的累加和小于 100，所以该子程序采用将累加和除以 10，然后依次输出商和余数的方法将其转换成为十进制数。转换的结果在用标准设备输出前又要变成相应的 ASCII 码，而十进制数 0~9 只要加上 30H，就实现了向 ASCII 码的转换。下面给出实现该算法的示列程序。

例 12-30　约定寄存器传递信息。

```
SSEG    SEGMENT     PARA   STACK   'STACK'
```

```
          DB       256 DUP(?)
SSEG     ENDS
CSEG     SEGMENT
         ASSUME  CS: CSEG, DS: DSEG, SS: SSEG
ASHEX    PROC     NEAR                    ;ASCII 码→十六进制数子程序
         CMP      AL,46H
         JA       ERROR
         CMP      AL,30H
         JB       ERROR
         CMP      AL,39H
         JNA      NUMBER
         CMP      AL,41H
         JB       ERROR
         SUB      AL,37H                 ;ASCII→A～F
         RET
NUMBER:  SUB      AL,30H                 ;ASCII→0～9
         RET
ERROR:   MOV      AL,0FFH                ;非十六进制数时,(AL)=0FFH 返回
         RET
ASHEX             ENDP
DHOUT    PROC     NEAR                    ;输出转换子程序
         MOV      AL,DH
         MOV      AH,0
         MOV      DL,10
         DIV      DL                     ;AL 中为十位数,AH 中为个位数
         MOV      DL,AH                  ;暂存个位数于 DL 中
         ADD      AL,30H                 ;十位数→ASCII 码
         MOV      AH,14
         MOV      BX, 0
         INT      10H                    ;显示输出十位数
         MOV      AL,DL
         ADD      AL,30H                 ;个位数→ASCII 码
         MOV      AH,14
         MOV      BX,0
         INT      10H                    ;显示输出个位数
         RET
DHOUT    ENDP
START    PROC     FAR                    ;主过程
         PUSH     DS
         MOV      AX,      0
         PUSH     AX
         XOR      DH,DH
         MOV      CX,6                   ;接收 6 个数
GOOD:    MOV      AH,1
         INT      21H                    ;从键盘接收 1 个 ASCII 码
         CALL     ASHEX                  ;调用 ASCII 码转换子程序
         CMP      AL,0FFH
```

```
            JE      EROUT           ;输入非十六进制数时转出错处理
            ADD     DH,AL           ;累加和在 DH 中
            LOOP    GOOD            ;循环 6 次
            CALL    DHOUT           ;调用输出转换子程序
    EROUT:  RET
    START   ENDP
    CSEG    ENDS
            END START
```

(2) 约定存储单元传递信息。使用存储单元传递信息时，主程序先把要传递的参数存放在某一个数据区域中，然后把该数据区域的首地址传递给子程序。子程序从指定的数据区域取出要处理的信息，执行完子程序后将得到的结果也放在指定的数据区域中。

例 12-31　把内存储器中以 LIST1、LIST2、LIST3 为首地址的 3 组存储单元称为信息表。将每组信息表中的前两个数相乘，并将结果存入第三组单元中，最后再把这 3 组参数乘积进行累加并存入变量 RESULT 内。在下面所列程序中展示了约定存储单元传递信息示例。

```
    DSEG    SEGMENT
    LIST1   DB  25,  6
            DW  ?
    LIST2   DB  34,  8
            DW  ?
    LIST3   DB  60,  5
            DW  ?
    RESULT  DW  ?
    DSEG    ENDS
    SSEG    SEGMENT PARA    STACK 'STACK'
            DB      256     DUP(?)
    SSEG    ENDS
    CSEG    SEGMENT
            ASSUME  CS:CSEG,  DS:DSEG,  SS:SSEG
    MULSUB  PROC    NEAR            ;乘法子程序
            MOV     AX, [SI]
            MUL     [SI+1]
            MOV     [SI+2], AX
            RET
    MULSUB  ENDP
    START   PROC    FAR                     ;主过程
            PUSH    DS
            MOV     AX, 0
            PUSH    AX
            MOV     AX, DSEG
            MOV     DS, AX
            MOV     CX, 3           ;循环 3 次
            MOV     SI, OFFSET  LIST1   ;取地址指针
            MOV     BX, SI          ;设置数据传送基地址
    GOON:   CALL    MULSUB          ;调用乘法子程序
            ADD     SI, 4           ;调用地址指针
```

```
          LOOP     GOON                    ;若(CX)不等于 0,继续循环
          MOV      AX, [BX+2]              ;取第一组数乘积
          ADD      AX, [BX+6]              ;加上第二组数乘积
          ADD      AX, [BX+10]             ;再加上第三组数乘积
          MOV      RESULT, AX              ;保存累加和
          RET
START     ENDP
CSEG      ENDS
          END      START
```

(3)约定堆栈传递信息。利用存储单元保存主程序和子程序之间传递的信息,可以不受寄存器个数的限制,但要占用一些存储单元,这是不经济的。对于一些暂时需要的信息,可以利用堆栈保存和传送。

使用堆栈进行主程序和子程序之间信息的传递能节省存储空间和通用寄存器,是较常用的一种信息传递方法。然而,在使用堆栈时必须清楚堆栈中的内容,掌握并跟踪指针的变化情况,以免出现错误。

例 12-32　编制一个用子程序实现将内存储器中以 ARRAY 为首地址的数组相加的程序。主程序把所要相加的数组首地址及数组个数通过堆栈传递给子程序。子程序通过堆栈指针确定的地址从堆栈中取出数组的首地址及数组个数,将数组中的值累加后返回主程序。程序如下:

```
DSEG      SEGMENT
ARRAY     DB       25 DUP(?)
RESULT    DW       ?
DSEG      ENDS
SSEG      SEGMENT    PARA    STACK   'START'
          DB       256 DUP(?)
SSEG      ENDS
CSEG      SEGMENT
          ASSUME   CS: CSEG,DS: DSEG,SS: SSEG
START     PROC     FAR                             ;主程序
          PUSH     DS
          MOV      AX,0
          PUSH     AX
          MOV      AX,DSEG
          MOV      DS,AX
          MOV      AX,OFFSET   ARRAY
          PUSH     AX                      ;数组首地址进栈
          MOV      AX,LENGTH   ARRAY
          PUSH     AX                      ;数组个数进栈
          CALL     ADDSUB                  ;调用累加和子程序
          MOV      RESULT,AX               ;保存计算结果
          RET
START     ENDP
ADDSUB    PROC
          PUSH     BP
          MOV      BP,SP                   ;设置堆栈段基地址
          PUSH     CX
```

```
            PUSH        BX
            MOV         CX,[BP+6]                ;取数组个数
            MOV         BX,[BP+8]                ;取数组首地址
            MOV         AX,0                     ;结果置初值
            CLC
GOON:       ADD         AL,[BX]                  ;累加
            ADC         AH,0                     ;若有进位,(AH)+1
            INC         BX                       ;调整数据指针
            LOOP        GOON                     ;循环
            POP         BX
            POP         CX
            POP         BP
            RET         4                        ;返回并丢弃 4 个无用参数
ADDSUB  ENDP
CSEG    ENDS
        END         START
```

3) 保护现场和恢复现场

从以上参数传递例子可以看出,主程序运行时需要寄存器,子程序运行时也需要寄存器,有时主程序使用的寄存器的内容在子程序运行后还要继续使用。如何使这些寄存器的内容不被破坏?这是程序设计中不可忽视的问题。

为了解决这一问题,在子程序中一般要进行现场保护和现场恢复的操作。这种操作可以通过入栈和出栈指令实现。在进入子程序时首先将有关寄存器的内容保存在堆栈中,而当子程序执行完毕,返回主程序之前,再把保存的内容弹出堆栈并送入相应的寄存器中。下面的程序段是典型的现场保护和恢复现场的汇编语言程序示例。

```
SUBRT   PROC
            PUSH        AX              ;保护现场
            PUSH        BX
            PUSH        CX
                         ⋮
            POP         CX              ;恢复现场
            POP         BX
            POP         AX
            RET
SUBRT   ENDP
```

这种保护现场和恢复现场的方法比较方便,尤其是在设计嵌套子程序时,由于入栈和出栈指令会自动修改堆栈指针,保护现场和恢复现场的结构层次清晰,只要注意堆栈的“先进后出”的特点,就不会出错。

习　题　12

12-1　汇编语言语句的 4 个元素是什么?

12-2　Pentium 微处理器的指令格式是怎样的?

12-3　注释的作用是什么?汇编程序是怎样处理它们的?

12-4 编写程序，数出 AX 中有多少个 1，并将其个数保存到 DL 寄存器中。

12-5 编写程序，把 AL 中低 4 位中的 1 变为 0，0 变为 1。

12-6 指出下列指令语句中源操作数和目的操作数各是多少？

```
MOV  AX, 0CFH
```

12-7 伪操作的作用是什么？

12-8 试指出汇编语言语句与伪操作语句的不同点。

12-9 什么是宏操作？宏操作由几部分构成？各部分的作用是什么？

12-10 什么是过程？过程是由哪几部分构成的？试分别给予说明。

12-11 简述汇编程序结束返回操作系统的方法。

12-12 下列变量各占多少字节？

```
NUMBER  DW  11H,25H
ALPHA   DB  1,10 DUP(?)'$'
BETA    DD  20H,10 DUP(?),20H
GARMA   DB  2 DUP(5DUP(1,2,'XYZ'))
N1      DB  11H,25H
A1      DW  5 DUP(?)
B1      DD  1,2,31H
G1      DB  'HOW ARU YOU?','$'
G2      DB  'OK','$'
G3      DB  'AND YOU ?','$'
```

12-13 已知数据段定义如下，数据段的段地址 DS=1141H，附加数据段地址 ES=1080H，求出数据段或附加段中各变量的段地址值、偏移地址值、类型以及 LENGTH 和 SIZE 值。

```
DSEG    SEGMENT
ALPHA   DB  10 DUP(1,2,3,? )
BETA    DW  100 DUP(? )
GARMA   DB  50 DUP(0,1,2 DUP(3,4),5)
DSEG    ENDS
ESEG    SEGMENT
A1      DB  10,10 DUP(1,2)
B1      Dw  110 DUP(?),110
G1      DB'HELLO',CR,LF,'$'
ESEG    ENDS
```

12-14 试用汇编语言编写一个程序，将一个 32 位的二进制数转换成 ASCII 码字符串。

12-15 试用汇编语言编写一个程序将 EAX 寄存器的内容以十六进制格式显示出来。

12-16 试用汇编语言编写一个有主程序和子程序结构的程序。

参 考 文 献

艾德才, 2001. Pentium 系列微型计算机原理与接口技术. 北京: 高等教育出版社.

BREY B, 1998. Intel 系列微处理器结构、编程和接口技术大全. 陈谊, 刘卓, 谢小强, 等译. 北京: 机械工
业出版社.

蔡建新, 1998. 奔腾 586PC 系统结构与操作指南. 北京: 北京大学出版社.

戴梅萼, 2003. 微型计算机技术及应用. 北京: 清华大学出版社.

顾滨, 2000. 80x86 微型计算机组成、原理及接口. 北京: 机械工业出版社.

GIBSON G A, 1987. 8086/8088 微型计算机系统体系结构和软硬件设计. 刘玉成, 译. 北京: 科学出版社.

马维华, 奚抗生, 易仲芳, 等, 2000. 从 8086 到 Pentium Ⅲ 微型计算机及接口技术. 北京: 科学出版社.

王成耀, 2008. 80x86 汇编语言程序设计. 北京: 人民邮电出版社.

王忠民, 2014. 微型计算机原理. 西安: 西安电子科技大学出版社.

谢瑞和, 2002. 奔腾系列微型计算机原理与接口技术. 北京: 清华大学出版社.

杨杰, 王亭岭, 2013. 微机原理及应用. 北京: 电子工业出版社.

余春暄, 2007. 80x86/Pentium 微机原理及接口技术. 北京: 机械工业出版社.

张登攀, 孔晓红, 2011. 微机原理及接口技术. 北京: 电子工业出版社.

张昆藏, 2000. 奔腾 Ⅱ/Ⅲ 处理器系统结构. 北京: 电子工业出版社.

朱世鸿, 凌源, 郭鹏程, 2014. 80x86 微机原理和接口技术. 合肥: 中国科学技术大学出版社.